BACHILLERATO LOGSE

MATEMÁTICAS APLICADAS A LAS CIENCIAS SOCIALES I

J. COLERA, Mª J. OLIVEIRA, S. FERNÁNDEZ

1

ANAYA

Coordinación Editorial:
Mercedes García-Prieto

Edición:
Ramón Colera

Edición gráfica:
José Mª Marcelino

Diseño de cubiertas e interiores:
Taller Universo: M. Á. Pacheco, J. Serrano

Equipo Técnico:
Grafismo Autoedición, C. B.

Gráficos:
Grafismo Autoedición, C. B.

Corrección:
Domingo del Hoyo

Fotografías:
Archivo Anaya, Fototeca Stone, Stock Photos, P. Chamero/Anaya, Manrique García, Kobal Collection, Gonzalo M. Azumendi, Olimpia Torres

Fotografía de cubierta:
Emmanuel Sougez

SE DESATÓ UNA LLUVIA

Esteban se encontraba al borde de la carretera cambiando una rueda de su coche. De repente, se desató una lluvia torrencial, y sus cuatro tuercas se perdieron entre el lodo. Desolado, pensó en pedir ayuda, pero una chica que pasaba por allí, le sugirió una solución. A los pocos minutos, Esteban se alejaba del lugar conduciendo su automóvil. ¿Cuál fue la idea de la chica?

Esteban tenía un verdadero problema: nunca se había encontrado en semejante situación y no conocía ningún método para resolverla, estaba angustiado, bloqueado. Sin embargo, la chica ideó un método: "Quita una tuerca de cada una de las otras tres ruedas para poder sujetar la cuarta rueda. Así podrás acercarte al garaje más cercano."

En esta ocasión Esteban se enfrentó a un **problema** que resolvió con ayuda, pero a lo largo del día se enfrenta a situaciones que ya no son problemas para él: abrir una puerta, atarse los zapatos, preparar el desayuno, marcar un número de teléfono, etc. Todas esas situaciones las tiene ya automatizadas... **son meros ejercicios**, sabe lo que tiene que hacer y en el orden preciso.

Al igual que todas las disciplinas, las matemáticas han ido avanzando en la medida que han resuelto problemas de la vida cotidiana (cálculo de superficies, construcción de edificios, reparto de herencias, problemas financieros, etc.), de otras ciencias o puramente matemáticos.

Resolver problemas es una actividad que, a pesar de que requiere un cierto esfuerzo, nos va a permitir enfrentarnos a situaciones nuevas con confianza en nuestras posibilidades.

Resolver problemas no consiste en saber muchos resultados y conocer muchas fórmulas, sino, más bien, en poder obtener provecho de nuestro conocimiento, en saber organizarnos... Es una actitud mental positiva, abierta y creativa.

¿QUÉ ES UN PROBLEMA?

¿Tienes muy clara cuál es la diferencia entre EJERCICIO y PROBLEMA?

Si estás ante una situación de dificultad para la que conoces un camino y, por tanto, no tienes más que aplicarlo para llegar a una solución, estás ante un EJERCICIO.

Si estás ante una situación que implica un propósito u objetivo, tienes dificultades para alcanzarlo y se requiere de la deliberación, porque no conoces ningún procedimiento o camino para resolverlo, estás ante un PROBLEMA.

Veamos las características más importantes de un ejercicio y de un problema:

EJERCICIOS

1 En general, resolverlo requiere poco tiempo.

2 De un golpe de vista se suele ver en qué consiste y cuál es el camino para resolverlo.

3 Su objetivo principal es aplicar de forma rutinaria los procedimientos y mecanismos previamente ensayados.

4 En general, suelen ser cuestiones cerradas y perfectamente definidas.

5 En su redacción no se suelen tener en cuenta aspectos como la motivación, el interés, etc. Son situaciones fuera de contexto.

PROBLEMAS

1 En general, la resolución requiere un cierto tiempo.

2 A primera vista resulta difícil entenderlo y no se suele saber el plan de ataque y requiere un tiempo de familiarización.

3 Su objetivo central no es aplicar una regla o receta, sino elaborar un camino.

4 En general, son cuestiones más abiertas y menos definidas que los ejercicios.

5 Su resolución exige una inversión importante de paciencia, perseverancia, creatividad, talento, etc. Suelen ser situaciones en un determinado contexto.

Ahora te proponemos una serie de cuestiones. Algunas de ellas te resultarán sencillas y otras más complicadas. ¡No te preocupes! *Resolver problemas no es una tarea sencilla: requiere tiempo, paciencia, perseverancia, y, al mismo tiempo, ser flexible y estar muy atento a los logros.*

Señala cuáles de ellas te parecen problemas y cuáles ejercicios, explica tus razones y trata de resolverlas.

1. *Calcula el área de un triángulo rectángulo de catetos 6 metros y 8 metros.*

2. *¿Cuántos números capicúas hay de cuatro cifras?*

3. *¿Serías capaz de encontrar dos números de tres dígitos cuyo producto sea 555 555? (Si lo necesitas, utiliza una calculadora.)*

4. *Disponemos de una balanza de dos brazos, una pesa de 50 gramos y 1 kg de harina. Necesitamos obtener 300 gramos de harina haciendo como máximo tres pesadas. ¿Cómo hacerlo?*

5. *Calcula:* $\left(\frac{1}{4}+\frac{2}{3}-\frac{1}{6}\right)^2 : \left(\frac{10}{7}-\frac{3}{21}\right)$

6. *Una imprenta debe realizar un trabajo de publicidad: 3 000 panfletos de 8 cm × 8 cm. Para ello dispone de hojas de dos tamaños, 22 cm × 34 cm y 21 cm × 28 cm, que deberá cortar. ¿Qué tamaño de hojas es conveniente utilizar para desperdiciar la menor cantidad posible de papel?*

7. *Un molinero decide repartir 21 sacos de harina entre sus tres hijas. Siete sacos están llenos de harina, siete están llenos hasta la mitad y los últimos siete están vacíos. Sin pasar harina de un saco a otro, ¿cómo los repartirá para que cada una de las hijas tenga el mismo número de sacos y la misma cantidad de harina?*

CÓMO RESOLVER UN PROBLEMA

Comencemos planteándonos uno.

Tienes en tu bolsillo estas cinco monedas:

¿Cuántas cantidades distintas de dinero puedes formar?

1 PTA 5 PTA 25 PTA 50 PTA 100 PTA

Antes que a ti, se lo propusimos a cuatro amigos: Juan, Fernando, Ana y Begoña. Cada uno lo resolvió de una forma distinta, pero, curiosamente, todos llegaron al mismo resultado.

JUAN

Como sólo tenemos cinco monedas, voy a formar todos los grupos posibles, y para no olvidar ningún grupo, construyo la siguiente tabla:

TIPO DE GRUPO	POSIBILIDADES	Nº DE POSIBILIDADES
Con 1 moneda	{1}; {5}; {25}; {50}; {100}	5
Con 2 monedas	{1, 5}; {1, 25}; {1, 50}; {1, 100}; {5, 25}; {5, 50}; {5, 100}; {25, 50}; {25, 100}; {50, 100}	10
Con 3 monedas	{1, 5, 25}; {1, 5, 50}; {1, 5, 100}; {1, 25, 50}; {1, 25, 100}; {1, 50, 100}; {5, 25, 50}; {5, 25, 100}; {5, 50, 100}; {25, 50, 100}	10
Con 4 monedas	{1, 5, 25, 50}; {1, 5, 25, 100}; {1, 5, 50, 100}; {1, 25, 50, 100}; {5, 25, 50, 100}	5
Con 5 monedas	{1, 5, 25, 50, 100}	1
	Total posibilidades	**31**

Si el número de monedas fuese muy alto, este método sería muy laborioso.

FERNANDO

Mi método es muy parecido al de Juan, pero he dispuesto los cálculos de otra manera:

1 PTA	X					X	X	X	X		...		X
5 PTA		X				X				X	...	X	X
25 PTA			X				X			X	...	X	X
50 PTA				X				X			...	X	X
100 PTA					X				X		...	X	X
CANTIDAD FORMADA	1 PTA	5 PTA	25 PTA	50 PTA	100 PTA	6 PTA	26 PTA	51 PTA	101 PTA	30 PTA	...	180 PTA	181 PTA

He contado todos los grupos y he obtenido, también, **31**.

ANA

Yo he resuelto el problema de otra manera. He considerado el mismo problema, pero con menor cantidad de monedas, y luego he observado que parece que siguen una cierta regla.

Nº DE MONEDAS	POSIBILIDADES	Nº DE POSIBILIDADES
1	1 PTA	1
2	1 PTA 5 PTA 6 PTA	3
3	1 PTA 5 PTA 25 PTA 6 PTA 26 PTA 30 PTA 31 PTA	7
4	1 PTA 5 PTA 25 PTA 50 PTA 6 PTA 26 PTA 51 PTA 30 PTA 55 PTA ...	15
5		?

Observo que los números 1, 3, 7, 15 siguen una cierta regla:

1 → 3 → 7 → 15 → 31

+2 +4 +8 +16

Si esta regla se cumple, el número de cantidades distintas con 5 monedas es de **31**.

BEGOÑA

A mí se me ha ocurrido un camino distinto. Supongo que sólo tengo tres monedas: 1 PTA, 5 PTA y 25 PTA, por ejemplo.

Si formo grupos con ellas, cada una puede pertenecer o no a cada grupo:

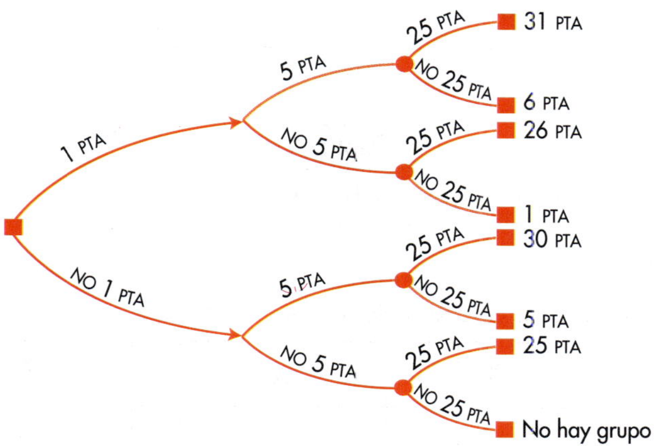

Para 3 monedas obtengo 7 posibilidades. Si tuviese 5 monedas, el proceso sería el mismo. Observo que habría $2^5 - 1$ posibilidades (razónalo).

Este problema ha sido resuelto de formas distintas, utilizando una o varias estrategias:

— Contar todas las posibilidades de manera ordenada.
— Hacer una tabla.
— Resolver casos más sencillos.
— Observar pautas, patrones, etc.
— Buscar un diagrama de representación adecuado.
— Encontrar una regla general.
— ...

ALGUNOS CONSEJOS PARA RESOLVER PROBLEMAS

Cada vez que te has enfrentado a la resolución de un problema, seguro que habrás buscado caminos distintos para abordarlo. Resolver un problema requiere buscar conscientemente alguna acción apropiada para lograr una meta claramente concebida, pero no inmediata de alcanzar.

Para obtener un buen rendimiento de tu trabajo, es conveniente que dispongas de un cierto MÉTODO que, aunque no te asegure el éxito, sí te ayude en su búsqueda.

"Actuar sin método oscurece la razón y ciega la inteligencia."
R. Descartes

Antes de comenzar a resolver un problema, ten en cuenta los siguientes consejos:

- Ten confianza en tus capacidades, actúa sin miedo, con tranquilidad, convencido de que está a tu alcance.
- Sé paciente y constante, no abandones a la menor dificultad.
- Cada problema requiere su tiempo. Algunos problemas se te pueden resistir horas, días, semanas…
- Resolver problemas es una actividad mental compleja. Requiere poner en tensión todos nuestros resortes mentales.
- Antes de meterte a fondo, trata de entender bien todos los términos del problema: cada dato y frase, lo que te piden, lo que te dan. Luego trata de explicarte a ti mismo o a otra persona de qué va el problema.
- Resolver problemas es un trabajo lento, los frutos tardarán un cierto tiempo en hacerse realidad.

En algunas ocasiones no es necesario saber mucho para resolver bien los problemas. Con *pensar bien* es suficiente.

Practica con las siguientes situaciones:

1 NÚMERO PAR DE FICHAS

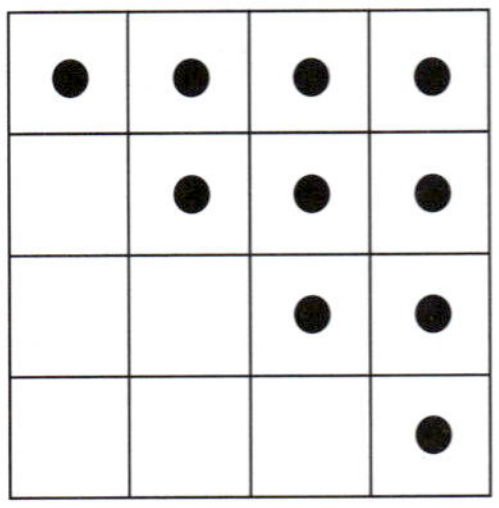

En un tablero cuadrado de 16 casillas hay dispuestas 10 fichas como indica la figura.

Se propone colocarlas de tal manera que en cada fila horizontal o vertical y en las dos diagonales, se ubiquen un número par de fichas.

2 LOS PENDIENTES

En un remoto poblado de Nueva Guinea hay 1400 mujeres. El 14% de ellas lleva un solo pendiente. Del 86% restante, la mitad lleva dos pendientes y la otra mitad no lleva ninguno. Si los hombres no llevan pendientes, ¿cuántos pendientes hay en total en el poblado?

3 LAS CARTAS

En una mesa hay cinco cartas, las que ves a la derecha. Cada carta tiene, en un lado, un número natural y, en el otro, una letra.

Enrique afirma: "Cualquier carta que tenga en un lado una vocal, tiene un número par en el otro lado". Pedro demostró que Enrique mentía dando la vuelta a una sola carta. ¿Cuál de las cinco fue?

4 ¿ÚLTIMO DÍGITO?

¿Cuál es el último dígito de la expresión $2^{13} + 3$*?*

5 LA CLASE

En una clase hay 30 alumnos y alumnas, de los cuales 22 estudian inglés y 15 estudian informática. Si todos estudian inglés o informática, ¿cuántos estudian sólo inglés? ¿Y sólo informática? ¿Cuántos estudian las dos cosas?

6 *Tenemos una caja rectangular de dimensiones 5, 6 y 8 cm. ¿Cuál es la varilla más larga que podemos introducir en ella? ¿En qué posición?*

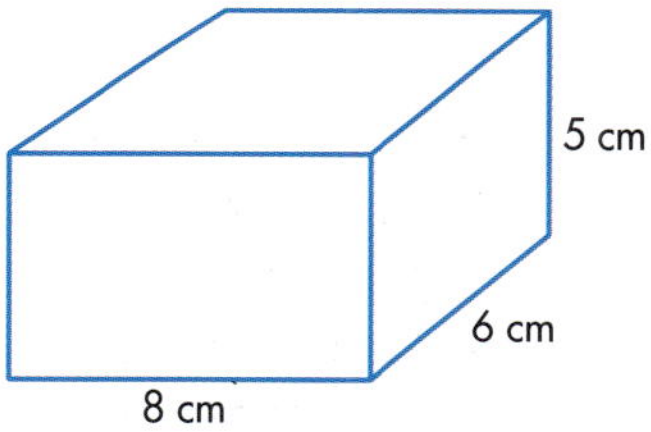

7 *¿Cuántos números entre 100 y 400 contienen el dígito 2?*

8 LAS LÁMPARAS

Sobre una plataforma hay 7 lámparas encendidas y un dispositivo mediante el que podemos apagar una sola lámpara o dos lámparas contiguas, pudiendo elegir cualquiera de las dos opciones.

Dos personas juegan: apagan alternativamente lámparas y gana la persona que apague la última. Si los dos jugadores actúan de forma inteligente, ¿quién crees que ganará, el primero o el segundo?

Algunos de estos problemas te habrán resultado sencillos. Otros, sin embargo, algo más difíciles. Si no te salieron, no te preocupes, puedes volver a ellos cuando lo consideres oportuno.

No te desanimes: hay problemas que requieren un tiempo. No empieces a trabajar siguiendo la primera idea que te surja. ¡Date un tiempo antes de comenzar!

Revisa tu proceso de pensamiento, estate preparado para volver a empezar si fuera necesario. Actúa con un cierto método.

Veamos, en la página siguiente, un ejemplo.

Vamos a resolver el último problema, el de LAS LÁMPARAS, reflexionando sobre los pasos que podemos dar.

Comprensión del enunciado

— Has de entender perfectamente el problema: cuáles son sus datos, qué te piden, cuáles son las condiciones...

— Es conveniente que seas capaz de enunciar el problema con tus palabras.

Una vez entendido, ya estarás en disposición de "pelearte" con él.

Simplifícalo resolviendo algunos casos más sencillos

— Con menos bombillas.

— Juega sólo el final de la partida: diversas colocaciones.

Busca una notación adecuada

No es necesario hacer buenos dibujos, unos simples números servirán. Mediante unos y ceros podemos simular cualquier colocación.

Sé sistemático

Comienza primero con una bombilla, luego con dos, con tres, etc.

Observa pautas

— Busca posiciones "ganadoras".

— ¿Te sirve de algo la simetría del juego?

Busca una regla

— Trata de enunciar una regla completa sobre cómo ganar la partida.

— ¿Es una regla sencilla? ¿Funciona en todos los casos?

— Si en vez de 7 bombillas son más, ¿tu regla también funciona?

Una posible SOLUCIÓN para el problema de LAS LÁMPARAS

Apagando la lámpara central, se divide la disposición de lámparas en dos grupos idénticos de tres y tres lámparas. Cada vez que el segundo jugador apaga lámparas de uno de los grupos, el primero replica actuando de manera similar, pero sobre el otro grupo. Esto hará que gane el primer jugador.

El problema se acabó. Ahora vamos a REFLEXIONAR un poco:

— ¿Entiendes la regla perfectamente?

— Si tuviéramos 10 lámparas, ¿cuál sería la regla?

— Si tuviésemos las lámparas en otras disposiciones, por ejemplo ésta, ¿serías también capaz de enunciar la regla para este caso?

— Si cambiáramos las condiciones del problema:

  • Quien apague la última lámpara pierde.

  • Cada jugador puede apagar 1, 2 o 3 lámparas.

  ¿te atreverías también a resolverlo?

ESTRATEGIAS FRECUENTES PARA RESOLVER UN PROBLEMA

■ CONSIDERAR CASOS PARTICULARES

En algunas ocasiones, experimentar con casos particulares viene bien. Se suelen obtener ideas muy interesantes y provechosas.

9 *Me han dicho que al sumar los primeros números impares su resultado es siempre un cuadrado perfecto. ¿Será cierto?*

Vamos a observar unos cuantos casos particulares:

$$1 = 1$$
$$1 + 3 = 4$$
$$1 + 3 + 5 = 9$$
$$1 + 3 + 5 + 7 = 16$$

Parece que sí es cierto. Pero si, además, nos fijamos con detenimiento en los resultados obtenidos en la experimentación, observamos que:

$$1 = 1 = 1^2$$
$$1 + 3 = 4 = 2^2$$
$$1 + 3 + 5 = 9 = 3^2$$
$$1 + 3 + 5 + 7 = 16 = 4^2$$

Parece razonable pensar que:

$$\underbrace{1 + 3 + 5 + 7 + \ldots + (2n - 1)}_{\text{suma de los } n \text{ primeros números impares}} = n^2$$

¿Será cierto? ¿Cómo comprobarlo?

Una manera elegante de proceder es la siguiente:

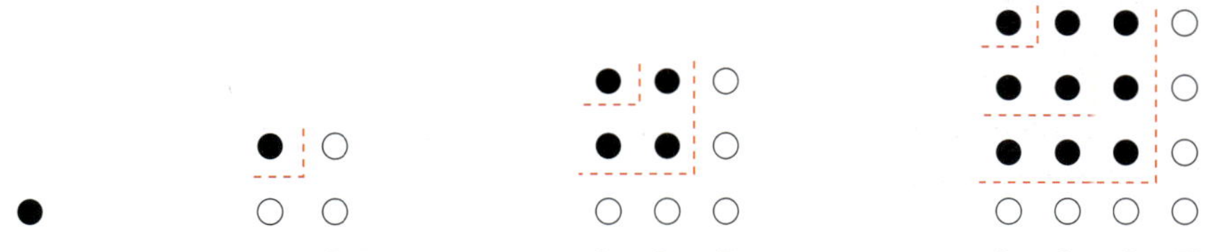

1   1 + 3   1 + 3 + 5   1 + 3 + 5 + 7

Como ves, existe una disposición geométrica en forma de un cuadrado.

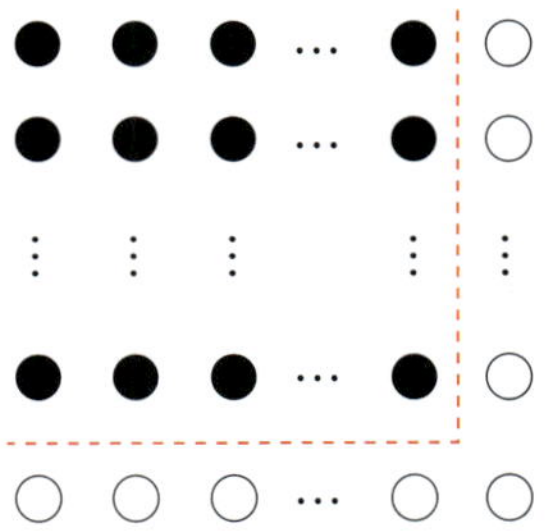

$$1 + 3 + 5 + \ldots + (2n - 3) + (2n - 1) = n^2$$

OBTENER UNA TABLA DE VALORES Y SACAR CONCLUSIONES

10 LOS RECTÁNGULOS DE UNA RED

¿Cuántos rectángulos distintos pueden dibujarse en esta cuadrícula de tal modo que los lados de los rectángulos estén sobre sus líneas? (los cuadrados son, también, rectángulos.)

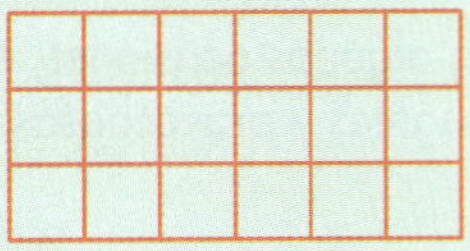

El tamaño de la cuadrícula hace que sea difícil poder contar todos los rectángulos. Vamos a considerar, primeramente, casos más sencillos y, posteriormente, llevaremos los resultados a una tabla. ¡Quizás obtengamos alguna regla!

¡Cuenta los rectángulos, y no olvides ninguno!

Así hemos obtenido los siguientes números:

1 × 1	1 × 2	1 × 3	1 × 4	1 × 5
Nº Rectángulos 1	Nº Rectángulos 3	Nº Rectángulos 6	Nº Rectángulos 10	Nº Rectángulos 15
2 × 1	2 × 2	2 × 3	2 × 4	2 × 5
3	9	18	30	45
3 × 1	3 × 2	3 × 3	3 × 4	3 × 5
6	18	36	60	90

1	3	6	10	15
3	9	18	30	45
6	18	36	60	90

¿Qué relación existe entre esos números? ¿Qué números son?

Piensa un poco y trata de resolver el problema.

11 NO TODOS LOS NÚMEROS

El número 10 se puede escribir como suma de números consecutivos: $10 = 1 + 2 + 3 + 4$

Los números 21 y 26 y otros muchos, también: $21 = 10 + 11$ $\qquad 26 = 5 + 6 + 7 + 8$

¿Qué números no se pueden escribir como suma de un conjunto de números consecutivos?

Si experimentamos con algunos números, obtenemos:

1 =	6 = 1 + 2 + 3	11 = 5 + 6	**16** =	21 = 10 + 11
2 =	7 = 3 + 4	12 = 3 + 4 + 5	17 = 8 + 9	22 = 4 + 5 + 6 + 7
3 = 1 + 2	**8** =	13 = 6 + 7	18 = 5 + 6 + 7	23 = 11 + 12
4 =	9 = 4 + 5	14 = 2 + 3 + 4 + 5	19 = 9 + 10	24 = 7 + 8 + 9
5 = 2 + 3	10 = 1 + 2 + 3 + 4	15 = 7 + 8	20 = 2 + 3 + 4 + 5 + 6	…

Llevamos los valores y los resultados a una tabla:

NÚMERO	1	2	3	4	5	6	7	8	9	10
¿SE CUMPLE LA PROPIEDAD?	NO	NO	SÍ	NO	SÍ	SÍ	SÍ	NO	SÍ	SÍ

11	12	13	14	15	16	17	18	19	20	21	22	23	…
SÍ	SÍ	SÍ	SÍ	SÍ	NO	SÍ	SÍ	SÍ	SÍ	SÍ	SÍ	SÍ	…

A la vista de la tabla, ¿qué números te parece razonable que no pueden ponerse como sumas consecutivas?

■ HACER UN ESQUEMA, DIBUJO O DIAGRAMA

A veces, una imagen vale más que mil palabras. En el dibujo, esquema o diagrama debemos incorporar lo realmente importante y prescindir de lo irrelevante.

No es necesario perder mucho tiempo en realizar un dibujo exacto. El objetivo es que sirva de apoyo para avanzar en la resolución.

12 LA CABRA

Una cabra está atada, mediante un cuerda de 20 metros, al vértice de una casa de campo de planta cuadrada de 10 metros de lado. ¿En qué superficie máxima de terreno puede pastar la cabra?

En un problema de este tipo, un dibujo como apoyo visual para razonar, será casi imprescindible.

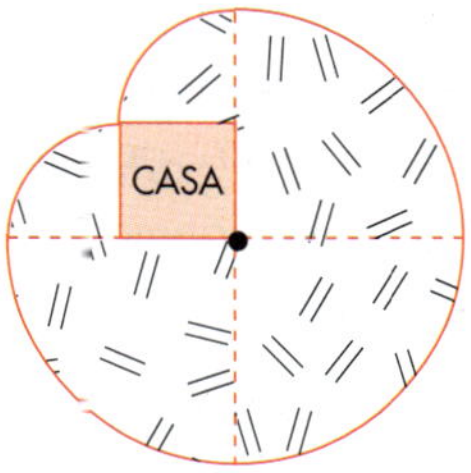

Como ves en el gráfico, el área se compone de dos zonas:

- 3/4 partes de un círculo de 20 m de radio y
- 2/4 partes de un círculo de 10 m de radio.

13 EL TORNEO

Ana y Begoña son las finalistas de un torneo de tenis. Gana el torneo quien gane dos partidos consecutivos o tres alternativos. Averigua todas las posibilidades que pueden darse.

¿Cuántos partidos, como máximo, tendrán que disputar para acabar el torneo?

— Una forma de representar todas las posibilidades es la siguiente:

[Ana gana el primer partido y Begoña los partidos 2º y 3º] → A B B

[Ana gana los dos primeros partidos] → A A

…

Este proceso es enormemente largo y tedioso.

— Otra manera más elegante y provechosa es construirse un diagrama como el siguiente:

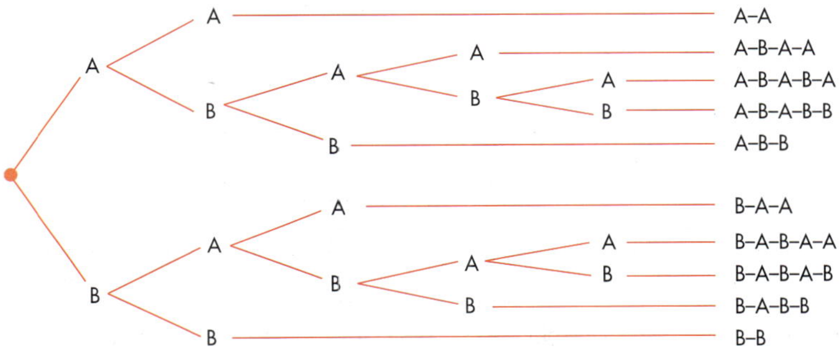

A = gana Ana

B = gana Begoña

■ ELEGIR UNA BUENA NOTACIÓN

Elegir una buena notación es, a veces, crucial. El objetivo es relacionar los datos con las variables elegidas y tratar de calcularlas de la mejor manera posible. A la hora de elegir una buena notación, debemos tener presente que ésta sea clara, concisa y sin ambigüedades.

14 UN RECTÁNGULO FORMADO POR CUADRADOS

Se tiene un rectángulo formado por la unión de 9 cuadrados no superpuestos, como ves en la figura.

Si el cuadrado más pequeño tiene 2 metros de lado, ¿cuáles son las dimensiones del rectángulo grande?

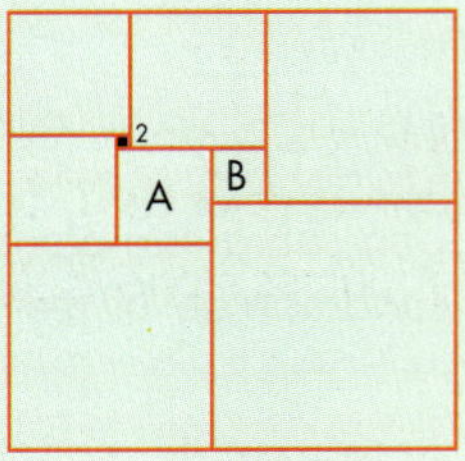

Para resolver este problema es fundamental elegir una buena variable (una adecuada notación).

Es claro que partiendo de los cuadrados A y B, podemos obtener muchas cosas. (Si lo hiciéramos con otros no podríamos decir lo mismo. Compruébalo.)

Llamando a y b a los lados de los cuadrados A y B, obtenemos estos datos:

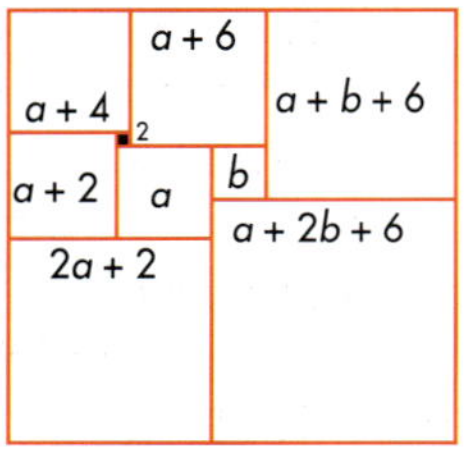

Imponiendo que los lados paralelos tienen la misma longitud:

$$\left.\begin{array}{l}(a+4)+(a+6)+(a+b+6)=(2a+2)+(a+2b+6)\\(a+4)+(a+2)+(2a+2)=(a+b+6)+(a+2b+6)\end{array}\right\}\rightarrow\left\{\begin{array}{l}a=14\\b=8\end{array}\right.$$

Por tanto, las dimensiones del rectángulo son 66 metros de largo y 64 metros de ancho.

15 EL CUENTO

María tiene que acabar de leer un cuento. El lunes leyó la mitad del cuento. El martes, la tercera parte de lo que le faltaba. El miércoles, la cuarta parte del resto. El jueves, la quinta parte de lo que le quedaba. Hoy, viernes, ha decidido acabarlo y ha observado que le quedan menos de 15 páginas.

Si todos los días ha leído un número entero de páginas, ¿cuántas páginas tiene el cuento?

Parece que una buena elección es tomar la variable n = número de páginas del cuento. A partir de ella, fácilmente podemos construir la siguiente tabla, que nos sirve para organizarnos mejor:

	LUNES	MARTES	MIÉRCOLES	JUEVES	VIERNES
PÁGINAS LEÍDAS	$\frac{n}{2}$	$\frac{1}{3}\,\frac{n}{2}=\frac{n}{6}$	$\frac{1}{4}\,\frac{n}{3}=\frac{n}{12}$	$\frac{1}{5}\,\frac{n}{4}=\frac{n}{20}$	$\frac{n}{5}<15$
PÁGINAS QUE LE FALTAN	$\frac{n}{2}$	$\frac{n}{2}-\frac{n}{6}=\frac{n}{3}$	$\frac{n}{3}-\frac{n}{12}=\frac{n}{4}$	$\frac{n}{4}-\frac{n}{20}=\frac{n}{5}$	0

El viernes tiene que leer $n/5$ páginas. Pero como todos los días ha leído una cantidad entera de páginas, el número n debe ser múltiplo de los denominadores 2, 6, 12 y 20, es decir, múltiplo de 60.

Intenta acabar el problema.

ENSAYO-ERROR

Es una estrategia muy utilizada en nuestra vida: obramos de una determinada manera, observamos qué pasa, decidimos otras alternativas, etc. Estamos procediendo por ensayo-error.

En matemáticas se suele emplear en multitud de ocasiones. Veamos un ejemplo.

16 EL DINERO

En un bolsillo tenemos monedas de tres clases: de 5 PTA, de 25 PTA y de 50 PTA. En total, 12 monedas con un valor de 315 PTA.

¿Cuántas monedas hay de cada clase?

Una manera de resolver el problema es realizar ensayos y obrar en consecuencia.

Si llevamos los resultados a una tabla, podemos orientarnos mejor.

	DE 5 PTA	DE 25 PTA	DE 50 PTA	VALOR TOTAL	COMENTARIOS
Número de monedas	0	0	12	600 PTA	Hay demasiadas monedas de 50 PTA
	0	4	8	500 PTA	Hay demasiadas monedas de 50 PTA
	0	5	7	475 PTA	Hay demasiadas monedas de 50 PTA
	0	7	5	425 PTA	Hay demasiadas monedas de 25 PTA
	7	0	5	285 PTA	Tendría que haber más monedas de 25 PTA
	4	4	4	320 PTA	Cerca de la solución
	…	…	…	…	…
	3	**6**	**3**	**315**	**Solución**

Por tanto, la solución es: hay 3 monedas de 5 PTA, 6 monedas de 25 PTA y 3 monedas de 50 PTA.

Los ensayos que hemos realizado han sido un poco "sin método". Podríamos habernos evitado muchas cuentas razonando de otro modo.

— Es claro que no puede haber más de 6 monedas de 50 PTA.

— Si todas las monedas fueran de 50 PTA, la cantidad total de dinero sería 12 × 50 = 600 PTA.

— Como tenemos 315 PTA, necesariamente tiene que haber monedas de 5 PTA. ¿Cuántas?

— ¿Parece razonable pensar que sólo hay 3 monedas de 5 PTA?

— …

Intenta solucionar el problema.

DIVIDIR EL PROBLEMA EN PEQUEÑOS PROBLEMAS

Esta estrategia, muy habitual, la has utilizado en muchas ocasiones. Responde al lema: "*Divide y vencerás*".

17 LA SUMA DE NÚMEROS FACTORIALES

Se llama ***factorial de un número natural*** *n al producto de n números enteros decrecientes a partir de n. Se escribe n!*

Por ejemplo: $3! = 3 \cdot 2 \cdot 1$, $6! = 6 \cdot 5 \cdot 4 \cdot 3 \cdot 2 \cdot 1$

¿Sabrías calcular los dos últimos dígitos de la expresión: $1! + 2! + 3! + 4! + 5! + \ldots + 99! + 100!$ *?*

El resultado de esta expresión es enormemente grande, y no es posible calcular toda la expresión y luego observar los dos últimos dígitos. Tendremos que atacar el problema de otro modo. Observemos:

$1! = 1$

$2! = 1 \cdot 2 = 2$

$3! = 1 \cdot 2 \cdot 3 = 6$

$4! = 1 \cdot 2 \cdot 3 \cdot 4 = 24$

$5! = 1 \cdot 2 \cdot 3 \cdot 4 \cdot 5 = 120$

$6! = 720$

$7! = 5\,040$

$8! = 40\,320$

$9! = 362\,880$

$10! = 3\,628\,800$

$11! = 39\,916\,800$

$12! = 479\,001\,600$

A partir del sumando 10!, los dos últimos dígitos, en todos los casos, son "dos ceros". Por tanto, sólo nos interesa conocer los dos últimos dígitos de la siguiente suma:

$$1! + 2! + 3! + 4! + 5! + \ldots + 8! + 9!$$

Intenta acabar el problema.

Como puedes observar, hemos dividido el problema original en dos problemas, y cada uno de ellos ha tenido un tratamiento distinto.

18 LA ESTRELLA CIRCULAR

Halla el área de la parte sombreada:

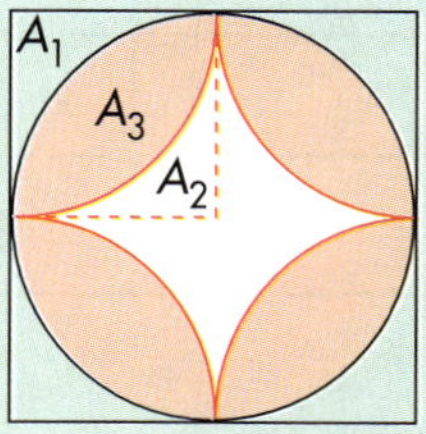

Nos proponemos pequeñas metas (estamos descomponiendo el problema en pequeños problemas).

Resulta fácil demostrar que:

$$A_1 = A_2 = \frac{10^2\,(4-\pi)}{16}\ \text{cm}^2$$

Como $A_1 + A_2 + A_3 = \dfrac{10^2}{4} \rightarrow A_3 = \dfrac{10^2}{8} \cdot (\pi - 2)\ \text{cm}^2$

Por tanto, la parte sombreada es igual a: $\dfrac{10^2}{2} \cdot (\pi - 2)\ \text{cm}^2$

DEMOSTRAR

Cuando tengas que demostrar algo, es conveniente que veas si puedes deducir cosas interesantes de la situación de partida para poder aplicarlas en los razonamientos posteriores.

Otra forma de proceder es utilizar el método llamado **reducción al absurdo**, que consiste en suponer que no es cierto lo que se pide y, razonando sobre ese supuesto, llegar a una conclusión disparatada. En ese caso, lo que se pide ha de ser verdadero.

19 UNA DE PRIMOS

En la lista de números primos hay algunos que están casi seguidos: 5 y 7; 11 y 13; 17 y 19; ...
Se llaman primos gemelos.
Trata de demostrar que el número que está entre ellos es siempre un múltiplo de 6 (excepto para la pareja 3 y 5).

Para demostrar que cierto número es múltiplo de 6, deberemos demostrar que lo es de 2 y de 3 al mismo tiempo.
Es evidente que cualquier número de los que estamos tratando es múltiplo de 2 (razónalo).
Si observas tres números consecutivos, uno de ellos ha de ser, necesariamente, múltiplo de 3.
¿Puede servirte esto de algo?

DEDUCIR

La **deducción** y la **inducción** son el eje vertebrador de las matemáticas. Las dos están presentes en todo quehacer matemático.
Mediante la deducción vamos construyendo un cuerpo fuerte y potente que nos permite ir avanzando sobre seguro.

21 EL NÚMERO OCULTO

El número oculto es un juego que consiste en encontrar un número de cuatro cifras que no empieza por cero. Escrito un número en una tabla, en una columna B se indica cuántos de sus dígitos tiene en común con el número buscado y en la misma posición. En la columna R se indica cuántos dígitos tiene ese número en común con el buscado, pero en posición incorrecta.
Con los datos de esta tabla, ¿serías capaz de encontrar el número oculto?

	B	R
3 476	0	2
3 965	0	2
4 269	0	1
1 057	2	1

Con los datos que tenemos podemos deducir muchas cosas. Por ejemplo:

- Si de las filas 1ª y 2ª los números correctos son el 3 y el 6, de los datos de la 3ª deducimos que no pueden ser ni 4, ni 2, ni 9.
- De los datos de la 4ª fila deducimos (el 7 no puede ser porque está en la 1ª) que han de ser 1, 0 y 5.

Tenemos, por tanto, como fijos, los números 3, 6, 1, 0 y 5. Pero esto es imposible, porque el número ha de tener cuatro cifras. Empezamos de nuevo suponiendo otra cosa...

Solución: 6 157

ESTRATEGIAS MENOS FRECUENTES PARA RESOLVER PROBLEMAS

En este apartado figuran estrategias menos conocidas que las anteriores y, por lo tanto, menos utilizadas. El conocimiento de dichas estrategias nos puede ayudar a resolver algunos problemas de manera rápida y efectiva.

■ ANALOGÍA

Consiste en resolver problemas utilizando conocimientos de situaciones que nos resulten "parecidas" (análogas).

22 EL TRONCO DE CONO

Calcula el área lateral del tronco de cono que aparece en la figura.

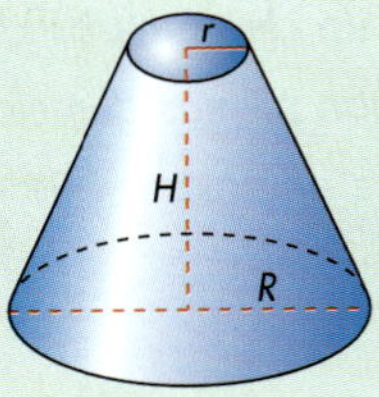

El área lateral corresponde al siguiente desarrollo:

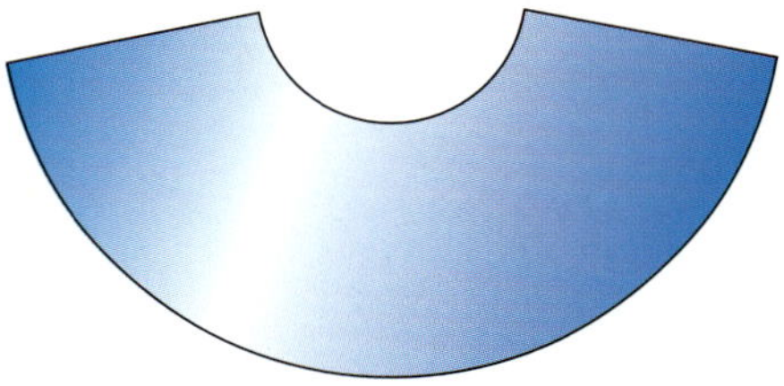

Se parece a… ¡un trapecio! (estamos utilizando la analogía).

El área del trapecio es: $\text{Área} = \dfrac{\text{Base mayor} + \text{Base menor}}{2} \cdot \text{altura}$

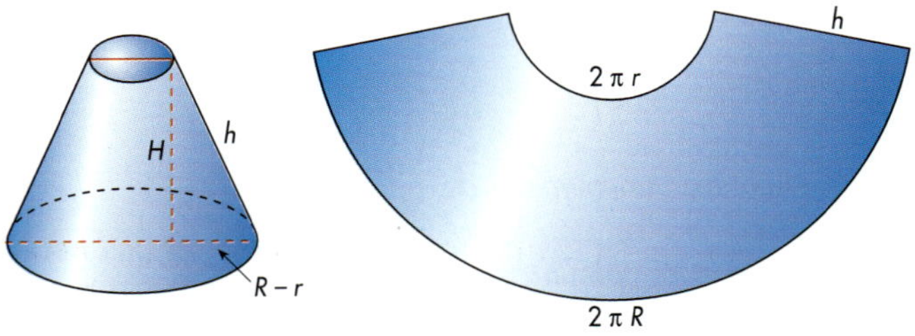

h = generatriz del tronco de cono

$h = \sqrt{H^2 + (R - r)^2}$

Por lo tanto:

$$\text{Área} = \frac{2\pi R + 2\pi r}{2} \sqrt{H^2 + (R - r)^2}$$

¿Será cierto?

■ SUPONER EL PROBLEMA RESUELTO

23 LA CASA

Se ha construido una casa con 10 palillos (figura Ⓐ). Cambiando de posición dos palillos, ¿podrías cambiar la forma de la casa como muestra la figura Ⓑ?

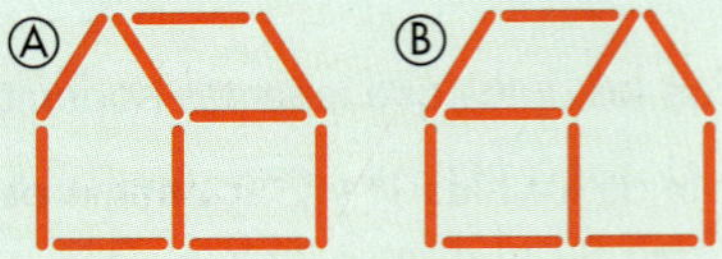

Si suponemos el problema resuelto (empezamos desde atrás) y comparamos los datos (figuras Ⓐ y Ⓑ), rápidamente observamos que cambiando

llegamos a la solución.

APROVECHAR LA REGULARIDAD DEL PROBLEMA

En algunos problemas existen unas ciertas regularidades o simetrías que nos podrían ayudar a resolverlos.

24 EL CUADRADO

Calcula el área sombreada en la figura de la derecha, en la que el lado del cuadrado grande mide $l = 9$ cm.

A, B, C y D son los puntos medios de los lados del cuadrado.

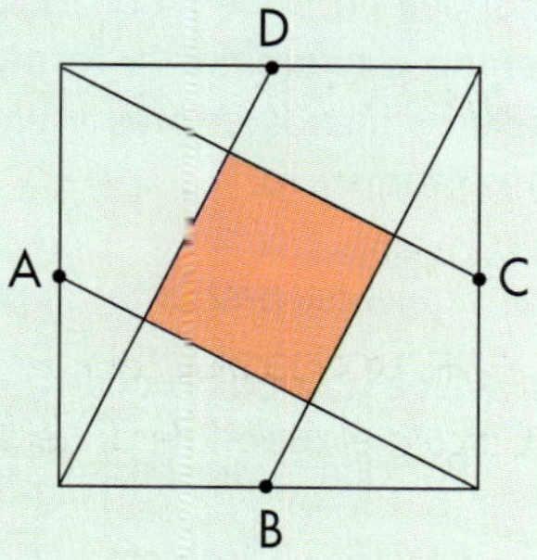

Es claro que la figura tiene un marcado carácter simétrico. De hecho, si unimos dos figuras iguales, observamos que el cuadrado original se ha dividido en 5 pequeños cuadrados.

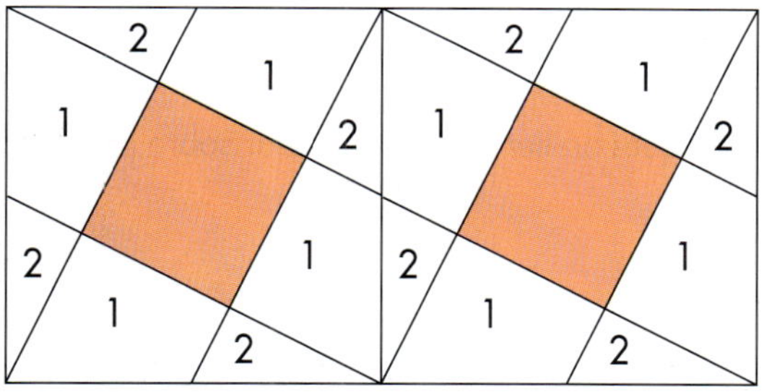

Por lo tanto: Área sombreada $= \frac{9^2}{5} = \frac{81}{5}$ cm^2

ANALIZAR LOS CASOS LÍMITES

En ocasiones, acudir a situaciones límites y razonar sobre ellas, puede ayudar a resolver el problema.

25 EL VOLUMEN

¿Será cierto que el volumen de esta figura (un tronco de cono) es: $V = \pi \left(\frac{R^2 + r^2}{2}\right) \cdot h$?

Hay dos volúmenes conocidos. Se obtienen en los casos límites $r = 0$ y $r = R$

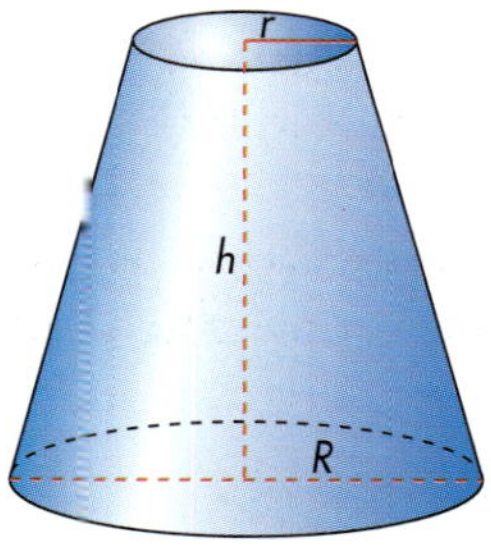

- Si $r = 0$, el tronco de cono se convierte en un CONO.

  Recuerda su volumen: $V_{CONO} = \frac{1}{3} A_{BASE} \cdot h$

- Si $r = R$, el tronco de cono se convierte en un CILINDRO.

  Recuerda su volumen: $V_{CILINDRO} = A_{BASE} \cdot h = \pi r^2 h$

  Sustituye estos valores en la fórmula del enunciado. ¿Qué ocurre?

ALGUNOS CONSEJOS PARA MEJORAR EN LA RESOLUCIÓN DE PROBLEMAS

Después de haber realizado un buen número de problemas, es conveniente que, ahora, **dediques un tiempo a examinar tu forma de pensar**. Si lo haces, aprenderás mucho y obtendrás muchos frutos: cometerás menos errores y encontrarás mejores caminos para solucionar problemas. En definitiva, serás más productivo.

Las siguientes preguntas te pueden ayudar a conocerte mejor en el campo de la resolución de problemas:

— ¿Qué ha podido ocurrir en los casos en los que no pudiste?

— ¿Por qué te atascaste? ¿Tal vez desconocías la estrategia?

— ¿Quizás el problema está en que no dominas con soltura y seguridad algunas herramientas matemáticas?

— ¿Quizás entraste en un camino erróneo y no rectificaste?

¿O quizás el camino es correcto pero te has equivocado?

— ¿Tus compañeras y compañeros han pensado igual que tú?

También es conveniente que dediques un tiempo a reflexionar sobre la solución del problema. Estas cuestiones te podrán ayudar:

— ¿Te parece razonable la solución?

— ¿Esperabas estos resultados?

— ¿Podrías justificar la solución de otra manera?

— ¿Te puede servir para la resolución de otro problema?

— ¿Puedes ver "de golpe" el razonamiento que has empleado?

— ...

PROBLEMAS PARA PRACTICAR

1 UN RELOJ TARDÓN

Si el reloj de una iglesia tarda treinta segundos en dar las seis, ¿cuánto tiempo tardará en dar las doce?

2 PESANDO MONEDAS

Un coleccionista de monedas tiene 24 de ellas que parecen idénticas, pero sabe que una de ellas es falsa y pesa algo menos que las demás. El coleccionista ha decidido encontrar la moneda falsa utilizando una balanza de dos brazos. Pero, ¡qué contrariedad!, sólo puede utilizar la balanza tres veces. ¿Cómo lo hará?

3 TRANSPORTANDO PANES

Una comitiva de doce personas acarrean 12 panes: cada hombre lleva dos panes; cada mujer, medio pan y cada niño, un cuarto de pan. ¿Cuántos hombres, mujeres y niños componen la comitiva?

4 MEZCLAS

De un balde que contiene 5 litros de agua, se vierte un litro fuera de él y, en su lugar, se rellena el balde con un litro de zumo de naranja. Se mezcla bien el zumo con el agua y nuevamente se vierte fuera un litro de la mezcla, sustituyéndola por un litro de zumo de naranja. Y se hace lo mismo por tercera vez. ¿Cuánta agua quedará en el balde después del proceso?

5 FILA DE NÚMEROS

Si escribimos los números naturales seguidos, de la siguiente manera:

1 2 3 4 5 6 7 8 9 10 11 12 13 14 15 …,

¿qué dígito ocupará el lugar cien mil?

6 ESCALERA DE PARES

Disponemos los números pares en forma de escalera.

Así:

			20
		12	18
	6	10	16
2	4	8	14

a) ¿Cuántos dígitos hay en el décimo escalón? ¿Cuáles son?

b) ¿En qué escalón se encuentra el número 800 000?

7 TRIÁNGULO DE NATURALES

Disponemos los números naturales de la siguiente manera:

1 — FILA 1

2 3 — FILA 2

4 5 6 — FILA 3

7 8 9 10 — FILA 4

11 12 13 14 15 — FILA 5

………………………………………………………………

¿Cuánto vale la suma de todos los números que ocupan la fila 25?

8 EL COCHE

Un coche recorre 4 000 km utilizando 5 ruedas, incluida la de repuesto. Se sabe que todas las ruedas fueron utilizadas el mismo número de kilómetros. Indica cómo pueden rotarse para efectuar el menor número posible de cambios.

9 LA CUADRÍCULA

En una cuadrícula de 5 × 5, ¿cuántos cuadrados puedes contar? ¿Y si la cuadrícula es de 8 × 8?

10 COLOREANDO

Queremos colorear los rectángulos de abajo con dos colores: blanco y negro (cada rectángulo, puede ser coloreado sólo con uno de los dos colores).

¿Cuántas configuraciones distintas podemos crear?

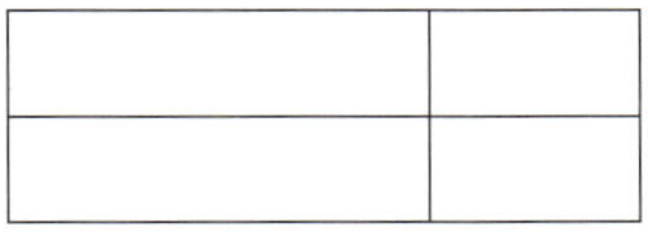

11 OPERANDO CON LETRAS

En cada una de las operaciones siguientes, cada letra representa un dígito distinto. Intenta solucionarlas.

a)

```
   O C H O
 + T R E S
 ---------
   O N C E
```

b)

```
   A Z U L
 - R O S A
 ---------
   L I L A
```

c)

```
   T R E S
   T R E S
 + T R E S
 ---------
 N U E V E
```

d)

```
   A M O R
 + A M O R
 ---------
   P A G A
```

12 PLEGANDO UNA HOJA DE PAPEL

Toma hojas de papel rectangular y, mediante pliegues, construye ángulos de 180°; 90°; 45°; 22°30'. Toma otra hoja y haz con ella lo siguiente:

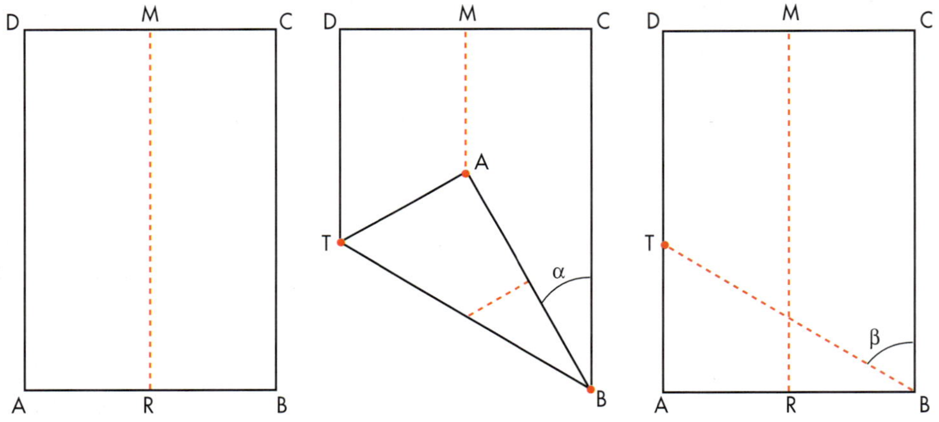

a) ¿Cuánto valen los ángulos α y β?

b) ¿Podrías construir con la hoja de papel un triángulo equilátero?

13 LOS CEROS

¿En cuántos ceros acaba el número 125!?

Nota. Recuerda que

$125! = 1 \cdot 2 \cdot 3 \cdot 4 \cdot 5 \cdot \ldots \cdot 123 \cdot 124 \cdot 125$

14 LA REUNIÓN

En una reunión en la que hay 22 personas, se saludan todas, de dos en dos. ¿Cuántos saludos habrá en total en la reunión?

15 LA CAJA

Pedro tiene, en una caja, lagartijas, escarabajos y gusanos. En total tiene 12 animales y 26 patas. Tiene más gusanos que lagartijas y escarabajos juntos. ¿Cuántos animales tiene Pedro de cada clase?

16 EL TRIÁNGULO ISÓSCELES

De un triángulo rectángulo me dicen que su área es 1/4 del cuadrado de la hipotenusa.

Demuestra que, en ese caso, el triángulo es isósceles.

17 LA LÍNEA NAVIERA

Se ha establecido una línea regular de barcos entre los puertos de Cádiz y Santander.

Cada día, a las 12 de la mañana, sale un barco de cada uno de los puertos, empleando en la travesía 5 días.

Si hoy sale un barco de Cádiz, ¿con cuántos barcos de la compañía naviera se encontrará hasta su llegada a Santander?

18 ¡DEMUÉSTRALO!

Prueba que si n es impar, entonces $n^2 - 1$ es divisible por 8.

19 UN JUEGO UN TANTO PEDREGOSO

Dos jugadores tienen dos grupos de piedras, uno con 7 piedras y otro con 6 piedras. Juegan de manera alternativa, y pueden retirar tantas piedras como deseen, pero sólo de uno de los montones. Gana quien retire la última piedra. ¿Quién tiene ventaja, el jugador que comienza o el segundo?

20 LA REGIÓN DEL CÍRCULO

El área sombreada que ves en esta figura responde a la siguiente fórmula:

$$A = \pi \cdot \alpha \left(\frac{R^2 - r^2}{180} \right)$$

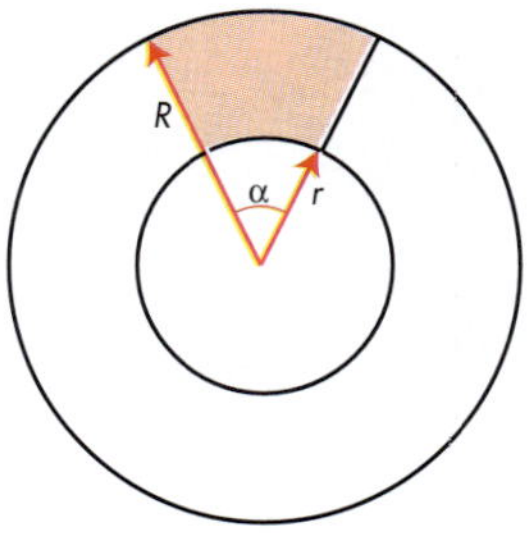

¿Crees que estará bien? ¿Por qué?

21 LOS ENTEROS

Demuestra que no existen dos números enteros x, y que satisfagan esta igualdad: $15x^2 - 7y^2 = 9$.

Fíjate en el último dígito de los números x^2 o y^2 y razona. Por ejemplo, $15x^2$ necesariamente ha de terminar en 0 o en 5.

22 ¡QUÉ NUMERITO!

El número 7^{135} es enormemente grande.

¿Sabrías decir cuáles son su dos últimos dígitos?

¿Y sus tres últimos dígitos?

23 EL PASTOR CON SU OVEJA, SU LOBO Y SU COL

Un pastor con una enorme col, una enorme oveja y un enorme lobo, llega a un río en el que hay una diminuta barca en la que no cabe más que el pastor y una sola de sus pertenencias.

Si deja a la oveja y a la col sin vigilancia, no te digo lo que le pasará a la col... Quiere pasar a todos al otro lado del río. ¿Cómo lo hará?

24 EL PROBLEMA DE TARTAGLIA

Este problema consiste en dividir el contenido de una jarra de 24 litros en tres partes iguales, utilizando solamente la jarra original y otras tres de 5, 11 y 13 litros, respectivamente.

25 PARTIDO EMPATADO

Un partido de fútbol acaba con el resultado 4-4 (empate a cuatro), y hay varias formas de llegar a ese resultado. Una de ellas es:

(0-0) → (1-0) → (2-0) → (3-0) → (3-1) → (3-2)→ → (3-3) → (4-3) → (4-4)

Pero... ¿cuántas hay en total?

26 LAS TARJETAS

Diez amigos envían tarjetas postales a algunos de los restantes. Cada uno envía 5 tarjetas. Prueba que, al menos, dos de ellos se enviaron tarjetas entre sí.

27 CUADRADO Y ARCOS

En este cuadrado de 10 cm de lado, se han trazado arcos de circunferencia con centro en cada uno de los vértices. Calcula el área sombreada.

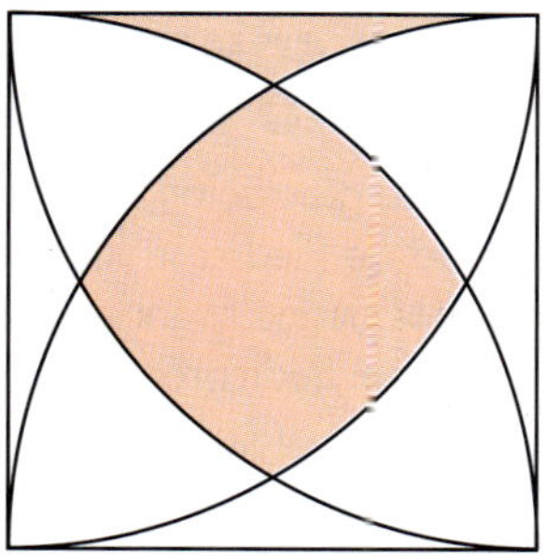

28 LA SUMA

¿Cuántos números menores que 1 000 tienen la suma de sus dígitos igual a 7?

29 EL LIBRO

Para numerar las páginas de un libro se utilizaron 852 dígitos. ¿Cuántas páginas tiene el libro?

30 LAS VELAS

Dos velas de la misma altura se encienden simultáneamente. Una se consume en 4 horas y la otra en 10 horas. ¿Cuántas horas deberán arder hasta que la longitud de una de ellas sea el doble que la longitud de la otra?

I ARITMÉTICA Y ÁLGEBRA

ARITMÉTICA, EL COMIENZO DEL PENSAMIENTO MATEMÁTICO

Al terminar la última glaciación, los cazadores nómadas de la Edad de Piedra se fueron asentando en los valles fértiles de los grandes ríos: Nilo, Éufrates, Tigris..., y se dedicaron a la agricultura.

Pronto les surgieron problemas que tuvieron que resolver para poder sobrevivir: contar los días, las estaciones, saber cuándo tenían que plantar las semillas, pagar tributos, repartir herencias, calcular superficies de terrenos, etc. Este cúmulo de situaciones hizo preciso que se diera nombre a los números y que se contara más allá de las nociones de "uno" y "muchos".

Al contar, no sólo descubrieron las relaciones entre los números, como, por ejemplo, que dos y cuatro son seis, sino que también fueron estableciendo gradualmente ciertas leyes generales. De este modo los números aparecen, no como entidades separadas e independientes, sino relacionados unos con otros. Y este es el objetivo esencial de la aritmética; de hecho, aritmética significa "arte de calcular".

ES IMPORTANTE SABER CÓMO SE EXPRESAN LOS NÚMEROS

A medida que se fue desarrollando una estructura social más compleja, surgió la necesidad de aprender a contar colecciones cada vez mayores (rebaños de animales, días transcurridos...). El ser humano se encontró ante un problema muy complicado: *¿Cómo designar grandes números con la menor cantidad posible de símbolos?*

Una de las primeras civilizaciones en dar una respuesta satisfactoria fue la cultura mesopotámica. Con unos pocos símbolos en diferentes posiciones, crearon un sistema posicional de notación numérica, muy parecido al que actualmente conocemos. Así, fueron capaces de expresar sistemáticamente cualquier número y de realizar con ellos operaciones hasta entonces muy complicadas.

Mucho tiempo después, los árabes perfeccionaron aún más los sistemas de numeración existentes, proponiendo un sistema de numeración decimal, que es el que actualmente utilizamos. Este sistema árabe debería llamarse sistema hindú-árabe, puesto que fueron los hindúes los primeros en utilizarlo.

Entre estos dos sistemas de numeración cada cultura ideó distintas respuestas, algunas ciertamente originales.

EL DESARROLLO DEL NÚMERO

La utilización inicial del número consistió en **contar**. Posteriormente, se percibió la necesidad de **medir** (comparar con un patrón) y así surgió la necesidad de introducir unos nuevos números: los **fraccionarios**. Después, en el Renacimiento, el desarrollo del álgebra condujo a la introducción de los números **negativos**, tan chocantes en aquella época que el propio Descartes, en el siglo XVII, los consideró **números falsos**.

Los números **irracionales**, que ya surgieron en la época de los **pitagóricos** (complicándoles sus creencias), plantearon graves problemas a los matemáticos de épocas posteriores, problemas que no fueron resueltos hasta el siglo XIX.

Esta cronología, relativamente lenta, de la evolución del número, es indicativa de la profundidad de los problemas relacionados con él y del esfuerzo acumulado por tantas y tantas generaciones

para obtener los conocimientos matemáticos que hoy nos parecen triviales.

Como decía Newton:

> *"Vamos caminando sobre hombros*
> *de los gigantes que nos precedieron"*

LA ARITMÉTICA COMERCIAL

En la Europa Medieval, siglos XIII y XIV, se produce un enorme auge del comercio. Italia, por su posición geográfica y sus tradiciones mercantilistas, se convierte en un lugar de privilegio en el comercio internacional. El tamaño de los negocios exigía una exacta contabilidad, y la matemática tenía que dar respuesta a multitud de problemas que hasta entonces no habían sido abordados.

Desde el siglo XIV, los italianos conocían las reglas más sencillas de la contabilidad, pero hay que esperar a **Luca Pacioli** para que un matemático se preocupe de añadir a su aritmética un tratado de matemática comercial. Se sentaron de esta manera las bases de la aritmética comercial: el reparto de beneficios, el cálculo de pérdidas, el intercambio de monedas, etc., eran problemas que se podían resolver aplicando convenientemente un pensamiento proporcional (regla de tres). Pero otros muchos problemas mercantiles requerían de una herramienta más poderosa: el Álgebra.

LA INTENCIÓN DEL ÁLGEBRA

El álgebra inició su andadura en paralelo con la aritmética elemental. Pronto se liberó de sus orígenes, desarrollándose en dos direcciones básicas: la sustitución de números por letras y el paso del cálculo de fórmulas a la solución de ecuaciones.

Con el álgebra, la aritmética alcanza su "mayoría de edad". Estructuras que antes resultaron opacas y de difícil manejo, se llenan ahora de claridad y simplicidad.

Con la figura de Diofanto se alcanza el punto culminante del álgebra en el periodo griego antiguo. En una de sus obras, *La Aritmética*, introdujo un cierto simbolismo para poder domesticar los problemas aritméticos. Surge así el lenguaje algebraico.

EL ÁLGEBRA DE LOS ÁRABES

El álgebra es, sobre todo, una invención de los árabes. En el año 825, un matemático de Bagdad llamado **Al-Khowarizmi**, publicó un tratado con el título *Aljabr w'al muqabalah*, que significa *"Ciencia de la restauración y de la oposición"* (la restauración es la suma y la oposición es la resta). Del título del tratado ha pasado a todos los idiomas el nombre de álgebra.

La península Ibérica jugó un importante papel en el desarrollo y difusión del álgebra. La obra de Al-Khowarizmi fue traducida al latín en el siglo XII por el sevillano **Juan de Luna**, y un poco más tarde por el italiano **Gerardo de Cremona**.

N. Tartaglia.

EL ESPLENDOR DEL ÁLGEBRA

El principal tratado algebraico del siglo XII fue *Liber Quadratorum* (1225), escrito por **Fibonacci**; fuertemente influido por la cultura árabe. Tuvieron que pasar más de dos siglos para que el álgebra diera un paso de gigante. Sucedió en pleno Renacimiento. El tratado *Ars Magna* (1545) de **G. Cardano** (1501-1576) consiguió elevar el álgebra a una altura insospechada. Con el francés **F. Vieta** (1540-1603), hombre de leyes que se dedicó como aficionado a las matemáticas con gran éxito, el álgebra dio el paso decisivo de representar números arbitrarios por letras en las ecuaciones y fórmulas algebraicas.

Fibonacci.

En la obra de G. Cardano se estudian a fondo las ecuaciones de segundo y tercer grado, obteniendo fórmulas para resolver esta última ecuación, aunque parece que el descubridor original de la solución de la ecuación cúbica fue **N. Tartaglia** (1500-1557).

El progreso del álgebra allanó el camino para que **R. Descartes**, en 1637, combinase de modo genial geometría y álgebra, dando lugar a la Geometría Analítica. Con ella se pudieron abordar con éxito muchos problemas geométricos difíciles, planteados por los griegos en el siglo III a. de C. (Euclides, Apolonio...).

Actualmente se sabe que **Pierre de Fermat** (1601-1665) trabajó con las mismas ideas que Descartes. La disciplina que crearon se le suele denominar Geometría de Coordenadas o Analítica y su idea fundamental es asociar ecuaciones algebraicas a las curvas y superficies. Esta es una de las ideas más fructíferas del pensamiento matemático.

1 ARITMÉTICA: CONOCIMIENTOS BÁSICOS

PARA CENTRARTE EN EL TEMA, PIENSA Y RESUELVE

Los griegos pitagóricos (siglo V a. C.) creían que todo el universo se regía por los números naturales y sus relaciones (fracciones). Formaban una especie de secta místico-matemática, cuyo símbolo era la estrella de cinco puntas (pentágono estrellado).

Pues bien, cuando los pitagóricos descubrieron que la relación que existe entre el lado del pentágono estrellado y el lado del correspondiente pentágono no se puede expresar como cociente de dos números enteros, sufrieron una enorme conmoción en sus creencias. Tan contraria a toda lógica les pareció la existencia de una relación así, que al número correspondiente lo llamaron *irracional* (contrario a la razón).

■ Número áureo

Para hallar la relación entre la diagonal y el lado del pentágono regular, da los siguientes pasos:

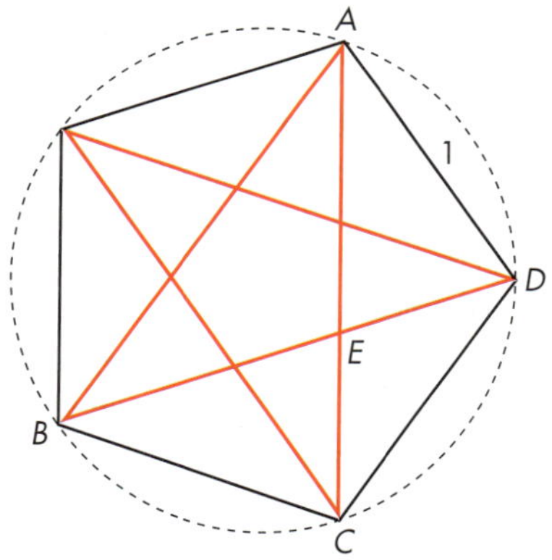

a) Demuestra que los triángulos *ABC* y *AED* son semejantes. [Para ello es suficiente probar que tienen dos ángulos respectivamente iguales.]

b) Llamando $l = \overline{AB} = \overline{AC} = \overline{BD}$ y tomando como unidad el lado del pentágono, $\overline{AD} = \overline{AE} = \overline{BC} = \overline{BE} = 1$, a partir de la semejanza anterior has de llegar a la siguiente ecuación:

$$\frac{l}{1} = \frac{1}{l-1}$$

Despejando l obtendrás su valor.

La relación entre la diagonal del pentágono y su lado se designa por la letra griega Φ y se llama **número áureo** porque los propios griegos consideraron especialmente armonioso el rectángulo cuyos lados estaban en la relación $l : 1$ (rectángulo áureo).

■ Rectángulo áureo

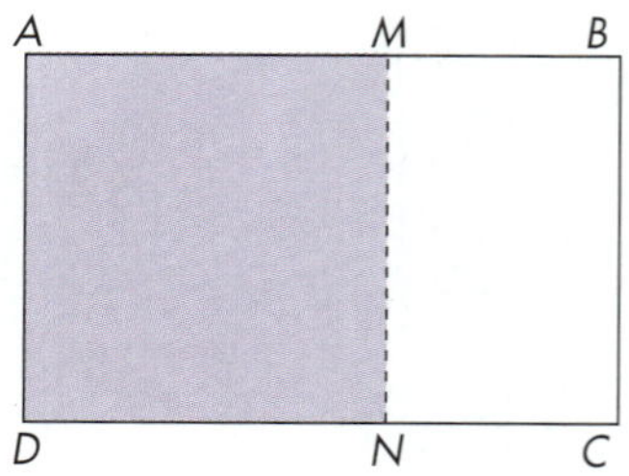

El rectángulo adjunto tiene la peculiaridad de que si le suprimimos un cuadrado, el rectángulo que queda, *MBCN*, es semejante al rectángulo inicial *ABCD*. Comprueba que, en tal caso, dicho rectángulo es áureo, es decir,

$$\frac{\overline{AB}}{\overline{AD}} = \Phi \quad \text{(número de oro)}$$

Construcción del número áureo

En la página anterior has obtenido, por dos caminos distintos, que el valor numérico de Φ es $\frac{\sqrt{5}+1}{2}$.

La construcción que aparece al margen sirve para obtener gráficamente el valor de Φ a partir de un segmento unidad.

Comprueba que si $\overline{AB} = 1$, entonces $\overline{BD} = \Phi$.

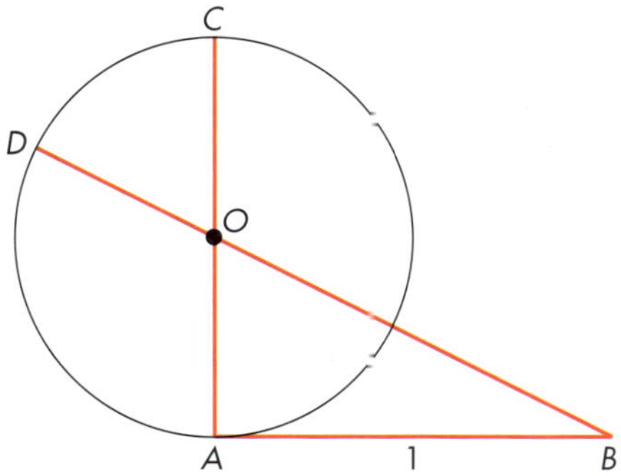

PANORAMA DEL TEMA

- El número áureo es el primer número del que se tuvo conciencia de que no era racional (es decir, que no se podía poner como cociente de dos enteros). Recordaremos los **distintos tipos de números** y cómo se representan en la recta.

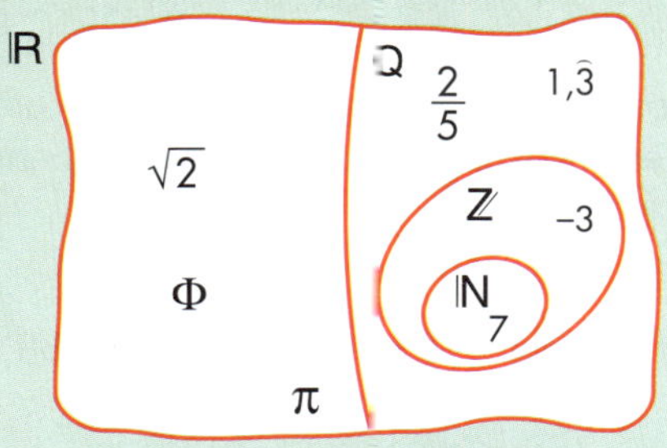

- **Intervalos**. Con frecuencia hemos de referirnos al conjunto de todos los números que hay en un tramo de recta. Aprenderemos su nomenclatura y su manejo.

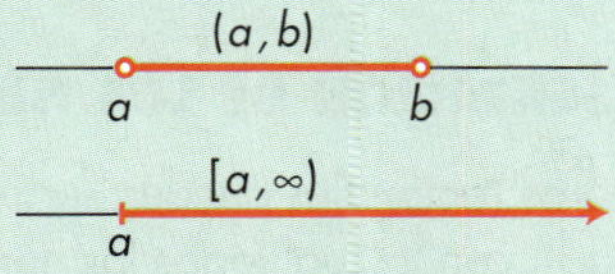

- **Números aproximados**. Los números decimales permiten expresar de forma exacta o tan aproximada como queramos cualquier número real. Es importante controlar el error cometido cuando se manejan números aproximados.

- **Raíces y logaritmos**. La potenciación tiene dos operaciones inversas:

$$a^n = b \;\begin{cases} \nearrow \; a = \sqrt[n]{b} \\ \searrow \; n = \log_a b \end{cases}$$

La radicación. Recordaremos las propiedades de los radicales y repasaremos su manejo.

Aprenderemos una nueva operación: "*¿Cuál es el exponente al que hay que elevar a para obtener b?*" Se llama **logaritmo** y su utilización es muy interesante porque permite transformar productos y cocientes en sumas y restas, lo cual, en ocasiones, resulta muy ventajoso.

1.1 NÚMEROS RACIONALES

Los **números naturales** son 0, 1, 2, 3, ..., 10, 11, 12, ... Hay infinitos. Sirven para *contar* los elementos de un conjunto ("en esta clase hay 34 alumnos") y para ordenarlos ("alfabéticamente, ocupo el lugar décimocuarto"). El conjunto de todos los números naturales se designa por $\mathbb{N}$.

El conjunto de los **números enteros,** $\mathbb{Z}$, consta de los naturales y sus opuestos (los enteros negativos). Con ellos se completan las tareas de contar (cantidades negativas como, por ejemplo, saldos deudores) y de ordenar ("año 1 200 a. C.", "piso –3").

Para expresar medidas se necesitan los **números fraccionarios** (partes de la unidad). Los fraccionarios junto con los enteros forman el conjunto de los **números racionales,** $\mathbb{Q}$.

Los **números racionales** se caracterizan porque *pueden expresarse en forma de fracción,* es decir, *como cociente de dos números enteros.*

$$x \in \mathbb{Q} \Leftrightarrow \text{existen } a, b \in \mathbb{Z} \text{ tales que } x = \frac{a}{b}$$

Los números racionales también se caracterizan por su forma decimal: o bien son enteros o bien tienen una expresión decimal finita o periódica.

Por ejemplo: $-5 = \frac{-5}{1}$; $\frac{47}{25} = 1{,}88$; $\frac{11}{9} = 1{,}222... = 1{,}\widehat{2}$ son números racionales.

REPRESENTACIÓN DE LOS NÚMEROS RACIONALES SOBRE LA RECTA

Los números racionales pueden ser representados sobre la recta. Para ello basta situar el 0 (origen) y el 1 (unidad), con lo cual todos los números racionales tienen un lugar exacto sobre la recta.

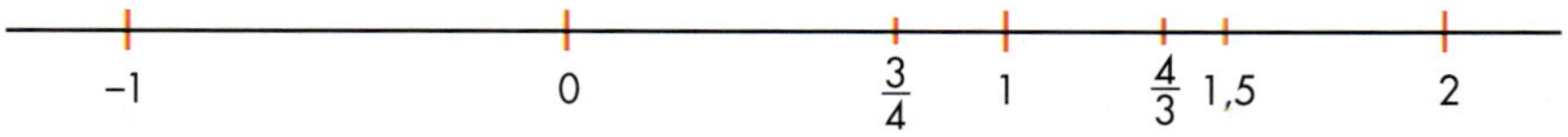

Entre cada dos números racionales hay otros infinitos, pues

si x_1 y x_2 son racionales, el punto medio $x_3 = \frac{x_1 + x_2}{2}$ también es racional,

y también los puntos medios entre x_1, x_3, entre x_3, x_2, etc.

De este modo se ve que:

En cualquier intervalo de la recta, por pequeño que sea, hay infinitos números racionales. Por eso decimos que el conjunto $\mathbb{Q}$ es **denso**.

1.2 NÚMEROS NO RACIONALES

El número $\sqrt{2}$ no es racional. Vamos a demostrarlo. Lo vamos a hacer *por reducción al absurdo,* que consiste en suponer que $\sqrt{2}$ sí es racional y mediante una cadena lógica ver que se llega a algo absurdo.

Suponemos que $\sqrt{2}$ es racional.

En tal caso, se puede poner como cociente de dos números enteros: $\sqrt{2} = \frac{a}{b}$

Elevamos al cuadrado los dos miembros: $2 = \frac{a^2}{b^2} \rightarrow a^2 = 2b^2$

Como b^2 es un cuadrado perfecto, contiene el factor 2 un número par de veces. Por tanto, $2b^2$ tiene el factor 2 un número impar de veces, lo cual es imposible por ser $2b^2 = a^2$ otro cuadrado perfecto.

De este modo completamos el siguiente razonamiento: "Si suponemos que $\sqrt{2}$ es racional, llegamos a un absurdo".

> En la descomposición en factores primos de un cuadrado perfecto, cada número primo está un número par de veces. Por ejemplo:
>
> $N = 2^2 \cdot 3 \cdot 5^3$
>
> $N^2 = (2^2 \cdot 3 \cdot 5^3)^2 = 2^4 \cdot 3^2 \cdot 5^6$
>
> Todos los exponentes son pares.

Y así hemos demostrado, *por reducción al absurdo*, que $\sqrt{2}$ no es racional.

NÚMEROS IRRACIONALES

Los números *no racionales* se llaman **irracionales**. Acabamos de demostrar que $\sqrt{2}$ es irracional. Análogamente se probaría que:

- Si p no es cuadrado perfecto, $\sqrt{p}$ es irracional.
- En general, si p es un número entero y $\sqrt[n]{p}$ no es un número entero (es decir, p no es una potencia n-ésima), entonces $\sqrt[n]{p}$ es irracional.

También es irracional el número π.

Puesto que los números decimales exactos o periódicos son racionales, *los números irracionales tienen una expresión decimal infinita no periódica.*

> La expresión decimal de un número irracional tiene infinitas cifras no periódicas.
>
> También en cualquier intervalo de la recta, por pequeño que sea, hay infinitos números irracionales. Por tanto, el conjunto de los números irracionales es **denso**.

1.3 LOS NÚMEROS REALES. LA RECTA REAL

El conjunto formado por los números racionales y los irracionales se llama **conjunto de los números reales** y se designa por $\mathbb{R}$.

Cada punto de la recta corresponde a un número racional o a un número irracional. Por eso a la recta númerica la llamamos **recta real.**

APROXIMACIÓN DECIMAL DE UN NÚMERO REAL

Como hemos visto en páginas anteriores:

- Los números racionales se pueden poner mediante una expresión decimal finita o periódica.
- Los números irracionales se expresan mediante infinitas cifras decimales no periódicas.

Todo número real puede representarse sobre la recta real, dependiendo de cómo sea el número:

- **Entero o decimal exacto.** Por ejemplo, 3,47:

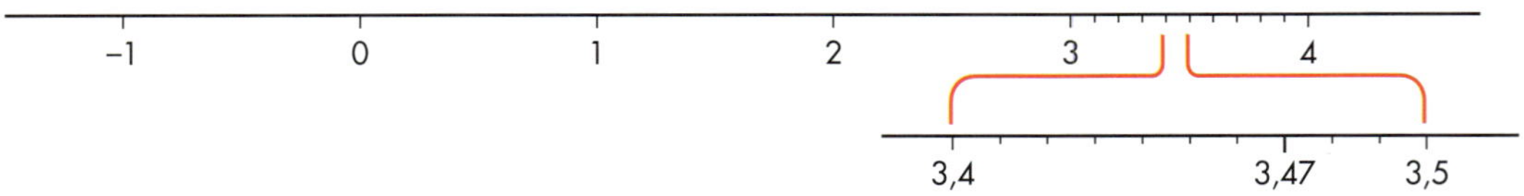

- **Decimal periódico.** Puede expresarse en forma de **fracción** y, de este modo, se representa fácilmente.

  Por ejemplo: $0{,}83333\ldots = 0{,}8\widehat{3} = \dfrac{5}{6}$

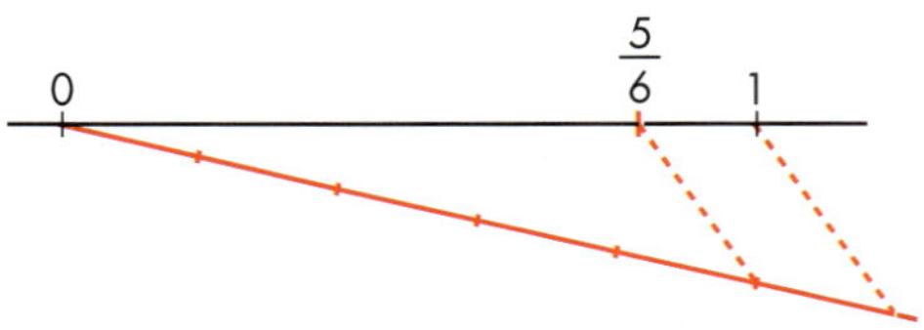

- Si un número irracional es **radical cuadrático** ($\sqrt{2}$, $\sqrt{10}$ ...) o una combinación de ellos, se puede representar construyendo triángulos rectángulos (teniendo en cuenta el teorema de Pitágoras).

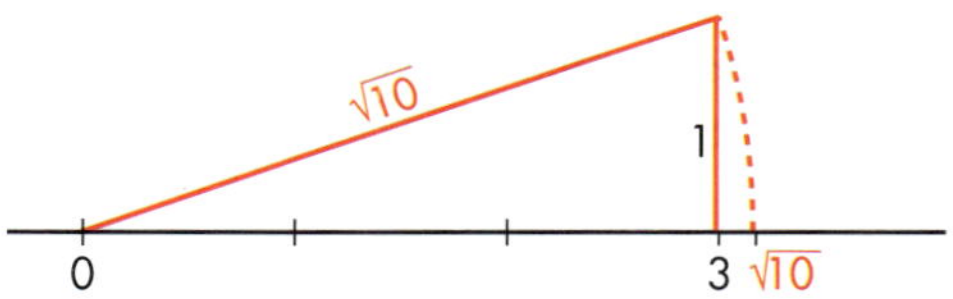

- Si un **número irracional** viene dado por su **expresión** decimal, podemos representarlo de forma aproximada mediante el proceso que describimos a la derecha para representar $\sqrt{3} = 1{,}732\ldots$

  Está situado en el segmento rojo, que es una centésima parte del intervalo 1,7 – 1,8. En la recta inicial sería más fino que la punta de un alfiler. Pero aún podríamos seguir afinando más, tanto como quisiéramos.

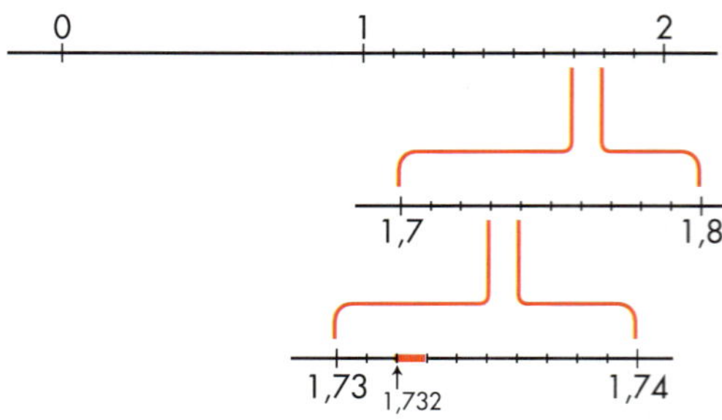

Los números reales pueden ser representados en la recta real, según los casos, de forma exacta o con tanta aproximación como queramos.

1.4 INTERVALOS Y SEMIRRECTAS

Para designar algunos tramos de la recta real existe una nomenclatura que debes conocer:

NOMBRE	SÍMBOLO	SIGNIFICADO	REPRESENTACIÓN
Intervalo abierto	(a, b)	$\{x \mathbin{/} a < x < b\}$ Números comprendidos entre *a* y *b*.	
Intervalo cerrado	$[a, b]$	$\{x \mathbin{/} a \le x \le b\}$ Números comprendidos entre *a* y *b*, éstos incluidos.	
Intervalo semiabierto	$(a, b]$	$\{x \mathbin{/} a < x \le b\}$	
	$[a, b)$	$\{x \mathbin{/} a \le x < b\}$	
Semirrecta	$(-\infty, a)$	$\{x \mathbin{/} x < a\}$ Números menores que *a*.	
	$(-\infty, a]$	$\{x \mathbin{/} x \le a\}$ Números menores que *a* y el propio *a*.	
	(a, ∞)	$\{x \mathbin{/} a < x\}$ Números mayores que *a*.	
	$[a, \infty)$	$\{x \mathbin{/} a \le x\}$ Números mayores que *a* y el propio *a*.	

Cuando queremos nombrar un conjunto de puntos formado por dos o más de estos intervalos se utiliza el signo $\cup$ entre ellos.

EJEMPLOS

1. "Números mayores que 3" = $(3, \infty)$

2. $\{x \mathbin{/} 2 \le x < 5\} = [2, 5)$

3. $\{x \mathbin{/} 3 \le x \le 7\} = [3, 7]$

4. "Números menores que 1 excluyendo el 0" = $(-\infty, 0) \cup (0, 1)$

5. $\{x \mathbin{/} x^2 \ge 4\} = \{x \le -2\} \cup \{x \ge 2\} = (-\infty, -2] \cup [2, \infty)$

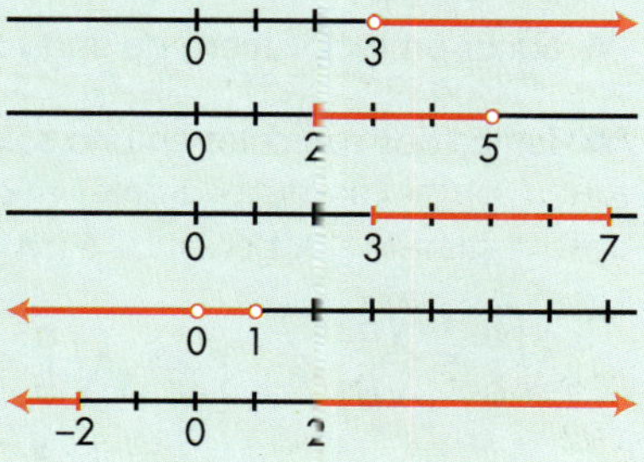

EJERCICIOS

1 Representa los siguientes conjuntos numéricos:

a) $(-3, -1)$ b) $[4, \infty)$ c) $[-2, 5)$ d) $[-2, 5) \cup (5, 7]$

e) $(-\infty, 0) \cup (3, \infty)$ f) $(-\infty, 1) \cup (1, \infty)$ g) $[-5, -3) \cup (3, 5]$

1.5 RADICALES

Recordemos que $\sqrt[n]{a} = b \Leftrightarrow a = b^n$

$\sqrt[n]{a}$ se llama **radical**, a **radicando** y n **índice** de la raíz.

- Si $a \geq 0$, $\sqrt[n]{a}$ existe cualquiera que sea a.
- Si $a < 0$, $\sqrt[n]{a}$ sólo existe para valores impares de n.

Forma exponencial de los radicales

$\sqrt[n]{a} = a^{\frac{1}{n}}$, pues $\left(a^{\frac{1}{n}}\right)^n = a^{\frac{n}{n}} = a$

$\sqrt[n]{a^m} = a^{\frac{m}{n}}$, pues $\sqrt[n]{a^m} = (a^m)^{\frac{1}{n}} = a^{m \cdot \frac{1}{n}} = a^{\frac{m}{n}}$

PROPIEDADES DE LOS RADICALES

1. $\sqrt[np]{a^p} = \sqrt[n]{a}$ pues $\sqrt[np]{a^p} = a^{\frac{p}{np}} = a^{\frac{1}{n}} = \sqrt[n]{a}$

Aplicaciones

- Simplificar radicales. Por ejemplo: $\sqrt[4]{9} = \sqrt[4]{3^2} = \sqrt{3}$
- Reducir radicales a índice común. Por ejemplo, para comparar $\sqrt[3]{586}$ con $\sqrt{70}$:

  $\sqrt[3]{586} = \sqrt[6]{586^2} = \sqrt[6]{343\,396}$, $\sqrt{70} = \sqrt[6]{70^3} = \sqrt[6]{343\,000}$. Por tanto, $\sqrt[3]{586} > \sqrt{70}$

2. $\sqrt[n]{a \cdot b} = \sqrt[n]{a} \cdot \sqrt[n]{b}$ pues $\sqrt[n]{a \cdot b} = (a \cdot b)^{\frac{1}{n}} = a^{\frac{1}{n}} \cdot b^{\frac{1}{n}} = \sqrt[n]{a}\,\sqrt[n]{b}$

Aplicaciones

- Sacar un factor fuera de una raíz. Por ejemplo: $\sqrt{18} = \sqrt{9 \cdot 2} = \sqrt{9}\,\sqrt{2} = 3\sqrt{2}$
- Juntar dos radicales en uno solo. Por ejemplo: $\sqrt{15} \cdot \sqrt{20} = \sqrt{15 \cdot 20} = \sqrt{300}$

3. $\sqrt[n]{\frac{a}{b}} = \frac{\sqrt[n]{a}}{\sqrt[n]{b}}$ pues $\sqrt[n]{\frac{a}{b}} = \left(\frac{a}{b}\right)^{\frac{1}{n}} = \frac{a^{1/n}}{b^{1/n}} = \frac{\sqrt[n]{a}}{\sqrt[n]{b}}$

Aplicaciones

- Junto a las propiedades **1** y **2**, sirve para poner productos y cocientes de radicales bajo una sola raíz. Por ejemplo:

$$\frac{\sqrt{3} \cdot \sqrt[3]{4}}{\sqrt[6]{24}} = \frac{\sqrt[6]{3^3} \cdot \sqrt[6]{4^2}}{\sqrt[6]{2^3 \cdot 3}} = \sqrt[6]{\frac{3^3 \cdot 2^4}{2^3 \cdot 3}} = \sqrt[6]{2 \cdot 3^2} = \sqrt[6]{18}$$

4. $\left(\sqrt[n]{a}\right)^p = \sqrt[n]{a^p}$ pues $\left(\sqrt[n]{a}\right)^p = \left(a^{\frac{1}{n}}\right)^p = a^{\frac{1}{n}\cdot p} = (a^p)^{\frac{1}{n}} = \sqrt[n]{a^p}$

5. $\sqrt[m]{\sqrt[n]{a}} = \sqrt[mn]{a}$ pues $\sqrt[m]{\sqrt[n]{a}} = \left(a^{\frac{1}{n}}\right)^{\frac{1}{m}} = a^{\frac{1}{n}\cdot\frac{1}{m}} = a^{\frac{1}{n\cdot m}} = \sqrt[mn]{a}$

6. Dos radicales distintos no pueden sumarse si no es obteniendo sus expresiones decimales aproximadas. Sólo pueden sumarse radicales idénticos.

Por ejemplo, $\sqrt{3} + \sqrt{2}$ o $\sqrt{7} + \sqrt[3]{7}$ sólo pueden realizarse de forma aproximada o dejándolas indicadas.

Sí pueden simplificarse $7\sqrt{5} + 11\sqrt{5} - \sqrt{5} = 17\sqrt{5}$

Hay casos en los que la posibilidad de simplificar una suma de radicales queda oculta. Por ejemplo:

$$\sqrt{8} + \sqrt{18} + \sqrt[4]{2\,500} = \sqrt{2^3} + \sqrt{3^2\cdot 2} + \sqrt[4]{2^2\cdot 5^4} = 2\sqrt{2} + 3\sqrt{2} + 5\sqrt{2} = 10\sqrt{2}$$

7. **Racionalización de denominadores.** A veces conviene suprimir las raíces del denominador. Para ello hay que multiplicarlo por la expresión adecuada. Naturalmente, el numerador también se multiplicará por esa misma expresión.

Por ejemplo:

$$\frac{1}{\sqrt[3]{25}} = \frac{1}{\sqrt[3]{5^2}} = \frac{\sqrt[3]{5}}{\sqrt[3]{5^2}\cdot\sqrt[3]{5}} = \frac{\sqrt[3]{5}}{5}$$

$$\frac{1}{5-\sqrt{3}} = \frac{5+\sqrt{3}}{(5-\sqrt{3})(5+\sqrt{3})} = \frac{5+\sqrt{3}}{5^2-(\sqrt{3})^2} = \frac{5+\sqrt{3}}{22}$$

EJERCICIOS

1 Simplifica: a) $\sqrt[12]{x^9}$ b) $\sqrt[12]{x^8}$ c) $\sqrt[5]{y^{10}}$ d) $\sqrt[6]{8}$ e) $\sqrt[9]{64}$ f) $\sqrt[8]{81}$

2 ¿Cuál de los dos es mayor en cada caso?

a) $\sqrt[4]{31}$ y $\sqrt[3]{13}$ b) $\sqrt[3]{51}$ y $\sqrt[9]{132\,650}$

3 Reduce:

a) $\sqrt[3]{2}\ \sqrt[5]{2}$ b) $\sqrt[3]{9}\ \sqrt[6]{3}$ c) $\sqrt[10]{a^4 b^6}$

4 Saca del radical todos las factores posibles:

a) $\sqrt[3]{32x^4}$ b) $\sqrt[3]{81a^3 b^5 c}$ c) $\sqrt[5]{64}$

5 Simplifica:

a) $\dfrac{\sqrt{9}}{\sqrt[3]{3}}$ b) $\dfrac{\sqrt[5]{16}}{\sqrt{2}}$ c) $\dfrac{\sqrt[4]{a^3 b^5 c}}{\sqrt{ab^3 c^3}}$

d) $\left(\sqrt[3]{a^2}\right)^6$ e) $\left(\sqrt{x}\right)^3\left(\sqrt[3]{x}\right)$ f) $\left(\sqrt{\sqrt{\sqrt{2}}}\right)^8$

6 Efectúa:

a) $\sqrt{18} + \sqrt{50} - \sqrt{2} - \sqrt{8}$ b) $\sqrt{50a} - \sqrt{18a}$

7 Racionaliza los denominadores:

a) $\dfrac{5}{\sqrt[3]{2}}$ b) $\dfrac{\sqrt{5}}{\sqrt{7}}$ c) $\dfrac{3}{2-\sqrt{3}}$ d) $\dfrac{4}{\sqrt{3}+\sqrt{2}}$

1.6 EXPRESIÓN DECIMAL APROXIMADA. ERRORES

Los números reales pueden expresarse en forma decimal exacta o aproximada.

Por ejemplo, $\frac{3}{4} = 0{,}75$ $\frac{4}{3} \approx 1{,}333$ $\sqrt{2} \approx 1{,}4142$

EXPRESIÓN APROXIMADA DE UN NÚMERO

Cuando utilizamos los números decimales para expresar mediciones concretas, se deben dar con una cantidad adecuada de cifras significativas:

- Sería absurdo decir que la capacidad de un pantano, en miles de litros, es de 42 509 619 (8 cifras significativas). Es más razonable decir que tiene 42 500 millones de litros o, mejor, 42,5 hm^3 (3 cifras significativas).
- Por mucho que afinemos en los cálculos, no sería razonable decir que la altura de un árbol es 15,496 m. Es una valoración más sensata 15,5 m (3 cifras significativas).
- Los presupuestos del Estado se expresan en billones de pesetas. Por ejemplo, 16,85 billones (4 cifras significativas).

Se llaman **cifras significativas** a aquéllas con las que se expresa un número aproximado.

Sólo se deben utilizar aquéllas cuya exactitud nos conste.

Las estimaciones que hacemos en la vida corriente, sin ánimo de que sean muy precisas, tienen una o, a lo sumo, dos cifras significativas: "La superficie ajardinada del parque tiene setecientos cuarenta y tantos metros cuadrados".

Una cantidad dada con tres cifras significativas afina mucho. Con cuatro estamos siendo extremadamente precisos. Sólo mediciones altamente científicas superan las cuatro cifras significativas.

EJERCICIOS

1 Expresa con un número razonable de cifras significativas las siguientes cantidades:

- Visitantes anuales a cierta exposición: 1 345 589 personas.
- Asistentes a una manifestación ecológica: 125 341 personas.
- Bacterias en 1 dm^3 de cierto preparado: 203 305 123 bacterias.
- Número de gotas de agua que hay en una piscina: 8 249 327 741 gotas.
- Número de granos en un saco de arena de 50 kg: 2 937 248 granos.

CONTROL DEL ERROR COMETIDO

Cuando damos una medida aproximada, estamos cometiendo un error que consiste en la diferencia entre el valor exacto y el valor aproximado. Se llama **error absoluto**.

En general, el error absoluto es desconocido, pero puede controlarse. Por ejemplo, cuando decimos que la altura de un árbol es 47 m, aproximadamente, es posible que podamos asegurar que mide entre 46,5 y 47,5. En tal caso, el error cometido sería menor que 0,5 m.

$$\text{Error absoluto} < 0{,}5 \text{ m}$$

0,5 m es una **cota del error absoluto**.

No es lo mismo decir que el error de medición es menor que medio metro cuando medimos la altura de una casa de un piso, o cuando medimos la de una casa de cuarenta pisos. Por eso se define el **error relativo**, que es la relación entre el error absoluto y el valor real.

Error absoluto es la diferencia entre el valor real y el valor de la medición.

Error relativo es el cociente entre el error absoluto y el valor real.

Error absoluto = Valor real – Valor de la medición **Error relativo** = $\dfrac{\text{Error absoluto}}{\text{Valor real}}$

Si sabemos que $|\text{Error absoluto}| < \varepsilon$, decimos que ε es una **cota del error absoluto**.

En tal caso, $\dfrac{\varepsilon}{\text{Valor real}} < \dfrac{\varepsilon}{\text{Valor de la medición} - \varepsilon}$. Ésta es una **cota del error relativo**.

Al utilizar números decimales para dar valores aproximados, el error absoluto es menor que media unidad del orden de la última cifra significativa utilizada.

El error relativo es tanto menor cuantas más cifras significativas demos correctamente.

EJEMPLO

Si la medición del área de un campo es de 370 miles de metros cuadrados, el error absoluto es menor que mil metros cuadrados y el error relativo menor que 1/370.

En las cantidades aproximadas es frecuente que los ceros situados al final no sean cifras significativas. Si así fuera, en la medición anterior el error absoluto sería menor que 10 000 m^2 y el relativo menor que 1/37.

EJERCICIOS

2 Da una cota del error absoluto y otra del error relativo en las cantidades que has expresado en el ejercicio de la página anterior.

1.7 NOTACIÓN CIENTÍFICA

Los números siguientes están puestos en notación científica:

$2,48 \cdot 10^{14}$ $(= 2\underbrace{48\,000\,000\,000\,000}_{14 \text{ cifras}})$ $7,561 \cdot 10^{-18}$ $(= 0,\underbrace{000\,000\,000\,000\,000\,007}_{18 \text{ cifras}}\,561)$

La notación científica tiene sobre la usual la siguiente ventaja: las cifras se nos dan contadas, con lo que el orden de magnitud del número es evidente. Esta notación es útil, sobre todo, para expresar números muy grandes o muy pequeños.

Un número puesto en notación científica consta de:

- Una parte entera formada por una sola cifra que no es el cero (la de las unidades).
- El resto de las cifras significativas puesto como parte decimal.
- Una potencia de base 10 que da el orden de magnitud del número.

$$N = a,\underbrace{b\,c\,d\ldots}\cdot 10^{n}$$

parte entera (sólo una cifra) — parte decimal — potencia entera de base 10

Si n es positivo, el número N es "grande". Y si n es negativo, N es "pequeño".

OPERACIONES CON NÚMEROS EN NOTACIÓN CIENTÍFICA

Para operar con números dados en notación científica se procede de forma natural, teniendo en cuenta que cada número está formado por dos factores: la expresión decimal y la potencia de base 10.

El producto y el cociente son inmediatos, mientras que la suma y la resta exigen preparar los sumandos de modo que tengan todos la misma potencia de base 10.

EJEMPLOS

Producto: $(5,24 \cdot 10^6) \cdot (6,3 \cdot 10^8) = 33,012 \cdot 10^{14} = 3,3012 \cdot 10^{15}$

Cociente: $\dfrac{5,24 \cdot 10^6}{6,3 \cdot 10^{-8}} = (5,24 : 6,3) \cdot 10^{6-(-8)} = 0,8317 \cdot 10^{14} = 8,317 \cdot 10^{13}$

Observa que en los dos ejemplos anteriores hemos tenido que "arreglar" la solución final para que adopte la notación científica: sólo una cifra en la parte entera.

Sumas y restas: $5,83 \cdot 10^9 + 6,932 \cdot 10^{12} - 7,5 \cdot 10^{10} = 5,83 \cdot 10^9 + 6\,932 \cdot 10^9 - 75 \cdot 10^9 =$
$= (5,83 + 6\,932 - 75) \cdot 10^9 = 6\,862,83 \cdot 10^9 = 6,86283 \cdot 10^{12}$

Observa que, antes de efectuar las sumas, hemos puesto las tres potencias de base 10 con el mismo exponente para poder sacarla factor común.

CALCULADORA PARA LA NOTACIÓN CIENTÍFICA

- **Interpretación:** [5.74901 09] significa $5{,}74901 \cdot 10^9$
- **Escritura:** Para poner $5{,}74901 \cdot 10^9 \rightarrow 5{,}74901$ (EXP) 9

  Para poner $2{,}94 \cdot 10^{-13} \rightarrow 2{,}94$ (EXP) 13 (+/−)
- **Operaciones:** Las operaciones se encadenan como si fueran números cualesquiera. La propia calculadora, al presionar la tecla (=), da el resultado en forma científica.

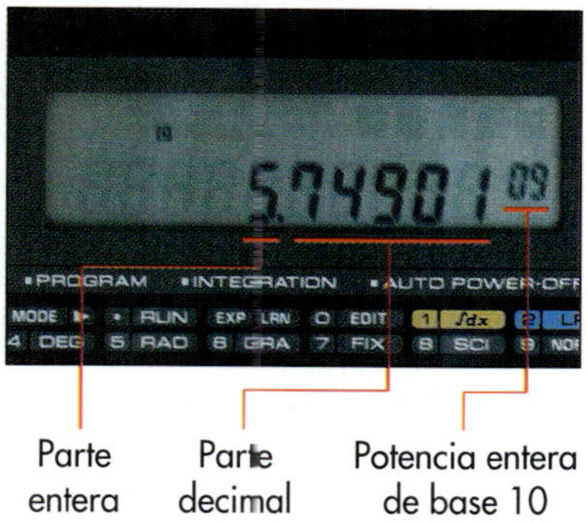

MODO CIENTÍFICO (SCI)

El modo SCI hace que la calculadora trabaje siempre con números en notación científica y, además, con la cantidad de cifras significativas que previamente le hayamos indicado.

Por ejemplo, con una calculadora en la que se accede al modo SCI mediante la secuencia (MODE) (8), deseamos trabajar con la notación científica utilizando cuatro cifras significativas. Haremos:

Preparación de la calculadora (MODE) (8) (4) [0.000 00]

Multipliquemos $(3\,475\,980\,000) \cdot (1{,}27 \cdot 10^{-5})$:

(Introducción del primer factor) 3 475 980 000 (×) [3.476 09]

(Introducción del segundo factor y ejecución del producto) 1,27 (EXP) 5 (+/−) (=) [4.414 04]

Observaciones

Cuando la calculadora está en MODO SCI, admite expresiones no científicas, pero al darle a una tecla de operación o al (=), pone el número en notación científica, con las cifras significativas deseadas, redondeando.

La calculadora conserva en su memoria los dígitos que no exhibe en la pantalla.

Si en el ejemplo anterior ponemos la calculadora en el MODO NORMAL (MODE (9)), inmediatamente se muestra en la pantalla el resultado con todas las cifras: [44144.946]

Para designar órdenes de magnitud (grandes o pequeños) existen algunos prefijos.

Muchos de ellos ya los conoces al usarlos en el sistema métrico decimal. Por ejemplo, *centi, mili, deci, hecto, kilo, ...*

Hay otros que debes conocer:

giga (mil millones): 10^9

mega (un millón): 10^6

micro (una millonésima): 10^{-6}

nano (una milmillonésima): 10^{-9}

giga:	10^9
mega:	10^6
kilo:	10^3
hecto:	10^2
deca:	10
deci:	10^{-1}
centi:	10^{-2}
mili:	10^{-3}
micro:	10^{-6}
nano:	10^{-9}

1.8 LOGARITMOS

Realiza con tu calculadora las siguientes operaciones y observa que se obtienen los resultados que se indican:

10 [log]	1	$10^1 = 10$,	$log\ 10 = 1$	
100 [log]	2	$10^2 = 100$,	$log\ 100 = 2$	$log\ 10^n = n$
100 000 [log]	5	$10^5 = 100\ 000$,	$log\ 100\ 000 = 5$	

[log] aplicado a una potencia de base 10 nos da el exponente de dicha potencia.

Veamos con otros números que no sean potencias de base 10:

50 [log] 1.698970004 [Min] 50 [x^y] [MR] [=] 50

$\underbrace{1.698970004}_{log\ 50}$ $\quad$ $\underbrace{50\ [x^y]\ [MR]}_{10^{log\ 50}}$

[log] aplicado a 50 es un número. Si elevamos 10 a ese número, obtenemos 50.

En general, [log] aplicado a un número P nos da un número x tal que $10^x = P$.

Se llama **logaritmo decimal** de un número P, y se designa $log\ P$, al exponente al que hay que elevar el 10 para obtener P.

$$x = log\ P \Leftrightarrow 10^x = P$$

La tecla [log] nos da el logaritmo decimal del número que había en la pantalla.

LOGARITMOS DE BASE CUALQUIERA

Si $a > 0$, se llama **logaritmo en base *a*** de P, y se designa $log_a\ P$, al exponente al que hay que elevar la base a para obtener P.

$$log_a\ P = x \Leftrightarrow a^x = P$$

Para obtener $log_a\ P$ con calculadora aplicaremos la siguiente relación:

$$log_a\ P = \frac{log\ P}{log\ a}$$

P [log] [÷] a [log] [=]

Los logaritmos son interesantes porque permiten despejar una incógnita que se encuentre en un exponente, pues se cumple la siguiente relación: $log_a\ P^n = n\ log_a\ P$

EJEMPLOS

$log_2\ 8 = 3$, pues $2^3 = 8$

$log_5\ 25 = 2$, pues $5^2 = 25$

$log_2 \frac{1}{8} = -3$, pues $2^{-3} = \frac{1}{2^3} = \frac{1}{8}$

$log_5\ 0{,}2 = -1$, pues $5^{-1} = \frac{1}{5} = 0{,}2$

Con calculadora: $log_5\ 80 = log\ 80 / log\ 5 = 2{,}7227$

(80 [log] [÷] 5 [log] [=] 2.722706232)

EJERCICIOS Y PROBLEMAS RESUELTOS

1 PROBLEMA ARITMÉTICO

Una empresa de riego dispone de dos tomas de agua para llenar sus camiones cisterna. La primera llena una cisterna en 15 minutos y la segunda en 10 minutos. ¿Cuánto tardará en llenarse una cisterna si se utilizan las dos tomas simultaneamente?

Resolución

IDEA CLAVE: *¿Qué parte de la cisterna llenan en 1 minuto?*

Toma 1 → En un minuto llena $\frac{1}{15}$ de la cisterna.

Toma 2 → En un minuto llena $\frac{1}{10}$ de la cisterna.

Entre las dos → En un minuto llenan $\frac{1}{15} + \frac{1}{10} = \frac{5}{30} = \frac{1}{6}$.

Si entre las dos llenan $\frac{1}{6}$ de la cisterna cada minuto, necesitarán 6 min para llenar la cisterna entera.

2 PROBLEMA ARITMÉTICO

En un pueblo los 5/7 de los hombres están casados con los 3/5 de las mujeres. Si nunca se casan con forasteros, ¿cuál es la proporción de solteros en ese pueblo?

Resolución

IDEA CLAVE: *El número de hombres y mujeres casados es el mismo.*

Sea h el número de hombres y m el de mujeres:

$$\frac{5}{7}h = \frac{3}{5}m \rightarrow \frac{h}{m} = \frac{21}{25}$$

De cada 46 personas, 21 son hombres y 25 mujeres.

Los $\frac{2}{7}$ de los hombres son solteros → $\frac{2}{7} \cdot 21 = 6$

Los $\frac{2}{5}$ de las mujeres son solteras → $\frac{2}{5} \cdot 25 = 10$

Por tanto hay $6 + 10$ personas solteras de cada 46.

La proporción de solteros es $\frac{16}{46} = \frac{8}{23}$

3 PROBLEMA ARITMÉTICO

Analiza en cuál de estas dos ofertas te hacen mayor descuento si el precio que figura en la etiqueta es el mismo:

Oferta A: Compre 5 y regalamos 1. *Oferta B: Compre 5 y pague 4.*

Resolución

IDEA CLAVE: *¿Qué parte del precio marcado se paga por unidad?*

	PAGAMOS	LLEVAMOS	PRECIO POR UNIDAD
A →	5	6	$\frac{5}{6} = 0{,}8\widehat{3}$ del precio de la etiqueta
B →	4	5	$\frac{4}{5} = 0{,}8$ del precio de la etiqueta

Es mejor la oferta B porque en ella nos descuentan: $1 - 0{,}80 = 0{,}20$, un 20%.

4 POTENCIAS

Efectúa las siguientes operaciones utilizando las potencias y sus propiedades:

a) $\dfrac{2^5 \cdot 6^{-3} \cdot (-3)^8}{18^{-2} \cdot (-12)^3}$ b) $\sqrt[3]{a^2} \cdot \sqrt[4]{a^{-2}} \sqrt{\dfrac{1}{a}}$

Resolución

a) Descomponemos 6, 12 y 18 en factores primos:

$$\frac{2^5 \cdot (2 \cdot 3)^{-3} \cdot (-3)^8}{(2 \cdot 3^2)^{-2} \cdot (-2^2 \cdot 3)^3} = \frac{2^5 \cdot 2^{-3} \cdot 3^{-3} \cdot 3^8}{2^{-2} \cdot 3^{-4} \cdot -2^6 \cdot 3^3} = \frac{2^2 \cdot 3^5}{-2^4 \cdot 3^{-1}} = \frac{3^6}{-2^2} = \boxed{-2^{-2} \cdot 3^6}$$

b) $\dfrac{\sqrt[3]{a^2} \cdot \sqrt{1/a}}{\sqrt{a}} = \dfrac{a^{2/3} \cdot a^{-1/2}}{a^{1/2}} = a^{2/3-1/2-1/2} = a^{-1/3} = \boxed{\sqrt[3]{\dfrac{1}{a}}}$

5 NOTACIÓN CIENTÍFICA

Efectúa las siguientes operaciones:

a) $\dfrac{5{,}12 \cdot 10^3 \cdot 4{,}2 \cdot 10^7}{1{,}8 \cdot 10^{15}}$ b) $4 \cdot 10^{13} - 7 \cdot 10^{16} + 5{,}3 \cdot 10^{15}$

Resolución

a) • Sin calculadora, lo haríamos así: $\dfrac{5{,}12 \cdot 4{,}2}{1{,}8} \cdot 10^{3+7-15} = 11{,}94\widehat{6} \cdot 10^{-5}$

Pasamos este resultado a notación científica multiplicando y dividiendo por 10 para expresar la parte entera con una sola cifra:

$$11{,}94\widehat{6} \cdot 10^{-5} = \boxed{1{,}194\widehat{6} \cdot 10^{-4}}$$

• Con la calculadora lo hacemos directamente con la tecla EXP:

5.12 EXP 3 × 4.2 EXP 7 ÷ 1.8 EXP 15 = $1{,}1946 \cdot 10^{-4}$

Si previamente seleccionamos el modo SCI con tres cifras significativas y aplicamos la misma secuencia de teclas, el resultado será: $1{,}19 \cdot 10^{-4}$

b) • Manualmente haríamos: $10^{13} (4 - 7 \cdot 10^3 + 5{,}3 \cdot 10^2) = 10^{13} (-6\,466) = \boxed{-6{,}466 \cdot 10^{16}}$

• Con la calculadora: 4 EXP 13 − 7 EXP 16 + 5.3 EXP 15 = $-6{,}466 \cdot 10^{16}$

6 RADICALES

Calcula y simplifica: $\sqrt{32} - \dfrac{\sqrt{50}}{2} + \dfrac{5}{\sqrt{18}}$

Resolución

Simplificamos los radicales y racionalizamos el tercer término:

$$\sqrt{32} = \sqrt{2^5} = 4\sqrt{2} \quad ; \quad \sqrt{50} = \sqrt{2 \cdot 5^2} = 5\sqrt{2}$$

$$\sqrt{18} = \sqrt{2 \cdot 3^2} = 3\sqrt{2} \rightarrow \frac{5}{\sqrt{18}} = \frac{5}{3\sqrt{2}} = \frac{5\sqrt{2}}{6}$$

$$4\sqrt{2} - \frac{5\sqrt{2}}{2} + \frac{5\sqrt{2}}{6} = \left(4 - \frac{5}{2} + \frac{5}{6}\right)\sqrt{2} = \frac{14}{6}\sqrt{2} = \boxed{\frac{7}{3}\sqrt{2}}$$

7 INTERVALOS *Expresa como una desigualdad y como un intervalo la siguiente frase:*
"x es un número mayor o igual que −3 y menor que 5"

Resolución

Como desigualdad: $-3 \leq x < 5$

Representación:

Como intervalo: $[-3, 5)$. Es un intervalo semiabierto.

8 VALOR ABSOLUTO *Recuerda que el valor absoluto de un número se define así:*

$|a| = a \text{ si } a \geq 0 \qquad |a| = -a \text{ si } a < 0$

Explica cuáles son los números que cumplen cada una de estas expresiones:

a) $|x| = 5$ *b)* $|x + 1| = 3$ *c)* $|x| < 4$ *d)* $|x| \geq 10$

Resolución

a) Si $|x| = 5 \begin{cases} x = 5 \\ x = -5 \end{cases}$ b) Si $|x + 1| = 3 \begin{cases} x + 1 = 3 \to x = 2 \\ x + 1 = -3 \to x = -4 \end{cases}$

c) $|x| \leq 4$ x puede ser cualquier número comprendido entre −4 y 4 ambos incluidos. Es decir, $-4 \leq x \leq 4$, o bien x es del intervalo $[-4, 4]$.

d) $|x| > 10$ x puede ser cualquier número mayor que 10 o menor que −10. Es decir, $x < -10$ o $x > 10$, o bien x pertenece a $(-\infty, -10) \cup (10, \infty)$.

9 LOGARITMOS *Calcula, sin utilizar la calculadora:*

a) $\log_5 625$ *b)* $\log 0{,}001$ *c)* $\log_3 \frac{1}{\sqrt{3}}$ *d)* $\log_2 0{,}25$

Resolución

a) Expresamos 625 como 5^4 y aplicamos la definición de logaritmo: $\log_5 625 = \log_5 5^4 = 4$

b) Se trata de un logaritmo decimal (base 10). Por ello: $\log 0{,}001 = \log \frac{1}{1\,000} = \log 10^{-3} = -3$

c) $\log_3 \frac{1}{\sqrt{3}} = \log_3 3^{-1/2} = -\frac{1}{2}$

d) $\log_2 0{,}25 = \log_2 \frac{1}{4} = \log_2 2^{-2} = -2$

10 LOGARITMOS *Calcula el valor de x en cada una de estas expresiones:*

a) $\log_7 x = -2$ *b)* $\log_x 16 = 2$ *c)* $\log 5^x = 12$ *d)* $3^x = 173$

Resolución

a) Aplicamos la definición: $\log_7 x = -2 \to x = 7^{-2} = \frac{1}{49}$

b) Aplicamos la definición: $\log_x 16 = 2 \to x^2 = 16 \to x = 4$

c) $\log 5^x = 12 \xrightarrow{\log p^n = n \log p} x \log 5 = 12 \quad x = 12/\log 5 \simeq 17{,}17$

d) Tomamos logaritmos: $\log 3^x = \log 173 \to x \log 3 = \log 173 \to x = \log 173/\log 3 \simeq 4{,}69$

EJERCICIOS Y PROBLEMAS PROPUESTOS

Números racionales e irracionales

1 Expresa como fracción cada decimal y opera:

$$0,\widehat{12} - 5,\hat{6} - 0,2\hat{3} + 3,1$$

☛ *Recuerda que* $5,\hat{6} = \frac{56-5}{9}$; $0,2\hat{3} = \frac{23-2}{90}$.

2 Demuestra que el producto $4,0\hat{9} \cdot 1,3\hat{9}$ es un decimal exacto.

☛ *Comprueba, pasando a fracción, que los dos factores son decimales exactos.*

3 Calcula: a) $\sqrt{1,\hat{7}}$ b) $\sqrt{\frac{1,\hat{3}}{3}}$

4 Indica cuál, de cada par de números, es mayor:

a) $\frac{140}{99}$ y $\sqrt{2}$ b) $0,52\hat{6}$ y $0,\widehat{526}$

c) $4,\widehat{89}$ y $2\sqrt{6}$ d) $-2,098$ y $-2,1$

5 Observa cómo hemos representado algunos números irracionales:

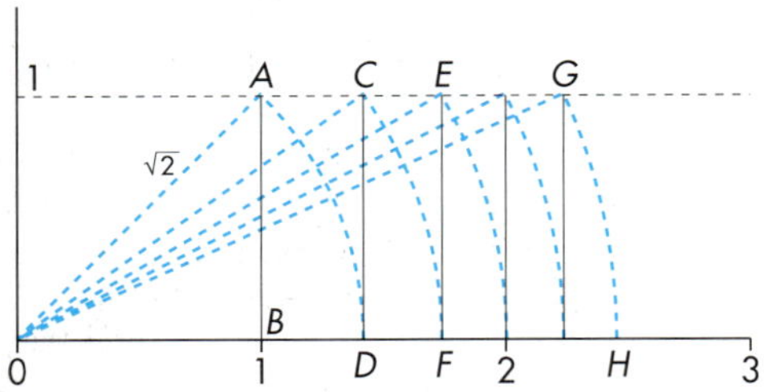

En el triángulo OAB, $\overline{OB} = 1$, $\overline{AB} = 1$ y $\overline{OA} = \sqrt{1^2 + 1^2} = \sqrt{2}$.

Por tanto, el punto D representa a $\sqrt{2}$.

¿Qué números representan los puntos F y H? Justifica tu respuesta.

6 ¿Cuáles son los números racionales a, b, c, d representados en este gráfico?

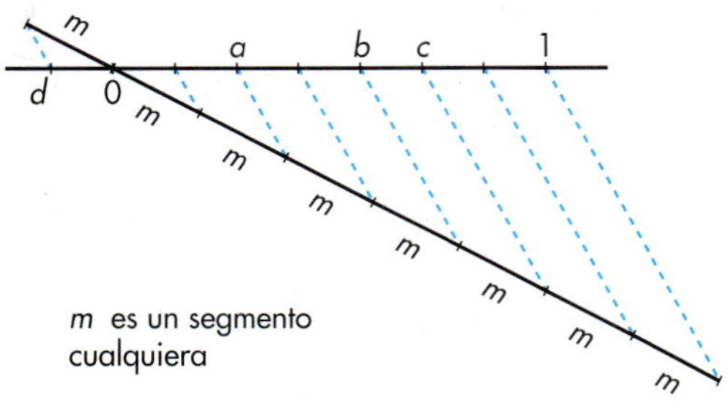

Potencias

7 Calcula utilizando potencias de base 2, 3 y 5:

a) $4 \cdot \frac{1}{3}\left(-\frac{3}{2}\right)^3$ b) $\left(-\frac{1}{2}\right)^4 \cdot \left(\frac{2}{9}\right)^{-1} \cdot \frac{1}{8}$

c) $\frac{(-5)^3\,(-8)^3\,(-9)^2}{15^2 \cdot 20^4}$ d) $\frac{(-30)^{-1} \cdot 15^2}{10^3}$

8 Expresa en forma de potencia, efectúa las operaciones y simplifica:

a) $\frac{\sqrt[4]{a^3} \cdot a^{-1}}{a\sqrt{a}}$ b) $16^{1/4} \cdot \sqrt[3]{\frac{1}{4}} \cdot \frac{1}{\sqrt[6]{4}}$

9 Justifica las igualdades que son verdaderas. Escribe el resultado correcto en las falsas:

a) $\frac{a^2 \cdot b^{-2}}{a^{-2} \cdot b^2} = 1$ b) $(3^{-2})^{-3}\left(\frac{1}{27}\right)^2 = 1$

c) $\frac{3^{-2} - 5^{-2}}{3^{-1} - 5^{-1}} = \frac{8}{15}$ d) $\left(\frac{1}{3}\right)^{-2} - (-3)^{-2} = \frac{80}{9}$

10 Demuestra, utilizando potencias, que:

a) $(0,125)^{1/3} = 2^{-1}$ b) $(0,25)^{-1/2} = 2$

Radicales

11 Simplifica los siguientes radicales:

a) $\sqrt[3]{24}$ b) $\sqrt[6]{27}$ c) $\sqrt[3]{-108}$

d) $\sqrt[12]{64\,y^3}$ e) $\sqrt[4]{\frac{81}{64}}$ f) $\sqrt[8]{625} : \sqrt[4]{25}$

12 Racionaliza los denominadores y simplifica:

a) $\frac{2\sqrt{3}}{\sqrt{18}}$ b) $\frac{2}{\sqrt[3]{2}}$ c) $\frac{\sqrt{2}-1}{\sqrt{2}}$

d) $\frac{3}{3+\sqrt{3}}$ e) $\frac{\sqrt{72} + 3\sqrt{32} - \sqrt{8}}{\sqrt{8}}$

13 Efectúa y simplifica, si es posible:

a) $\sqrt[3]{2} \cdot \sqrt{3}$ b) $\sqrt[3]{a} \cdot \sqrt[3]{\frac{1}{a}}\,\sqrt{a}$

c) $\left(\frac{\sqrt[6]{32}}{\sqrt{8}}\right)^3$ d) $\sqrt[3]{2\sqrt{3}} : \sqrt{\sqrt[3]{4}}$

☛ *En b) y c) puedes expresar los radicales como potencias de bases* a *y 2, respectivamente. En d) puedes introducir el 2 en* $\sqrt{3}$: $2\sqrt{3} = \sqrt{2^2 \cdot 3}$

14 Calcula y simplifica:

a) $\sqrt{98} - \sqrt{50}$ b) $\sqrt{320} + \sqrt{80} - \sqrt{500}$

c) $5\sqrt{125} + 6\sqrt{45} - 7\sqrt{20} + \frac{3}{2}\sqrt{80}$

d) $\sqrt[3]{16} + 2\sqrt[3]{2} - \sqrt[3]{54} - \frac{21}{5}\sqrt[3]{250}$

e) $\sqrt{125} + \sqrt{54} - \sqrt{45} - \sqrt{24}$

f) $\left(\sqrt{2} + \sqrt{3}\right)\left(\sqrt{6} - 1\right)$

Notación científica

15 Efectúa: $\dfrac{2 \cdot 10^{-7} - 3 \cdot 10^{-5}}{4 \cdot 10^{6} + 10^{5}}$

16 Expresa en notación científica y calcula:

$$\frac{60\,000^3 \cdot 0{,}00002^4}{100^2 \cdot 72\,000\,000 \cdot 0{,}0002^5}$$

17 Sean $A = 3{,}2 \cdot 10^7$; $B = 5{,}28 \cdot 10^4$ y $C = 2{,}01 \cdot 10^5$. Calcula $\dfrac{B + C}{A}$.

18 Si $A = 3{,}24 \cdot 10^6$, $B = 5{,}1 \cdot 10^{-5}$, $C = 3{,}8 \cdot 10^{11}$ y $D = 6{,}2 \cdot 10^{-6}$, calcula $\left(\dfrac{A}{B} + C\right) \cdot D$

Intervalos

19 Expresa como desigualdad y como intervalo y represéntalos:

a) x es menor que -5.

b) 3 es menor o igual que x.

c) x está comprendido entre -5 y 1.

d) x está entre -2 y 0, incluidos éstos.

20 Representa gráficamente y expresa como intervalos estas desigualdades:

a) $-3 \le x \le 2$ b) $5 < x$ c) $x \ge -2$

d) $-2 \le x < 3/2$ e) $4 < x < 4{,}1$ f) $-3 \le x$

21 Escribe la desigualdad que verifica todo número x que pertenece a estos intervalos:

a) $[-2, 7]$ b) $[13, \infty)$ c) $(-\infty, 0)$

d) $(-3, 0]$ e) $[3/2, 6)$ f) $(-\infty, \infty)$

22 Expresa como intervalo la parte común de cada pareja de intervalos $(A \cap B)$ e $(I \cap J)$.

a) $A = [-3, 2]$ $B = [0, 5]$

b) $I = [2, \infty)$ $J = (0, 10)$

23 Escribe en forma de intervalos los números que verifican estas desigualdades:

a) $x < 3$ y $x \ge 5$ b) $x > 0$ y $x < 4$

c) $x \ge -1$ y $x > 1$ d) $x < 3$ y $x \le -2$

☛ *Represéntalos gráficamente y si son dos intervalos separados como en a), se escribe así:*

$(-\infty, 3) \cup [5, \infty)$

Aproximación y error

24 Aproxima estos números de forma que la cota del error absoluto sea la indicada en cada caso:

a) 7,0852 $\varepsilon = 0{,}001$

b) 427,85 $\varepsilon = 1$

c) 427,85 $\varepsilon = 0{,}1$

d) 13 429,2 $\varepsilon = 100$

Da, en cada caso, una cota del error relativo.

25 Los tiempos de utilización de una red de comunicaciones se redondean por exceso a cuartos de hora. Aproxima de esta forma los siguientes tiempos: 39 min; 80 min; 117 min.

26 Al medir la longitud de una calle, obtuvimos 1 500 m, con un error absoluto menor que 2 m. Al medir la altura de una habitación, obtuvimos 2,80 m, con un error absoluto menor que 2 cm. ¿Qué medida se hizo con más precisión?

☛ *Calcula la cota del error relativo, tomando como valor real el obtenido al medir, que es una aproximación. La medida más precisa es la que tenga más pequeña la cota del error relativo.*

Logaritmos

27 Calcula, utilizando la definición de logaritmo (sin calculadora).

a) $\log_2 64 + \log_2 \frac{1}{4} - \log_3 9 - \log_2 \sqrt{2}$

b) $\log_2 \frac{1}{32} + \log_3 \frac{1}{27} - \log_2 1$

28 Calcula la base de estos logaritmos:

a) $log_x 125 = 3$ b) $log_x \frac{1}{9} = -2$

29 Calcula el valor de x en estas igualdades:

a) $log\ 3^x = 2$ b) $log\ x^2 = \frac{1}{2}$

c) $7^x = 115$ d) $5^{-x} = 3$

PROBLEMAS ARITMÉTICOS

30 Una parcela de terreno de 45 m de ancho y 70 m de largo cuesta 2 835 000 PTA. ¿Cuánto costará otra parcela de terreno de igual calidad de 60 m × 50 m?

☛ *Calcula cuánto cuesta el metro cuadrado de terreno.*

31 Tres informáticos, trabajando 8 horas diarias, hacen un trabajo en 15 días. ¿Cuánto tardarán en hacer ese mismo trabajo 5 informáticos en jornada de 9 horas?

☛ *¿Cuántas horas lleva hacer todo el trabajo?*

32 Tres socios invierten 1, 4 y 5 millones de pesetas, respectivamente, en un negocio que produce, al cabo de un año, 1 800 000 PTA de beneficio. ¿Cómo se repartirán estos beneficios?

☛ *¿Cuántos millones se han invertido en total? ¿Qué beneficio corresponde a cada millón invertido?*

33 Tres socios aportan 4, 6 y 12 millones, respectivamente, para montar un negocio con la idea de mantenerlo abierto las 24 horas del día. Para compensar las diferencias en la inversión, deciden distribuir las horas de trabajo en relación inversa al dinero aportado.

¿Cuántas horas diarias debe atender el negocio cada uno?

34 Dos poblaciones A y B distan 350 km. A la misma hora sale un autobús de A hacia B a una velocidad de 80 km/h y un turismo de B hacia A a 120 km/h. ¿A qué hora se cruzan?

☛ *Se aproximan a razón de 80 + 120 = 200 km/h. ¿Cuánto tardarán en recorrer los 350 km a esa velocidad?*

35 Un automóvil tarda 3 horas en ir de A a B y otro tarda 5 horas en ir de B a A.

Calcula el tiempo que tardan en encontrarse si salen simultáneamente cada uno de su ciudad.

☛ *¿Qué fracción de la distancia AB recorre cada uno en una hora? ¿Y entre los dos?*

CUESTIONES TEÓRICAS

36 Explica si estas frases son verdaderas o falsas:

a) Todo número entero es racional.

b) Hay números irracionales que son enteros.

c) Todo número irracional es real.

d) Algunos números enteros son naturales.

e) Hay números decimales que no pueden ser expresados como una fracción.

f) Todos los números decimales son racionales.

g) Entre dos números enteros hay siempre otro número entero.

h) Entre dos números racionales siempre hay infinitos números racionales.

i) Entre dos números racionales hay infinitos números irracionales.

j) Los números racionales llenan la recta.

37 Compara el cuadrado de x con el de $x + 1$. ¿Cómo varía el cuadrado de un número cuando a ese número le añadimos una unidad?

38 ¿Cómo varía el cuadrado de un número x cuando a ese número x lo multiplicamos por 3? ¿Y si lo dividimos entre 2?

39 ¿Cuál es el menor número real perteneciente al intervalo [2, 5)? ¿Y el mayor? Escribe un intervalo de la recta real que no tenga ni primer elemento ni último.

40 ¿Qué fracciones son equivalentes a m/n?

a) $\frac{m+k}{n+k}$ b) $\frac{m^2}{n^2}$ c) $\frac{\sqrt{m}}{\sqrt{n}}$

d) $\frac{m : 0,5}{2n}$ e) $\frac{3^{-1}m}{n/3}$ f) $\frac{3m/\sqrt{3}}{\sqrt{3}\,n}$

41 Si el producto de dos números a y b es igual a -5, di cuál es el valor de:

a) El producto de sus cuadrados.

b) El producto de sus inversos.

c) El doble producto de ambos.

d) El producto de sus opuestos.

e) La expresión $\dfrac{(a+b)^2-(a^2+b^2)}{2}$.

42 El cuadrado de un número, ¿es siempre mayor que dicho número? Justifica la respuesta.

43 ¿Es posible que una potencia de exponente negativo sea igual a un número entero? Acláralo con ejemplos.

44 Si $x \in \mathbb{R}$, explica si es verdadera o falsa cada una de estas afirmaciones:

a) x^2 es siempre positivo o nulo.

b) x^3 es siempre positivo o nulo.

c) $\sqrt[3]{x}$ sólo existe si $x \geq 0$.

d) x^{-1} es negativo si lo es x.

e) $-x^2$ es siempre negativo.

PARA PROFUNDIZAR

45 Si $x \in \mathbb{N}$ y $x > 1$, ordena estos números:

$$\frac{1}{x+1} \quad x \quad \frac{1}{x} \quad -\frac{1}{x} \quad \frac{1}{-x-1}$$

46 Ordena de menor a mayor los números a, a^2, $1/a$ y $\sqrt{a}$ en estos dos casos:

1) Si $a > 1$ 2) Si $0 < a < 1$

47 Sean m y n dos números racionales. ¿Qué puedes decir del signo de m y n en cada uno de estos casos?

a) $m \cdot n > 0$ y $m + n > 0$

b) $m \cdot n > 0$ y $m + n < 0$

c) $m \cdot n < 0$ y $m - n > 0$

d) $m \cdot n < 0$ y $m - n < 0$

☛ *a) Si $m \cdot n > 0$, m y n tienen el mismo signo.*

48 Si $n \neq 0$ es natural, determina para qué valores de n estos números pertenecen a $\mathbb{Z}$:

a) $\dfrac{n}{2}$ b) $\dfrac{3}{n}$ c) $n-5$ d) $n+\dfrac{1}{2}$ e) $\sqrt{n}$

49 Comprueba cuáles de los números -7; -3; -1; 0; 2; $3{,}5$; 5; $7{,}5$; 143 cumplen la desigualdad $|x-3| \leq 2$. Expresa en forma de intervalos los números que verifican $|x-3| \leq 2$.

50 Demuestra que $\dfrac{a^{-2}-b^{-2}}{a^{-1}+b^{-}} = a^{-1}-b^{-1}$.

☛ *Realiza las operaciones* $\left(\dfrac{1}{a^2}-\dfrac{1}{b^2}\right):\left(\dfrac{1}{a}+\dfrac{1}{b}\right)$.

Ten en cuenta que $b^2-a^2=(b+a)(b-a)$.

51 En una empresa se fabrican piezas. El tiempo acordado para fabricar una pieza es de 25 minutos, pero si un obrero emplea menos, se le gratifica con una prima por pieza de $p = \dfrac{25-t}{2} \cdot 100$ PTA, (t = tiempo empleado).

a) Si un obrero emplea 24 minutos por pieza, calcula su prima mensual por 170 horas de trabajo.

b) Es prácticamente imposible hacer una pieza en menos de 18 minutos. ¿Entre qué valores puede variar p?

c) Si un obrero quiere obtener una gratificación superior a 150 PTA por pieza, ¿qué tiempo debe emplear?

52 Un grifo vierte agua en un estanque que tiene la forma y dimensiones que indica la figura:

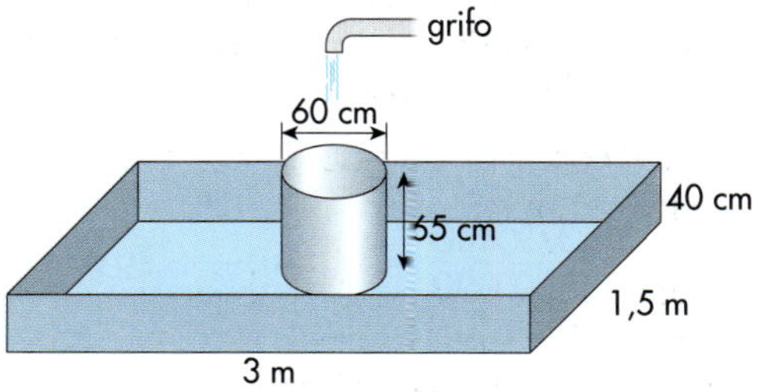

a) ¿Qué cantidad de agua hace falta para llenar el estanque?

b) Si queremos echar agua de forma que ésta se desborde del recipiente cilíndrico pero no del ortoedro, ¿cuántos litros debemos echar?

2 ARITMÉTICA MERCANTIL

PARA CENTRARTE EN EL TEMA, PIENSA Y RESUELVE

1. Vamos a calcular en cuánto se transforma una cantidad C al sufrir un aumento del 12%:

$$C + \frac{12}{100}C = C + 0{,}12\,C = 1{,}12\,C$$

Conclusión: Si C aumenta el 12%, se transforma en $1{,}12\,C$ (la cantidad más 12 centésimas).

- 1. ¿En cuánto se transforman 25 000 PTA si aumentan el 12%?
- 2. Calcula en cuánto se transforma un capital C si sufre un aumento del:

  a) 10% b) 20% c) 6% d) 6,5% e) 1% f) 0,3%

2. Vamos a calcular en cuánto se transforma una cantidad C al sufrir una disminución del 12%:

$$C - \frac{12}{100}C = C - 0{,}12\,C = 0{,}88\,C$$

Conclusión: Si C disminuye el 12%, se transforma en $0{,}88\,C$ (la cantidad menos 12 centésimas).

- 1. ¿En cuánto se transforman 25 000 PTA si disminuyen el 12%?
- 2. Calcula en cuánto se transforma un capital C si sufre una disminución del:

  a) 10% b) 20% c) 50% d) 6% e) 6,5% f) 0,8%

3. Pusimos un capital de 360 000 PTA en el banco. Un año después se había transformado en 379 440 PTA. ¿Qué tanto por ciento ha aumentado?

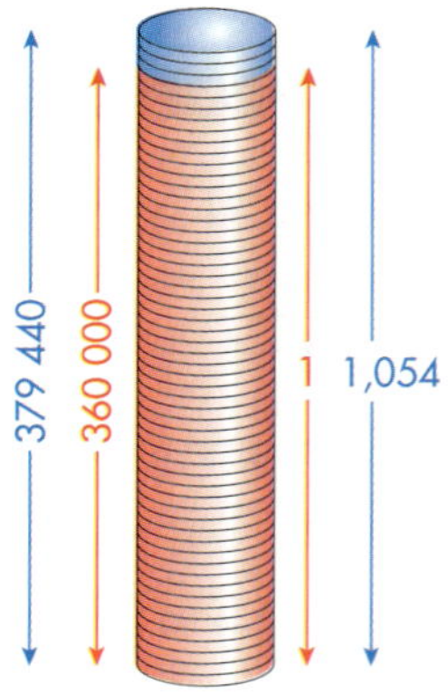

1.ª RESOLUCIÓN

379 440 – 360 000 = 19 440 PTA ha aumentado.

$$\frac{19\,440}{360\,000} \cdot 100 = 5{,}4.$$ El aumento ha sido del 5,4%.

2.ª RESOLUCIÓN

$$\frac{379\,440}{360\,000} = 1{,}054 \longrightarrow$$ La cantidad más 5,4 centésimas. El aumento es del 5,4%.

Debemos acostumbrarnos a esta segunda resolución, para lo cual hemos de saber interpretar las expresiones del tipo anterior. Por ejemplo:

$C \rightarrow 1{,}054\,C$: Aumento del 5,4%

$C \rightarrow 1{,}235\,C$: Aumento del 23,5%

$C \rightarrow 0{,}93\,C$: Disminución del 7%

$C \rightarrow 0{,}765\,C$: Disminución del 23,5%

■ 1. Di cuál es la variación porcentual que corresponde a cada una de las siguientes transformaciones:

a) $C \to 1{,}2\ C$ b) $C \to 1{,}15\ C$ c) $C \to 1{,}042\ C$

d) $C \to 0{,}8\ C$ e) $C \to 0{,}85\ C$ f) $C \to 0{,}958\ C$

■ 2. Di cuál es la variación porcentual que corresponde a cada una de las siguientes transformaciones:

a) 800 000 PTA $\to$ 936 000 PTA b) 1 256 000 PTA $\to$ 1 193 200 PTA

c) 23 500 personas $\to$ 31 725 personas d) 1 200 000 personas $\to$ 1 032 000 personas

PANORAMA DEL TEMA

La aritmética mercantil consta de una serie de técnicas, conceptualmente muy sencillas, que resultan sumamente útiles para el ciudadano en su continua relación con las entidades bancarias. Dedicamos este tema a entender las más importantes y a saber aplicarlas con soltura.

■ Se revisan los conceptos y las técnicas para obtener, de forma ágil, aumentos y disminuciones porcentuales.

■ Se aplican dichas técnicas al cálculo de intereses bancarios, tanto con periodos de capitalización anuales como mensuales.

■ En las operaciones bancarias, frecuentemente se menciona la T.A.E. ¿En qué consiste? Veremos que tiene que ver con el paso de un tipo de interés anual al interés correspondiente a periodos de capitalización mensuales.

■ Para la amortización de préstamos, lo usual es efectuar pagos fijos mensuales o anuales. ¿Cómo obtener el valor de esos pagos? En los bancos recurren a tablas. Pero se pueden obtener con cierta sencillez utilizando una nueva herramienta matemática: las progresiones.

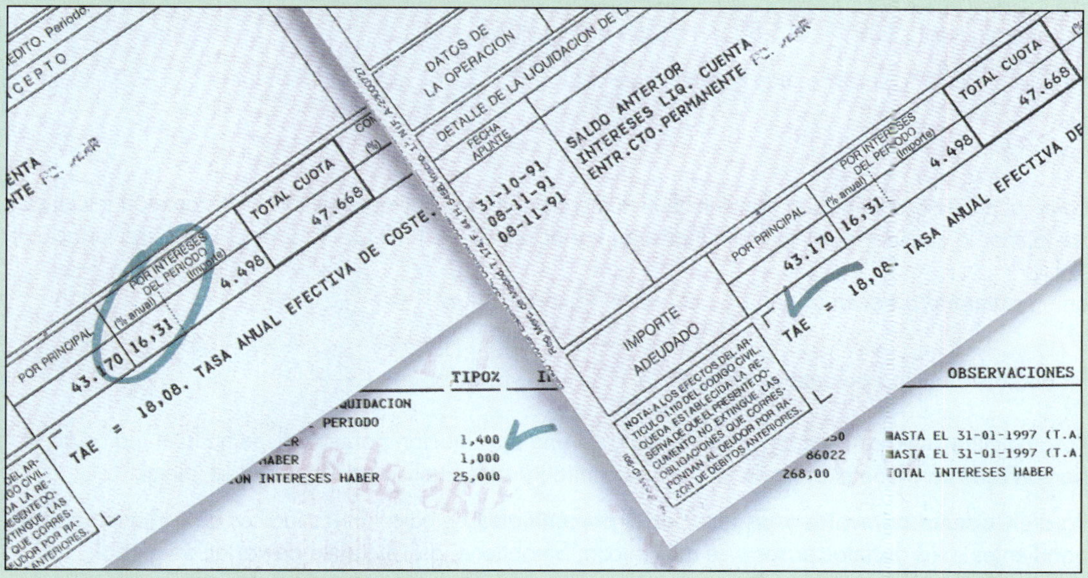

2.1 AUMENTOS Y DISMINUCIONES PORCENTUALES

Ya sabemos que:

- Si una cantidad C aumenta el 12%, se transforma en 1,12 C. (1,12 = 1 + 0,12)

  En general, si C aumenta el r%, se transforma en $\left(1 + \frac{r}{100}\right)C$.

- Si una cantidad C disminuye el 12%, se transforma en 0,88 C. (0,88 = 1 − 0,12)

  En general, si C disminuye en un r%, se transforma en $\left(1 - \frac{r}{100}\right)C$.

¿Cómo se transforma una cantidad al sufrir sucesivas variaciones porcentuales? Veámoslo:

EJEMPLO

El coste de la vida, en un cierto país, subió el 15% un año y el 6% al año siguiente y bajó el 5% durante el tercer año. ¿Cuál fue la subida total en esos tres años?

Calculamos en qué se transforma el precio de algo que valía 100 PTA al comienzo del primer año:

$100 \xrightarrow{+15\%} 1,15 \cdot 100 = 115$ PTA (1.er AÑO)

$115 \xrightarrow{+6\%} 1,06 \cdot 115 = 121,90$ PTA (2.º AÑO)

$121,90 \xrightarrow{-5\%} 0,95 \cdot 121,90 = 115,805$ PTA (3.er AÑO)

El aumento total (100 → 115,805) ha sido del 15,805%.

Se podría haber calculado más directamente así: $1,15 \cdot 1,06 \cdot 0,95 = 1,15805$

En un aumento o disminución porcentual, el número por el que hay que multiplicar la cantidad inicial para obtener la cantidad final se llama **índice de variación** ($C \rightarrow 1,12\ C$; 1,12 es el índice de variación).

En un **aumento porcentual** del r%, el índice de variación es $1 + \frac{r}{100}$.

En una **disminución porcentual** del r%, el índice de variación es $1 - \frac{r}{100}$.

Para **calcular el valor final**, en un aumento o en una disminución porcentual, se halla el índice de variación (que conviene expresarlo en forma decimal) y se multiplica por la cantidad inicial.

Para **encadenar aumentos y disminuciones porcentuales**, se calculan los índices de variación correspondientes a los distintos pasos y se multiplican. Se obtiene, así, el índice de variación global.

2.2 CÁLCULO DE LA CANTIDAD INICIAL CONOCIENDO LA VARIACIÓN PORCENTUAL Y LA CANTIDAD FINAL

Sabemos que $C_{inicial} \xrightarrow{r\%} C_{final}$ $\qquad C_{final} = C_{inicial} \cdot \left(1 \pm \frac{r}{100}\right) = C_{inicial} \cdot$ Índice de variación

A partir de la igualdad anterior, si conocemos la cantidad final y el índice de variación, calcularemos la cantidad inicial así:

$$C_{inicial} = C_{final} : \left(1 \pm \frac{r}{100}\right) = \frac{C_{final}}{\text{Índice de variación}}$$

EJEMPLOS

1. UNA ANÉCDOTA. *Un comerciante vende los artículos de su tienda aumentando un 40% el precio de coste. A sus familiares y amigos íntimos quiere vendérselos al precio de coste. Para ello da a los dependientes la orden de que les rebajen un 40% del precio de venta al público. (Esto es un caso real.)*

El comerciante comete un gran error. Veámoslo:

PRECIO DE COSTE		PRECIO DE VENTA		PRECIO PARA SUS FAMILIARES
100 PTA	$\xrightarrow{+40\%}$	$100 \cdot 1,4 = 140$ PTA	$\xrightarrow{-40\%}$	$140 \cdot 0,60 = 84$ PTA

PIERDE EL 16% EN CADA VENTA

¿Qué debería hacer para que el descuento sea el correcto?

$$\text{Precio inicial} = \text{Precio final} : 1,4 = \text{Precio final} \cdot \frac{1}{1,4} = \text{Precio final} \cdot 0,714$$

Debería decir que se dividiera el precio final entre 1,4, o bien, que se les rebajara un 28,6% del precio de venta, pues $1/1,4 = 0,714 = 1 - 0,286$.

Conclusión:
- Si la subida es del 40%, el precio inicial se halla dividiendo por 1,4
- Si la subida es del $r\%$, el precio inicial se halla dividiendo por $1 + r/100$.
- Si encadenamos una subida del $r\%$ con una bajada del $r\%$ no llegamos a la cantidad inicial, C, sino a una cantidad menor que C, tanto más pequeña cuanto mayor sea r.

2. *Veamos en cuánto se queda un artículo cuyo valor se aumenta un $r\%$ y, a continuación, se rebaja un $r\%$, para distintos valores de r:*

r	PRECIO INICIAL		PRECIO DESPUÉS DE LA SUBIDA		PRECIO DESPUÉS DE LA BAJADA	PÉRDIDA RESPECTO AL PRECIO INICIAL
10%	100	$\xrightarrow{+10\%}$	110	$\xrightarrow{-10\%}$	$110 \cdot 0,9 = 99$	1% de pérdida
20%	100	$\xrightarrow{+20\%}$	120	$\xrightarrow{-20\%}$	$120 \cdot 0,8 = 96$	4% de pérdida
50%	100	$\xrightarrow{+50\%}$	150	$\xrightarrow{-50\%}$	$150 \cdot 0,5 = 75$	25% de pérdida
80%	100	$\xrightarrow{+80\%}$	180	$\xrightarrow{-80\%}$	$180 \cdot 0,2 = 36$	64% de pérdida
100%	100	$\xrightarrow{+100\%}$	200	$\xrightarrow{-100\%}$	$200 \cdot 0 = 0$	100% de pérdida

2.3 INTERESES BANCARIOS

Como sabes, los bancos no guardan, específicamente, el dinero de cada uno de sus clientes, sino que "lo negocian", operan con él. (Siempre tienen unos fondos de reserva para atender a quienes desean sacar dinero. Pero si cierto día acudieran todos los ahorradores a sacar su dinero, la entidad bancaria no podría responder sin pedir ayuda a otras. Sería un caos.) Como consecuencia de que negocian con su dinero, pagan a su cliente por depositarlo allí.

Lo que se gana por el dinero depositado en un banco, se llama **los intereses**.

El banco también presta dinero y, en ese caso, **cobra intereses**. Naturalmente, cobra más de lo que paga. Ése es el negocio de los bancos.

PAGO ANUAL DE INTERESES

El tanto por ciento anual que paga un banco por depositar en él un dinero, se llama **rédito**.

Si un banco paga el $r\%$ anual, un capital C durante un año se transforma en $C\left(1+\frac{r}{100}\right)$.

Como cada año el capital se multiplica por $\left(1+\frac{r}{100}\right)$, al cabo de n años se transformará en $C\left(1+\frac{r}{100}\right)^n$.

$$C \xrightarrow{n \text{ años al } r\% \text{ anual}} C\left(1+\frac{r}{100}\right)^n$$

PAGO MENSUAL DE INTERESES

Frecuentemente, el banco no tarda un año en abonar los intereses, sino que lo hace en intervalos de tiempo distintos (trimestre, mes). El tiempo que el banco deja transcurrir para que un capital produzca intereses se llama **periodo de capitalización**.

Un $r\%$ anual significa un $\frac{r}{12}\%$ mensual. Si un capital C se deposita en un banco al $r\%$ anual con pago mensual de intereses (periodo de capitalización de un mes), al cabo de m meses se habrá transformado en $C\left(1+\frac{r}{1\,200}\right)^m$.

$$C \xrightarrow{m \text{ meses al } r\% \text{ anual}} C\left(1+\frac{r}{1\,200}\right)^m$$

EJEMPLO

Depositamos 4 200 000 PTA durante 3 años en un banco que paga el 6% anual. Calculemos en cuánto se transforma: a) si los intereses se pagan anualmente; b) si se pagan mensualmente.

a)

$$4\,200\,000 \text{ PTA} \xrightarrow{3 \text{ años al } 6\% \text{ anual}} 4\,200\,000\,(1{,}06)^3 = 5\,002\,267 \text{ PTA}$$

CON CALCULADORA: 4 200 000 ⊗ 1,06 x^y 3 ⊜ 5002267.2

b)

$$4\,200\,000 \text{ PTA} \xrightarrow{36 \text{ meses al } 6\% \text{ anual}} 4\,200\,000\left(1+\frac{6}{1\,200}\right)^{36} = 5\,026\,058 \text{ PTA}$$

CON CALCULADORA: 4 200 000 ⊗ (1 ⊕ 6 ÷ 1 200) x^y 36 ⊜ 5026058.204

2.4 ¿QUÉ ES LA "TASA ANUAL EQUIVALENTE" (T.A.E.)?

Un banco hace la siguiente oferta:

> *Si deposita su dinero en nuestra CUENTA DEPÓSITO le damos unos intereses anuales del 12%, con pago mensual de intereses (T.A.E. del 12,68%).*

Veamos por qué la T.A.E. es superior al rédito declarado.

Al 12% anual le corresponde un 1% mensual.

Puesto que cada mes se pagan los intereses, si no se sacan, al cabo de un mes el capital ha aumentado un 1%, es decir, se ha multiplicado por 1,01.

$$C \xrightarrow{\text{1 mes}} C \cdot 1{,}01$$

Al cabo de un año (12 meses) el capital se ha transformado en $C \cdot 1{,}01^{12} = 1{,}1268\ C$.

Es decir, el capital, en el transcurso de un año, ha aumentado un 12,68%.

$$C \xrightarrow{\text{12 meses}} C \cdot 1{,}01^{12} = 1{,}1268\ C$$

$$1{,}1268 = 1 + \frac{12{,}68}{100}$$

Por tanto, un 12% anual, al ser los periodos de capitalización mensuales, se convierte en un aumento real del 12,68%. Ésa es la T.A.E. (la *tasa anual equivalente*).

En las cuentas de ahorro, cuando los periodos de capitalización son inferiores a un año, los intereses anuales producidos por un cierto capital son superiores al rédito que declara el banco. Se llama **tasa anual equivalente** (T.A.E.) al tanto por ciento de crecimiento total del capital durante un año.

En los préstamos bancarios, la T.A.E. es, también, superior al rédito declarado. Al calcularla se incluyen los pagos fijos (comisiones y gastos) que cobra el banco para conceder el préstamo.

EJEMPLO

Hallar la T.A.E. correspondiente a un rédito anual del 8% con pagos mensuales de intereses.

Al 8% anual le corresponde un 8/12 = 0,66666% mensual.

Cada mes, el capital se multiplica por 1,0066666.

En un año se multiplicará por $1{,}0066666^{12} = 1{,}082999... \simeq 1{,}083 = 1 + \dfrac{8{,}3}{100}$

La T.A.E. correspondiente a un 8% anual con periodos de capitalización mensuales es del 8,3%.

8 ÷ 12 = [0.666666666] ÷ 100 + 1 = [1.00666667] x^y 12 = [1.082999511]

TANTO POR CIENTO MENSUAL — ÍNDICE DE VARIACIÓN MENSUAL — ÍNDICE DE VARIACIÓN EN 12 MESES

2.5 AMORTIZACIÓN DE PRÉSTAMOS

Un banco nos concede un préstamo de un millón de pesetas que debemos amortizar en un año mediante 12 pagos mensuales idénticos. El banco dice que cobra un interés del 12% anual y fija una mensualidad de 88 849 PTA.

¿Es correcto este planteamiento? Veámoslo.

- La **primera mesualidad** se pagará un mes después de recibir el préstamo.

Durante ese mes hemos dispuesto de 1 000 000 PTA del banco. Para hallar los intereses correspondientes tendremos en cuenta que a un 12% anual corresponde un 1% mensual:

Intereses que hemos de pagar por el primer mes: 1% de 1 000 000 = 10 000 PTA

Como pagamos 88 849 PTA, la cantidad amortizada es:

Cantidad amortizada mediante el primer pago: 88 849 – 10 000 = 78 849 PTA

Por tanto, a partir de ese momento la deuda con el banco es:

Deuda pendiente después del primer pago: 1 000 000 – 78 849 = 921 151 PTA

- **Segunda mesualidad**

Intereses que hemos de pagar por la deuda pendiente: 1% de 921 151 = 9 212 PTA

Cantidad amortizada mediante el segundo pago: 88 849 – 9 212 = 79 637 PTA

Deuda pendiente después del segundo pago: 921 151 – 79 637 = 841 514 PTA

- **Tabla resumen con los 12 pagos**

MENSUALIDAD	DEUDA ANTES DEL PAGO	INTERESES PENDIENTES	PAGO	CANTIDAD AMORTIZADA	DEUDA PENDIENTE
1	1 000 000	10 000	88 849	78 849	921 151
2	921 151	9 212	88 849	79 637	841 514
3	841 514	8 415	88 849	80 434	761 080
4	761 080	7 611	88 849	81 238	679 842
5	679 842	6 798	88 849	82 051	597 791
6	597 791	5 978	88 849	82 871	514 920
7	514 920	5 149	88 849	83 700	431 220
8	431 220	4 312	88 849	84 537	346 683
9	346 683	3 467	88 849	85 382	261 301
10	261 301	2 613	88 849	86 236	175 065
11	175 065	1 751	88 849	87 098	87 967
12	87 967	880	88 849	87 969	–2

Con cada pago de 88 849 se abonan los intereses pendientes y se amortiza parte de la deuda.

Como cada vez la deuda es menor, los intereses son menores y la cantidad amortizada es, pues, mayor.

La última deuda pendiente debería ser 0. La cantidad insignificante de –2 PTA es debida a los redondeos efectuados. Por tanto, la mesualidad fijada por el banco es acorde con el rédito (12%) pactado.

Para la amortización de un préstamo mediante varios pagos aplazados, se tiene en cuenta que:

- Cada pago salda los intereses que produce la deuda pendiente desde el pago anterior y, el resto, amortiza parte de esa deuda.
- El último pago salda los intereses pendientes desde el pago anterior y amortiza la totalidad de la deuda pendiente.
- Lo habitual es que todos los pagos sean idénticos. El cálculo de esa cantidad fija (mensualidad, anualidad) que permite amortizar el total de la deuda en un número prefijado de plazos, se realiza mediante técnicas que aprenderemos en las próximas páginas.

EJEMPLOS

1. *Recibimos un préstamo de 2 000 000* PTA, *al 15% anual, que hemos de amortizar en 5 pagos anuales idénticos. Comprobamos que la anualidad correspondiente es de 596 631* PTA.

ANUALIDAD	DEUDA ANTES DEL PAGO	INTERESES PENDIENTES	PAGO	CANTIDAD AMORTIZADA	DEUDA PENDIENTE
1	2 000 000	300 000	596 631	296 631	1 703 369
2	1 703 369	255 505	596 631	341 126	1 362 243
3	1 362 243	204 336	596 631	392 295	969 948
4	969 948	145 492	596 631	451 139	518 809
5	518 809	77 821	596 631	518 810	–1

En este caso, cada pago (anualidad) sirve para saldar los intereses (15% de la deuda pendiente) y para amortizar parte de la deuda.

2. *Recibimos un préstamo de 5 000 000* PTA, *al 10% anual, y hemos de amortizarlo en 4 pagos anuales. Los tres primeros son de 1 500 000* PTA.

¿A cuánto ascenderá el cuarto pago?

ANUALIDAD	DEUDA ANTES DEL PAGO	INTERESES PENDIENTES	PAGO	CANTIDAD AMORTIZADA	DEUDA PENDIENTE
1	5 000 000	500 000	1 500 000	1 000 000	4 000 000
2	4 000 000	400 000	1 500 000	1 100 000	2 900 000
3	2 900 000	290 000	1 500 000	1 210 000	1 690 000
4	1 690 000	169 000	x	1 690 000	0

El cuarto pago es igual a la deuda pendiente, 1 690 000 PTA, más el 10% por los intereses.

$$x = 1\,690\,000 + 169\,000 = 1\,859\,000 \text{ PTA.}$$

2.6 PROGRESIONES GEOMÉTRICAS

Los siguientes números están en **progresión geométrica**:

3, 6, 12, 24, 48, 96, 192, 384

Hay ocho números, cada uno de los cuales es el doble que el anterior. Se trata de una **progresión geométrica** de ocho términos y de **razón** 2.

Observa estas otras progresiones geométricas:

80; 40; 20; 10; 5; 2,5; 1,25 $\left(7 \text{ términos. Razón } \frac{1}{2}\right)$

2; 20; 200; 2 000; 20 000 (5 términos. Razón 10)

Una **progresión geométrica** es una sucesión de números $s_1, s_2, s_3, \ldots, s_n$ llamados **términos** de la progresión, en la cual cada término se obtiene multiplicando el anterior por un número constante, r, llamado **razón** de la progresión.

$$s_2 = s_1 \cdot r \qquad s_3 = s_2 \cdot r \qquad s_4 = s_3 \cdot r \qquad \ldots \qquad s_n = s_{n-1} \cdot r$$

El término n-ésimo, s_n, se obtiene multiplicando el primero $n-1$ veces por r:

$$s_n = s_1 \cdot r^{n-1}$$

EJEMPLOS

1. *El 1 de enero depositamos 100 000* PTA *en una cuenta bancaria a un interés anual del 12% con pago mensual de intereses. ¿Cuál será el valor de nuestro dinero al día 1 de cada mes de ese año?*

Cada mes el dinero se multiplica por $1 + \frac{12}{1\,200} = 1{,}01$.

Al comienzo del primer mes hay $s_1 = 100\,000$.

En adelante:

$s_2 = 100\,000 \cdot 1{,}01 \qquad s_3 = 100\,000 \cdot 1{,}01^2 \qquad s_4 = 100\,000 \cdot 1{,}01^3 \qquad \ldots \qquad s_{12} = 100\,000 \cdot 1{,}01^{11}$

Se trata de una progresión geométrica de 12 términos y razón 1,01.

2. *Durante 5 años, cada año depositamos 200 000* PTA *al 4%, con pago anual de intereses. ¿En cuánto se convierte cada depósito al final del 5º año?*

El primer depósito está 5 años al 4%. Se transforma en $s_1 = 200\,000 \cdot 1{,}04^5$

Los siguientes:

$s_2 = 200\,000 \cdot 1{,}04^4 \qquad s_3 = 200\,000 \cdot 1{,}04^3 \qquad s_4 = 200\,000 \cdot 1{,}04^2 \qquad s_5 = 200\,000 \cdot 1{,}04$

Es una progresión geométrica de 5 términos y razón $\frac{1}{1{,}04}$.

SUMA DE LOS TÉRMINOS DE UNA PROGRESIÓN GEOMÉTRICA

La suma de los n términos de una progresión geométrica

$$s_1,\ s_2,\ s_3,\ \dots,\ s_n$$

adopta una expresión sencilla:

SUMA DE LOS n TÉRMINOS: $S_n = \dfrac{s_n\, r - s_1}{r - 1}$

La justificación de esta fórmula puedes encontrarla en el ejercicio resuelto número 3.

Hemos visto en la página de la izquierda que el dinero depositado en un banco a un interés constante crece en progresión geométrica. La fórmula anterior va a resultar muy útil para hallar la cantidad total acumulada al final de un cierto periodo al hacer ingresos fijos a intervalos constantes.

EJEMPLOS

1. *En el ejemplo 2 de la página anterior, calculamos cuánto dinero se acumula, por cada ingreso, al final del 5º año tras los 5 ingresos de 200 000 PTA al comienzo de cada año. Veamos cuál es el total, su suma.*

Las cantidades finales eran

$$s_1 = 200\,000 \cdot 1{,}04^5, \qquad s_2 = 200\,000 \cdot 1{,}04^4, \qquad \dots, \qquad s_5 = 200\,000 \cdot 1{,}04$$

Puesto que es una progresión decreciente, nos resultará más cómodo manejarla si "le damos la vuelta":

$$a_1 = 200\,000 \cdot 1{,}04, \qquad a_2 = 200\,000 \cdot 1{,}04^2, \qquad \dots, \qquad a_5 = 200\,000 \cdot 1{,}04^5 \qquad (r = 1{,}04)$$

Su suma es: $S_5 = \dfrac{a_5 \cdot 1{,}04 - a_1}{1{,}04 - 1} = \dfrac{200\,000 \cdot 1{,}04^6 - 200\,000 \cdot 1{,}04}{0{,}04} = 1\,126\,595$ PTA

2. *En la página 54 vimos que pagando mensualidades de 88 849 PTA durante 12 meses se amortizaba un préstamo de 1 000 000 PTA al 12% anual (1% mensual). Comprobémoslo ahora de forma más cómoda que la que utilizamos allí.*

¿Cuánto vale cada uno de los pagos *doce meses después de recibido el préstamo*?

1er pago $\xrightarrow{\text{11 meses}}$ $88\,849 \cdot 1{,}01^{11}$ 2º pago $\xrightarrow{\text{10 meses}}$ $88\,849 \cdot 1{,}01^{10}$

… 11º pago $\xrightarrow{\text{1 mes}}$ $88\,849 \cdot 1{,}01$ 12º pago $\xrightarrow{\text{0 meses}}$ $88\,849$

"Dando la vuelta" a estos valores obtenemos una progresión geométrica de razón 1,01:

$$a_1 = 88\,849, \qquad a_2 = 88\,849 \cdot 1{,}01, \qquad a_3 = 88\,849 \cdot 1{,}01^2, \qquad \dots, \qquad a_{12} = 88\,849 \cdot 1{,}01^{11}$$

La suma es: $S_{12} = \dfrac{88\,849 \cdot 1{,}01^{11} \cdot 1{,}01 - 88\,849}{1{,}01 - 1} = 88\,849\ \dfrac{1{,}01^{12} - 1}{0{,}01} = 1\,126\,828$ PTA

¿Cuánto vale 1 000 000 PTA doce meses después de recibirlo?

$$1\,000\,000 \cdot 1{,}01^{12} = 1\,126\,825 \text{ PTA}$$

Las dos cantidades son, en efecto, prácticamente iguales (sólo difieren en 3 PTA).

2.7 CÁLCULO DE ANUALIDADES O MENSUALIDADES PARA AMORTIZAR DEUDAS

Las progresiones geométricas y la fórmula para sumar sus términos nos van a permitir calcular con comodidad el valor de las mensualidades (o anualidades) con las que se salda una deuda en un cierto periodo.

■ AMORTIZACIÓN DE UNA DEUDA MEDIANTE PAGOS ANUALES IGUALES (ANUALIDADES)

Recibimos un préstamo de 2 000 000 PTA, con un tipo de interés del 12% anual, y hemos de devolverlo en cuatro años mediante cuatro pagos iguales. ¿Cuál será el valor de la anualidad?

Razonemos **qué valor tendrán dentro de 4 años** tanto el capital recibido hoy, 2 000 000, como las cuatro anualidades, a, que pagaremos en años sucesivos:

$$2\,000\,000 \xrightarrow{\text{en 4 años, al 12\% anual, se transforman en}} 2\,000\,000 \cdot 1{,}12^4 = 3\,147\,038 \text{ PTA}$$

$$\left.\begin{array}{r} a \xrightarrow{\text{en 3 años, se transforma en}} a \cdot 1{,}12^3 \\ a \xrightarrow{\text{en 2 años}} a \cdot 1{,}12^2 \\ a \xrightarrow{\text{en 1 año}} a \cdot 1{,}12 \\ a \end{array}\right\} \text{Cantidad total pagada}$$

El total pagado consta de cuatro sumandos en progresión geométrica de razón 1,12:

$$a + a \cdot 1{,}12 + a \cdot 1{,}12^2 + a \cdot 1{,}12^3 = a \cdot (1 + 1{,}12 + 1{,}12^2 + 1{,}12^3) = a \cdot \frac{1{,}12^4 - 1}{1{,}12 - 1} = 4{,}779 \cdot a$$

Por tanto, para que lo recibido sea igual a lo pagado, debe ser $4{,}779 \cdot a = 3\,147\,038$.

De aquí se obtiene el valor de la anualidad: $a = 658\,514$ PTA

■ AMORTIZACIÓN DE UNA DEUDA MEDIANTE PAGOS MENSUALES IGUALES (MENSUALIDADES)

Hemos de amortizar 2 000 000 PTA al 12% anual, en cuatro años, mediante 48 mensualidades iguales.

Procedemos como antes. Ahora consideramos 48 periodos de capitalización de un mes. El 12% anual significa el 1% mensual.

$$2\,000\,000 \xrightarrow{\text{en 48 meses al 1\% mensual}} 2\,000\,000 \cdot 1{,}01^{48} = 3\,224\,452 \text{ PTA}$$

$$\left.\begin{array}{r} m \xrightarrow{\text{en 47 meses}} m \cdot 1{,}01^{47} \\ m \xrightarrow{\text{en 46 meses}} m \cdot 1{,}01^{46} \\ \cdots\cdots\cdots\cdots\cdots\cdots \\ m \xrightarrow{\text{en 2 meses}} m \cdot 1{,}01^2 \\ m \xrightarrow{\text{en 1 mes}} m \cdot 1{,}01 \\ m \end{array}\right\} \text{Cantidad total pagada}$$

El total pagado consta de 48 sumandos en progresión geométrica de razón 1,01:

$$m \cdot (1 + 1{,}01 + 1{,}01^2 + \ldots + 1{,}01^{46} + 1{,}01^{47}) = m \cdot \frac{1{,}01^{48} - 1}{1{,}01 - 1} = 61{,}2226 \cdot m$$

Por tanto, para que lo recibido sea igual a lo pagado, debe ser $61{,}2226 \cdot m = 3\,224\,452$.

De aquí se obtiene el valor de la mensualidad: $m = 52\,668$ PTA

■ **Anualidades para amortizar un préstamo**

Se ha de amortizar un préstamo, *C*, a un interés del *r*% anual, mediante *n* pagos anuales.

La anualidad correspondiente se obtiene mediante la siguiente fórmula:

$$a = C\,\frac{(1+i)^n \cdot i}{(1+i)^n - 1}, \quad \text{donde } i = \frac{r}{100}$$

■ **Mensualidades para amortizar un préstamo**

Se ha de amortizar un préstamo, *C*, a un interés del *r*% anual, mediante *n* pagos mensuales.

La mensualidad correspondiente se obtiene mediante la siguiente fórmula:

$$m = C\,\frac{(1+i)^n \cdot i}{(1+i)^n - 1}, \quad \text{donde } i = \frac{r}{1\,200}$$

EJEMPLOS

1. *Un empresario solicita un préstamo de 50 millones de* PTA. *Se lo conceden a un interés fijo del 11%, debiéndolo pagar en 8 anualidades. ¿De cuánto será cada anualidad?*

$$a = 50\,000\,000\,\frac{1{,}11^8 \cdot 0{,}11}{1{,}11^8 - 1} = 50\,000\,000 \cdot 0{,}194321 = 9\,716\,053 \text{ PTA}$$

1,11 [x^y] 8 [×] 0,11 [÷] [(] 1,11 [x^y] 8 [−] 1 [)] [×] 50 000 000 [=] 9716052.711

2. *Un banco nos concede un préstamo de un millón de pesetas que debemos amortizar en un año mediante 12 pagos mensuales. Comprobamos que, como vimos en la página 52, la mensualidad correspondiente es de 88 849* PTA.

$$m = 1\,000\,000\,\frac{1{,}01^{12} \cdot 0{,}01}{1{,}01^{12} - 1} = 88\,849 \text{ PTA}$$

1,01 [x^y] 12 [×] 0,01 [÷] [(] 1,01 [x^y] 12 [−] 1 [)] [×] 1 000 000 [=] 88848.78868

3. *Se desea amortizar una deuda de 7 millones de pesetas, en 3 años, al 10% anual, mediante pagos trimestrales. ¿Cuánto habrá que pagar cada trimestre?*

El interés trimestral es: $\frac{10\%}{4} = 2{,}5\%$. Por tanto, $i = \frac{2{,}5}{100} = 0{,}025$

El número de pagos es: $n = 3 \cdot 4 = 12$

El valor de cada pago es: $p = 7\,000\,000 \cdot \frac{(1+0{,}025)^{12} \cdot 0{,}025}{(1+0{,}025)^{12} - 1} = 682\,410$ PTA

EJERCICIOS Y PROBLEMAS RESUELTOS

1 ÍNDICE DE VARIACIÓN

Con frecuencia los medios de comunicación cometen errores al utilizar los porcentajes. Analiza esta noticia publicada el 26/7/1996:

"Mazazo a los funcionarios: en el 97 no tendrán subida salarial. En sólo cinco años habrán perdido el 10,8% de su poder adquisitivo."

	SUBIDA FUNCIONARIOS	IPC	DIFERENCIA
1993	1,8	4,9	–3,1
1994	0,0	4,3	–4,3
1995	3,5	4,3	–0,8
1996	3,5	3,5	0,0
1997	0,0	2,6	–2,6
TOTAL PÉRDIDA PODER ADQUISITIVO			–10,8

Resolución

- Calculamos el índice de variación de la subida del sueldo durante los años que indica la tabla:

$$I_1 = 1{,}018 \cdot 1{,}035 \cdot 1{,}035 = 1{,}0905$$

- El índice de variación del IPC es: $I_2 = 1{,}049 \cdot 1{,}043 \cdot 1{,}043 \cdot 1{,}035 \cdot 1{,}026 = 1{,}2118$
- La diferencia entre ambos es la pérdida de poder adquisitivo: $I_2 - I_1 = 0{,}1213 \rightarrow 12{,}13\%$

  Habrán perdido el 12,13% de su poder adquisitivo, no el 10,8%.

2 AUMENTOS ACUMULADOS

En el contrato de trabajo de un empleado se fija una subida anual del 6,5%. Si empieza ganando 80 000 PTA al mes, ¿cuántos años tienen que pasar para que gane 150 000 PTA?

Resolución

Al cabo de un año ganará: $80\,000 \cdot 1{,}065$ PTA

Al cabo de dos años ganará: $80\,000 \cdot (1{,}065)^2$ PTA

Al cabo de n años ganará: $80\,000 \cdot (1{,}065)^n$ PTA

$$80\,000 \cdot (1{,}065)^n = 150\,000 \rightarrow (1{,}065)^n = \frac{150\,000}{80\,000} = 1{,}875$$

Despejamos n tomando logaritmos:

$$n \log 1{,}065 = \log 1{,}875 \rightarrow n = \frac{\log 1{,}875}{\log 1{,}065} \simeq 9{,}98 \rightarrow 10 \text{ años}$$

3 PROGRESIONES GEOMÉTRICAS

Demuestra que la suma de n términos de una progresión geométrica es: $S_n = \dfrac{a_n r - a_1}{r-1}$

Resolución

Queremos calcular: $S_n = a_1 + a_2 + \ldots + a_n$, siendo $a_1, a_2, \ldots, a_n$ una progresión geométrica.

Si multiplicamos los dos miembros de la igualdad por r, resulta:

$$S_n \cdot r = a_1 \cdot r + a_2 \cdot r + a_3 \cdot r + \ldots + a_{n-1} \cdot r + a_n \cdot r = a_2 + a_3 + a_4 + \ldots + a_n + a_n \cdot r$$

Tenemos, pues: $S_n \cdot r = a_2 + a_3 + a_4 + \ldots + a_n + a_n \cdot r$

Restando: $S_n = a_1 + a_2 + a_3 + \ldots + a_{n-1} + a_n$

$$S_n \cdot r - S_n = -a_1 + 0 + 0 + \ldots + 0 + 0 + a_n \cdot r = a_n \cdot r - a_1$$

$$S_n \cdot (r-1) = a_n \cdot r - a_1 \rightarrow S_n = \frac{a_n \cdot r - a_1}{r-1}$$

4 AMORTIZACIÓN DE UN PRÉSTAMO

Recibimos un préstamo de 2 000 000 PTA, al 12%, y hemos de devolverlo en cuatro años, pagando cada año los intereses de la cantidad adeudada más la cuarta parte del capital. ¿Cómo serán los pagos anuales?

Resolución

	CAPITAL PENDIENTE	PAGO DE INTERESES	+	PAGO DE CAPITAL	=	PAGO ANUAL	DEUDA PENDIENTE
1er año	2 000 000	2 000 000 · 0,12	+	500 000	=	740 000	1 500 000
2º año	1 500 000	1 500 000 · 0,12	+	500 000	=	680 000	1 000 000
3er año	1 000 000	1 000 000 · 0,12	+	500 000	=	620 000	500 000
4º año	500 000	500 000 · 0,12	+	500 000	=	560 000	0

5 ANUALIDADES

Un empresario solicita un crédito de 20 millones de pesetas al 15% para su negocio, que ha de devolver en 10 años. Calcula:

a) la anualidad que tiene que pagar si lo paga al final de cada año,

b) la mensualidad que tendría que pagar si tuviera que hacerlo mensualmente.

Resolución

I) Resolvemos el problema razonando paso a paso

a) Cantidad que tiene que devolver: $20\,000\,000\,(1,15)^{10} = 80\,911\,155$ PTA

Si a es la anualidad, el total pagado será:

$$a \cdot 1,15^9 + a \cdot 1,15^8 + \ldots + a \cdot 1,15 + a = a\,\frac{1,15^{10} - 1}{1,15 - 1} = 20,3037\,a$$

Igualando: $20,3037\,a = 80\,911\,155 \to \boxed{a = 3\,985\,045 \text{ PTA}}$

b) En este caso son 120 periodos de capitalización de un mes al $\frac{15}{12} = 1,25\%$ mensual.

Cantidad que debe devolver: $20\,000\,000\,(1,0125)^{120} = 88\,804\,265$

Si m es la mensualidad, en total habrá pagado:

$$m \cdot 1,0125^{119} + m \cdot 1,0125^{118} + \ldots + m = m\,\frac{1,0125^{120} - 1}{1,0125 - 1} = 275,217\,m$$

Igualando: $275,217\,m = 88\,804\,265 \to \boxed{m = 322\,670 \text{ PTA}}$

II) Resolvemos el problema utilizando las fórmulas del cálculo de anualidades y mensualidades

a) $a = C\,\dfrac{(1+i)^n\,i}{(1+i)^n - 1} \quad \left(i = \dfrac{15}{100},\ n = 10\right) \to a = 20\,000\,000\,\dfrac{1,15^{10} \cdot 0,15}{1,15^{10} - 1} = 3\,985\,042$ PTA

b) $m = C\,\dfrac{(1+i)^n\,i}{(1+i)^n - 1} \quad \left(i = \dfrac{15}{1\,200},\ n = 120\right) \to m = 20\,000\,000\,\dfrac{1,0125^{120} \cdot 0,0125}{1,0125^{120} - 1} = 322\,670$ PTA

2 EJERCICIOS Y PROBLEMAS PROPUESTOS

Porcentajes

1 Una entrada de un cine costaba el año pasado 530 PTA y este año 640. ¿Cuál ha sido el porcentaje de subida?

2 La cantidad de agua de un embalse ha aumentado en un 35% respecto a lo que había el mes pasado. Ahora contiene 74,25 millones de litros. ¿Cuáles eran las reservas el mes pasado?

3 Averigua el precio final de un televisor que costaba 45 000 PTA, después de subirlo un 15% y rebajarlo en un 25%. ¿Cuál es el índice de variación?

4 He pagado 1 180 PTA por un libro que estaba rebajado un 20%. ¿Cuál era su precio antes de la rebaja?

5 En un centro escolar hay 4 alumnos que aprueban todas las asignaturas por cada 5 que suspenden alguna.

¿Qué fracción y qué porcentaje del total supone cada uno de los dos tipos?

6 Si el precio de un artículo ha pasado de 350 PTA a 1 000 PTA en unos años, ¿cuál ha sido el aumento expresado en porcentaje? ¿Cuál es el índice de variación?

7 El precio de un ordenador ha bajado durante los últimos años, pasando de costar 375 000 PTA a 156 000 PTA. Calcula la disminución porcentual del precio y el índice de variación.

8 Hace 10 años un chicle costaba 2 PTA y hoy cuesta 10 PTA. Calcula el aumento porcentual. ¿Cuál es el índice de variación?

9 Un depósito contiene 16 *l* de agua con cloro al 5%.

a) Si añadimos 1/2 *l* de cloro, ¿cuál será la concentración de la solución?

b) Añadimos 1 *l* de agua al depósito. ¿Cuál será la nueva concentración?

10 Si el precio del alquiler de un apartamento sube un 10% cada año, ¿cuántos años tardaría en duplicarse?

Intereses

11 Un banco paga el 10% del dinero que se deposita en él, siempre que se mantenga, sin sacar nada, durante un año. ¿Cuánto te darán al cabo de un año si depositas 1 850 000 PTA? ¿Y si lo dejas durante 5 años sin sacar nada?

12 Un comerciante pide un préstamo de 500 000 pesetas para devolver en un solo pago a los tres meses. ¿A cuánto debe ascender ese pago si el precio del dinero está al 12% anual?

13 Recibimos un préstamo de 850 000 PTA al 15% anual que hemos de devolver en un solo pago. ¿Cuántos años han transcurrido si al liquidarlo pagamos 1 486 655 PTA?

14 Un ahorrador mete todos los años en la misma fecha 150 000 PTA en una cuenta que le produce el 6% anual. ¿Qué cantidad habrá acumulado al cabo de 3 años?

15 ¿En cuánto se transforma un capital de 350 000 PTA depositadas durante tres meses al 8,5% anual? ¿Y si se mantiene 5 años con periodos de capitalización trimestrales?

16 Se pide un préstamo de 400 000 PTA al 6,5% de interés semestral con el compromiso de devolverlo, en un solo pago, al cabo de dos años. ¿A cuánto ascenderá ese pago?

17 Un capital colocado al 15% anual durante cuatro años, se ha convertido en 559 682 PTA. ¿A cuánto ascendía ese capital?

18 Un banco paga el 2% trimestral. ¿Cuántos años tienen que estar depositadas 200 000 pesetas para convertirse en 253 648 PTA?

19 Calcula el tanto por ciento anual al que se han de colocar 60 000 PTA para que en dos años se conviertan en 69 984 PTA.

20 Un banco da un 9,6% para imposiciones superiores a un millón de pesetas, a plazo fijo de un año como mínimo. Calcula la T.A.E. correspondiente a pagos trimestrales de intereses.

21 Calcula la T.A.E. para un rédito anual del 10% con pagos mensuales de intereses.

Amortización de préstamos

22 Hemos de amortizar 5 000 000 PTA en 5 años, con un interés del 15%, de modo que cada año se paguen los intereses del capital pendiente más la quinta parte del capital total. ¿De qué importe son los cinco plazos?

23 Hemos de amortizar 4 500 000 PTA al 12% anual en 36 plazos mensuales. En cada uno de los plazos pagaremos la 1/36 parte del capital prestado más los intereses mensuales del capital pendiente de pago. Calcula los tres primeros pagos y los tres últimos.

24 Calcula el importe de la anualidad con la que se amortiza un préstamo de 5 millones en 5 años al 15%. ¿Y si se paga en mensualidades?

25 Una persona paga un coche en sesenta mensualidades de 33 367 PTA. Si el precio del dinero está al 12% anual, ¿cuál era el precio del coche si se pagara al contado?

26 Compramos un electrodoméstico de 75 000 PTA y lo pagamos en 24 plazos mensuales con un interés del 13%. ¿Cuál será la cuota mensual?

CUESTIONES TEÓRICAS

27 Comprueba si las siguientes sucesiones son progresiones geométricas y en caso afirmativo halla su término n-simo:

a) $1; \frac{1}{2}; \frac{1}{4}; \frac{1}{8}; \frac{1}{16}$

b) 0,1; 0,2; 0,3; 0,4; 0,5

c) 1,2; 1,44; 1,728; 2,0736

28 Demuestra que si pagamos al final de cada año una anualidad a, durante n años al r%, la cantidad total que hemos pagado es:

$$S = a\,\frac{(1+i)^n - 1}{i} \qquad \left(i = \frac{r}{100}\right)$$

☛ *a en $n-1$ años se convierten en* $a(1+i)^{n-1}$
a en $n-2$ años ⟶ $a(1+i)^{n-2}$
....
a en 1 año ⟶ $a(1+i)$
última anualidad ⟶ a
Suma los términos de esa progresión.

29 a) Si pedimos un préstamo C al r% a devolver en n años mediante una anualidad que pagaremos al final de cada año se verifica que:

$$C(1+i)^n = a\,\frac{(1+i)^n - 1}{i} \qquad \left(i = \frac{r}{100}\right)$$

Justifica esta igualdad.

b) Obtén el valor de la anualidad a partir de la igualdad anterior.

30 Prueba que si depositamos en un banco a PTA al principio de cada año, al r% durante n años, el capital acumulado durante esos años será:

$$C = a\,(1+i)\,\frac{(1+i)^n - 1}{i} \qquad \left(i = \frac{r}{100}\right)$$

☛ *a en n años se convierte en* $a(1+i)^n$
....
a en 1 año ⟶ $a(1+i)$
Suma los términos de esa progresión.

PARA PROFUNDIZAR

31 Un trabajador ahorra 500 000 PTA anuales que ingresa en el banco al principio de cada año. Si el banco le da un 9,5% de interés, ¿qué cantidad tendrá al cabo de 10 años?

32 Una persona inicia un plan de pensiones a los 45 años, con cuotas mensuales de 30 000 PTA al 9% anual, con periodos de capitalización mensuales. ¿De qué capital dispondrá a los 65 años?

33 He recibido un préstamo de una financiera por el que tengo que pagar 10 anualidades de 141 319 PTA. ¿Cuál es la cantidad prestada si el rédito es el 10,5%?

34 Solicitamos un préstamo de 1 000 000 PTA al 12% anual que hemos de pagar en un año con plazos mensuales. El banco nos cobra 35 000 PTA por la gestión del préstamo en el momento de su concesión. Comprueba que la TAE correspondiente a ese préstamo es un 16,77%.

☛ *El banco nos cobra 1 000 000 PTA al 1% mensual, pero lo que realmente recibimos es 965 000 pesetas que al r% anual (r = TAE) será igual a lo que el banco nos cobra. Plantea la ecuación correspondiente y despeja r.*

3 ÁLGEBRA

PARA CENTRARTE EN EL TEMA, PIENSA Y RESUELVE

Dos hermosos problemas

1. *Tres amigos, Antonio, Juan y Pablo, fueron con sus tres hijos, Julio, José y Luis, a un almacén de frutos secos. Ante un saco de almendras, el dueño les dijo: coged las que queráis. Cada uno de los seis metió la mano en el saco un número n de veces y, cada vez, se llevó n almendras (es decir, si uno de ellos metió la mano en el saco 9 veces, cada vez cogió 9 almendras y, por tanto, se llevó 81 almendras). Además, cada padre cogió, en total, 45 almendras más que su hijo. Antonio metió la mano 7 veces más que Luis y Julio 15 más que Pablo.*

¿Cómo se llama el hijo de Antonio? ¿Y el de Juan? ¿Cuántas almendras se llevaron entre todos?

Las claves para resolver este problema son:

- Cada persona se lleva un número de almendras que es cuadrado perfecto:

  x puñados $\to x^2$ almendras, y puñados $\to y^2$ almendras.

- La diferencia de almendras que cogen cada padre y su hijo es 45.

  $x^2 - y^2 = 45 \to (x + y)(x - y) = 45$ (Recuerda: *suma* por *diferencia* igual a *diferencia de cuadrados*.)

  Tenemos el producto de dos números naturales igual a 45. Esto sólo ocurre en los siguientes casos:

  $9 \times 5 \qquad 15 \times 3 \qquad 45 \times 1$

  1er caso: 9×5

  $$\left.\begin{array}{l} x + y = 9 \\ x - y = 5 \end{array}\right\} \begin{array}{l} \text{Sumando: } 2x = 14 \to x = 7 \\ \text{Restando: } 2y = 4 \to y = 2 \end{array}\Bigg\} \textit{ Solución: } x = 7, \; y = 2$$

  Esto quiere decir que uno de los padres cogió 7 puñados de 7 almendras y su hijo 2 puñados de 2 almendras.

  Análogamente se resuelven los otros dos casos 15×3 y 45×1.

- Resuelve el problema completo. Cuando tengas las soluciones numéricas, lee nuevamente el enunciado para responder exactamente a las preguntas que se hacen.

2. *Un galgo persigue a una liebre.*

La liebre lleva 30 de sus saltos de ventaja al galgo. Mientras el galgo da dos saltos, la liebre da tres. Tres saltos del galgo equivalen a cinco de la liebre.

¿Cuántos saltos dará cada uno hasta el momento de la captura?

Este problema parece difícil. Sin embargo, si realizamos una buena representación y elegimos adecuadamente la unidad, puede ser muy sencillo. Veámoslo.

Hemos representado tres saltos de galgo coincidentes con cinco saltos de liebre.

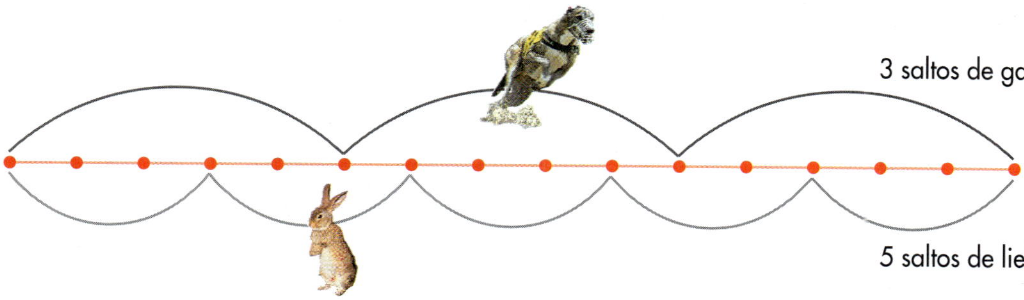

Si tomamos como unidad, de longitud u, la quinceava parte de este segmento, tenemos:

1 salto de galgo = $5u$

1 salto de liebre = $3u$

"Mientras el galgo da dos saltos, la liebre da tres" significa:

galgo $\rightarrow$ $2 \cdot 5u = 10u$
liebre $\rightarrow$ $3 \cdot 3u = 9u$
El galgo avanza $1u$ más que la liebre.

"La liebre lleva 30 de sus saltos al galgo" $\rightarrow$ $30 \cdot 3u = 90u$

■ Razonando de esta forma, completa el problema.

PANORAMA DEL TEMA

La resolución de los problemas anteriores ha requerido, fundamentalmente, razonar adecuadamente a partir de los datos que se tienen. Esto es imprescindible en la actividad matemática.

Pero para que la reflexión sea fecunda, se necesita dominar una serie de herramientas con las que se gane en eficacia.

En este tema vamos a repasar las técnicas algebraicas básicas para moverse con soltura en este nivel.

■ **Ecuaciones**

— de segundo grado
— bicuadradas
— con radicales
— exponenciales
— mediante factorización

■ **Sistema de ecuaciones**

(Todas las técnicas de resolución de ecuaciones son básicas para resolver sistemas.)

■ **Inecuaciones y sistemas de inecuaciones con una incógnita**

(Sólo resoluciones muy sencillas.)

3.1 ECUACIONES DE SEGUNDO GRADO. INTERPRETACIÓN GRÁFICA

Como ya sabes, las ecuaciones de segundo grado son de la forma:

$$ax^2 + bx + c = 0, \quad \text{con} \quad a \neq 0$$

Sus soluciones se obtienen aplicando la fórmula:

$$x = \frac{-b \pm \sqrt{b^2 - 4ac}}{2a}$$

La interpretación gráfica de las ecuaciones de segundo grado y de sus soluciones se realiza a partir de la función cuadrática. Recordémosla.

LA FUNCIÓN CUADRÁTICA: LA PARÁBOLA

La función $y = ax^2 + bx + c$, con $a \neq 0$, llamada **cuadrática**, se representa mediante una parábola:

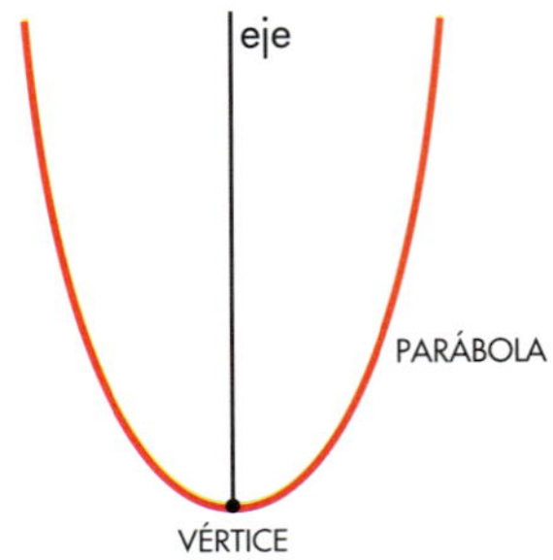

- Su eje es paralelo al eje Y.
- Su forma depende de a, coeficiente de x^2:
  - —Si dos funciones cuadráticas tienen el mismo coeficiente de x^2, las parábolas correspondientes son idénticas, aunque situadas en posiciones distintas.
  - —Si $a > 0$, la parábola tiene las ramas hacia arriba, y si $a < 0$, las tiene hacia abajo.
  - —Cuanto mayor sea $|a|$, más estilizada es la parábola.
- La abscisa del vértice de la parábola está en $x_0 = -\dfrac{b}{2a}$
- Las abscisas de los puntos de corte x_1, x_2 con el eje X son las soluciones de la ecuación $ax^2 + bx + c = 0$.
- Corta al eje Y en el punto $(0, c)$.

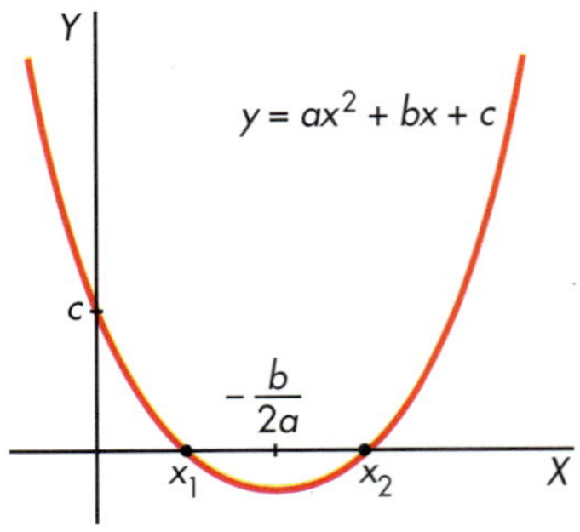

NÚMERO DE SOLUCIONES DE UNA ECUACIÓN DE SEGUNDO GRADO

El número $\Delta = b^2 - 4ac$ se llama **discriminante** de la ecuación. Puesto que Δ está bajo una raíz cuadrada precedida del doble signo $\pm$, según sea el signo de Δ, la ecuación tiene dos soluciones, una o ninguna (de ahí le viene el nombre, pues sirve para **discriminar** el tipo de ecuación).

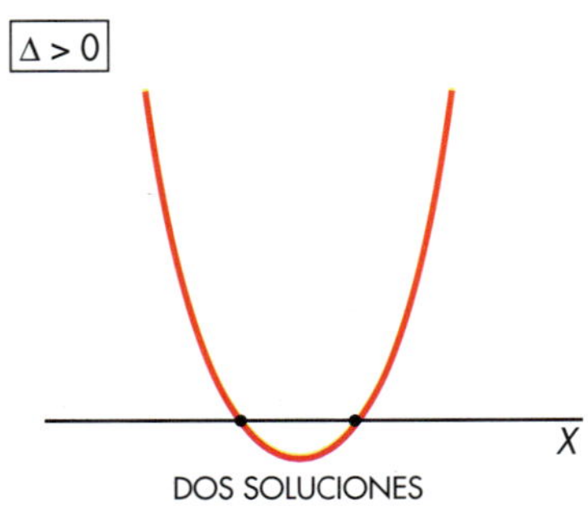

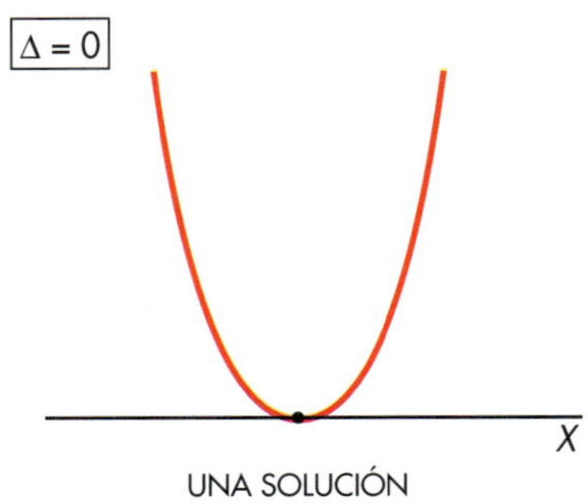

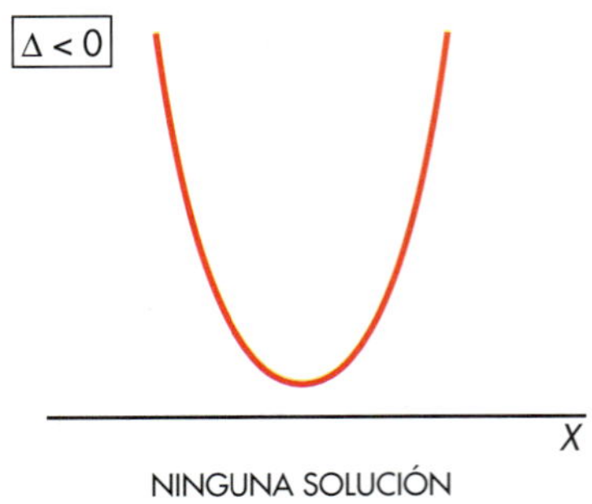

EJEMPLOS

1. *Resolver la ecuación* $x^2 - 3x - 4 = 0$ *y representar la parábola* $y = x^2 - 3x - 4$.

■ **Resolución de la ecuación:**

$$x = \frac{3 \pm \sqrt{9+16}}{2} = \frac{3 \pm 5}{2} \qquad \textit{Soluciones: } x_1 = 4,\ x_2 = -1$$

■ **Representación de la parábola:**

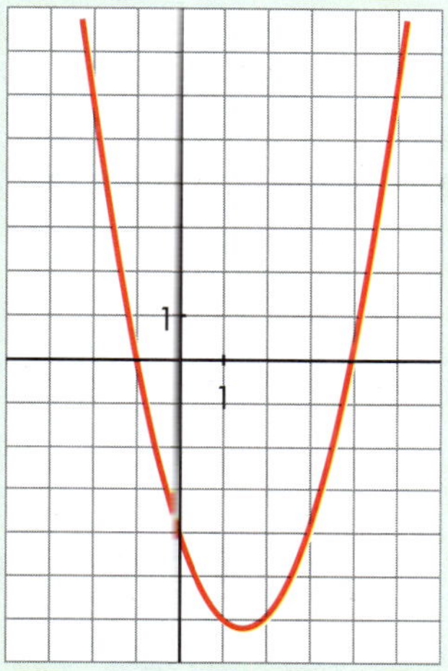

— VÉRTICE: Abscisa $x_0 = \frac{-(-3)}{2 \cdot 1} = \frac{3}{2} = 1{,}5$

Ordenada $f(x_0) = f\left(\frac{3}{2}\right) = \left(\frac{3}{2}\right)^2 - 3 \cdot \frac{3}{2} - 4 = -\frac{25}{4} = -6{,}25$

El vértice es el punto $(1{,}5; -6{,}25)$.

— PUNTOS PRÓXIMOS AL VÉRTICE

x	–2	–1	0	1	2	3	4	5
y	6	0	–4	–6	–6	–4	0	6

— CORTES CON LOS EJES

Con el eje *X*: (–1, 0) y (4, 0)

Con el eje *Y*: (0, –4)

2. *Resolver la ecuación* $3x^2 - 5x + 7 = 0$ *y representar la parábola* $y = 3x^2 - 5x + 7$.

■ **Resolución de la ecuación:**

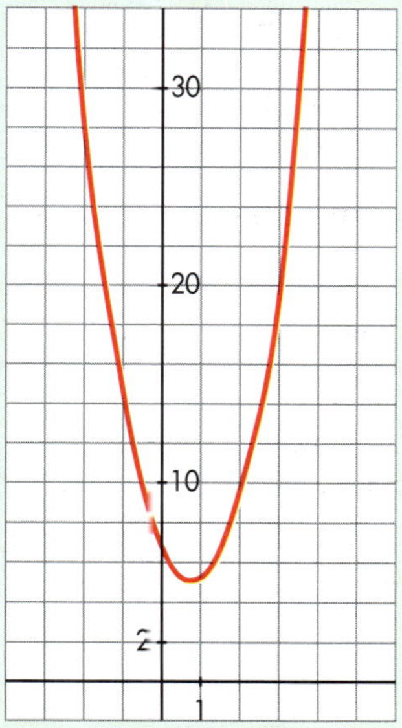

$$x = \frac{5 \pm \sqrt{25-84}}{6} \qquad \text{No tiene solución porque } \Delta = -59 < 0$$

■ **Representación de la parábola:**

— VÉRTICE: Abscisa $x_0 = -\frac{-5}{2 \cdot 3} = \frac{5}{6} \simeq 0{,}83$

Ordenada $f\left(\frac{5}{6}\right) = \frac{59}{12} \simeq 4{,}9$ El vértice es el punto $(0{,}83; 4{,}9)$

— PUNTOS PRÓXIMOS AL VÉRTICE

x	–3	–2	–1	0	1	2	3	4
y	49	29	15	7	5	9	19	35

— CORTES CON LOS EJES

Con el eje *X*: no lo corta

Con el eje *Y*: (0, 7)

En la representación de esta parábola hemos tenido que modificar la escala del eje *Y* para que cupiera, pues es muy alargada. Esta parábola es más esbelta que la de arriba, por eso hemos cambiado la escala del eje *Y*, porque aquí es $|a| = 3$ y arriba es $|a| = 1$. Puesto que en ambas ecuaciones el signo de *a* es positivo, las dos parábolas tienen las ramas hacia arriba.

3.2 ECUACIONES DE SEGUNDO GRADO INCOMPLETAS

Se llaman **incompletas** las ecuaciones de segundo grado a las que les falta el término en x $(b = 0)$ o el término independiente $(c = 0)$. Podrían resolverse aplicando la fórmula general de obtención de soluciones, pero su resolución es mucho más sencilla. Veámoslo:

ECUACIONES DEL TIPO $ax^2 + c = 0$

En ellas se despeja x^2 de forma inmediata:

$$x^2 = -\frac{c}{a} \rightarrow x = \pm\sqrt{-\frac{c}{a}}$$

Tienen dos soluciones, una o ninguna, según el valor de c y el signo de a.

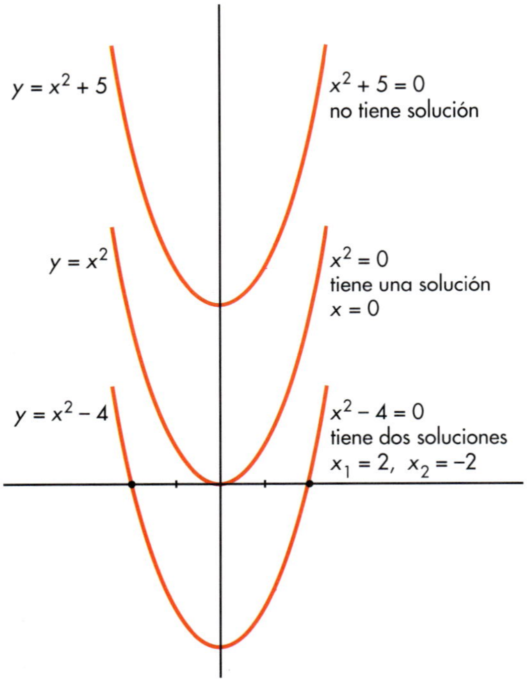

ECUACIONES DEL TIPO $ax^2 + bx = 0$

El primer miembro se puede poner como producto de dos factores:

$$(ax + b) \cdot x = 0 \begin{cases} ax + b = 0 \rightarrow x = -\frac{b}{a} \\ x = 0 \end{cases}$$

Siempre tienen la solución $x = 0$.

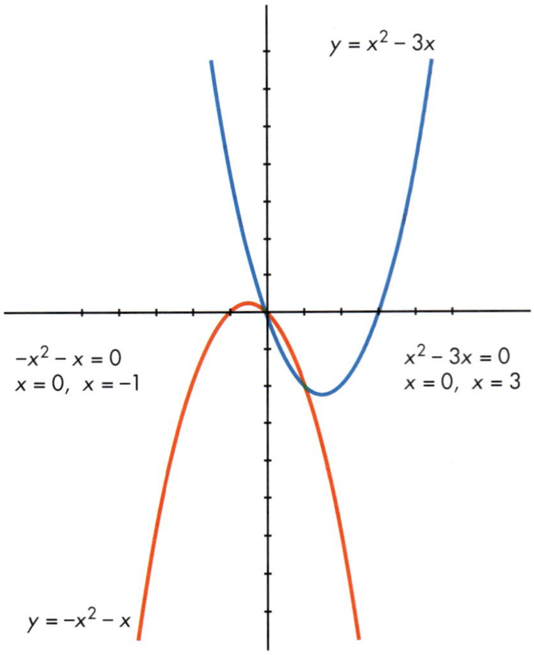

EJEMPLOS

$3x^2 - 75 = 0 \rightarrow x^2 = \frac{75}{3} = 25 \rightarrow$ *Soluciones:* $x_1 = 5,\ x_2 = -5$

$7x^2 + 5x = 0 \rightarrow (7x + 5)\,x = 0 \begin{cases} 7x + 5 = 0 \rightarrow x = -\frac{5}{7} \\ x = 0 \end{cases}$ *Soluciones:* $x_1 = 0,\ x_2 = -\frac{5}{7}$

$7x^2 - 40 = 0 \rightarrow 7x^2 = 40 \rightarrow x^2 = \frac{40}{7} \rightarrow$ *Soluciones:* $x_1 = \sqrt{\frac{40}{7}},\ x_2 = -\sqrt{\frac{40}{7}}$

$2x^2 + 10 = 0 \rightarrow 2x^2 = -10 \rightarrow x^2 = -5$. No tiene solución.

3.3 ECUACIONES QUE SE RELACIONAN CON LAS DE SEGUNDO GRADO

ECUACIONES BICUADRADAS

Son ecuaciones de cuarto grado sin términos de grado impar: $ax^4 + bx^2 + c = 0$

Para resolverlas efectuamos el cambio $x^2 = y$, $x^4 = y^2$, con lo que queda una ecuación de segundo grado en la incógnita y: $ay^2 + by + c = 0$

Por cada valor positivo de y habrá dos valores de x: $x = \pm\sqrt{y}$

EJEMPLOS

Resolver las ecuaciones: a) $x^4 - 10x^2 + 9 = 0$ b) $x^4 - 2x^2 - 3 = 0$ c) $x^4 - 5x^2 = 0$

a) $x^4 - 10x^2 + 9 = 0 \xrightarrow{x^2 = y} y^2 - 10y + 9 = 0$

$$y = \frac{10 \pm \sqrt{100 - 36}}{2} = \frac{10 \pm 8}{2} \begin{cases} 1 \to x = \pm\sqrt{1} = \pm 1 \\ 9 \to x = \pm\sqrt{9} = \pm 3 \end{cases}$$

Soluciones: $-1, 1, -3, 3$

b) $x^4 - 2x^2 - 3 = 0 \xrightarrow{x^2 = y} y^2 - 2y - 3 = 0$

$$y = \frac{2 \pm \sqrt{4 + 12}}{2} = \frac{2 \pm 4}{2} \begin{cases} -1 \to \text{no da solución para } x \\ 3 \to x = \pm\sqrt{3} \end{cases}$$

Soluciones: $-\sqrt{3}, \sqrt{3}$

c) $x^4 - 5x^2 = 0 \xrightarrow{x^2 = y} y^2 - 5y = 0$

$$y(y - 5) = 0 \begin{cases} y = 0 \to x = 0 \\ y = 5 \to x = \pm\sqrt{5} \end{cases}$$

Soluciones: $0, -\sqrt{5}, \sqrt{5}$

ECUACIONES CON RADICALES

Ocasionalmente nos encontramos con ecuaciones en las que x se encuentra bajo una raíz cuadrada. Para resolver este tipo de ecuaciones se aísla la raíz cuadrada en un miembro y se elevan ambos miembros al cuadrado.

En este proceso (al elevar al cuadrado) pueden aparecer soluciones ficticias que, naturalmente, hay que rechazar. Por ello, en este tipo de ecuaciones **es fundamental comprobar todas las soluciones**.

EJEMPLO

Resolver la siguiente ecuación: $\sqrt{2x - 3} + 1 = x$

$$\sqrt{2x - 3} + 1 = x \to \sqrt{2x - 3} = x - 1$$

Elevamos al cuadrado ambos miembros:

$$2x - 3 = x^2 - 2x + 1 \to x^2 - 4x + 4 = 0 \to \textit{Solución: } x = 2$$

Comprobación: $\sqrt{2 \cdot 2 - 3} + 1 = \sqrt{1} + 1 = 2$ La solución es válida.

3.4 LA FACTORIZACIÓN COMO RECURSO PARA RESOLVER ECUACIONES

La siguiente ecuación, de aspecto tremendo, resulta, sin embargo, muy sencilla de resolver:

$$(x^2 - 3x + 2)(7x + 11)(x^4 - 8x^2 - 9) = 0$$

Si tenemos en cuenta que un producto de varios factores es cero si lo es alguno de ellos:

$$(x^2 - 3x + 2)(7x + 11)(x^4 - 8x^2 - 9) = 0 \begin{cases} x^2 - 3x + 2 = 0 \to x_1 = 1,\ x_2 = 2 \\ 7x + 11 = 0 \to x_3 = -11/7 \\ x^4 - 8x^2 - 9 = 0 \to x_4 = 3,\ x_5 = -3 \end{cases}$$

Son las soluciones de la ecuación.

Teniendo esto en cuenta, cuando se pueda, convendrá expresar el primer miembro de una ecuación como producto de factores. Es decir, factorizar la ecuación.

EJEMPLOS

Resolvamos las ecuaciones: a) $x^3 - 3x^2 + 2x = 0$ *b)* $x^4 - 8x^3 + 18x^2 - 11x = 0$

a) Sacando x factor común:

$$x(x^2 - 3x + 2) = 0 \begin{cases} x = 0 \\ x^2 - 3x + 2 = 0 \to x = 1,\ x = 2 \end{cases}$$

Soluciones: $x_1 = 0,\ x_2 = 1,\ x_3 = 2$

b) Como en la anterior, empezamos sacando x factor común:

$$x(x^3 - 8x^2 + 18x - 11) = 0 \begin{cases} x = 0 \\ x^3 - 8x^2 + 18x - 11 = 0 \end{cases}$$

Pero la segunda ecuación es de tercer grado y no sabemos resolverla. Observamos, no obstante, que el primer miembro se anula para $x = 1$. Es decir, hemos encontrado, a ojo, una de las soluciones: $x = 1$. Esto nos permite factorizarla del siguiente modo:

$$\begin{array}{rrrr|l} x^3 & -8x^2 & +18x & -11 & x-1 \\ \hline -x^3 & +x^2 & & & x^2 - 7x + 11 \\ \hline & -7x^2 & & & \\ & +7x^2 & -7x & & \\ \hline & & 11x & & \\ & & -11x & +11 & \\ \hline & & & 0 & \end{array}$$

La división es exacta (esto estaba asegurado por ser $x = 1$ solución de la ecuación). Por tanto:

$$x^3 - 8x^2 + 18x - 11 = (x - 1)(x^2 - 7x + 11)$$

Ya hemos conseguido factorizar la ecuación de modo que sepamos resolverla.

$$x^4 - 8x^3 + 18x^2 - 11x = 0 \to x(x - 1)(x^2 - 7x + 11) = 0$$

$$x(x - 1)(x^2 - 7x + 11) = 0 \begin{cases} x = 0 \\ x - 1 = 0 \to x = 1 \\ x^2 - 7x + 11 = 0 \to x = \dfrac{7 + \sqrt{5}}{2},\ x = \dfrac{7 - \sqrt{5}}{2} \end{cases}$$

Las soluciones de la ecuación son: $x_1 = 0,\ x_2 = 1,\ x_3 = \dfrac{7 + \sqrt{5}}{2},\ x_4 = \dfrac{7 - \sqrt{5}}{2}$

3.5 ECUACIONES EXPONENCIALES

Ecuaciones exponenciales son aquellas en las que la incógnita está en el exponente.

Por ejemplo:

a) $3^{1-x^2} = 1/27$ b) $5^{x^2-5x+6} = 1$ c) $3^{1-x^2} = 2$ d) $2^x + 2^{x+1} = 12$

Para resolver ecuaciones como a), b) y c) hay que expresar el segundo miembro como una potencia de la misma base que el primero ($1/27 = 3^{-3}$, $1 = 5^0$, ...) y, de este modo, se pueden igualar los exponentes. Si esto no es posible directamente (caso c, en el que 2 no es potencia entera ni fraccionaria de 3) se resuelve tomando logaritmos en los dos miembros.

EJEMPLOS

Resolvamos las cuatro ecuaciones mencionadas más arriba.

a) $3^{1-x^2} = 1/27$

Expresamos 1/27 como potencia de base 3: $1/27 = 1/3^3 = 3^{-3}$

$$3^{1-x^2} = 3^{-3} \to 1 - x^2 = -3 \to x^2 = 4 \to x = \pm 2$$

Soluciones: $x_1 = -2,\ x_2 = 2$

b) $5^{x^2-5x+6} = 1$

Expresamos el segundo miembro como potencia de base 5: $1 = 5^0$

$$5^{x^2-5x+6} = 5^0 \to x^2 - 5x + 6 = 0 \to x = \frac{5 \pm \sqrt{25-24}}{2} = \begin{cases} 2 \\ 3 \end{cases}$$

Soluciones: $x_1 = 2,\ x_2 = 3$

c) $3^{1-x^2} = 2$

Puesto que el segundo miembro no se puede poner como potencia de base 3, hemos de tomar logaritmos y recurrir a la calculadora:

$$(1 - x^2)\ log\ 3 = log\ 2 \quad \to 1 - x^2 = log\ 2/log\ 3 \approx 0{,}6309298 \to$$

$$\to x^2 = 1 - \frac{log\ 2}{log\ 3} \approx 1 - 0{,}6309298 \approx 0{,}3690702 \to \quad x \approx \pm\ 0{,}6075$$

Soluciones: $x_1 \approx -0{,}6075,\ x_2 \approx 0{,}6075$

d) $2^x + 2^{x+1} = 12$

Hacemos el cambio de variable: $2^x = y \to 2^{x+1} = 2 \cdot 2^x = 2y$

$$y + 2y = 12 \to 3y = 12 \to y = 4 \to 2^x = 4 \to x = 2$$

Solución: $x = 2$

3.6 ECUACIONES CON VARIAS INCÓGNITAS

Las **ecuaciones** siguientes tienen **dos incógnitas**.

a) $3x + 2y = 16$ b) $2x + y = 8$ c) $y = x^2 - 5x + 4$

Solución de una ecuación con dos incógnitas es todo par de valores que hacen cierta la igualdad.

Por ejemplo, $x = 2$, $y = 5$ es una solución de la ecuación a), porque $3 \cdot 2 + 2 \cdot 5 = 16$.

Una ecuación con dos incógnitas suele tener infinitas soluciones.

Por ejemplo, algunas soluciones de la ecuación a) son:

x	–2	0	1	2	4	6	8
y	11	8	13/2	5	2	–1	–4

Cada **solución** es un punto del plano. Por eso las soluciones se suelen poner como coordenadas. Por ejemplo, la solución $x = 2$, $y = 5$ se puede expresar así: (2, 5)

El conjunto de todas las soluciones de una ecuación con dos incógnitas forman una línea.

Si la ecuación es de primer grado (**ecuación lineal**), sus soluciones forman una recta.

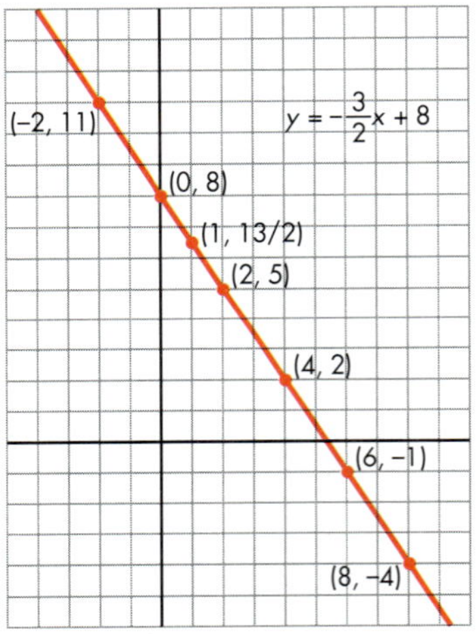

La ecuación b) $2x + y = 8$ se representa mediante otra recta.

La ecuación c) $y = x^2 - 5x + 4$ se representa mediante una parábola.

ECUACIONES CON MÁS DE DOS INCÓGNITAS

Una ecuación puede tener tres o más incógnitas. Por ejemplo:

d) $x - 2y + z = 11$ e) $x^2 + y^2 + z^2 = 25$ f) $2x - y + 3z + 4w = 36$

Veamos alguna solución de cada una de ellas:

d) $x = 6$, $y = -3$, $z = -1$ es solución, porque $6 - 2 \cdot (-3) - 1 = 11$. Se expresa así: (6, –3, –1)

e) $x = 3$, $y = -4$, $z = 0$ es solución porque $3^2 + (-4)^2 + 0^2 = 25$. Se expresa así: (3, –4, 0)

f) $x = 7$, $y = -18$, $z = 4$, $w = -2$ es solución. Se expresa así: (7, –18, 4, –2)

Las ecuaciones con tres incógnitas se representan como superficies en el espacio tridimensional. Por ejemplo, la ecuación d) es un plano y la e) una esfera. En este curso no aprenderemos a identificarlas.

Las ecuaciones con más de tres incógnitas no tienen interpretación geométrica.

3.7 SISTEMAS DE ECUACIONES

Varias ecuaciones forman un **sistema de ecuaciones** cuando se busca la solución común a todas ellas, que es la **solución del sistema**.

Si dos o más ecuaciones no tienen soluciones comunes, se dice que son **incompatibles** y el sistema formado por ellas se llama **sistema incompatible**. Si tiene solución (una o más de una) se llama **sistema compatible**.

SISTEMAS DE DOS ECUACIONES CON DOS INCÓGNITAS. INTERPRETACIÓN GRÁFICA

Según hemos visto en la página anterior, cada ecuación con dos incógnitas se interpreta como una línea (recta o curva) en el plano. Un sistema de dos ecuaciones con dos incógnitas se representa mediante dos líneas cuyos puntos comunes son las soluciones del sistema.

EJEMPLOS

$\begin{cases} 3x + 2y - 16 = 0 \\ x - y + 3 = 0 \end{cases}$ $\begin{cases} y = x^2 - 5x + 4 \\ 2x + y = 8 \end{cases}$ $\begin{cases} y = x^2 - 4x + 4 \\ x + y = 1 \end{cases}$

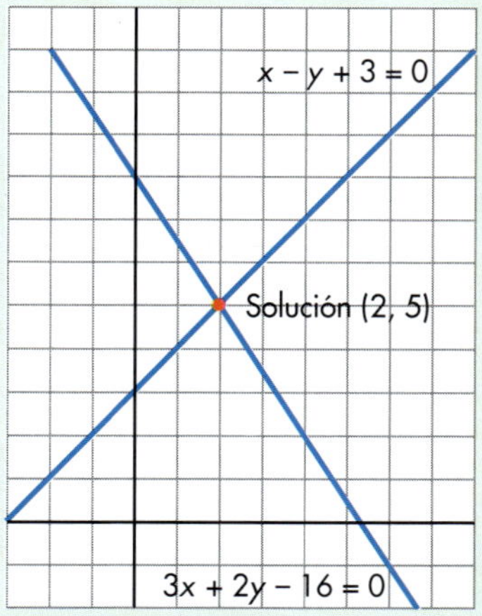

Sistema compatible.

Su solución es el punto en que se cortan las dos rectas.

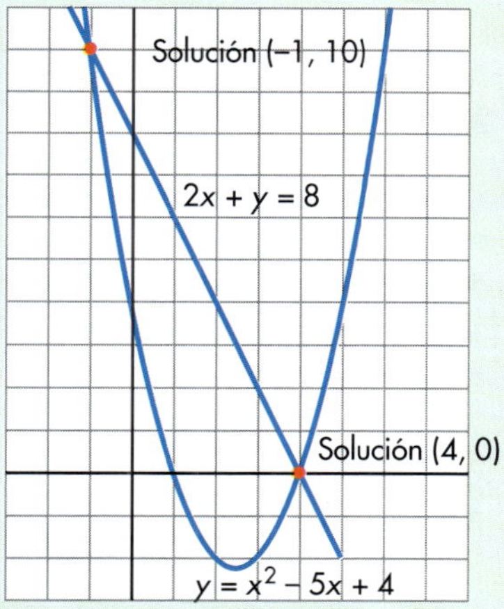

Sistema compatible.

Tienen dos soluciones.

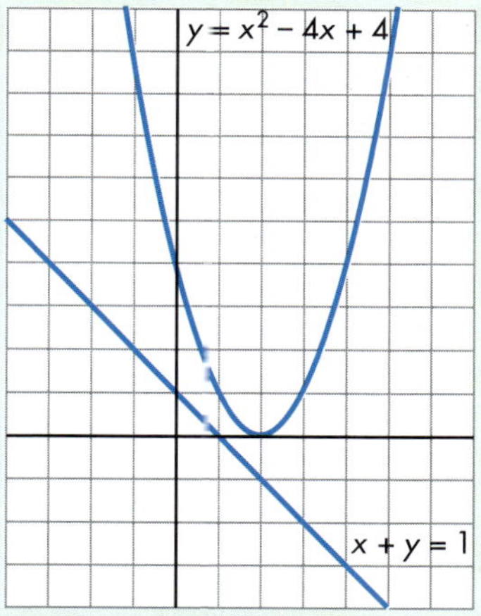

Sistema incompatible.

La recta y la parábola no se cortan (no tienen ningún punto en común).

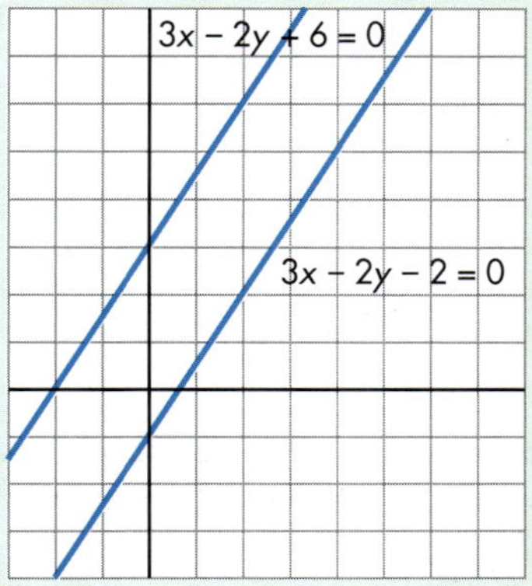

Un sistema formado por dos ecuaciones lineales, sólo puede ser incompatible si las dos rectas son paralelas.

3.8 RESOLUCIÓN DE SISTEMAS DE ECUACIONES

Seguramente conoces tres métodos para resolver sistemas de ecuaciones lineales. Recordémoslos.

- **Método de sustitución.** Consiste en despejar una incógnita en una ecuación y **sustituir** su expresión en la otra ecuación.

  Por ejemplo:

  $$\begin{cases} 2x + 3y = 19 & \text{Despejamos la } y \text{ en la 2ª: } \quad y = 23 - 4x \\ 4x + y = 23 & \text{Sustituimos en la 1ª: } \quad 2x + 3\,(23 - 4x) = 19 \end{cases}$$

  De este modo obtenemos una ecuación con una incógnita. La resolvemos y obtenemos $x = 5$

  Ahora sustituimos ese valor arriba: $y = 23 - 4 \cdot 5 = 3$

  Solución: $x = 5,\ y = 3$

- **Método de igualación.** Se despeja la misma incógnita en ambas ecuaciones y se **igualan** las expresiones resultantes.

  Por ejemplo:

  $$\left.\begin{cases} 2x + 3y = 19 \ \rightarrow \ y = \dfrac{19 - 2x}{3} \\ 4x + y = 23 \ \rightarrow \ y = 23 - 4x \end{cases}\right\} \quad \frac{19 - 2x}{3} = 23 - 4x$$

  Se resuelve la ecuación resultante y se continúa operando hasta obtener el valor de la otra incógnita.

- **Método de reducción.** Se preparan las dos ecuaciones para que una de las incógnitas tenga el mismo coeficiente en ambas. Restando las ecuaciones miembro a miembro, se obtiene una ecuación con una sola incógnita (se ha **reducido** el número de incógnitas).

  Por ejemplo:

  $$\begin{cases} 2x + 3y = 19 & \rightarrow \\ 4x + \ \ y = 23 & \rightarrow \end{cases} \quad \begin{cases} 4x + 6y = 38 \\ 4x + \ \ y = 23 \end{cases} \qquad \text{Restando: } 5y = 15 \ \rightarrow \ y = 3$$

  Conociendo el valor de una de las incógnitas se obtiene el de la otra.

Observaciones

— Según la fisonomía del sistema de ecuaciones, conviene utilizar uno u otro método.

— Si alguna de las ecuaciones tiene un aspecto complicado, hay que empezar arreglándola (suprimir paréntesis, denominadores…).

— Estos métodos para resolver sistemas de ecuaciones lineales son inmediatamente aplicables a sistemas de ecuaciones no lineales.

— Un sistema de tres ecuaciones con tres incógnitas se puede resolver así: se despeja una de las incógnitas en una de las ecuaciones y se sustituye en las otras dos. Se llega, así, a un sistema 2×2 que se resuelve. Conocidos los valores de estas dos incógnitas, se obtiene el de la primera.

EJEMPLOS

1. $\begin{cases} 2x - y = 9 \\ \sqrt{x+y} + y = x \end{cases}$ *Resolvámoslo por el método de sustitución.*

En la 1ª ecuación: $y = 2x - 9$. Sustituyendo en la 2ª:

$$\sqrt{x + 2x - 9} + 2x - 9 = x \rightarrow \sqrt{3x - 9} = 9 - x \xrightarrow{\text{(elevando al cuadrado)}} 3x - 9 = (9 - x)^2 \rightarrow$$

$$\rightarrow 3x - 9 = 81 + x^2 - 18x \rightarrow x^2 - 21x + 90 = 0 \rightarrow x_1 = 6,\ x_2 = 15$$

Soluciones: $\begin{cases} x_1 = 6 \rightarrow y_1 = 3 \rightarrow (6, 3) \\ x_2 = 15 \rightarrow y_2 = 21 \rightarrow (15, 21) \end{cases}$

Comprobadas sobre las ecuaciones del sistema inicial, vemos que la primera solución es válida mientras que la segunda no lo es. La única solución es, pues, $x = 6$, $y = 3$.

2. $\begin{cases} e = \dfrac{1}{4{,}8} t^2 \\ e = 20\,(t - 18) \end{cases}$ *Este sistema describe los movimientos de dos móviles, uno con aceleración uniforme y otro con velocidad constante. La solución buscada es el lugar y el momento de encuentro de ambos móviles (e en metros y t en segundos).*

Lo resolvemos por el método de igualación:

$$\frac{1}{4{,}8} t^2 = 20\,(t - 18) \rightarrow t^2 = 4{,}8 \cdot 20\,(t - 18) \rightarrow t^2 - 96t + 1\,728 = 0 \begin{cases} t_1 = 24 \\ t_2 = 72 \end{cases}$$

$\left.\begin{array}{l} t_1 = 24 \rightarrow e_1 = 120 \\ t_2 = 72 \rightarrow e_2 = 1\,080 \end{array}\right\}$ Los dos móviles coinciden en dos momentos: a los 24 s están ambos a 120 m de la salida y a los 72 s a 1 080 m de la salida.

3. $\begin{cases} y = x + 2 \\ \dfrac{1}{x} - \dfrac{x}{y} = 0 \end{cases}$

Sustituimos la 1ª en la 2ª: $\dfrac{1}{x} - \dfrac{x}{x+2} = 0$

Multiplicamos por $x\,(x + 2)$:

$$(x + 2) - x \cdot x = 0 \rightarrow x^2 - x - 2 = 0 \rightarrow x_1 = -1,\ x_2 = 2$$

Soluciones: $\begin{cases} x_1 = -1 \rightarrow y_1 = 1 \\ x_2 = 2 \rightarrow y_2 = 4 \end{cases}$ Comprobando en el sistema inicial, vemos que ambas soluciones son válidas.

4. $\begin{cases} 2x - 5y + 3z = 4 \\ x - 2y + z = 3 \\ 5x + y + 7z = 11 \end{cases}$

Despejamos x en la 2ª: $x = 2y - z + 3$ (*)

Sustituimos en las otras: $\begin{cases} 2\,(2y - z + 3) - 5y + 3z = 4 \\ 5\,(2y - z + 3) + y + 7z = 11 \end{cases}$

Se obtiene así un sistema de dos ecuaciones con dos incógnitas, y, z, que resolvemos: $\begin{cases} -y + z = -2 \\ 11y + 2z = -4 \end{cases}$

$z = y - 2 \rightarrow 11y + 2\,(y - 2) = -4 \rightarrow 13y = 0 \rightarrow y = 0 \rightarrow z = 0 - 2 = -2$

Sustituimos $y = 0$, $z = -2$ en (*) y obtenemos: $x = 2 \cdot 0 - (-2) + 3 = 5$

Solución: $x = 5$, $y = 0$, $z = -2 \rightarrow (5, 0, -2)$

3.9 INECUACIONES CON UNA INCÓGNITA

Las expresiones a), b), c) siguientes son inecuaciones. La d) es un sistema de inecuaciones.

a) $2x + 1 < 7$ b) $x^2 - 5x + 4 \leq 0$ c) $\sqrt{x+3} \geq 5$ d) $\begin{cases} 3x - 9 < 0 \\ 2x + 4 \geq 0 \end{cases}$

Observa que se trata de desigualdades en las que se usan los signos $<$, $\leq$, $>$ o $\geq$.

Solución de una inecuación es un valor de x con el cual se cumple la desigualdad.

Por ejemplo: 22, 27, 50, 1000 son algunas soluciones de la inecuación c) [compruébalas].

Solución de un sistema de inecuaciones es una solución común a todas las inecuaciones que lo forman. Por ejemplo, $x = 0$ es solución del sistema d), porque es solución de las dos inecuaciones.

Resolver una inecuación o un sistema de inecuaciones consiste en encontrar *todas* sus soluciones. Habitualmente tienen infinitas, que se agrupan en intervalos de $\mathbb{R}$.

Para resolverlas, operamos como si de ecuaciones se tratase, pero teniendo en cuenta las desigualdades.

EJEMPLOS

1. *Resolver $2x + 1 < 7$ algebraica y gráficamente.*

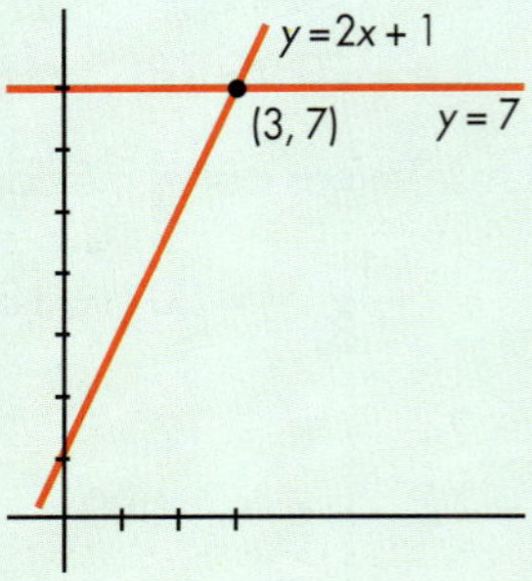

$2x + 1 < 7$ Restamos 1 en cada miembro:

$2x < 6$ Dividimos entre 2:

$x < 3$

Soluciones: $\{x \,/\, x < 3\} = (-\infty, 3)$

Gráficamente se interpreta así: para valores de x menores que 3, la recta $y = 2x + 1$ va por debajo de $y = 7$; es decir, $2x + 1 < 7$

2. *Resolver $x^2 - 5x + 4 \leq 0$*

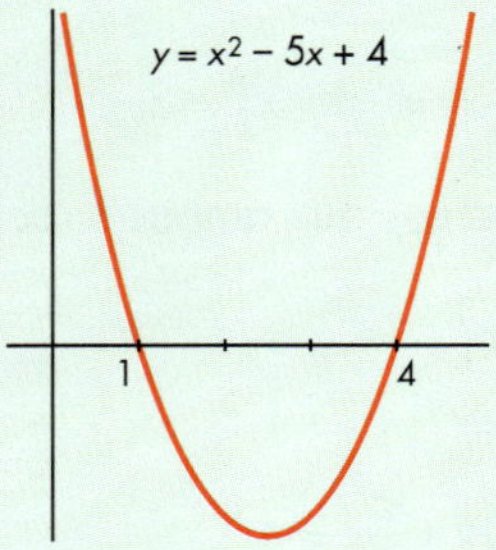

La parábola $y = x^2 - 5x + 4$ corta al eje X en 1 y en 4.

En el intervalo [1, 4] toma valores negativos o nulos.

Por tanto, la solución de la inecuación es:

$$\{x \,/\, 1 \leq x \leq 4\} = [1, 4]$$

3. *Resolver el sistema de inecuaciones* $\begin{cases} 3x - 9 < 0 \\ 2x + 4 \geq 0 \end{cases}$

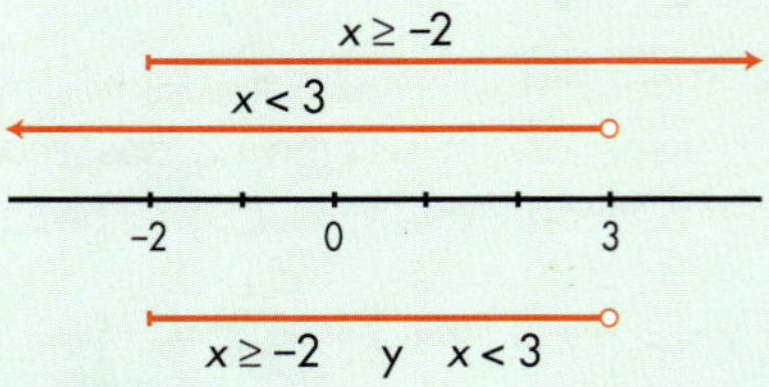

$$\begin{cases} 3x - 9 < 0 \\ 2x + 4 \geq 0 \end{cases} \rightarrow \begin{cases} 3x < 9 \\ 2x \geq -4 \end{cases} \rightarrow \begin{cases} x < 3 \\ x \geq -2 \end{cases}$$

Las soluciones del sistema son las soluciones comunes a las dos inecuaciones:

$$\{x \,/\, x < 3 \;\text{ y }\; x \geq -2\} = \{x \,/\, -2 \leq x < 3\} = [-2, 3)$$

EJERCICIOS Y PROBLEMAS RESUELTOS

1 ECUACIÓN CON RADICALES

Resuelve la ecuación $\sqrt{2x-4} + \sqrt{x+5} = \sqrt{6x+1}$

Resolución

Elevamos al cuadrado los dos miembros:

$$(\sqrt{2x-4} + \sqrt{x+5})^2 = (\sqrt{6x+1})^2 \rightarrow 2x-4+x+5+2\sqrt{(2x-4)(x+5)} = 6x+1$$

Aislamos el radical y elevamos al cuadrado:

$$2\sqrt{2x^2+6x-20} = 3x \rightarrow 4(2x^2+6x-20) = 9x^2$$

$$x^2 - 24x + 80 = 0 \rightarrow x = \frac{24 \pm \sqrt{256}}{2} = \begin{cases} x_1 = 20 \\ x_2 = 4 \end{cases}$$

Comprobamos las soluciones:

$$x = 20 \rightarrow \sqrt{36} + \sqrt{25} = \sqrt{121}$$

$$x = 4 \rightarrow \sqrt{4} + \sqrt{9} = \sqrt{25}$$

Las dos soluciones son válidas.

2 SISTEMA DE ECUACIONES

Resuelve el sistema transformándolo en otro equivalente sin denominadores y aplicando el método de sustitución.

$$\begin{cases} \dfrac{1}{x+1} - \dfrac{1}{y+1} = \dfrac{9}{35} \\ \dfrac{1}{x+y} = \dfrac{6}{5} \end{cases}$$

Resolución

Quitamos los denominadores de cada ecuación:

$$\left.\begin{array}{l} \dfrac{y+1-(x+1)}{(x+1)(y+1)} = \dfrac{9}{35} \\ 5 = 6x+6y \end{array}\right\} \quad \left.\begin{array}{l} 35(y-x) = 9(x+1)(y+1) \\ 5 = 6x+6y \end{array}\right\}$$

Despejamos y en la 2ª ecuación y sustituimos en la 1ª.

$$y = \frac{5-6x}{6} \rightarrow 35\left(\frac{5-6x}{6} - x\right) = 9(x+1)\left(\frac{5-6x}{6} + 1\right)$$

$$54x^2 - 465x + 76 = 0 \rightarrow x = \frac{465 \pm 447}{108} = \begin{cases} x_1 = 0,1\widehat{6} \rightarrow y_1 = 0,\widehat{6} \\ x_2 = 8,\widehat{4} \rightarrow y_2 = -7,6\widehat{1} \end{cases}$$

Las dos soluciones son válidas.

3 ECUACIÓN FACTORIZABLE

Resuelve la ecuación $4x^5 - 12x^3 = 0.$

Resolución

Sacamos factor común: $4x^3(x^2-3) = 0$

Igualamos a cero cada factor

$$\begin{cases} 4x^3 = 0 \rightarrow x_1 = 0 \\ x^2 - 3 = 0 \begin{cases} x_2 = \sqrt{3} \\ x_3 = -\sqrt{3} \end{cases} \end{cases}$$

Soluciones: 0, $\sqrt{3}$ y $-\sqrt{3}$

4 PROBLEMA. ECUACIONES

Tres amigos cobran 75 600 PTA *por cierto trabajo. El primero ha dedicado al proyecto 12 horas y el tercero, que ha dedicado el doble de horas que el segundo, ha cobrado 36 000* PTA. *¿Cuántas horas y cuánto dinero corresponde a cada uno?*

Resolución

IDEA CLAVE: *¿Cuánto dinero se cobra por una hora de trabajo?*

El primero trabaja 12 horas
El segundo trabaja x horas
El tercero trabaja $2x$ horas
Total de horas trabajadas: $12 + x + 2x$

Por cada hora de trabajo se cobra: $\dfrac{75\,600}{12 + 3x}$

$$\frac{75\,600}{12 + 3x} \cdot 2x = 36\,000 \rightarrow x = 10 \text{ horas}$$

Sueldo por hora: 1 800 PTA

Solución: Al primero le corresponden 21 600 PTA; al segundo, 18 000 PTA y al tercero, 36 000 PTA.

5 PROBLEMA. SISTEMA DE ECUACIONES

La nota media de Matemáticas en la clase de 1º A es 5,4 y la de 1º B es 6,4.

¿Cuántos alumnos y alumnas hay en cada grupo si en total son 50, con una media de 5,88?

Resolución

IDEA CLAVE: *¿Cuánto suman las notas de cada grupo?*

	Nº DE ALUMNOS	NOTA MEDIA	SUMA DE PUNTOS
1º A	x	5,4	$5{,}4\,x$
1º B	y	6,4	$6{,}4\,y$
1º A + 1º B	50	5,88	$50 \cdot 5{,}88 = 294$

$$\left.\begin{array}{l} x + y = 50 \\ 5{,}4x + 6{,}4y = 294 \end{array}\right\} \begin{array}{l} y = 50 - x \\ 5{,}4x + 6{,}4\,(50 - x) = 294 \rightarrow x = 26,\ \ y = 24 \end{array}$$

Hay 26 alumnos y alumnas en 1º A y 24 en 1º B.

6 PROBLEMA. SISTEMA DE ECUACIONES

Un trabajador gana 5 000 PTA *más en el turno de noche que en el de día. Este mes ha cobrado 208 000* PTA *por 21 jornadas de trabajo. Si ha ganado tanto por el total de las jornadas de día como por las de noche, ¿cuántos turnos de noche ha realizado?*

Resolución

IDEA CLAVE: *Ha cobrado 104 000* PTA *por las jornadas de día y lo mismo por las de noche.*

	DÍA	NOCHE
Nº DE JORNADAS	x	$21 - x$
SALARIO JORNADA	y	$y + 5\,000$
SALARIO TOTAL	$x\,y$	$(21 - x)\,(y + 5\,000)$

$$\left.\begin{array}{l} x\,y = 104\,000 \\ (21 - x)\,(y + 5\,000) = 104\,000 \end{array}\right\} \left.\begin{array}{l} x\,y = 104\,000 \\ 21y - 5\,000x = 103\,000 \end{array}\right\} \text{Despejamos } y \text{ en la 2ª ecuación.}$$

$$5x^2 + 103x - 2\,184 = 0 \begin{array}{l} x_1 = 13 \\ x_2 = -33{,}6 \ \text{ No vale.} \end{array}$$

Solución: Ha hecho 13 turnos de día y 8 de noche.

7 RESOLUCIÓN GRÁFICA

Resuelve gráficamente la ecuación $x^2 - x - 12 = 0$ y la inecuación $x^2 - x - 12 > 0$.

Resolución

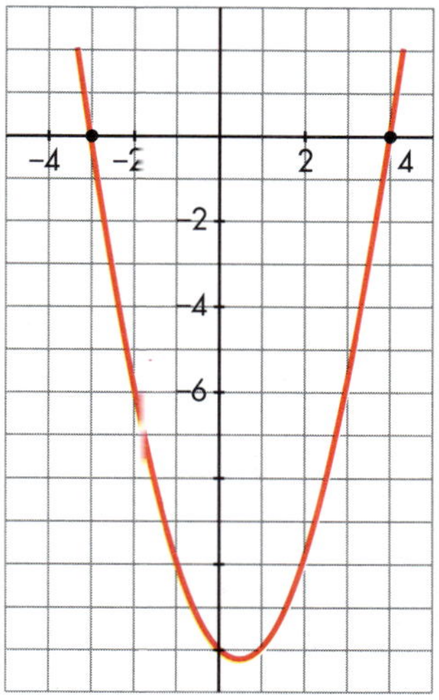

- Representamos la parábola $y = x^2 - x - 12$.

  Tiene las ramas hacia arriba porque $a = 1 > 0$.

  El vértice es el punto $(0,5; -12,25)$.

  Corta al eje de abscisas en $(-3, 0)$ y $(4, 0)$ y al de ordenadas en $(0, -12)$.

- Las soluciones de la ecuación $x^2 - x - 12 = 0$ son las abscisas de los puntos en que la parábola $y = x^2 - x - 12$ corta al eje *OX*: $x = 4$ y $x = -3$.

- Las soluciones de la inecuación $x^2 - x - 12 > 0$ son las abscisas de los puntos de la parábola que están por encima del eje *X*, es decir, los valores de x para los cuales es $y > 0$.

  Solución: $\{x \,/\, x < -3 \;\text{ y }\; x > 4\} = (-\infty, -3) \cup (4, \infty)$

8 INECUACIÓN DE 1er GRADO

Resuelve: $x + 1 - 3\,(x - 1) < 1 - x$

Resolución

Para resolver las inecuaciones de primer grado, se aplican los mismos procedimientos que para resolver las ecuaciones de primer grado, salvo que al multiplicar o dividir los dos miembros de una inecuación por un número negativo, **cambia el sentido** de la desigualdad.

Despejamos x: $x + 1 - 3x + 3 < 1 - x \rightarrow x - 3x + x < 1 - 1 - 3 \rightarrow -x < -3 \rightarrow x > 3$

Solución: $\{x \,/\, x > 3) = (3, \infty)$

9 INECUACIÓN DE 2º GRADO

Resuelve la inecuación $x^2 - x - 6 \geq 0$

Resolución

- Resolvemos la ecuación: $x^2 - x - 6 = 0 \begin{cases} x = 3 \\ x = -2 \end{cases}$

- Representamos estos valores en la recta y estudiamos el signo del polinomio $x^2 - x - 6$ en los intervalos que determinan sus raíces:

Si $x < -2 \rightarrow x^2 - x - 6 > 0$
Si $-2 < x < 3 \rightarrow x^2 - x - 6 < 0$
Si $x > 3 \rightarrow x^2 - x - 6 > 0$

Las soluciones de la inecuación son los números:

$\{x \,/\, x \leq -2 \;\text{ y }\; x \geq 3\} = (-\infty, -2] \cup [3, \infty)$

3 EJERCICIOS Y PROBLEMAS PROPUESTOS

Ecuaciones

1 Resuelve estas ecuaciones incompletas de segundo grado sin aplicar la fórmula general:

a) $(x+1)^2-(x-2)^2=(x+3)^2+x^2-20$

b) $\dfrac{x^2-2x+5}{2}-\dfrac{x^2+3x}{4}=\dfrac{x^2-4x+15}{6}$

c) $\dfrac{3x+1}{3}-\dfrac{5x^2+3}{2}=\dfrac{x^2-1}{2}-\dfrac{x+2}{3}$

d) $\dfrac{3x^2-1}{4}+\dfrac{1}{2}\left[x^2-2-\dfrac{1}{2}x\right]=\dfrac{x^2-5}{4}$

2 Entre estas seis ecuaciones de primer grado, hay dos que no tienen solución, dos que tienen infinitas soluciones y dos que tienen solución única. Identifica cada caso y resuelve las que sea posible:

a) $\dfrac{x+1}{2}=x-\dfrac{2x+3}{4}$

b) $x+\dfrac{3-x}{3}-1=\dfrac{2}{3}x$

c) $\dfrac{(x+1)^2}{16}-\dfrac{1+x}{2}=\dfrac{(x-1)^2}{16}-\dfrac{2+x}{4}$

d) $0{,}2x+0{,}6-0{,}25(x-1)^2=1{,}25x-(0{,}5x+2)^2$

e) $(5x-3)^2-5x(4x-5)=5x(x-1)$

f) $\dfrac{2x+1}{7}-\dfrac{(x+1)(x-2)}{2}=\dfrac{x-2}{2}-\dfrac{(x-2)^2}{2}$

3 Resuelve las siguientes ecuaciones:

a) $(3x+1)(2x-3)-(x-3)(6x+4)=7x$

b) $\dfrac{x^2-1}{4}-\dfrac{2}{3}(x+1)=\dfrac{(2x-3)^2-(13x-5)}{16}$

c) $\dfrac{1}{6}\left[(13-2x)-2(x-3)^2\right]=-\dfrac{1}{3}(x+1)^2$

d) $\dfrac{x^2-1}{3}+(x-2)^2=\dfrac{x^2+2}{2}$

e) $0{,}5(x-1)^2-0{,}25(x+1)^2=4-x$

f) $(0{,}5x-1)(0{,}5x+1)=(x+1)^2-9$

g) $\dfrac{3}{2}\left(\dfrac{x}{2}-2\right)^2-\dfrac{x+1}{8}=\dfrac{1}{8}-\dfrac{x-1}{4}$

4 Resuelve las siguientes ecuaciones:

a) $\sqrt{5x+6}=3+2x$

b) $x+\sqrt{7-3x}=1$

c) $\sqrt{2-5x}+x\sqrt{3}=0$

d) $\sqrt{2x}+\sqrt{5x-6}=4$

5 Resuelve estas ecuaciones bicuadradas:

a) $x^4-5x^2+4=0$ b) $x^4+3x^2-4=0$

c) $x^4+3x^2+2=0$ d) $x^6-9x^3+8=0$

☛ *En d) haz $x^3=y\rightarrow x^6=y^2$. Resuelve la ecuación de segundo grado y ten en cuenta que $x=\sqrt[3]{y}$.*

6 Resuelve :

a) $\dfrac{x+2}{x}+3x=\dfrac{5x+6}{2}$

b) $\dfrac{1}{x}+\dfrac{2}{x}+\dfrac{3}{x}=\dfrac{x}{3}-1$

c) $\dfrac{600}{x}+80=\dfrac{600}{x-2}$

d) $\dfrac{8}{x+6}+\dfrac{12-x}{x-6}=1$

e) $\dfrac{x}{x-3}+\dfrac{2x}{x+3}=\dfrac{6}{x^2-9}$

7 Resuelve estas ecuaciones de grado superior a dos en las que puedes despejar la incógnita:

a) $\dfrac{3x}{5}+\dfrac{25}{9x^2}=0$ b) $\dfrac{x}{8}-\dfrac{2}{81x^3}=0$

c) $\dfrac{x}{2}-\dfrac{1}{x^2}=0$ d) $\dfrac{2}{5x}-\dfrac{5x^3}{2}=0$

Sistemas de ecuaciones

8 Resuelve los siguientes sistemas:

a) $\begin{cases}\dfrac{2x-1}{x+1}+\dfrac{y+3}{y+1}=3\\ x(x-2)=y(1-y)\end{cases}$ b) $\begin{cases}x^2+y^2=65\\ xy=28\end{cases}$

c) $\begin{cases}xy=15\\ \dfrac{x}{y}=\dfrac{5}{3}\end{cases}$ d) $\begin{cases}(x+y)(x-y)=7\\ 3x-4y=0\end{cases}$

9 Resuelve analítica y gráficamente los siguientes sistemas de ecuaciones.

a) $\begin{cases} y - 3x = -5 \\ x^2 + y = -1 \end{cases}$

b) $\begin{cases} y = x^2 - 3x \\ y + x - 3 = 0 \end{cases}$

c) $\begin{cases} x^2 - 4x + y = 5 \\ -8x + y = 9 \end{cases}$

10 Resuelve gráficamente los siguientes sistemas y comprueba la solución:

a) $\begin{cases} x + y = 1 \\ 2x + y = 4 \\ 2x + 3y = 0 \end{cases}$ b) $\begin{cases} x - y = -4 \\ x + y = 8 \\ 2x - 3y = 1 \end{cases}$

11 Resuelve los sistemas:

a) $\begin{cases} x + 2y + z = 9 \\ x - y - z = -10 \\ 2x - y + z = 5 \end{cases}$

b) $\begin{cases} 3x + 4y - z = 3 \\ 3x - 3y + z = -8 \\ x - y + 2z = -6 \end{cases}$

☛ *Despeja una incógnita en una de las ecuaciones y sustitúyela en las otras dos. Así obtendrás un sistema de dos ecuaciones.*

Inecuaciones

12 Resuelve las siguientes inecuaciones:

a) $5(2 + x) > -5x$ b) $\dfrac{x-1}{2} > x - 1$

c) $x^2 + 5x < 0$ d) $9x^2 - 4 > 0$

e) $x^2 + 6x + 8 \geq 0$ f) $x^2 - 2x - 15 \leq 0$

13 Resuelve los siguientes sistemas de inecuaciones:

a) $\begin{cases} 4x - 3 < 1 \\ x + 6 > 2 \end{cases}$ b) $\begin{cases} 3x - 2 > -7 \\ 5 - x < 1 \end{cases}$

c) $\begin{cases} 5 - x < -12 \\ 16 - 2x < 3x - 3 \end{cases}$ d) $\begin{cases} 2x - 3 > 0 \\ 5x + 1 < 0 \end{cases}$

☛ *Resuelve cada inecuación y busca las soluciones comunes. Uno de los sistemas no tiene solución.*

14 Resuelve:

a) $-x^2 - 2x + 3 \geq 0$

b) $5 - x^2 < 0$

c) $x^3 + 3x > 0$

15 Resuelve:

a) $x^2 - 7x + 6 \leq 0$ b) $x^2 - 7x + 6 > 0$

16 Observando la representación gráfica de estas parábolas, di cuáles son las soluciones de las ecuaciones e inecuaciones propuestas.

a)

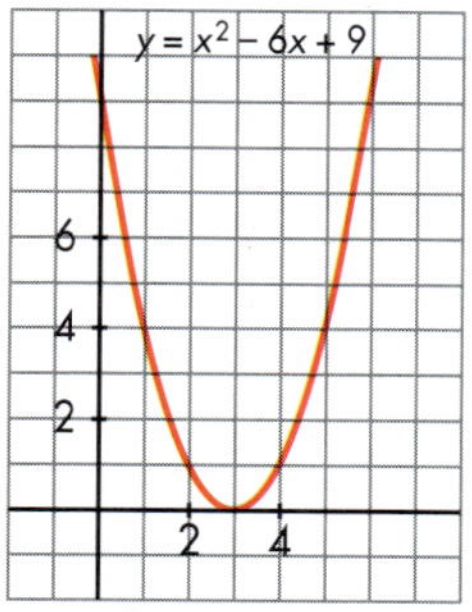

$x^2 - 6x + 9 = 0$
$x^2 - 6x + 9 > 0$

b)

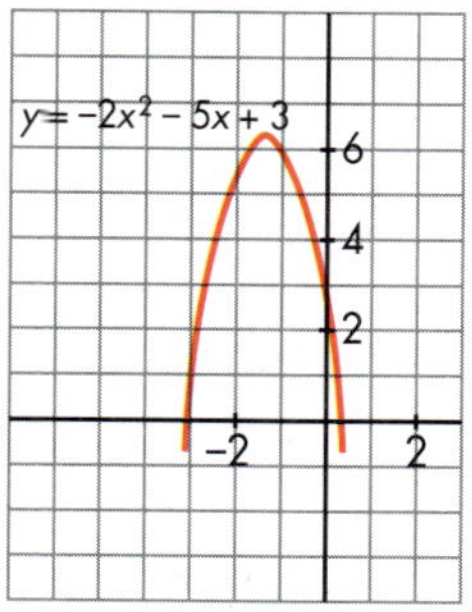

$-2x^2 - 5x + 3 = 0$
$-2x^2 - 5x + 3 \geq 0$

c)

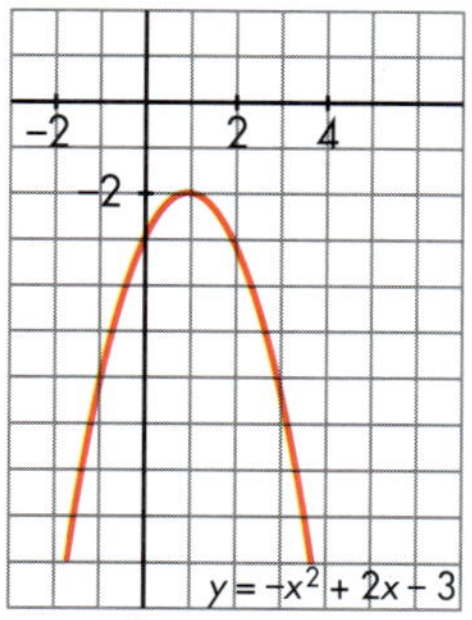

$-x^2 + 2x - 3 = 0$
$-x^2 + 2x - 3 < 0$

d)

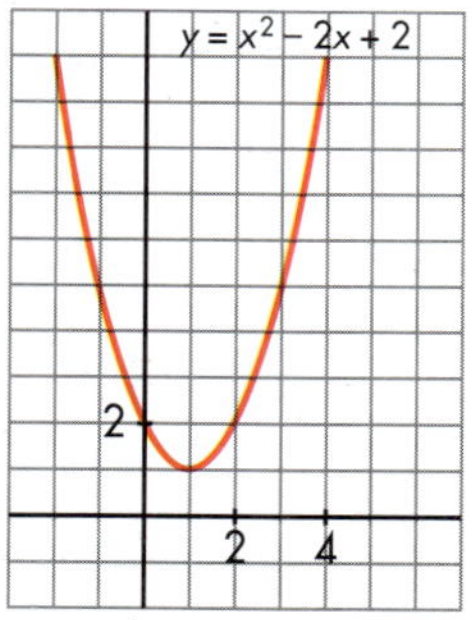

$x^2 - 2x + 2 = 0$
$x^2 - 2x + 2 > 0$

Ecuaciones exponenciales

17 Resuelve las siguientes ecuaciones exponenciales:

a) $3^x = \sqrt[3]{9}$

☛ *Expresa $\sqrt[3]{9}$ como potencia de base 3.*

b) $2^x \cdot 2^{x+1} = 8$

☛ *Multiplica el primer miembro.*

c) $5 \cdot 7^{-x} = 35$

☛ *Divide los dos miembros por 5.*

18 Resuelve:

a) $(0{,}5)^x = 16$

☛ *0,5 es una potencia de base 2.*

b) $\sqrt{7^x} = \dfrac{1}{49}$

c) $\sqrt[x]{2} = 16$

d) $\dfrac{3^{3x-2}}{3^{x+3}} = 81$

e) $\left(\dfrac{2}{5}\right)^x = \dfrac{8}{125}$

f) $2^x \cdot 5^x = 0{,}1$

☛ *Recuerda que* $2^x \cdot 5^x = (2 \cdot 5)^x$.

19 Resuelve mediante cambio de variable:

a) $2^x + 2^{1-x} = 3$

b) $2^{2x} - 5 \cdot 2^x + 4 = 0$

c) $9^x - 3^x - 6 = 0$

d) $3^x + \dfrac{1}{3^{x+1}} = \dfrac{28}{9}$

Problemas de ecuaciones y sistemas

20 La suma de un número par, el par anterior y los dos impares que le siguen, es 34.

Calcula ese número.

21 Las dos cifras de un número suman 12. Si se invierte el orden de las mismas, se obtiene un número 18 unidades mayor.

Calcula dicho número.

22 Tres socios aportan 2, 3 y 5 millones para abrir un negocio. A los tres meses reparten beneficios, correspondiendo al tercero 189 000 PTA más que al segundo.

¿Cuál fue la cantidad repartida?

☛ *Al primero le corresponden 2/10 de los beneficios.*

23 La edad de un padre es el cuádruple de la de su hijo, pero dentro de 16 años será solamente el doble. ¿Cuál es la edad actual de cada uno?

24 Un grifo A tarda en llenar un depósito el doble de tiempo que otro B. Abiertos simultáneamente, llenan el depósito en 2 horas. ¿Cuánto tarda cada uno por separado?

☛ *Si A tarda* x *horas en llenar el depósito, en 1 hora llena* $1/x$ *del depósito.*

25 Un remero sube con su barca por un río a una velocidad de 30 m/min y baja a 60 m/min. ¿Hasta qué distancia se aleja en un paseo de hora y media?

26 Se mezclan 30 kg de café de 600 PTA/kg con cierta cantidad de otro de 800 PTA/kg, resultando la mezcla a 725 PTA/kg. ¿Qué cantidad del café más caro se ha utilizado?

☛ *Precio de 1 kg de mezcla* $= \dfrac{\text{coste total}}{\text{total de kg}}$.

27 Una tienda ha vendido 60 cajas de rotuladores, cuyo precio original era de 1 200 PTA, con un descuento del 20% a unas y un 25% a otras. Si se han recaudado 56 400 PTA, calcula a cuántas cajas se les rebajó el 25%.

28 En la primera prueba de una oposición queda eliminado el 52% de los participantes. En la segunda prueba se elimina el 25% de los restantes. Si el número total de personas suspendidas es de 512, ¿cuántas personas se presentaron a la oposición?

☛ *Recuerda que para calcular el 52% de una cantidad, dicha cantidad se multiplica por 0,52. ¿Por cuánto habrá que multiplicar para calcular el 25% del 48% restante?*

29 Un granjero espera obtener 3 600 PTA por la venta de huevos. En el camino al mercado se le rompen cuatro docenas. Para obtener el mismo beneficio aumenta en 45 PTA el precio de la docena. ¿Cuántas docenas tenía al principio?

☛ *Iguala el coste de las docenas que se rompen a lo que aumenta el coste de las que quedan.*

30 Un tendero invierte 12 500 PTA en la compra de una partida de manzanas. Desecha 20 kg por defectuosas y vende el resto, aumentando 40 PTA cada kilo sobre el precio de compra, por 14 700 PTA.

¿Cuántos kilos compró?

☛ *Iguala el coste de las que se desechan más las ganancias, al aumento de coste de las que quedan.*

31 Varios amigos toman un refresco en una terraza y deben pagar 600 PTA por el total de las consumiciones. Como dos no tienen dinero, los demás les invitan, debiendo aumentar su aportación en 80 PTA cada uno.

¿Cuántos amigos son?

32 El número de visitantes a cierta exposición durante el mes de febrero se incrementó en un 12% respecto al mes de enero. Sin embargo, en marzo sufrió un descenso del 12% respecto a febrero.

Si el número de visitantes de enero superó en 36 personas al de marzo, ¿cuántas personas vieron la exposición en enero?

33 Un inversor, que dispone de 2 800 000 PTA, coloca parte de su capital en un banco al 8% y el resto en otro banco al 6%. Si la primera parte le produce anualmente 20 000 PTA más que la segunda, ¿cuánto colocó en cada banco?

CUESTIONES TEÓRICAS

34 Determina para qué valores de b la ecuación $x^2 - bx + 9 = 0$ tiene:

a) Una solución.

b) Dos soluciones.

35 ¿Qué valor ha de tomar k para que la ecuación $x^2 - 6x + k = 0$ no tenga solución?

36 Escribe una ecuación que tenga por soluciones $x_1 = 3$ y $x_2 = -2$.

37 ¿Cuántas soluciones puede tener una ecuación bicuadrada? Pon ejemplos.

38 ¿Para qué valores de k tiene solución la ecuación $x^2 + k = 0$?

39 ¿Qué condición deben cumplir a y b para que el sistema tenga solución?

$$\left.\begin{aligned} 2x + 3y &= a \\ 4x + 6y &= b \end{aligned}\right\}$$

PROBLEMAS PARA PROFUNDIZAR

40 Un campesino tiene bueyes que comen la misma cantidad de pienso todos los días. Si vendiese 15 bueyes, el pienso le duraría 3 días más y si comprase 25 bueyes, el pienso le duraría 3 días menos.

Halla el número de bueyes y los días que los puede alimentar.

☛ *Si x es el número de bueyes y t el número de días que los puede alimentar, $x\,t$ es la cantidad de raciones de pienso que tiene el campesino.*

41 Un avión militar vuela a 600 km/h cuando no hace viento y puede llevar combustible para 4 horas.

Cuando va a salir hay un viento en contra de 60 km/h que se mantendrá, según los pronósticos, durante todo el trayecto.

¿Cuántos kilómetros puede alejarse de su base de modo que pueda regresar sin repostar?

42 Dos grifos llenan juntos un depósito en 12 minutos. Uno de ellos, solo, tarda 10 minutos menos en llenar el depósito que el otro.

¿Cuánto tarda cada uno de ellos en llenar el depósito por separado?

43 Si acortamos en 2 cm la base de un rectángulo y en 1 cm su altura, el área disminuye en 13 cm^2.

Calcula las dimensiones del rectángulo sabiendo que su perímetro es igual a 22 cm.

II FUNCIONES

DESARROLLO DE LA NOCIÓN DE FUNCIÓN

La noción actual de función comienza a gestarse en el siglo XIV, cuando los filósofos escolásticos medievales comenzaron a preocuparse por *medir* y *representar* gráficamente las variaciones de ciertas magnitudes, como la velocidad de un cuerpo en movimiento o la diferencia de temperatura en los distintos puntos de un objeto metálico.

El personaje más influyente en este proceso inicial fue **Nicolás de Oresme** (1323-1382). Fue el primero en hacer uso sistemático de diagramas para representar magnitudes variables en el plano, señalando los valores de la variable independiente a lo largo de una recta, y los valores de la variable dependiente a lo largo de otra perpendicular a la primera.

Este apoyo geométrico tuvo una importancia extraordinaria en el desarrollo posterior de la matemática. Con él comenzaba una interacción muy fructífera entre la geometría, el cálculo y el álgebra.

La idea de función estaba implícita en la geometría de **Descartes** y en las obras de **Fermat,** así como en el cálculo de **Newton**, pero el primero en dar una definición de función muy parecida a la que actualmente utilizamos fue **Leibnitz.** Sin embargo, hay que esperar hasta el gran **Leonhard Euler** (1707-1783) para que el concepto de función se enuncie de una manera más clara y su aplicabilidad sea más sencilla.

Durante los siglos XVIII y XIX, el concepto de función es el más importante de la matemática, sobre todo en el análisis matemático.

Se hace indispensable dominar dicho concepto para llevar adelante todo el desarrollo científico y tecnológico, primero alrededor de la física, y luego en otros muchos campos.

Todo nuevo concepto suele dar lugar a un nuevo simbolismo: la transición de la aritmética al álgebra fue posible gracias a la construcción de fórmulas que eran válidas para números arbitrarios, y la búsqueda de soluciones generales dio lugar al simbolismo algebraico.

El problema del análisis es el estudio de funciones, esto es, *la dependencia de una variable respecto a otra.* Inicialmente, los matemáticos también se preocuparon por situaciones concretas (cómo varía la presión atmosférica en función de la altura, cómo varía el espacio en función de la velocidad, cómo varía la fuerza gravitatoria en función de la distancia, etc.) para desembocar, poco a poco, en situaciones más generales.

LOS CONCEPTOS DE DERIVADA Y DE INTEGRAL

El cálculo infinitesimal fue creado para resolver los principales problemas científicos del siglo XVII.

Entre los muchos problemas que circulaban en esa época, cabe citar los siguientes:

- Obtener tangentes a una curva.
- Obtener puntos críticos de una función (máximos, mínimos, etc.).
- Obtener longitudes de curvas.
- Calcular áreas y volúmenes de cuerpos geométricos.

Estos problemas requerían nuevos conceptos y procedimientos matemáticos. Las técnicas anteriores no servían. **Isaac Newton** (1642-1727) y **G. W. Leibnitz** (1646-1716), casi simultáneamente, realizaron una prodigiosa creación mental, denominada hoy *cálculo*, con el cual fueron capaces de resolver la mayoría de los problemas anteriores.

Isaac Newton.

Ellos combinaron la técnica de la división en partes pequeñas, de los griegos, y el sistema gráfico de Descartes, para crear un instrumento mental con el fin de operar de una nueva manera.

Surgían así dos conceptos entrelazados: la derivada y la integral. **Barrow** (1630-1677), profesor de Newton, fue el primero en darse cuenta de que *el problema de la derivada* (también llamado *de la tangente*) y *el problema de la integración* (también llamado *del área*) estaban conectados de manera muy estrecha, resultando ser dos caras de la misma moneda.

Curiosamente, el concepto de integral resolvió de un plumazo problemas relativos al cálculo de áreas y volúmenes, los cuales venían arrastrándose desde **Arquímedes** (siglo III a. de C.). Estos problemas cautivaron a varios matemáticos, **Kepler** (1571-1630) entre ellos, quien comenzó a preocuparse seriamente del cálculo de volúmenes, motivado, al parecer, por la inexactitud de las cuentas de los vinateros al medir los volúmenes de vino que cabían en sus toneles.

Kepler estudió a fondo el asunto y publicó un tratado en latín, *Stereometría doliorum* (*Cálculo de volúmenes de barriles*), en el que hizo un profundo estudio de noventa y dos tipos de cuerpos de revolución.

Hubo de pasar casi un siglo y medio, desde que Newton y Leibnitz comenzaron a desarrollar y manejar las nociones de derivada e integral, hasta que **N. Cauchy** (1789-1857), a comienzos del siglo XIX, las sistematizara en un cuerpo teórico bien construido y prácticamente con la misma forma que hoy utilizamos en los primeros pasos del análisis.

N. Cauchy

4 FUNCIONES. CONTINUIDAD Y RAMAS INFINITAS

PARA CENTRARTE EN EL TEMA, PIENSA Y RESUELVE

1. Para representar la función $y = \begin{cases} x, & \text{si } x \leq 2 \\ 1, & \text{si } x > 2 \end{cases}$ procedemos así:

- Representamos la función $y = x$ hasta la abscisa $x = 2$.

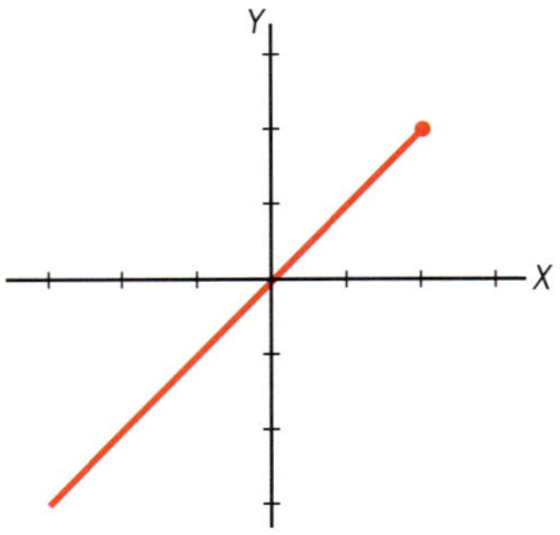

- Representamos la función $y = 1$ desde $x = 2$ en adelante.

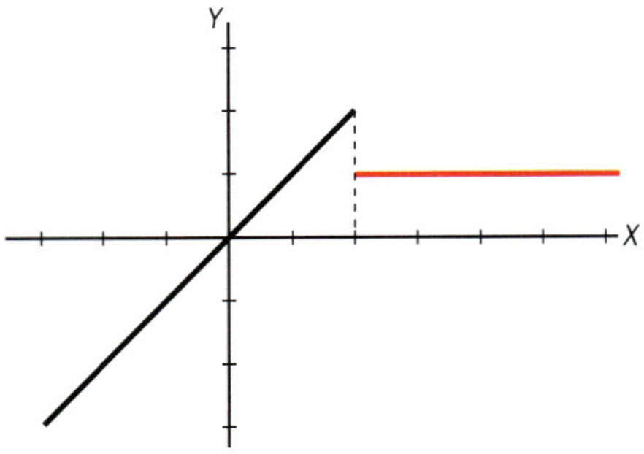

- En $x = 2$ sólo es válido el punto correspondiente a la primera rama (el signo = de la expresión $x \leq 2$ sirve para incluir dicho valor). Lo tenemos en cuenta excluyendo, mediante un circulito, el punto de la otra rama.

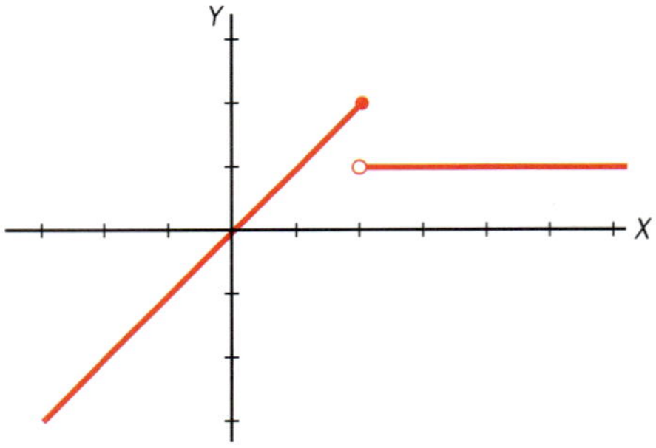

2. Representa gráficamente las siguientes funciones y di, de cada una de ellas, si es continua o discontinua:

a) $y = \begin{cases} x + 3, & \text{si } x < 1 \\ 5 - x, & \text{si } x \geq 1 \end{cases}$

b) $y = \begin{cases} 4, & \text{si } x < 0 \\ 4 - x, & \text{si } 0 \leq x \leq 5 \\ 2x - 11, & \text{si } x > 5 \end{cases}$

c) $y = \begin{cases} x + 3, & \text{si } x < -2 \\ -x + 1, & \text{si } x \geq -2 \end{cases}$

3. Si dispusieras de una buena lupa, podrías realizar el siguiente experimento:

- Observa un objeto pequeño (por ejemplo, el capuchón de un bolígrafo rojo), poniendo la lupa a una distancia de 10 cm. El objeto se ve notablemente ampliado. Vamos a variar la distancia.
- Si pegas la lupa al objeto, éste se verá de su mismo tamaño.
- Si la separas paulatinamente (poco a poco), verás cómo se va ampliando el tamaño del capuchón, de modo que, al llegar a una cierta distancia, se verá toda la lupa roja.

- Situando la lupa más allá de esa distancia, se verá el objeto grande e invertido. Si seguimos separándola, irá disminuyendo su tamaño...

La ecuación para una cierta lupa, es $A = \frac{2}{2-d}$.

d = distancia de la lupa al objeto (en dm)

A = aumento (número por el que se multiplica el tamaño)

(Nosotros debemos situarnos de modo que la lupa esté a la mitad de la distancia entre el objeto y nuestro ojo.)

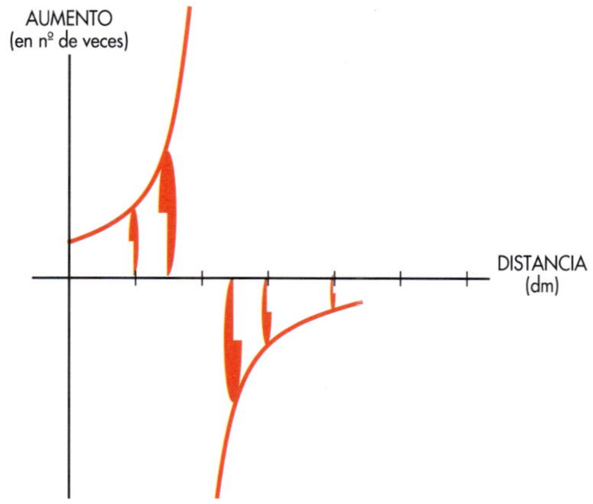

- Calcula el tamaño aparente del objeto para los siguientes valores de d:

0,1 0,5 1 1,5 1,9 1,99 2,01 3 10

PANORAMA DEL TEMA

- En cursos anteriores ya estudiaste las **funciones** y sus características. Empezaremos repasando esas nociones y atenderemos especialmente a la obtención del **dominio de definición** a partir de la expresión analítica de la función.

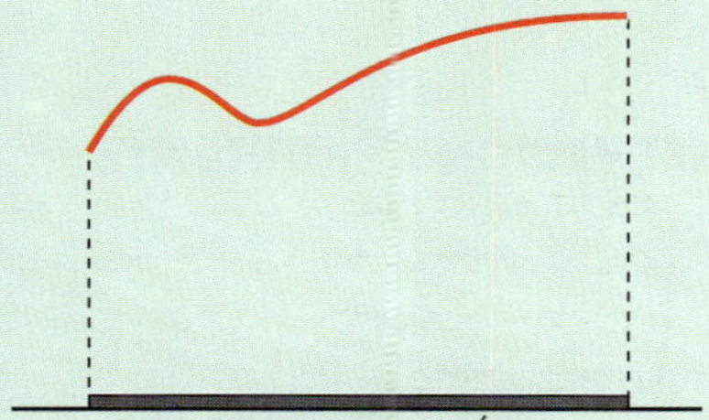

- La idea gráfica de **función continua** es muy sencilla. A partir de ella elaboraremos criterios para dilucidar si una función dada por su expresión analítica es o no continua en un punto.

¿Qué peculiaridades tienen las expresiones analíticas de las funciones continuas?

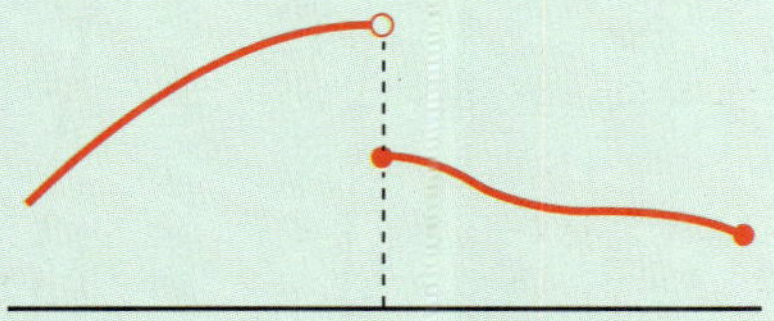

- La noción y el cálculo de **límites** es fundamental tanto para el estudio de la continuidad de funciones como para la obtención de sus **ramas infinitas**, lo cual ayuda sobremanera a la representación de su gráfica.

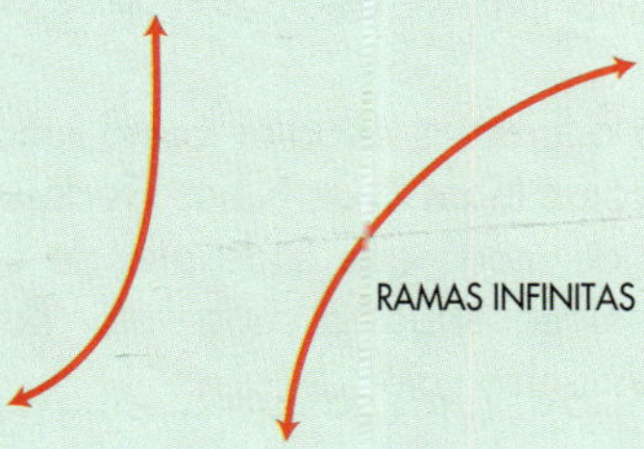

4.1 CONCEPTO DE FUNCIÓN

Las funciones que habitualmente utilizamos son **funciones reales de variable real**. Veamos en qué consisten y cuáles son sus ingredientes básicos.

f es una **función de** $\mathbb{R}$ **en** $\mathbb{R}$ si a cada número real $x \in D$, le hace corresponder otro número real $f(x)$:

$$D \subset \mathbb{R}, \qquad D \longrightarrow \mathbb{R}$$
$$x \longrightarrow f(x)$$

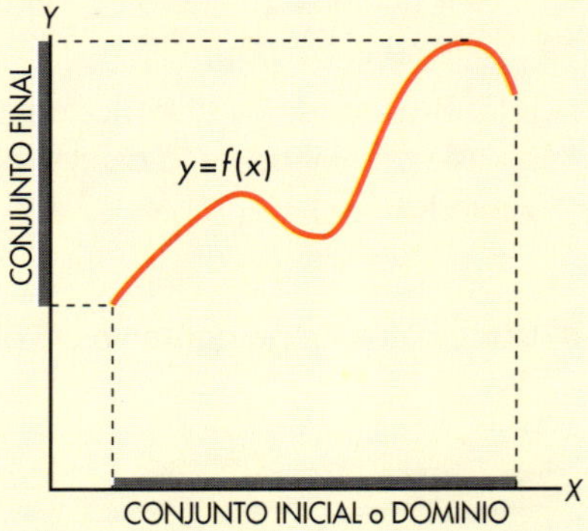

El conjunto D de los valores que puede tomar la variable independiente, x, se llama **dominio de la función** o **conjunto inicial**.

El conjunto de los valores que toma la función se llama **recorrido** o **conjunto final**.

Destaquemos que a cada valor $x \in D$, la función le asigna un único valor $f(x)$:

$$\boldsymbol{f(x)} \textbf{ es único para cada } \boldsymbol{x \in D}$$

Puesto que tanto la variable x como la función $f(x)$ toman valores reales, estas funciones se llaman **funciones reales de variable real.**

■ OBSERVACIÓN IMPORTANTE

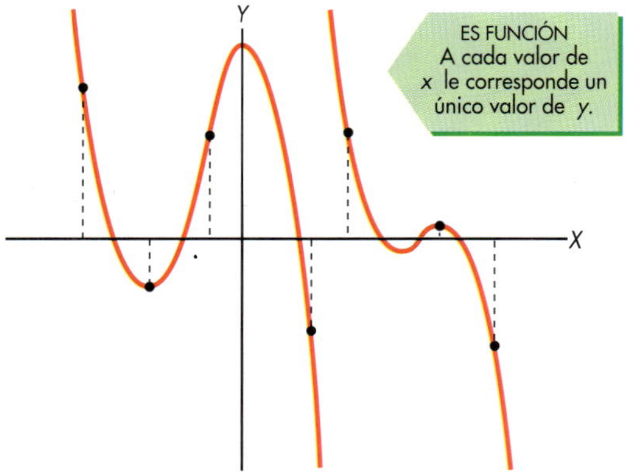

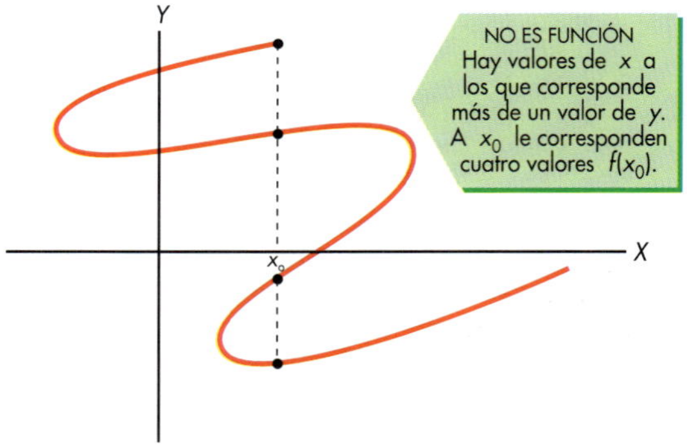

De las dos gráficas de arriba, la de la izquierda *es de una función* porque a cada valor de x corresponde uno (o ninguno) de y. Sin embargo, la gráfica de la derecha *no es de una función*, pues hay valores de x a los que corresponde más de un valor de y.

Cuando queramos estudiar como funciones algunas curvas como la de la derecha, las descompondremos en dos, de modo que cada una de ellas cumpla la condición requerida: *a cada valor de x le corresponde un único valor de y.*

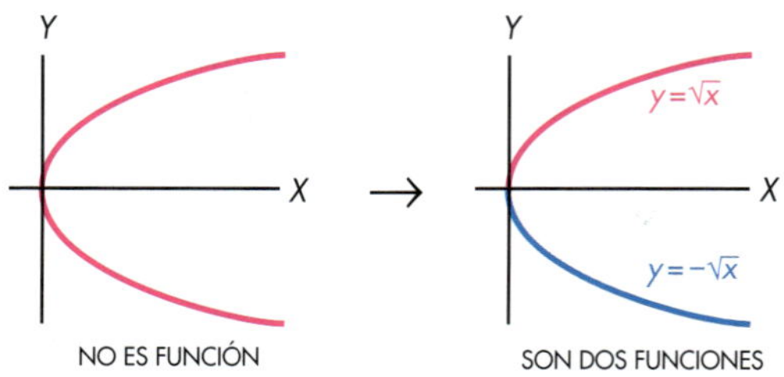

4.2 EXPRESIÓN ANALÍTICA DE UNA FUNCIÓN

- La superficie de una esfera en función de su radio, r, viene dada por la expresión $S = 4\pi r^2$.
- El aumento lineal producido por una cierta lupa, en función de la distancia, d, a la que coloquemos un objeto viene dada por la expresión $A = 5/(5 - d)$.

  A partir de esta expresión podemos deducir que, si $d < 5$, el aumento es positivo y tanto mayor cuanto más próxima sea a 5. Y si $d > 5$, el aumento es negativo (imagen invertida).
- La sensación luminosa que percibimos, en función de la intensidad, I, de la luz emitida, es $S = \sqrt[3]{I}$.

  Según esta fórmula, la sensación (psicológica) aumenta con el estímulo (físico), pero mucho más lentamente. Por ejemplo, para duplicar la sensación producida por la iluminación de una bombilla de 10 watios se necesitan 8 bombillas iguales, pues $\sqrt[3]{8} = 2$. Esta relación se llama Ley Psicofísica.

Hay multitud de funciones, extraídas de la geometría, de la técnica, de la psicología..., cuyas expresiones analíticas conocemos. Esto nos permite tratarlas de forma mucho más precisa.

La gráfica de una función nos permite apreciar con claridad el comportamiento global de la misma. Sin embargo, la expresión analítica es la forma más precisa y operativa de dar una función.

A partir de la expresión analítica podemos obtener su representación gráfica. Pero ello requiere el manejo de unas técnicas cuyo conocimiento y comprensión será el objeto de éste y de los próximos temas.

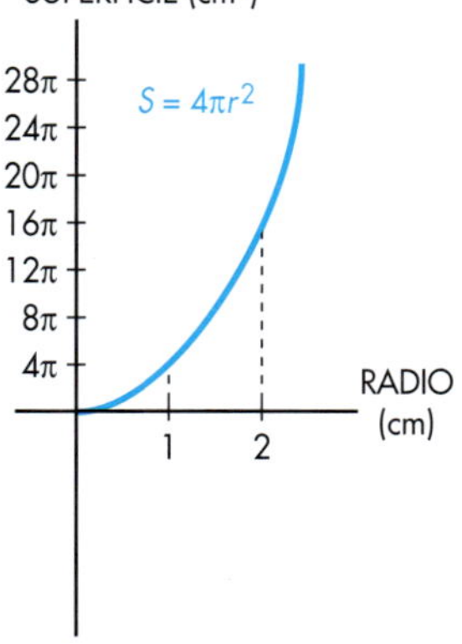

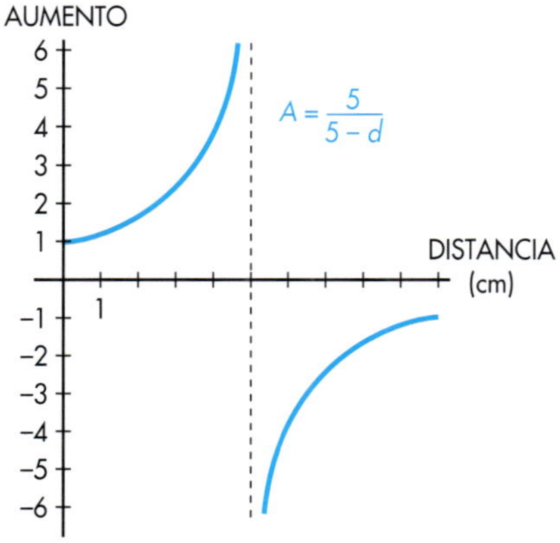

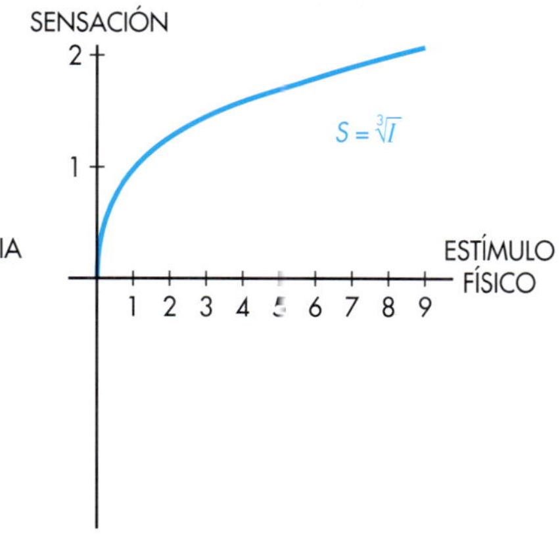

FUNCIONES DADAS "A TROZOS"

Las funciones siguientes:

$$y = \begin{cases} x, & \text{si } x \le 2 \\ 1, & \text{si } x > 2 \end{cases} \qquad y = \begin{cases} x^2 - 5x + 1 & \text{si } x \le 0 \\ 1/x & \text{si } 0 < x < 4 \\ \sqrt{x} & \text{si } x \ge 4 \end{cases}$$

vienen dadas por sus expresiones analíticas. Pero éstas requieren de varias "fórmulas", cada una de las cuales rige el comportamiento de la función en un cierto tramo.

4.3 FUNCIONES DADAS MEDIANTE TABLAS. INTERPOLACIÓN LINEAL

Lo que cada uno debe pagar a Hacienda cada año (CUOTA ÍNTEGRA) es función de lo que gana (BASE LIQUIDABLE). Esta función se da mediante una tabla de valores. Veámoslo:

BASE LIQUIDABLE HASTA PESETAS	CUOTA ÍNTEGRA (PESETAS)	RESTO BASE LIQUIDABLE HASTA PESETAS	TIPO APLICABLE (%)
400 000	0	600 000	20,00
1 000 000	120 000	570 000	22,00
1 570 000	245 400	570 000	24,50
2 140 000	385 050	570 000	27,00
2 710 000	538 950	570 000	30,00
3 280 000	709 950	570 000	32,00
3 850 000	892 350	570 000	34,00
4 420 000	1 086150	570 000	36,00
4 990 000	1 291 350	570 000	38,00
5 560 000	1 507 950	570 000	40,00
6 130 000	1 735 950	570 000	42,50
6 700 000	1 978 200	570 000	45,00
7 270 000	2 234 700	570 000	47,00
7 840 000	2 502 600	570 000	49,00
8 410 000	2 781 900	570 000	51,00
8 980 000	3 072 600	570 000	53,50
9 550 000	3 377 550	en adelante	56,00

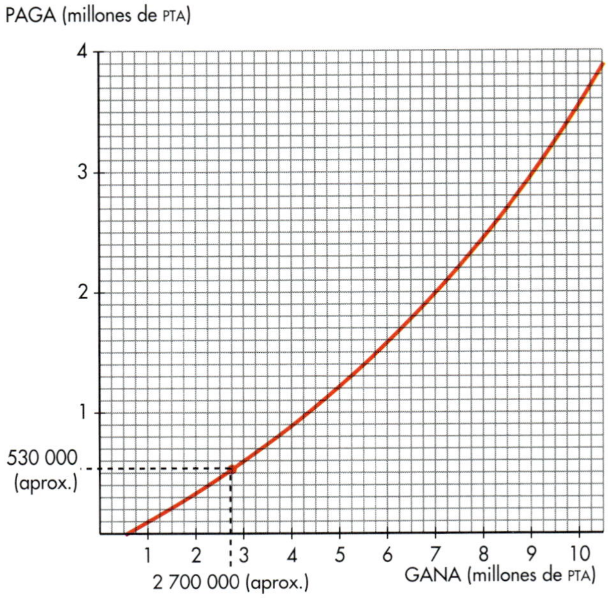

En la tabla anterior se podría prescindir de las dos últimas columnas si junto a las dos primeras se dijera que los puntos que determinan deben ser unidos por segmentos rectilíneos.

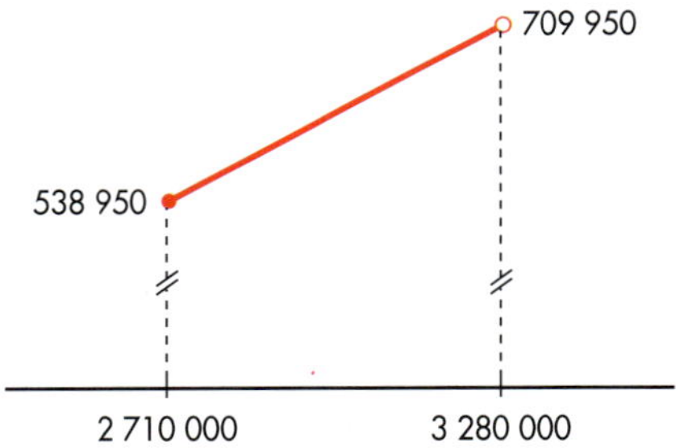

Las dos primeras columnas nos dan una serie de puntos, como los dos que aparecen en la gráfica de la izquierda.

Lo que indican los números de las otras dos columnas es otra forma de decir que, para abscisas intermedias entre las de cada dos puntos consecutivos, los valores se obtienen tomándolos sobre el segmento rectilíneo que une los dos puntos. Esta forma de proceder para hallar valores intermedios se llama **interpolación lineal**.

Muy frecuentemente se obtiene una función mediante una tabla de valores: una serie de valores de la variable independiente y los correspondientes de la variable dependiente.

A veces resulta plausible completar la función uniendo cada dos puntos consecutivos mediante un segmento rectilíneo. Cuando procedemos así, se dice que hallamos valores intermedios mediante **interpolación lineal**.

Si x está entre x_{i-1} y x_i, el valor correspondiente, y, se obtiene mediante la siguiente expresión:

$$y = y_{i-1} + \frac{y_i - y_{i-1}}{x_i - x_{i-1}}(x - x_{i-1})$$

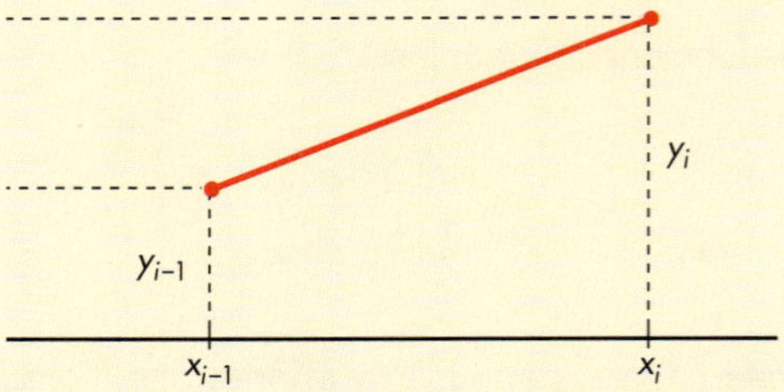

EJEMPLOS

1. *Hallemos, en la tabla de la declaración de la renta, cuál es la cuota íntegra de alguien cuya base liquidable sea 4 120 000* PTA.

La abscisa cuya ordenada deseamos calcular es $x = 4\ 120\ 000$, que se encuentra entre los puntos siguientes:

$$\left.\begin{array}{ll} x_{i-1} = 3\ 850\ 000, & y_{i-1} = 892\ 350 \\ x_i = 4\ 420\ 000, & y_i = 1\ 086\ 150 \end{array}\right\}$$

Pendiente de la recta que los une: $m = \dfrac{y_i - y_{i-1}}{x_i - x_{i-1}} = 0{,}34$

Recta que une los dos puntos: $y = 892\ 350 + 0{,}34\ (x - 3\ 850\ 000)$

Para $x = 4\ 120\ 000$ obtenemos $y = 892\ 350 + 0{,}34\ (4\ 120\ 000 - 3\ 850\ 000) = 984\ 150$ PTA.

Solución: A una base liquidable de 4 120 000 PTA corresponde una cuota líquida de 984 150 PTA.

2. *En una universidad el número de alumnos matriculados en octubre de 1992 fue de 10 400 y en octubre de 1997 fue de 13 200. Estimar, mediante interpolación lineal, cuántos se matricularon en octubre de 1994.*

- Obtención razonada:

$$\frac{2\ 800}{5} = \frac{d}{2}$$

Se trata de un razonamiento muy sencillo: si han aumentado 2 800 en 5 años, ¿cuántos habrán aumentado en 2 años?

$$d = 1\ 120$$

Por tanto, estimamos que en el curso 94-95 había:

$$10\ 400 + 1\ 120 = 11\ 520 \text{ alumnos}$$

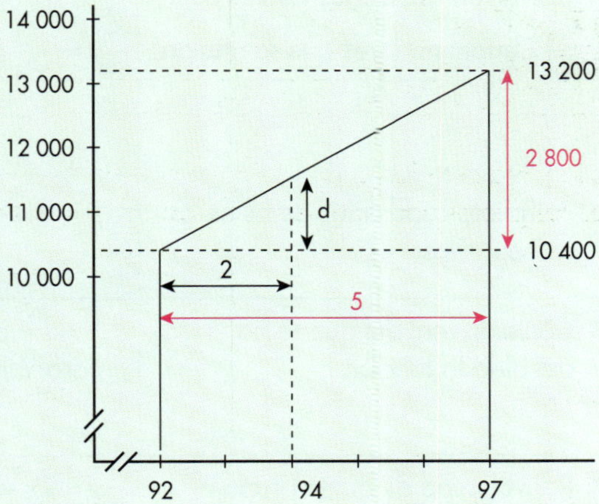

- Aplicando la fórmula:

$$y = 10\ 400 + \frac{13\ 200 - 10\ 400}{1997 - 1992}\ (1994 - 1992) = 11\ 520$$

3. *De una empresa conocemos las ganancias conseguidas en algunos años. Estimar, mediante interpolaciones lineales, las ganancias en los años 1992, 1994 y 1995.*

AÑO	GANANCIAS (millones de PTA)
1991	1 734
1993	2 205
1996	3 015

$x = 1992$: $y = 1\ 734 + \dfrac{2\ 205 - 1\ 734}{1993 - 1991}\ (1992 - 1991) = 1\ 969{,}5$ millones en 1992

$x = 1994$: $y = 2\ 205 + \dfrac{3\ 015 - 2\ 205}{1996 - 1993}\ (1994 - 1993) = 2\ 475$ millones en 1994

$x = 1995$: $y = 2\ 205 + \dfrac{3\ 015 - 2\ 205}{1996 - 1993}\ (1995 - 1993) = 2\ 745$ millones en 1995

4.4 DOMINIO DE DEFINICIÓN DE UNA FUNCIÓN

En la función $y = x^2$ podemos dar a x un valor cualquiera y obtendremos el correspondiente valor de y. Decimos que esta función está definida en todo $\mathbb{R}$ o bien que su dominio de definición es $\mathbb{R}$ o $(-\infty, \infty)$.

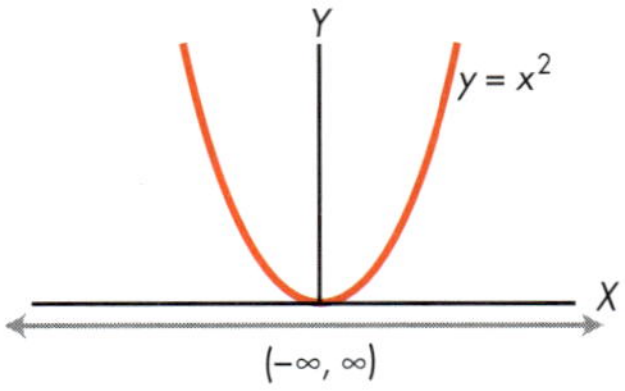

Sin embargo, en la función $y = \sqrt{x}$ no podemos dar a x valores negativos. Su dominio de definición es $[0, \infty)$.

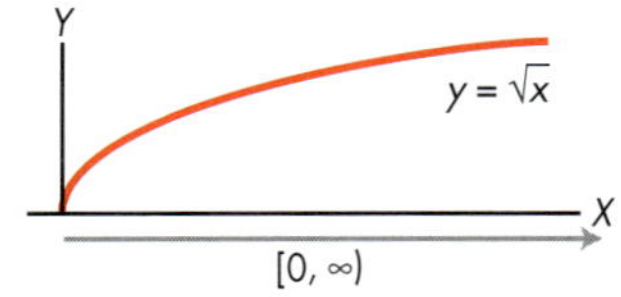

Se llama **dominio de definición** de una función f, **Dom f,** al conjunto de valores de x para los cuales existe la función, es decir, para los que hay un $f(x)$.

RAZONES POR LAS QUE EL DOMINIO DE DEFINICIÓN PUEDE RESTRINGIRSE	EJEMPLOS
■ Imposibilidad de realizar alguna operación con ciertos valores de x:	
— Denominadores que se anulan.	$y = \frac{1}{x+3}$ no está definida en $x = -3$ porque ahí se anula el denominador. $D = (-\infty, -3) \cup (-3, \infty) = \mathbb{R} - \{-3\}$
— Raíces cuadradas de números negativos.	$y = \sqrt{x-2}$ no está definida para valores de x menores que 2. $D = [2, \infty)$
■ Contexto real del que se ha extraído la función.	$V = l^3$ es el volumen de un cubo. La función no está definida para l nulo o negativo. $D = (0, \infty)$
■ Por voluntad de quien propone la función.	$y = 2x + 5; \quad x \in [1, 4)$ $D = [1, 4)$ porque así lo deseamos.
Cuando no se dice lo contrario, el dominio de definición es tan amplio como permitan las operaciones que componen la expresión analítica de la función.	

EJERCICIOS

1 Halla el dominio de definición de las siguientes funciones:

a) $\sqrt{x^2+1}$ b) $\sqrt{x-1}$ c) $\sqrt{1-x}$ d) $\sqrt{4-x^2}$ e) $\sqrt{x^2-4}$

f) $1/\sqrt{x^2-1}$ g) $1/\sqrt{x-1}$ h) $1/\sqrt{1-x}$ i) $1/\sqrt{4-x^2}$ j) $1/\sqrt{x^2-4}$

k) $x^3 - 2x + 3$ l) $\frac{1}{x}$ m) $\frac{1}{x^2}$ n) $\frac{1}{x^2-4}$ ñ) $\frac{1}{x^2+4}$

o) El área de un cuadrado de lado variable, l es $A = l^2$.

4.5 DISCONTINUIDADES. CONTINUIDAD

La idea de función continua es la de que "puede ser construida con un solo trazo". Vamos a obtener algunos criterios que nos permitan llevar esta visión gráfica al terreno analítico. Es decir, criterios mediante los cuales podamos saber si una función dada por su expresión analítica es o no continua. Empecemos observando razones por las que una curva puede no ser continua en un punto.

DISCONTINUIDADES

He aquí varias razones por las que una función puede ser discontinua en un punto:

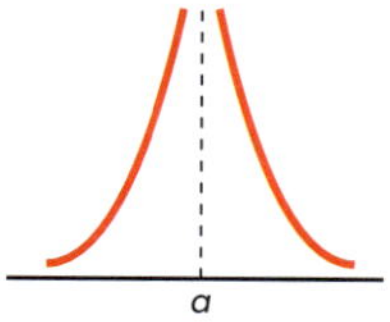

Tiene ramas infinitas en ese punto.

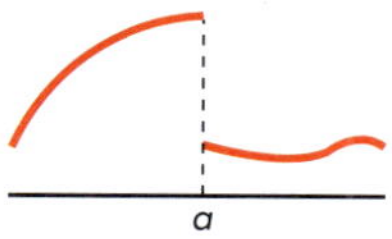

Presenta un salto.

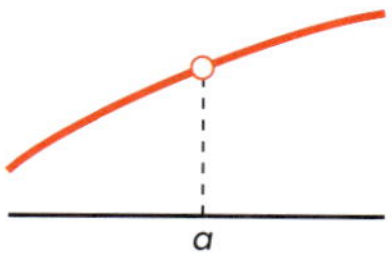

No está definida (le falta un punto).

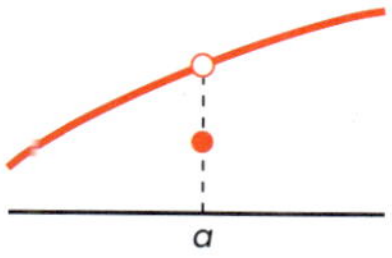

El punto que le falta lo tiene desplazado.

EJEMPLOS

a) $y = \dfrac{1}{(x-2)^2}$ b) $y = \begin{cases} x, & x \le 2 \\ 1, & x > 2 \end{cases}$ c) $y = \dfrac{x^2 - 2x}{x - 2}$ d) $y = \begin{cases} x, & x \ne 2 \\ 1, & x = 2 \end{cases}$

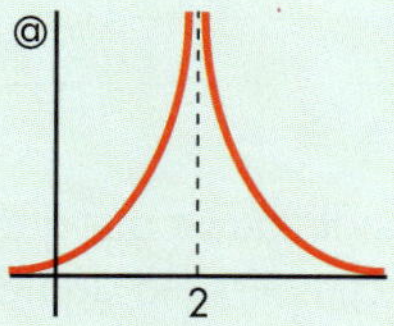

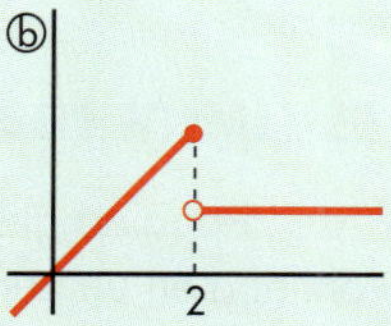

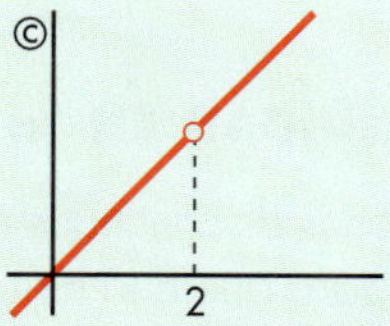

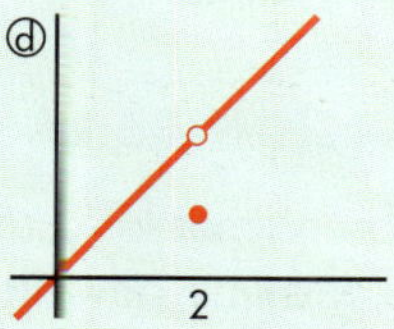

Sólo los casos a) y c) pueden darse de forma "natural" con el tipo de funciones que nosotros manejamos. Las funciones b) y d) hay que fabricarlas así expresamente.

Es interesante observar que las funciones a) y c), las únicas que presentan discontinuidades de forma natural, no están definidas en el punto en el que son discontinuas. Esto es general y nos va a permitir dar un criterio tan eficaz como sencillo.

CRITERIO PARA RECONOCER FUNCIONES CONTINUAS

Todas las funciones definidas por expresiones analíticas elementales (es decir, todas las que conocemos hasta el momento) son continuas en todos los puntos en los que están definidas.

EJEMPLOS

$f(x) = x^3 - 3x + 2$ está definida en todo $\mathbb{R}$. Por tanto, es continua en todo $\mathbb{R}$.

$f(x) = \dfrac{x+1}{x-3}$ es continua en todos los puntos, salvo en $x = 3$, en donde no está definida.

4.6 LÍMITES EN UN PUNTO

Para estudiar el comportamiento de una función *en las proximidades de un punto de abscisa* c daremos a x valores cada vez más próximos a c.

$x \rightarrow c$ Se lee x tiende a c y significa: darle a x valores cada vez más próximos a c.

$x \rightarrow c^+$ Se lee x tiende a c por la derecha: x se acerca a c tomando valores mayores que c.

$x \rightarrow c^-$ Se lee x tiende a c por la izquierda: x se acerca a c tomando valores menores que c.

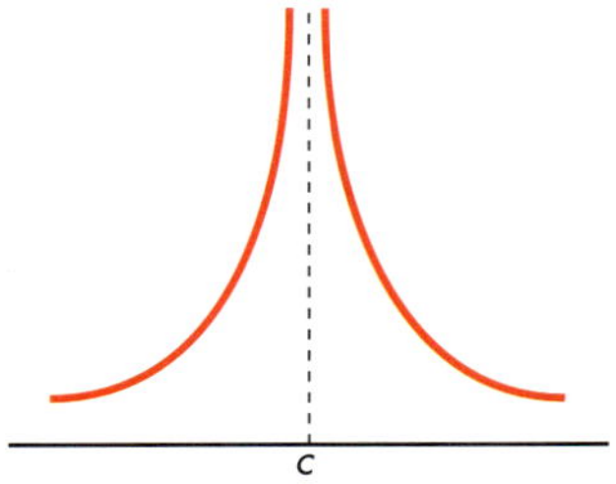

Cuando $x \rightarrow c$, $f(x)$ toma valores cada vez más grandes.
Es decir, $f(x) \rightarrow \infty$

Se expresa así: $\lim\limits_{x \to c} f(x) = \infty$

(Se lee: límite, cuando $x \rightarrow c$, de $f(x)$ es infinito.)

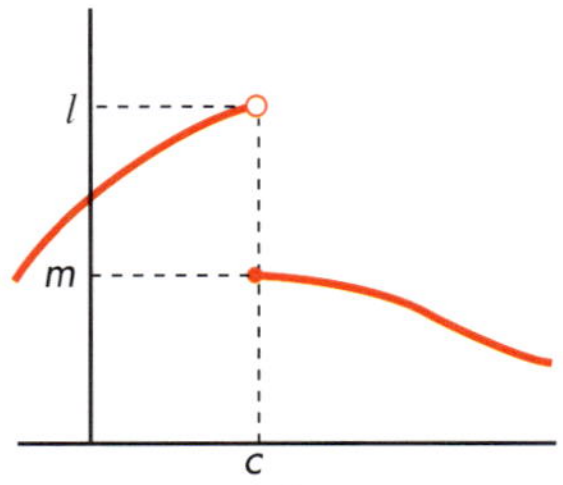

Cuando $x \rightarrow c^-$, $f(x) \rightarrow l$

Cuando $x \rightarrow c^+$, $f(x) \rightarrow m$

En estos casos se dice que $f(x)$ no tiene límite cuando $x \rightarrow c$.

$\lim\limits_{x \to c} f(x)$ no existe

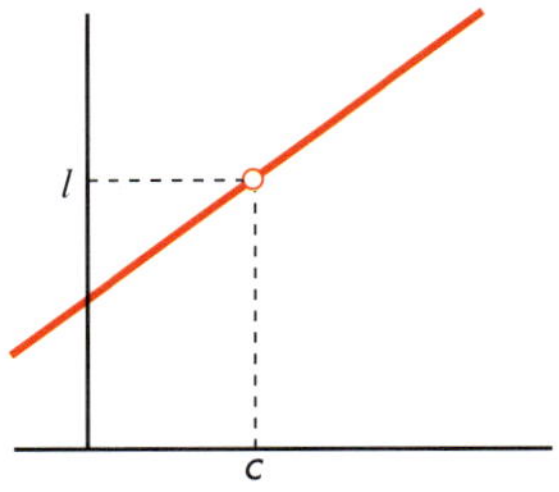

Cuando $x \rightarrow c$, $f(x)$ toma valores cada vez más próximos a l. Es decir:

cuando $x \rightarrow c$, $f(x) \rightarrow l$

Se expresa así:

$\lim\limits_{x \to c} f(x) = l$

■ RELACIÓN DE LA CONTINUIDAD EN a CON EL LÍMITE CUANDO $x \rightarrow a$

Si observamos las cuatro funciones discontinuas en $x = 2$ de la página anterior y analizamos por qué no son continuas, advertimos que para que una función sea continua en un punto debe cumplirse lo siguiente:

f es continua en $x = c$ si:

- Tiene límite finito cuando $x \rightarrow c$ ⟶ $\lim\limits_{x \to c} f(x)$ existe y es un número
- Está definida en $x = c$ ⟶ $f(c)$ existe
- El límite coincide con el valor de la función en c ⟶ $\lim\limits_{x \to c} f(x) = f(c)$

Obsérvese que la igualdad final resume las tres condiciones, pues si se da la igualdad es porque existen los dos miembros de la misma.

EJEMPLO

Las funciones del ejemplo de la página anterior no son continuas en $x = 2$ porque:

a) $\lim\limits_{x \to 2} f(x)$ no es finito (no es un número). b) $\lim\limits_{x \to 2} f(x)$ no existe. c) No existe $f(2)$.

d) $\lim\limits_{x \to 2} f(x)$ no coincide con $f(2)$. Si el punto suelto lo subiéramos hasta el hueco, entonces f sería continua en 2 porque, en ese caso, $\lim\limits_{x \to 2} f(x) = f(2)$.

CÁLCULO DEL LÍMITE EN UN PUNTO EN EL QUE LA FUNCIÓN ES CONTINUA

Recordemos unos resultados que nos van a simplificar extraordinariamente el cálculo de algunos límites:

- Si $f(x)$ es continua en c, entonces:

$$\lim_{x \to c} f(x) = f(c)$$

- Las funciones que utilizamos habitualmente mediante su expresión analítica son continuas en todos los puntos en los que están definidas.

POR TANTO

- Si $f(x)$ es una función habitual dada por su expresión analítica y existe $f(c)$, entonces para hallar:

$$\lim_{x \to c} f(x)$$

calcularemos, sencillamente, $f(c)$.

EJEMPLOS

1. $\lim_{x \to 3} (x^2) = 3^2 = 9$, pues $f(x) = x^2$ es continua en $x = 3$.

2. $\lim_{x \to 2} \frac{5x}{x-5} = \frac{5 \cdot 2}{2-5} = \frac{10}{-3} = -\frac{10}{3}$

   Como dicha función está definida en $x = 2$, es continua en $x = 2$ y, entonces, $\lim_{x \to 2} f(x)$ coincide con el valor de la función $f(2)$.

3. $\lim_{x \to 2} 3^x = 3^2 = 6$

4. $\lim_{x \to 0} 3^x = 3^0 = 1$

5. $\lim_{x \to 7} \sqrt{3x + 4} = \sqrt{3 \cdot 7 + 4} = 5$

Observación

Cuando ponemos $x \to c$ hace falta que podamos "acercarnos a c cada vez más".

Por ejemplo:

- Carece de sentido hablar de $\lim_{x \to -3} \sqrt{x}$ porque, al ser el dominio de definición de $\sqrt{x}$ el conjunto $[0, \infty)$, la x no puede tomar valores "cada vez más próximos a -3".

- Sí podemos hablar del $\lim_{x \to 0} \frac{x^3 - x^2}{x^2}$, aunque 0 no sea del dominio de definición de esta función, $D = (-\infty, 0) \cup (0, \infty)$, porque podemos tomar puntos de D tan próximos a 0 como queramos.

CÁLCULO DEL LÍMITE EN UN PUNTO EN EL QUE LA FUNCIÓN NO ES CONTINUA

Funciones construidas artificialmente empalmando dos trozos

$$f(x) = \begin{cases} f_1(x), & \text{si } x < c \\ f_2(x), & \text{si } x \geq c \end{cases}$$

Para hallar el límite de $f(x)$ cuando $x \to c$, calcularemos $f_1(c)$ y $f_2(c)$. Si coinciden, ése es el límite de la función. Si no coinciden, la función no tiene límite.

EJEMPLOS

1. *Hallar* $\lim\limits_{x \to 3} f(x)$, *donde* $f(x) = \begin{cases} 2x - 5 & \text{si } x < 3 \\ -x + 7 & \text{si } x \geq 3 \end{cases}$

Veamos si coinciden los límites por la derecha y por la izquierda de 3:

Por la izquierda: $\lim\limits_{x \to 3^-} f(x) = 2 \cdot 3 - 5 = 1$

Por la derecha: $\lim\limits_{x \to 3^+} f(x) = -3 + 7 = 4$

No coinciden. Por tanto, no existe $\lim\limits_{x \to 3} f(x)$

Se concluye que $f(x)$ no es continua en $x = 3$

2. *Averiguar si la función* $g(x) = \begin{cases} x^3 - 5x + 3 & \text{si } x \neq -2 \\ 0 & \text{si } x = -2 \end{cases}$ *es continua en* $x = -2$.

Como el único punto en el que se modifica el valor de la función es el $x = -2$, calcularemos $\lim\limits_{x \to -2} g(x)$ y, si existe, compararemos su valor con $g(-2)$.

$$\lim_{x \to -2} g(x) = \lim_{x \to -2} (x^3 - 5x + 3) = (-2)^3 - 5(-2) + 3 = 5$$

El límite no coincide con el valor de la función en $x = -2$. Por tanto, la función no es continua en $x = -2$.

Límite de un cociente en un punto donde se anula el denominador: $\lim\limits_{x \to c} \dfrac{P(x)}{Q(x)}$

- Si el denominador se anula y el numerador no se anula, el límite es infinito.

$$\text{Si } P(c) \neq 0 \text{ y } Q(c) = 0, \text{ entonces } \lim_{x \to c} \frac{P(x)}{Q(x)} = \pm\infty$$

- Si tanto el numerador como el denominador se anulan, entonces la expresión puede simplificarse.

  Si $P(x)$ y $Q(x)$ son polinomios y $P(c) = 0$, $Q(c) = 0$, entonces el cociente puede simplificarse dividiendo numerador y denominador por $(x - c)$:

$$\left.\begin{array}{l} P(x) = (x - c) \cdot P_1(x) \\ Q(x) = (x - c) \cdot Q_1(x) \end{array}\right\} \quad \lim_{x \to c} \frac{P(x)}{Q(x)} = \lim_{x \to c} \frac{(x - c) \cdot P_1(x)}{(x - c) \cdot Q_1(x)} = \lim_{x \to c} \frac{P_1(x)}{Q_1(x)}$$

EJEMPLOS

1. *Calcular* $\lim\limits_{x \to 2} \dfrac{x+1}{x-2}$.

Puesto que para $x = 2$ se anula el denominador pero no el numerador, el límite es $\pm\infty$. Estudiemos los límites por la izquierda y por la derecha del punto 2 para analizar sus signos:

$$x \to 2^+ \ (x > 2) \quad \begin{cases} x+1 \to 3 > 0 \\ x-2 > 0 \end{cases} \quad \left(\frac{+}{+} = +\right) \to \lim_{x \to 2^+} \frac{x+1}{x-2} = \infty$$

$$x \to 2^- \ (x < 2) \quad \begin{cases} x+1 \to 3 > 0 \\ x-2 < 0 \end{cases} \quad \left(\frac{+}{-} = -\right) \to \lim_{x \to 2^-} \frac{x+1}{x-2} = -\infty$$

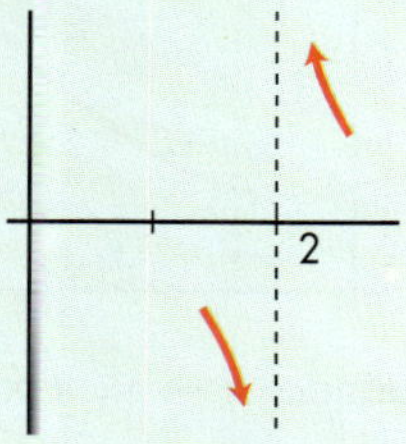

2. *Calcular* $\lim\limits_{x \to 1} \dfrac{x^3}{(x-1)^2}$.

Puesto que para $x = 1$ se anula el denominador y no el numerador, el límite es $\pm\infty$. Pero, además, tanto el numerador como el denominador son positivos en las proximidades del punto $x = 1$. Por tanto:

$$\lim_{x \to 1} \frac{x^3}{(x-1)^2} = \infty$$

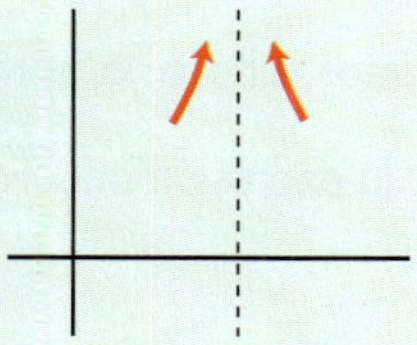

3. *Calcular* $\lim\limits_{x \to 2} \dfrac{x^2-5x+6}{x^2+3x-10}$.

Para $x = 2$ se anulan tanto el numerador como el denominador. Por tanto, puede simplificarse la fracción dividiendo numerador y denominador por $(x-2)$:

$$x^2 - 5x + 6 = (x-2)(x-3) \qquad x^2 + 3x - 10 = (x-2)(x+5)$$

$$\frac{x^2-5x+6}{x^2+3x-10} = \frac{(x-3)(x-2)}{(x+5)(x-2)} = \frac{x-3}{x+5}$$

El límite de la fracción simplificada (ahora no se anula el denominador) se puede obtener sustituyendo:

$$\lim_{x \to 2} \frac{x^2-5x+6}{x^2+3x-10} = \lim_{x \to 2} \frac{x-3}{x+5} = \frac{2-3}{2+5} = -\frac{1}{7}$$

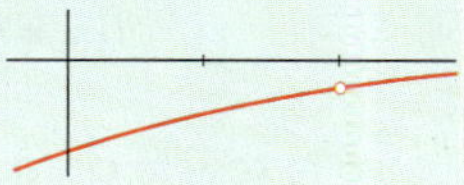

EJERCICIOS

Calcula los límites de las funciones siguientes en los puntos que se indican. Donde convenga, especifica el valor del límite a la izquierda y a la derecha del punto:

1 $f(x) = \dfrac{x^3}{x^2-4}$ en –2, en 0 y en 2.

2 $f(x) = \dfrac{4x-12}{(x-2)^2}$ en 2, en 0 y en 3.

3 $f(x) = \dfrac{x^2-2x+1}{x^2+2x-3}$ en 1 y en –3.

4 $f(x) = \dfrac{x^4}{x^3+3x^2}$ en 0 y en –3.

4.7 COMPORTAMIENTO DE UNA FUNCIÓN CUANDO x SE HACE GRANDE $(x \to \infty)$

Para expresar que x toma valores cada vez más grandes pondremos $x \to \infty$ (x tiende a ∞). Observemos el comportamiento de varias funciones cuando $x \to \infty$:

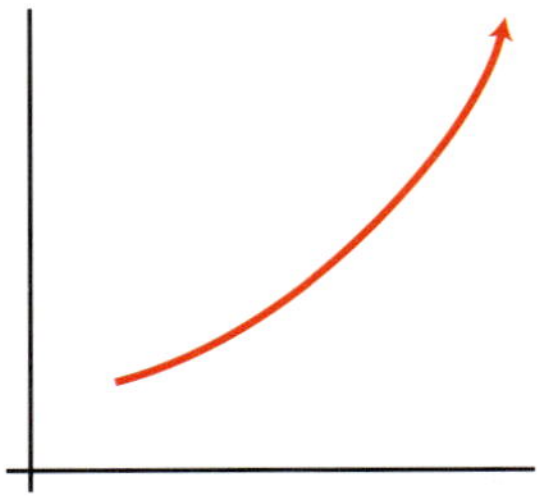

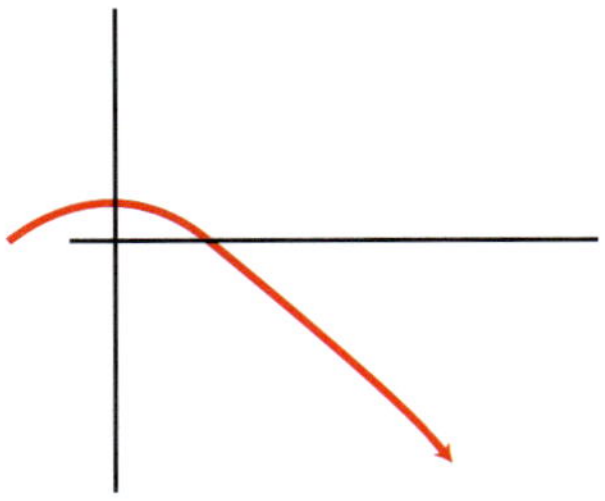

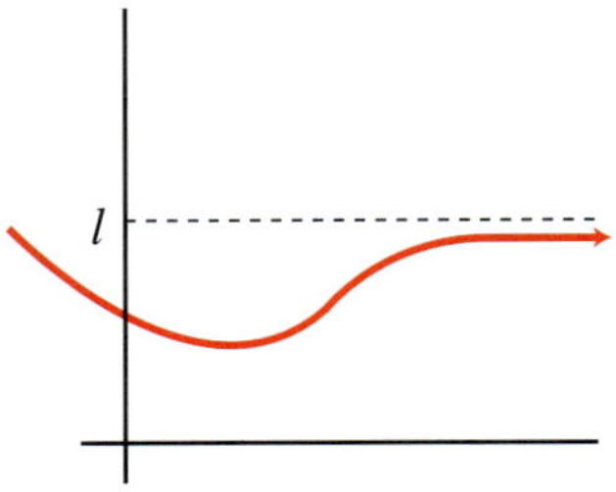

Cuando $x \to \infty$, $f(x) \to \infty$ — $\lim_{x \to \infty} f(x) = \infty$

Cuando $x \to \infty$, $f(x) \to -\infty$ — $\lim_{x \to \infty} f(x) = -\infty$

Cuando $x \to \infty$, $f(x) \to l$ — $\lim_{x \to \infty} f(x) = l$

Mirando la gráfica de f vemos cuál es el límite de esa función cuando $x \to \infty$.

Vamos, ahora, a aprender a hacer algo menos sencillo pero más interesante: obtener el $\lim_{x \to \infty} f(x)$ a partir de la expresión analítica de $f(x)$ para, así, poder representar su gráfica con más conocimiento de causa.

■ LÍMITES $(x \to \infty)$ DE FUNCIONES POLINÓMICAS

Las siguientes funciones, evidentemente, tienden a ∞ cuando $x \to \infty$:

$f(x) = x$ $\quad f(x) = x^2$ $\quad f(x) = x^3$ $\quad f(x) = x + 5$

$f(x) = x - 3$ $\quad f(x) = x^2 - x$ $\quad f(x) = \sqrt{x + 5}$ $\quad f(x) = \sqrt{x^3 - 3}$

Éstas también tienden a ∞, pero acaso sea menos evidente. En caso de duda, dale a x valores grandes. Ayúdate de la calculadora:

$f(x) = x - 1\,000$ $\quad f(x) = x^2 - 5x - 10$

$f(x) = x^3 - 20x^2$ $\quad f(x) = -\sqrt{x^3 - 20x^2}$

Estas otras tienden a $-\infty$ cuando $x \to \infty$

$f(x) = -x$ $\quad f(x) = -x + 5$ $\quad f(x) = -x^2 + x$

$f(x) = -x^3 + 20x^2$ $\quad f(x) = -3x^4 + 11x^3 + 7$ $\quad f(x) = -\sqrt{x^2 + 2x}$

Ahora puede que ya te resulte clara la siguiente conclusión:

El límite cuando $x \to \infty$ de una expresión polinómica es $+\infty$ o $-\infty$. El signo depende, exclusivamente, del término de mayor grado.

EJERCICIOS

Calcula el $\lim_{x \to \infty} f(x)$ para cada una de las siguientes funciones:

1 $f(x) = -x^2 + 3x + 5$ $\quad$ **2** $f(x) = 5x^3 + 7x$ $\quad$ **3** $f(x) = x - 3x^4$ $\quad$ **4** $f(x) = -\sqrt{x + 6}$

■ LÍMITES $(x \to \infty)$ DE FUNCIONES INVERSAS DE POLINÓMICAS

El límite cuando $x \to \infty$ de cada una de las siguientes funciones es cero, evidentemente:

$$\frac{1}{x}, \quad \frac{1}{x^2}, \quad \frac{1}{x^2+5}, \quad \frac{1}{x-3}, \quad \frac{1}{-x^3+x^2}, \quad \frac{1}{\sqrt{x^2-5x-11}}, \quad \dots$$

En caso de duda, comprueba con la calculadora que "para valores grandes de x se obtienen cocientes muy próximos a cero".

Si $\lim\limits_{x \to \infty} f(x) = \pm\infty$, entonces $\lim\limits_{x \to \infty} \frac{1}{f(x)} = 0$.

■ LÍMITES $(x \to \infty)$ DEL COCIENTE DE DOS FUNCIONES POLINÓMICAS

Si $f(x) = \frac{P(x)}{Q(x)} = \frac{a\,x^m + \dots}{b\,x^n + \dots}$, entonces:

- Si grado de $P >$ grado de Q $(m > n)$, entonces $\lim\limits_{x \to \infty} f(x) = \pm\infty$ $\left(\text{el signo es el de } \frac{a}{b}\right)$
- Si grado de $P <$ grado de Q $(m < n)$, entonces $\lim\limits_{x \to \infty} f(x) = 0$
- Si grado de $P =$ grado de Q $(m = n)$, entonces $\lim\limits_{x \to \infty} f(x) = \frac{a}{b}$

Observa con los siguientes ejemplos que estas reglas son razonables. En caso de duda, comprueba con la calculadora.

EJEMPLOS

1. $\lim\limits_{x \to \infty} \frac{x^2-5x+3}{3x-5} = \infty$

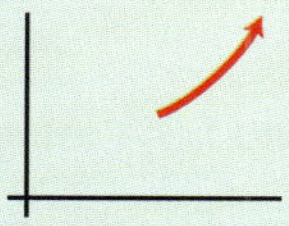

2. $\lim\limits_{x \to \infty} \frac{x^2+3}{x^3} = 0$

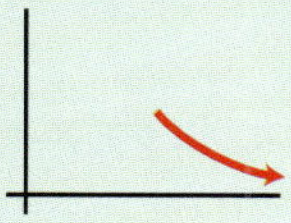

3. $\lim\limits_{x \to \infty} \frac{3x^2-5x+1}{2x^2-6} = \frac{3}{2}$

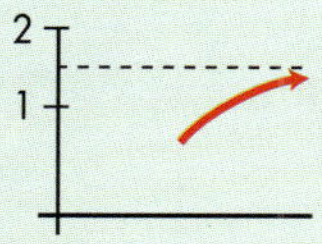

4. $\lim\limits_{x \to \infty} \frac{-x^2+5x+3}{3x-5} = -\infty$

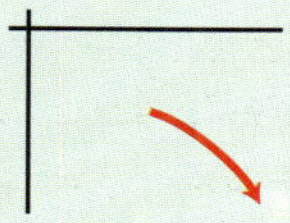

5. $\lim\limits_{x \to \infty} \frac{x^2+3}{-x^3} = 0$

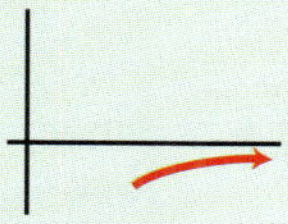

6. $\lim\limits_{x \to \infty} \frac{3x^2-5x+1}{-2x^2+6} = -\frac{3}{2}$

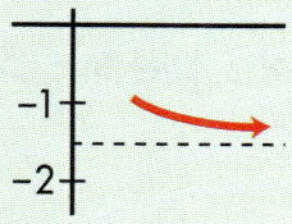

EJERCICIOS

Calcula el límite cuando $x \to \infty$ de cada una de las siguientes funciones y representa las ramas correspondientes:

5 $f(x) = \frac{1}{3x}$ **6** $f(x) = \frac{3}{x}$ **7** $f(x) = -\frac{1}{x^2}$ **8** $f(x) = 3x-5$ **9** $f(x) = \frac{x^3-1}{-5}$

10 $f(x) = \frac{x^2-3}{x^3}$ **11** $f(x) = \frac{x^2-3}{-x^3}$ **12** $f(x) = \frac{x^3}{x^2-3}$ **13** $f(x) = \frac{-x^3}{x^2-3}$ **14** $f(x) = \frac{1-x^3}{1+x^3}$

4.8 RAMAS INFINITAS Y ASÍNTOTAS

A lo largo de este tema nos hemos encontrado con muchas **ramas infinitas.** Recordemos algunas:

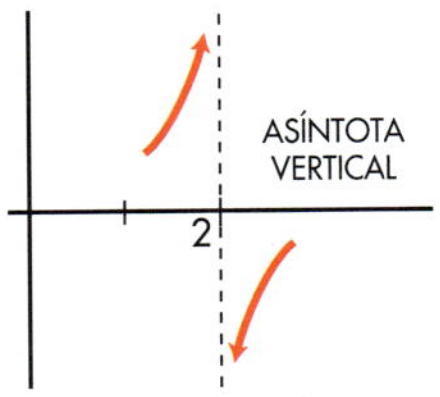

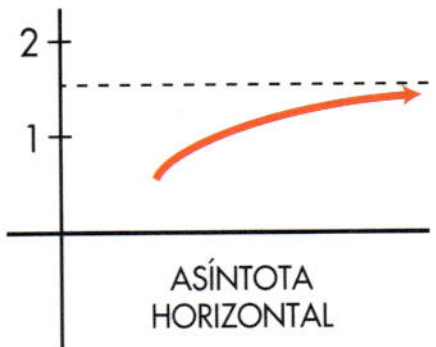

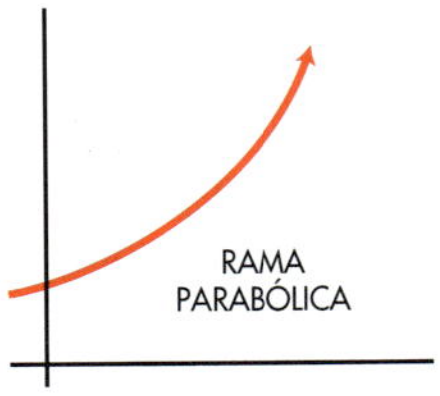

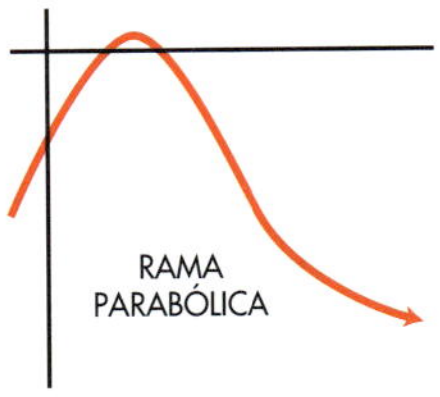

La primera gráfica consta de dos ramas infinitas que se ciñen a la recta $x = 2$. Es decir, según tienden las ramas a infinito, éstas se van aproximando a dicha recta. Por eso decimos que la recta $x = 2$ es una **asíntota** de la curva.

Por lo mismo, la recta $y = \frac{3}{2}$ es una **asíntota** de la gráfica de la segunda función.

Las ramas infinitas que no son asíntotas se llaman **ramas parabólicas.**

Asíntotas horizontales y verticales. Se dice que una recta es **asintótica a una función**, o **asíntota** suya, cuando la función tiene alguna rama infinita que se ciñe a dicha recta.

Si $\lim\limits_{x \to c} f(x) = \pm\infty$, la recta $x = c$ es asíntota (**asíntota vertical**).

Análogamente, si $\lim\limits_{x \to \infty} f(x) = l$, la recta $y = l$ es asíntota (**asíntota horizontal**).

EJEMPLOS

Hallemos las ramas infinitas de a) $y = x^3 - 3x^2 + 7$, b) $y = \dfrac{x^2 + 1}{x^2 - 2x}$

a) La función $y = x^3 - 3x^2 + 7$ es continua. Por tanto, no tiene asíntotas verticales.
$\lim\limits_{x \to \infty} (x^3 - 3x^2 + 7) = \infty$. Hay, pues, una rama parabólica cuando $x \to \infty$.

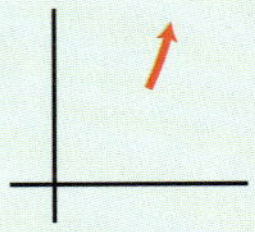

b) • El denominador de esta otra función, $x^2 - 2x$, se anula en $x = 0$ y en $x = 2$. El numerador no se anula en ninguno de esos dos puntos. Por tanto:

$\lim\limits_{x \to 0} \dfrac{x^2 + 1}{x^2 - 2x} = \pm\infty$, $\lim\limits_{x \to 2} \dfrac{x^2 + 1}{x^2 - 2x} = \pm\infty$ Las rectas $x = 0$, $x = 2$ son asíntotas verticales.

Para ver si $\lim\limits_{x \to 0^-} \dfrac{x^2 + 1}{x^2 - 2x}$ es ∞ o $-\infty$, se utiliza la calculadora, dándole a x un valor adecuado.

Por ejemplo, $f(-0{,}001) = 499{,}75$ es positivo y grande. Inducimos que $\lim\limits_{x \to 0^-} f(x) = \infty$. Análogamente, las demás ramas.

• $\lim\limits_{x \to \infty} \dfrac{x^2 + 1}{x^2 - 2x} = 1$. La recta $y = 1$ es asíntota horizontal.

Posición de la curva respecto a esta asíntota cuando $x \to +\infty$:

$\dfrac{x^2 + 1}{x^2 - 2x} - 1 = \dfrac{2x + 1}{x^2 - 2x} \to 0^+$. Queda por encima.

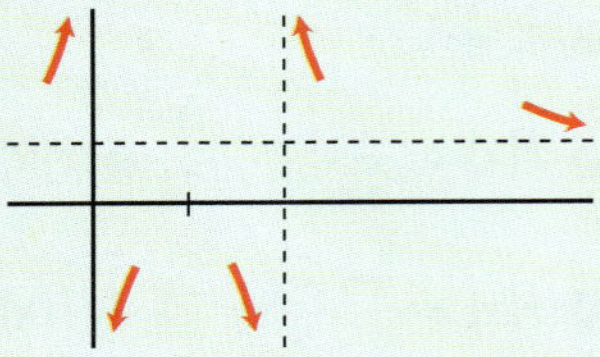

ASÍNTOTAS OBLICUAS

Hay ramas infinitas del tipo $\lim_{x \to \infty} f(x) = \pm\infty$ que se ciñen a rectas de ecuación $y = mx + n$.

Vamos a aprender a obtenerlas en funciones que son cociente de polinomios. Por ejemplo:

$$f(x) = \frac{x^2 - 5x + 11}{x - 2}$$

$$f(x) = x - 3 + \frac{5}{x - 2}$$

$$\begin{array}{rrr|l} x^2 & -5x & +11 & x-2 \\ -x^2 & +2x & & \overline{x-3} \\ \hline & -3x & +11 & \\ & +3x & -6 & \\ \hline & & 5 & \end{array}$$

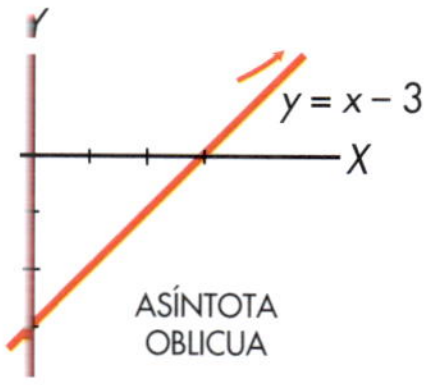

Es claro que la función $y = x - 3 + \frac{5}{x-2}$ se aproxima a la recta $y = x - 3$ cuando $x \to \pm\infty$, pues la diferencia de la función con tal recta, $\frac{5}{x-2} \to 0$.

Si $f(x)$ es cociente de dos polinomios y el grado del numerador supera en 1 al del denominador, entonces la curva $y = f(x)$ tiene una **asíntota oblicua** cuya ecuación es $y = mx + n$, siendo $mx + n$ el cociente entero de los dos polinomios.

Es importante saber que, para $x \to \infty$, una función puede tener asíntota horizontal o asíntota oblicua, pero no ambas. Y que puede no tener ninguna de ellas.

EJEMPLOS

1. *Veamos cómo se obtiene la posición de la curva respecto de la asíntota en la función de arriba.*

$f(x) = \frac{x^2 - 5x + 11}{x - 2} = x - 3 + \frac{5}{x - 2}$

Asíntota: $y = x - 3$

La diferencia $\frac{5}{x-2}$ tiende a 0 cuando $x \to \infty$, *tomando valores positivos*. Por eso se ha representado, arriba, la curva por encima de la asíntota.

2. *Hallemos la asíntota de la función* $f(x) = \frac{-x^3 + x^2 - 2x + 3}{x^2 + 3}$.

$f(x) = \frac{-x^3 + x^2 - 2x + 3}{x^2 + 3} = -x + 1 + \frac{x}{x^2 + 3}$. Asíntota: $y = -x + 1$

La diferencia $\frac{x}{x^2 + 3}$ tiende a cero, tomando valores positivos. Por tanto, la curva se aproxima a la asíntota por arriba.

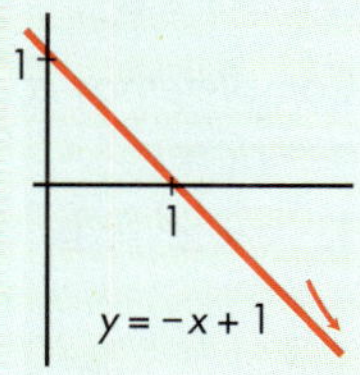

EJERCICIOS

Halla las asíntotas horizontales, verticales y oblicuas de estas funciones y sitúa la curva respecto a ellas:

1 $f(x) = \frac{x^2 - 3x + 2}{x^2 + 1}$ **2** $f(x) = \frac{x}{1 + x^2}$ **3** $f(x) = \frac{x^2 - 2x + 2}{x - 1}$ **4** $f(x) = \frac{x^3}{x^2 + 1}$ **5** $f(x) = \frac{x^3}{(x - 1)^2}$

4.9 COMPORTAMIENTO DE UNA FUNCIÓN CUANDO $x \to -\infty$

Los razonamientos que se harían aquí, cuando $x \to -\infty$, así como las conclusiones, serían muy similiares a los realizados en los casos de $x \to \infty$. Vamos a resumir lo fundamental:

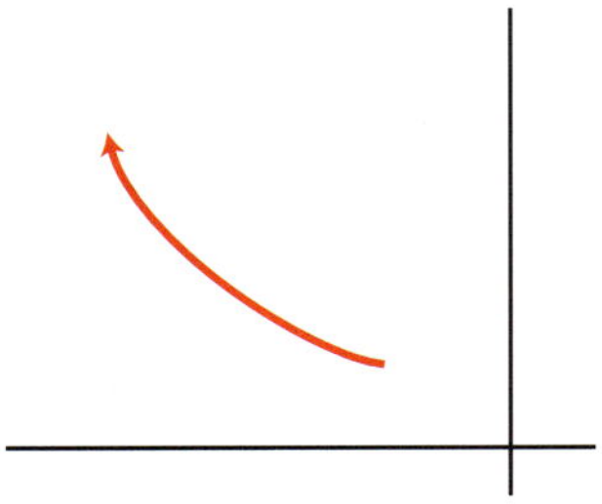

$\lim_{x \to -\infty} f(x) = \infty$

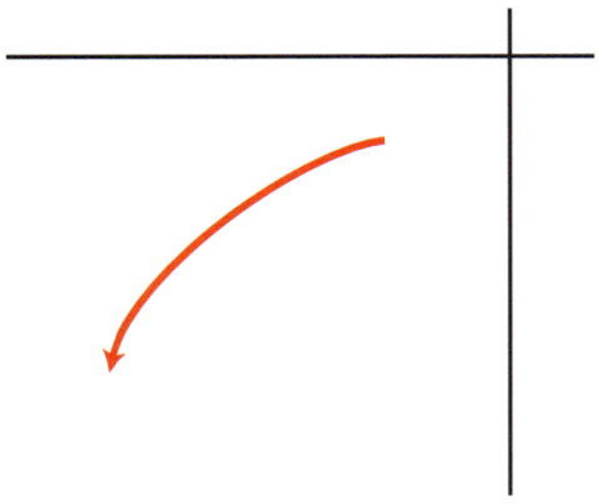

$\lim_{x \to -\infty} f(x) = -\infty$

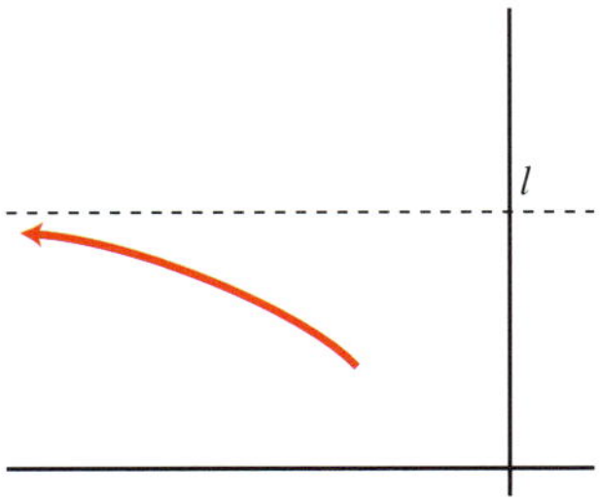

$\lim_{x \to -\infty} f(x) = l$

Para una función polinómica $P(x)$, $\lim_{x \to -\infty} P(x) = \lim_{x \to -\infty} [a\,x^n + \ldots] = \pm\infty$. El signo depende del signo de a y de si n es par o impar.

Por ejemplo:

$\lim_{x \to -\infty} (3x^3 - 5x^2 + 7) = -\infty$, pues $+ \cdot (-)^3 = -$

$\lim_{x \to -\infty} (-3x^3 - 5x^2 + 7) = \infty$

$\lim_{x \to -\infty} (-6x^2 + 11x + 3) = -\infty$, pues $(-) \cdot (-)^2 = -$

$\lim_{x \to -\infty} (6x^2 + 11x + 3) = \infty$

- En general, todos los límites cuando $x \to -\infty$ se resuelven de forma similar a como se hace para $x \to \infty$, teniendo en cuenta la regla de los signos.
- La obtención de las asíntotas horizontales para $x \to -\infty$, así como la posición de la curva respecto a ellas, es similar a lo ya visto.

  Si la función es cociente de dos polinomios y tiene una asíntota horizontal u oblicua para $x \to \infty$, tiene la misma asíntota para $x \to -\infty$.

EJEMPLO

Completemos con las ramas infinitas cuando $x \to -\infty$ algunas funciones ya estudiadas en páginas anteriores:

1. $y = x^3 - 3x^2 + 7$.

$\lim_{x \to \infty} (x^3 - 3x^2 + 7) = \infty$

$\lim_{x \to -\infty} (x^3 - 3x^2 + 7) = -\infty$, pues $(-)^3 = -$

No tiene asíntotas verticales.

Sus únicas ramas infinitas son las dos ramas parabólicas que se ven en la gráfica.

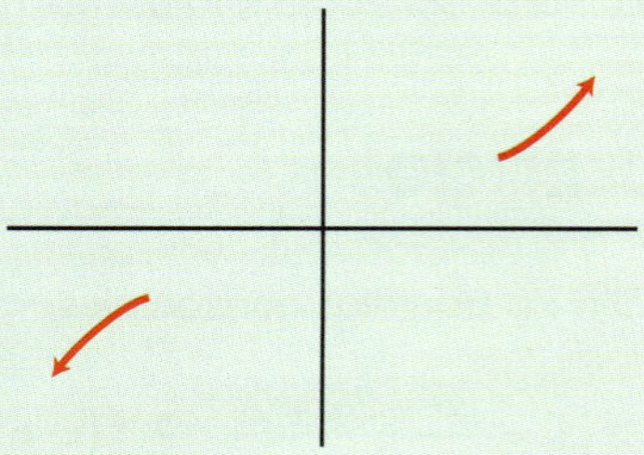

2. $y = \dfrac{x^2 + 1}{x^2 - 2x}$.

En la página 100 se han visto sus asíntotas verticales y su asíntota horizontal cuando $x \to \infty$. *Veamos su comportamiento cuando* $x \to -\infty$.

$$\lim_{x \to -\infty} \frac{x^2 + 1}{x^2 - 2x} = 1$$

Como vemos, la asíntota horizontal $y = 1$ también lo es cuando $x \to -\infty$. Es decir, para la parte izquierda de la curva.

Veamos la posición de la curva respecto a la asíntota $y = 1$ cuando $x \to -\infty$.

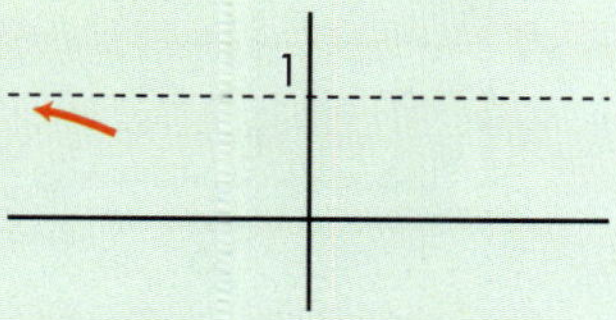

Restamos las ordenadas:

$$\frac{x^2 + 1}{x^2 - 2x} - 1 = \frac{x^2 + 1 - x^2 + 2x}{x^2 - 2x} = \frac{2x + 1}{x^2 - 2x} < 0 \text{ para } x \to -\infty$$

Por tanto, con lo que ya sabíamos de la curva (página 100), podemos completar todas sus ramas infinitas e insinuar la forma aproximada de la gráfica.

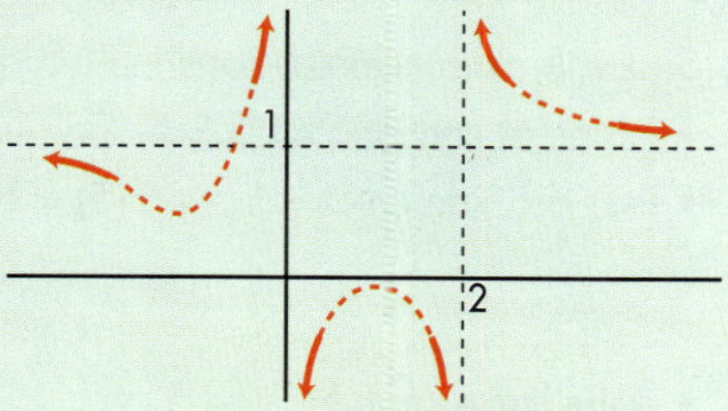

3. $y = \dfrac{x^2 - 5x + 11}{x - 2} = x - 3 + \dfrac{5}{x - 2}$.

La recta $y = x - 3$ *es, también, asíntota cuando* $x \to -\infty$. *Veamos la posición de la curva respecto a ella.*

La diferencia entre la ordenada de la curva y la asíntota es $\dfrac{5}{x - 2}$.

Esta expresión, cuando $x \to -\infty$, tiende a cero, tomando valores negativos. Por tanto, la curva queda por debajo de la asíntota.

Completamos la forma de la curva a partir de todas sus ramas infinitas.

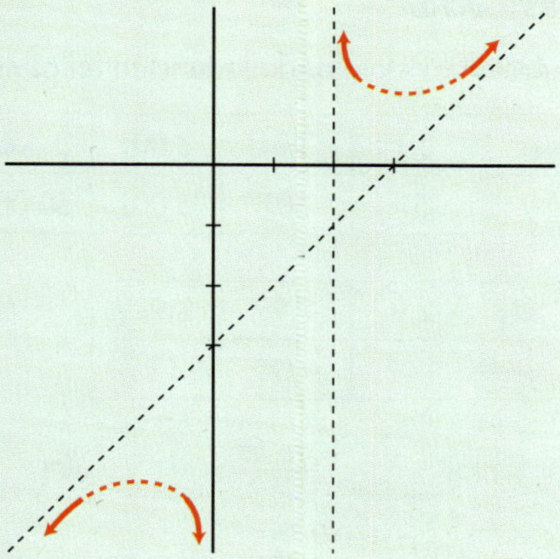

EJERCICIOS Y PROBLEMAS RESUELTOS

1 FUNCIÓN DEFINIDA "A TROZOS"

Ponemos al fuego un cazo con agua a 10 °C. En 5 minutos alcanza 100 °C y se mantiene así durante media hora, hasta que el agua se evapora totalmente.

a) Representa la función que describe este fenómeno y halla su expresión analítica.

b) Di cuál es su dominio. *c) ¿Es una función continua?*

Resolución

a)

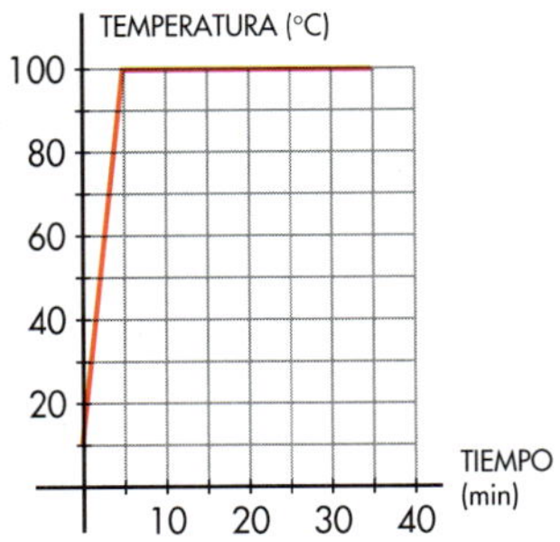

- La gráfica pasa por los puntos (0, 10) y (5, 100) y desde $x = 5$ hasta $x = 35$ se mantiene constante.
- Hallamos la ecuación de la recta que pasa por (0, 10) y (5, 100).

Pendiente: $\dfrac{100-10}{5-0} = 18 \rightarrow y = 10 + 18\,(x-0)$

Para valores de x mayores que 5 $\rightarrow y = 100$

Expresión analítica: $f(x) = \begin{cases} 10 + 18x & \text{si } 0 \le x < 5 \\ 100 & \text{si } 5 \le x \le 35 \end{cases}$

b) Dominio: $f(x)$ está definida para valores de x entre 0 y 35, ambos incluidos, $D = [0, 35]$.

c) Si $x < 5$, la función es continua, ya que se trata de una recta. Lo mismo ocurre si $x > 5$.

También es continua en $x = 5$, porque:

- Está definida en $x = 5 \rightarrow f(5) = 100$
- Tiene límite cuando $x \rightarrow 5$ $\left\{ \begin{array}{l} \lim\limits_{x \to 5^-} f(x) = \lim\limits_{x \to 5} 10 + 18x = 100 \\ \lim\limits_{x \to 5^+} f(x) = \lim\limits_{x \to 5} 100 = 100 \end{array} \right\} \lim\limits_{x \to 5} f(x) = 100$
- El límite coincide con el valor de la función en $x = 5$: $\lim\limits_{x \to 5} f(x) = f(5) = 100$

2 LÍMITE EN UN PUNTO

Estudia el comportamiento de la función $f(x) = \dfrac{x+2}{x-3}$ en las proximidades del punto de abscisa $x = 3$.

Resolución

Calculamos el valor de la función en puntos muy próximos a $x = 3$, mayores y menores que 3.

x	3,1	3,01	3,001	3,0001
y	51	501	5 001	50 001

Podemos conseguir que la función (y) tome valores tan grandes como queramos dando a x valores tan próximos a 3 como sea necesario.

x	2,9	2,99	2,999
y	–49	–499	–4 999

Para valores menores que 3 y próximos a él, los valores que toma la función nos indican que tiende a $-\infty$.

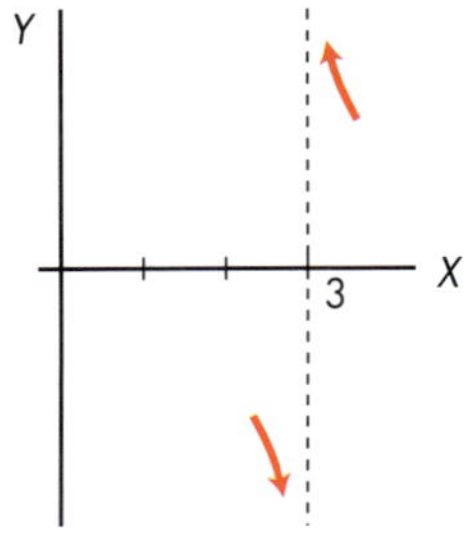

Por tanto, $\lim\limits_{x \to 3^+} \dfrac{x+2}{x-3} = \infty$ y $\lim\limits_{x \to 3^-} \dfrac{x+2}{x-3} = -\infty$

La recta $x = 3$ es una asíntota vertical de f.

3 LÍMITES EN EL INFINITO

Estudia el límite de estas funciones cuando $x \to \infty$ y cuando $x \to -\infty$.

a) $f(x) = \sqrt[3]{9x + 10}$ *b)* $f(x) = \dfrac{2x - 1}{3x + 2}$ *c)* $f(x) = 2^x$

Resolución

a) • Calculamos los valores de y para algunos valores de x cada vez más grandes $(x \to \infty)$.

x	10^3	10^6	10^8	10^{10}
y	20,8	208	965,5	4 481,4

Podemos conseguir que los valores de y sean tan grandes como queramos dando a x valores suficientemente grandes. Luego $\lim\limits_{x \to \infty} \sqrt[3]{9x + 10} = \infty$

• Para $x \to -\infty$

x	-10^3	-10^6	-10^{10}
y	–20,8	–208	–4 481,4

$\lim\limits_{x \to -\infty} \sqrt[3]{9x + 10} = -\infty$

f tiene ramas parabólicas hacia $+\infty$ y hacia $-\infty$.

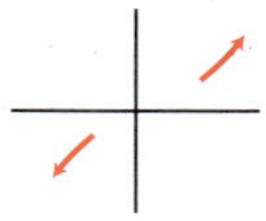

b)

x	10^2	10^3	10^4
y	0,6589	0,6658	0,66658

Cuanto más grande sea x, los valores de y serán cada vez más próximos a $0,\hat{6}$ y todos ellos menores que $0,\hat{6}$.

x	-10^3	-10^4
y	0,667	0,6667

Si $x \to -\infty$, también $y \to 0,\hat{6}$ pero los valores de y son ahora mayores que $0,\hat{6}$.

Luego $\lim\limits_{x \to \pm\infty} \dfrac{2x - 1}{3x + 2} = \dfrac{2}{3}$. La recta $y = \dfrac{2}{3}$ es una asíntota horizontal.

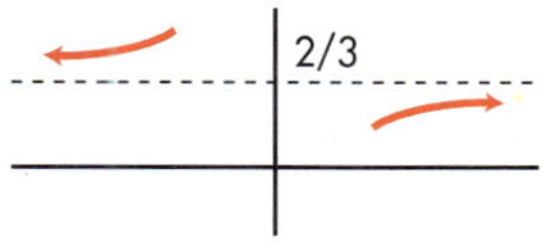

c)

x	10	100	1 000
y	1 024	$1,27 \cdot 10^{30}$	Error

← (2^{1000} es tan grande que la calculadora no puede hallarlo)

$\lim\limits_{x \to \infty} 2^x = \infty$

x	–10	–100	–1 000
y	0,0009	$7,8 \cdot 10^{-31}$	0

← (2^{-1000} es tan próximo a 0 que la calculadora lo identifica como 0)

$\lim\limits_{x \to -\infty} 2^x = 0$

La recta $y = 0$ es una asíntota de la función hacia $-\infty$.

4 ASÍNTOTAS

Estudia las asíntotas de $y = \dfrac{3x - 1}{2 - x}$ *y representa su posición respecto a ellas.*

Resolución

Asíntotas verticales. Buscamos los valores de x que anulan el denominador: $x = 2$

$$\lim_{x \to 2} \frac{3x - 1}{2 - x} = \pm\infty \begin{cases} \text{Si } x < 2, \ \lim\limits_{x \to 2^-} \dfrac{3x - 1}{2 - x} = \infty \\ \text{Si } x > 2, \ \lim\limits_{x \to 2^+} \dfrac{3x - 1}{2 - x} = -\infty \end{cases}$$

La recta $x = 2$ es una asíntota vertical.

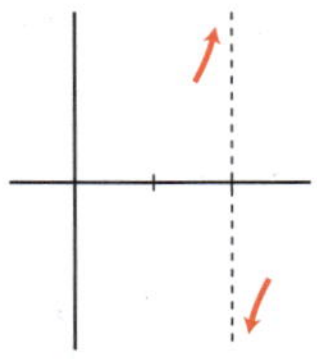

Asíntotas horizontales. $\lim\limits_{x \to \infty} \dfrac{3x-1}{2-x} = -3$ La recta $y = -3$ es una asíntota horizontal.

Para **estudiar la posición**, calculamos algún punto de la función para un valor grande de x. Por ejemplo:

$x = 100$ $y = \dfrac{299}{-98} = -3{,}05 < -3$. La curva está bajo la asíntota cuando $x \to \infty$.

$x = -100$ $y = \dfrac{-301}{102} = -2{,}95 > -3$. La curva está sobre la asíntota cuando $x \to -\infty$.

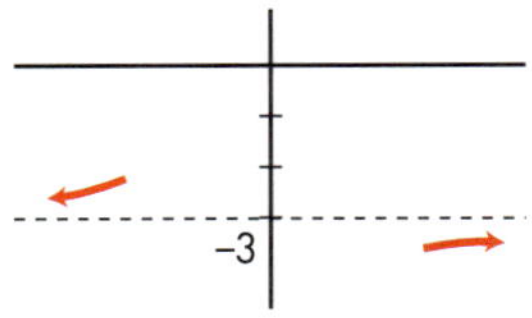

5 CÁLCULO DE LÍMITES

Calcula el límite de la función $y = \dfrac{x^2-9}{x^2-3x}$ en los puntos en los que es discontinua e interprétalo gráficamente.

Resolución

La función es continua en todos los puntos excepto en $x = 0$ y $x = 3$, en los que no está definida porque el denominador se anula.

- $\lim\limits_{x \to 3} \dfrac{x^2-9}{x^2-3x} = \dfrac{0}{0}$ Esta expresión es una **indeterminación**, porque su valor puede ser cualquiera.

  Para calcular el límite, debemos simplificar la fracción:

  $$\lim_{x \to 3} \frac{x^2-9}{x^2-3x} = \lim_{x \to 3} \frac{(x+3)(x-3)}{x(x-3)} = \lim_{x \to 3} \frac{(x+3)}{x} = 2$$

  Si $x \to 3$, $y \to 2$.

  No existe $f(3)$

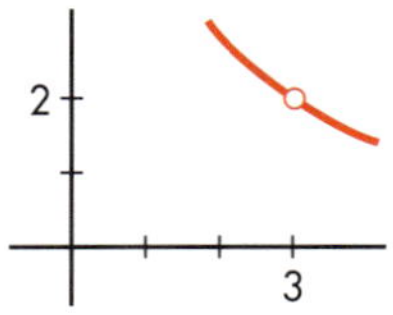

- $\lim\limits_{x \to 0} \dfrac{x^2-9}{x^2-3x} = \infty$ $\begin{cases} \text{si } x < 0, & y \to -\infty \\ \text{si } x > 0, & y \to +\infty \end{cases}$

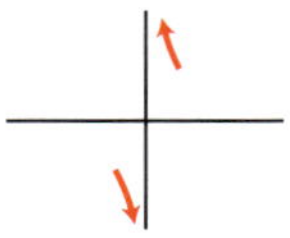

Las gráficas de $y = \dfrac{(x+3)}{x}$ e $y = \dfrac{x^2-9}{x^2-3x}$ son idénticas salvo en el punto (3, 2) que pertenece a la primera pero no a la segunda.

6 FUNCIÓN DISCONTINUA

Representa la función f y estudia su comportamiento en las proximidades de $x = 2$.

$$f(x) = \begin{cases} 2x & \text{si } x < 2 \\ (x-3)^2 & \text{si } x \geq 2 \end{cases}$$

Resolución

Para valores menores que 2, la gráfica es una recta que llega hasta el punto (2, 4), aunque este punto no pertenece a la función.

Para $x = 2$, $f(2) = (2-3)^2 = 1$

Para valores mayores que 2, la gráfica es parte de una parábola que comienza en el punto (2, 1) y tiene el vértice en (3, 0).

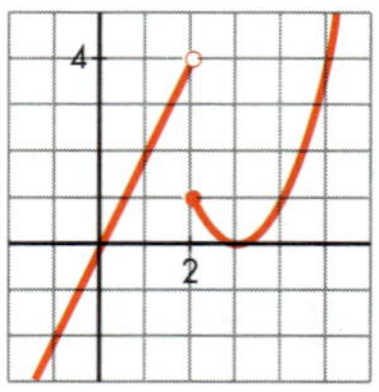

$$\left.\begin{array}{l} \lim\limits_{x \to 2^-} f(x) = \lim\limits_{x \to 2} 2x = 2 \cdot 2 = 4 \\ \lim\limits_{x \to 2^+} f(x) = \lim\limits_{x \to 2} (x-3)^2 = (2-3)^2 = 1 \end{array}\right\} \text{Como no coinciden, no existe } \lim_{x \to 2} f(x)$$

Esta función no es continua en $x = 2$ porque no existe $\lim\limits_{x \to 2} f(x)$.

EJERCICIOS Y PROBLEMAS PROPUESTOS

EJERCICIOS PARA PRACTICAR

1 ¿Cuáles de estas gráficas son funciones?

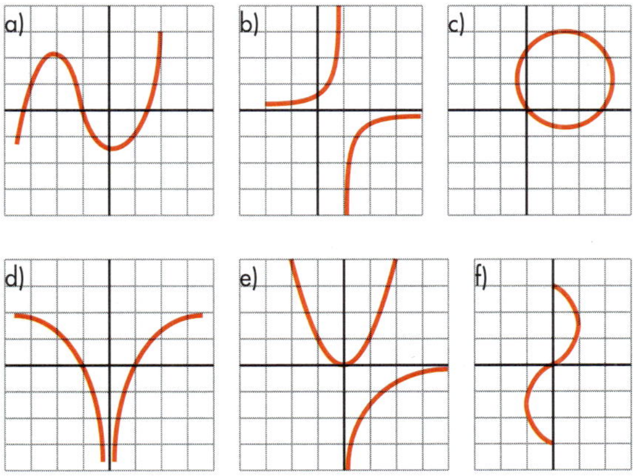

2 Indica si los valores de x: 0; −2; 3,5; $\sqrt{2}$; −0,25 pertenecen al dominio de estas funciones:

a) $y = \dfrac{1}{\sqrt{x}}$ b) $y = \dfrac{x}{x^2 - 4}$

c) $y = x - \sqrt{2}$ d) $y = \sqrt{x^2 + 4}$

e) $y = \sqrt{x - 3}$ f) $y = \sqrt{7 - 2x}$

3 Halla el dominio de definición de las siguientes funciones:

a) $y = \dfrac{3}{x^2 + x}$ b) $y = \dfrac{x}{(x - 2)^2}$

c) $y = \dfrac{x - 1}{2x + 1}$ d) $y = \dfrac{1}{x^2 + 2x + 3}$

e) $y = \dfrac{2}{5x - x^2}$ f) $y = \dfrac{1}{x^2 - 2}$

4 Halla el dominio de definición de las funciones:

a) $y = \sqrt{3 - x}$ b) $y = \sqrt{2x - 1}$

c) $y = \sqrt{-x - 2}$ d) $y = \sqrt{-3x}$

5 Representa las siguientes funciones en las que se ha restringido voluntariamente su dominio:

a) $y = x^2 - 4$, si $x \in [-2, 3]$

b) $y = 5 - \dfrac{x}{2}$, si $x \in [2, \infty)$

6 Comprueba que las gráficas de estas funciones corresponden a la expresión analítica y di si son continuas o discontinuas en $x = 1$.

a) $f(x) = \begin{cases} 1 - x^2, & \text{si } x \le 1 \\ x - 1, & \text{si } x > 1 \end{cases}$

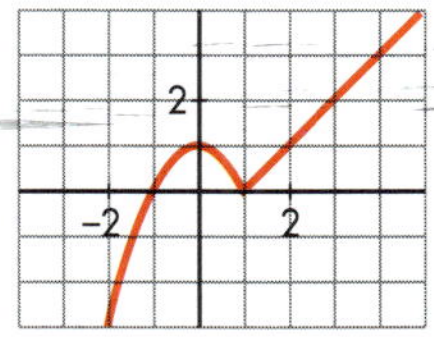

b) $f(x) = \begin{cases} x + 2, & \text{si } x < 1 \\ 3, & \text{si } x > 1 \end{cases}$

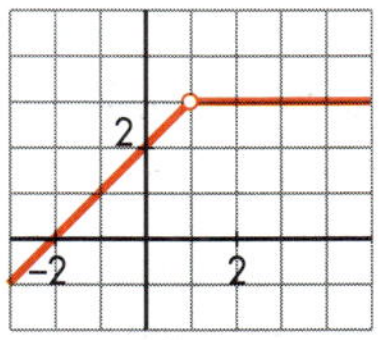

c) $f(x) = \begin{cases} x^2, & \text{si } x \ne 1 \\ -1, & \text{si } x = 1 \end{cases}$

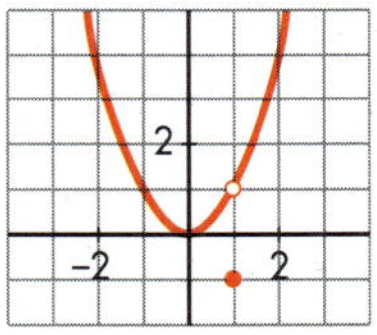

7 Comprueba, dando valores grandes a x, que las siguientes funciones tienden a 0 cuando $x \to \infty$.

a) $f(x) = \dfrac{1}{x^2 - 10}$ b) $f(x) = \dfrac{100}{3x^2}$

c) $f(x) = \dfrac{-7}{\sqrt{x}}$ d) $f(x) = \dfrac{2}{10x^2 - x^3}$

Representa gráficamente su posición sobre el eje OX o bajo el eje OX en el ∞.

8

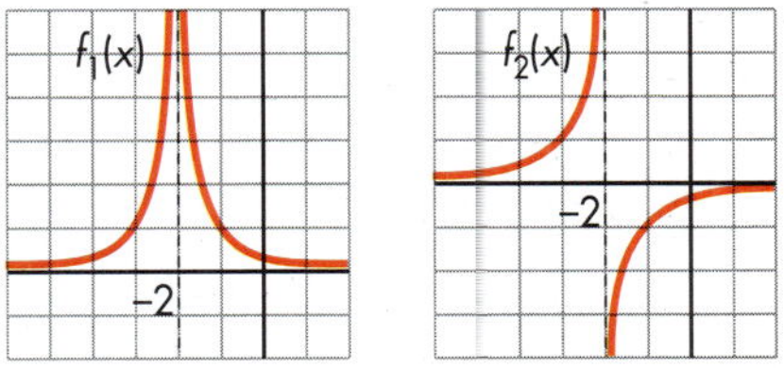

Éstas son, respectivamente, las gráficas de las funciones:

$$f_1(x) = \frac{1}{(x + 2)^2}; \quad f_2(x) = \frac{-1}{x + 2}$$

¿Cuál es el límite de cada una de estas funciones cuando $x \to -2$?

9 Calcula los siguientes límites y representa la información que obtengas:

a) $\lim\limits_{x \to \infty} (7 + x - x^3)$

b) $\lim\limits_{x \to \infty} \dfrac{x^2 - 10x - 32}{5}$

c) $\lim\limits_{x \to \infty} \left(-\dfrac{x^4}{3} + \dfrac{x}{2} - 17\right)$

d) $\lim\limits_{x \to \infty} (7 - x)^2$

10 Calcula el límite de las funciones del ejercicio anterior cuando $x \to -\infty$ y representa la información que obtengas.

11 Sobre la gráfica de la función $f(x)$, halla:

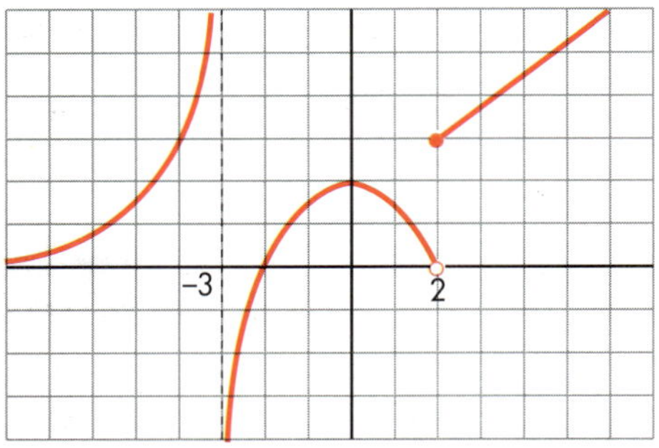

a) $\lim\limits_{x \to -3^-} f(x)$ b) $\lim\limits_{x \to -3^+} f(x)$

c) $\lim\limits_{x \to 0} f(x)$ d) $\lim\limits_{x \to -\infty} f(x)$

e) $\lim\limits_{x \to 2^-} f(x)$ f) $\lim\limits_{x \to 2^+} f(x)$

g) $\lim\limits_{x \to \infty} f(x)$ h) $\lim\limits_{x \to -2} f(x)$

12 Calcula mediante interpolación lineal los valores de y que faltan en esta tabla:

x	47	59	112	150
y	18	…	37	…

13 Observando la gráfica de estas funciones, indica cuál es su dominio de definición:

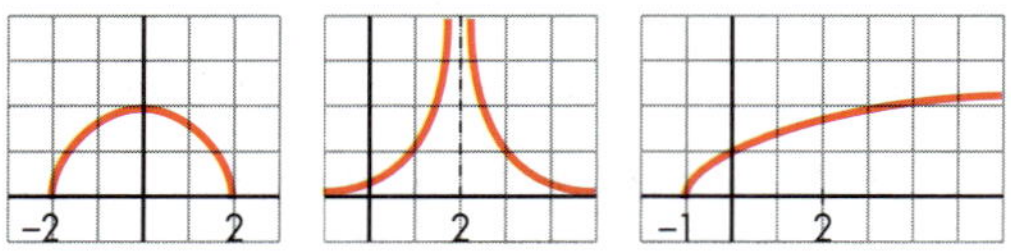

14 Calcula los siguientes límites y representa las ramas que obtengas:

a) $\lim\limits_{x \to \infty} \dfrac{3}{(x-1)^2}$ b) $\lim\limits_{x \to \infty} \dfrac{-2}{3 - x}$

c) $\lim\limits_{x \to \infty} \dfrac{-1}{x^2 - 1}$ d) $\lim\limits_{x \to \infty} \dfrac{1}{(2 - x)^3}$

e) $\lim\limits_{x \to \infty} \dfrac{2x - 1}{x + 2}$ f) $\lim\limits_{x \to \infty} \dfrac{x + 5}{1 - x}$

g) $\lim\limits_{x \to \infty} \dfrac{2 - 3x}{x + 3}$ h) $\lim\limits_{x \to \infty} \dfrac{3 - 2x}{5 - 2x}$

15 Calcula el límite de todas las funciones del ejercicio anterior cuando $x \to -\infty$.

16 De un cuadrado de 4 cm de lado, se cortan en las esquinas triángulos rectángulos isósceles cuyos lados iguales miden x.

a) Escribe el área del octógono que resulta en función de x.

b) ¿Cuál es el dominio de esa función?

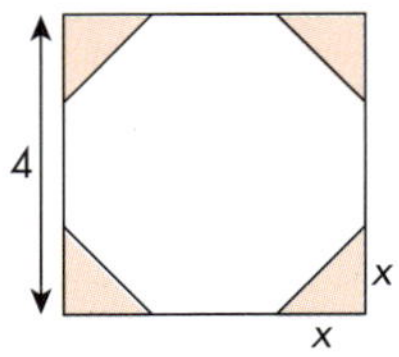

17 Una empresa fabrica envases con forma de prisma de dimensiones x, $x/2$ y $2x$ cm.

a) Escribe la función que da el volumen del envase en función de x.

b) Halla su dominio sabiendo que el envase más grande tiene 1 *l* de volumen.

18 Estima mediante interpolación lineal el valor correspondiente a $x = 1\,000$ y a $x = 1\,558$, conociendo estos valores:

x	825	2 015
y	2 500	4 516

19 Dada la función $y = \dfrac{2x}{1 - x}$, halla:

a) $\lim\limits_{x \to 1^-} \dfrac{2x}{1 - x}$ b) $\lim\limits_{x \to 1^+} \dfrac{2x}{1 - x}$

c) $\lim\limits_{x \to \infty} \dfrac{2x}{1 - x}$ d) $\lim\limits_{x \to -\infty} \dfrac{2x}{1 - x}$

Representa gráficamente los resultados obtenidos.

PROBLEMAS PARA RESOLVER

20 El consumo de gasolina por cada 100 km de un automóvil es, dependiendo de la velocidad, 7,2 *l* a 90 km/h y 10,8 *l* a 110 km/h. Estima el consumo cuando la velocidad es 100 km/h y cuando es 120 km/h.

21 En una oficina de cambio nos han dado por 500 PTA, 17 francos, y por 10 000 PTA, 397 francos. Calcula cuántos francos nos darán por 3 000 PTA.

22 La factura del gas de una familia, en septiembre, ha sido 2482 PTA por 12 m^3 y en octubre, 4 381,5 por 42 m^3. ¿Cuánto pagarán si consumen 28 m^3?

23 El precio del billete de una línea de cercanías depende de los kilómetros recorridos. Por 57 km he pagado 285 PTA y por 68 km, 340 PTA. Calcula el precio de un billete para una distancia de 400 km.

24 La dosis de un medicamento es 0,25 g por cada kilo de peso del paciente, hasta un máximo de 15 g. Representa la función *peso del paciente-cantidad de medicamento* y halla su expresión analítica.

25 Busca la expresión analítica de estas funciones:

a)

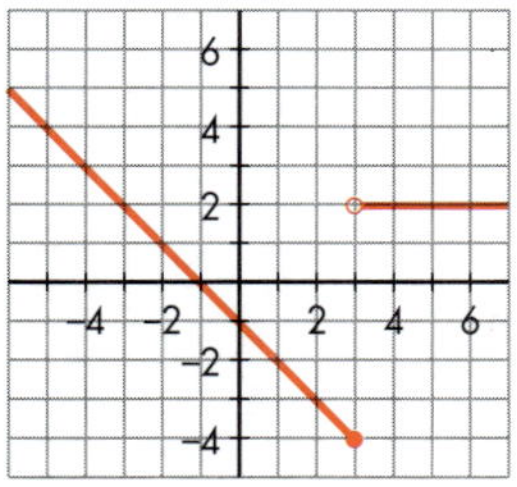

b)

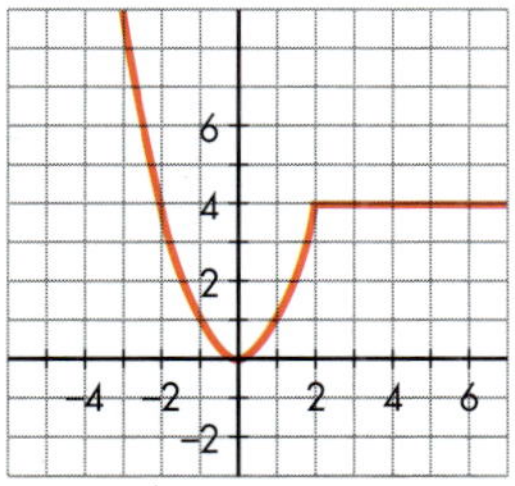

26 Elena va a visitar a su amiga Ana y tarda 20 minutos en llegar a su casa, que está a 1 km de distancia. Está allí media hora y en el camino de vuelta emplea el mismo tiempo que en el de ida.

a) Representa la función *tiempo-distancia*.

b) Busca su expresión analítica.

27 Se ha organizado un concurso de teatro en un centro escolar. La APA da 10 000 PTA a cada grupo participante y el Ayuntamiento 100 000 PTA para repartir entre los grupos.

a) Representa la función que da el dinero que recibirá cada grupo según el número de grupos participantes.

b) ¿Por qué no se pueden unir los puntos de esa gráfica?

c) Halla su expresión analítica.

28 Calcula los siguientes límites:

a) $\lim\limits_{x \to 0} \dfrac{4x}{x^2 - 2x}$ b) $\lim\limits_{x \to 0} \dfrac{2x^2 + 3x}{x}$

c) $\lim\limits_{h \to 0} \dfrac{3h^3 - 2h^2}{h}$ d) $\lim\limits_{h \to 0} \dfrac{h^2 - 7h}{4h}$

☛ *Saca factor común y simplifica cada fracción.*

29 Calcula el límite de la función $f(x) = \dfrac{x^2}{x^2 + x}$ en $x = 3$, $x = 0$ y $x = -1$.

30 Calcula los límites de las siguientes funciones en los puntos que anulan su denominador:

a) $f(x) = \dfrac{3x}{2x + 4}$ b) $f(x) = \dfrac{x - 1}{x^2}$

c) $f(x) = \dfrac{x^2 - 2x}{x^2 - 4}$ d) $f(t) = \dfrac{t^3 - 2t^2}{t^2}$

31 Representa las siguientes funciones y explica si son discontinuas en alguno de sus puntos:

a) $f(x) = \begin{cases} 2x - 1, & \text{si } x < 3 \\ 5 - x, & \text{si } x \geq 3 \end{cases}$

b) $f(x) = \begin{cases} 1, & \text{si } x \leq 0 \\ x^2 + 1, & \text{si } x > 0 \end{cases}$

c) $f(x) = \begin{cases} x^2 - 2, & \text{si } x < 2 \\ x, & \text{si } x > 2 \end{cases}$

32 Calcula el límite de las funciones del ejercicio anterior en $x = -3$ y $x = 5$.

33 Prueba que la función $f(x) = \dfrac{x^2 - 4}{x^2 - 2x}$ sólo tiene una asíntota vertical y otra horizontal.

☛ *Al hallar* $\lim\limits_{x \to 2} f(x)$ *verás que no es* ∞.

34 Halla las asíntotas de las siguientes funciones y sitúa la curva respecto a cada una de ellas:

a) $y = \dfrac{3 - x}{2x + 1}$ b) $y = \dfrac{5x - 2}{2x - 7}$

c) $y = \dfrac{x + 2}{x^2 - 1}$ d) $y = \dfrac{x^2}{x^2 + x + 1}$

e) $y = \dfrac{x}{x^2 - 4}$ f) $y = \dfrac{3x^2}{x + 2}$

g) $y = \dfrac{x - 1}{x^2}$ h) $y = \dfrac{(x + 3)^2}{x - 2}$

i) $y = \dfrac{1}{9 - x^2}$ j) $y = \dfrac{x^2 - 1}{x^2 + 1}$

k) $y = \dfrac{2x^2}{x + 3}$ l) $y = \dfrac{x^3}{2x - 5}$

35 Calcula los siguientes límites y representa gráficamente los resultados que obtengas.

a) $\lim\limits_{x \to 0} \dfrac{x - 1}{x}$ b) $\lim\limits_{x \to 1} \dfrac{x^2 - 1}{x^2 - x}$

36 Representa gráficamente esta función y explica por qué no es continua en $x = 0$.

$$f(x) = \begin{cases} \dfrac{1}{x} & x \neq 0 \\ 2 & x = 0 \end{cases}$$

37 Estudia el comportamiento de las siguientes funciones en los puntos en los que no están definidas:

a) $y = \dfrac{1}{(1 - x)^2}$ b) $y = \dfrac{x}{x - 5}$

c) $y = \dfrac{1}{x^2 - 2x}$ d) $y = \dfrac{1}{x^2 - 4}$

38 Halla las asíntotas de las funciones:

a) $y = \dfrac{3x^2}{x^2 - 1}$ b) $y = \dfrac{x^2 + 1}{x}$

c) $y = \dfrac{2x^2 + 5}{x^2 - 4x + 3}$ d) $y = \dfrac{x^2 + 1}{(x^2 - 1)^2}$

e) $y = \dfrac{x^2 - 5x + 4}{x - 5}$ f) $y = x + 1 + \dfrac{5}{x}$

CUESTIONES TEÓRICAS

39 ¿Se puede calcular el límite de una función en un punto en el que la función no esté definida?

¿Puede ser la función continua en ese punto?

40 ¿Cuál es el dominio de definición de una función polinómica de grado n?

41 Sabemos que una función tiene límite en $x = 3$. A la izquierda de 3 toma valores negativos y a la derecha de 3 toma valores positivos.

¿Cuál es el valor de $\lim\limits_{x \to 3} f(x)$?

42 ¿Puede tener una función dos asíntotas verticales?

En caso afirmativo, pon un ejemplo.

43 El denominador de una función $f(x)$ se anula en $x = a$.

¿Existe necesariamente una asíntota vertical en $x = a$? Pon ejemplos.

44 ¿Puede tener una función más de dos asíntotas horizontales?

45 Representa una función que cumpla estas condiciones:

$\lim\limits_{x \to 3} f(x) = \infty$, $\lim\limits_{x \to -\infty} f(x) = 2$, $\lim\limits_{x \to \infty} f(x) = 0$

¿Es discontinua en algún punto?

46 Representa una función que verifique estas condiciones:

$\lim\limits_{x \to -\infty} f(x) = 2$ $\lim\limits_{x \to \infty} f(x) = 0$

$\lim\limits_{x \to 1^-} f(x) = +\infty$ $\lim\limits_{x \to 1^+} f(x) = -\infty$

47 Si $\lim\limits_{x \to 2} f(x) = 5$, ¿podemos afirmar que f es continua en $x = 2$?

48 Representa y escribe la expresión analítica de una función continua en todo $\mathbb{R}$ salvo en el punto $x = 2$ y que tenga ramas infinitas en ese punto.

PARA PROFUNDIZAR

49 Halla el dominio de definición de las siguientes funciones:

a) $y = \sqrt{x^2 - 2x}$

b) $y = \sqrt{x^2 + 3}$

c) $y = \sqrt{5 - x^2}$

d) $y = \sqrt{x^2 - 3x + 2}$

50 Halla el dominio de definición de las siguientes funciones:

a) $y = \sqrt{\dfrac{x+3}{x-2}}$ b) $y = \sqrt{\dfrac{x-9}{x}}$

☛ *a) Halla los valores que anulan el numerador y el denominador y estudia el signo de* $\dfrac{x+3}{x-2}$.

51 El precio del metro cuadrado de un material plástico para suelos depende de la cantidad que compremos, x, y viene dado por la función $f(x)$ definida así:

$$\begin{cases} 100 - 0{,}05x & \text{si } 0 \le x \le 500 \\ 75 - 0{,}02\,(x - 500) & \text{si } 500 < x < 1\,000 \\ 65 - 0{,}002\,(x - 1\,000) & \text{si } 1\,000 \le x \le 5000 \end{cases}$$

a) Representa gráficamente esta función y estudia su continuidad.

b) ¿Cuál será el precio si compro 3 000 m^2?

c) Para conseguir un precio inferior a 70 PTA/m^2, ¿cuántos metros, como mínimo, tengo que comprar?

52 Se ha comprobado que las pérdidas o ganancias de una empresa se ajustan a la función

$$y = \frac{2x - 4}{x + 2}$$

siendo x los años de vida de la empresa ($x \ge 0$ e y en millones de pesetas).

a) Representa la función.

b) ¿En qué año deja la empresa de tener pérdidas?

c) ¿Están limitados sus beneficios? Si lo están, ¿cuál es su límite?

53 El gasto mensual en alimentación de una familia depende de su renta, x.

Así:

$$g(x) = \begin{cases} 0{,}6x + 20 & \text{si } 0 \le x \le 100 \\ \dfrac{100x}{x + 25} & \text{si } x > 100 \end{cases}$$

donde la renta y el gasto vienen expresados en miles de pesetas.

a) Representa $g(x)$ y di si es una función continua.

b) Calcula el límite de $g(x)$ cuando $x \to \infty$ y explica su significado.

54 Considera la función:

$$f(x) = \begin{cases} \dfrac{x^2 - 1}{x - 1}, & \text{si } x \ne 1 \\ k, & \text{si } x = 1 \end{cases}$$

Halla k para que sea continua en $x = 1$.

55 Las tarifas de una empresa de transportes son:

- 4 000 PTA por tonelada de carga si ésta es menor o igual a 20 t.
- Si la carga es mayor que 20 t, se restará, de las 4 000 PTA, tantos cientos de pesetas como toneladas sobrepasen las 20.

a) Representa la función *ingresos de la empresa según la carga que transporte* (carga máxima: 30 t).

b) Obtén la expresión analítica y di si es una función continua.

56 Calcula cuánto debe valer a para que la siguiente función sea continua:

$$f(x) = \begin{cases} x + 1 & \text{si } x \le 1 \\ 4 - ax^2 & \text{si } x > 1 \end{cases}$$

PARA CENTRARTE EN EL TEMA, PIENSA Y RESUELVE

Las siguientes gráficas corresponden a funciones, algunas de las cuales conoces y otras no. En cualquier caso, vas a trabajar con ellas.

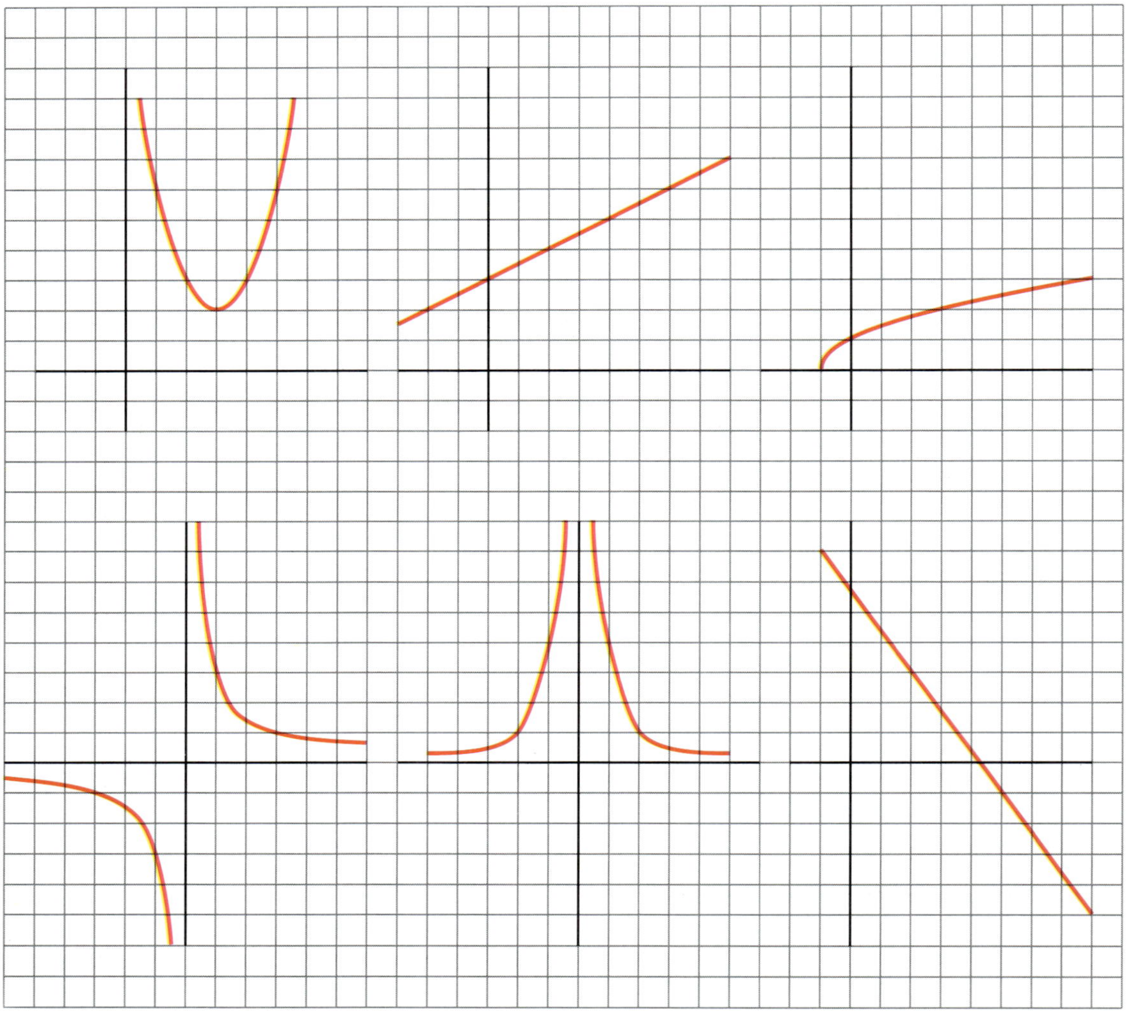

Las ecuaciones correspondientes a estas gráficas son:

a) $y = \dfrac{4}{x^2}$ b) $y = \sqrt{x+1}$ c) $y = 3 - \dfrac{4}{3}(x-2)$

d) $y = x^2 - 6x + 11$ e) $y = \dfrac{3}{x}$ f) $y = 3 + \dfrac{1}{2}x$

Asigna a cada gráfica su ecuación haciendo uso, sucesivamente, de:

- el conocimiento que ya tienes de algunas de ellas;
- la comprobación, mediante cálculo mental, de algunos de sus puntos;
- y, en caso de necesidad, recurriendo a la calculadora para obtener varios de sus puntos.

La distancia al suelo de una barquilla de la noria varía conforme ésta gira. Representa gráficamente la función que da la altura de una barquilla al pasar el tiempo.

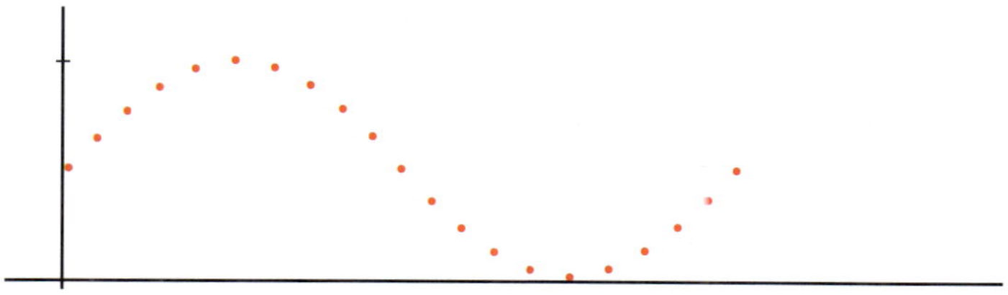

PANORAMA DEL TEMA

En este tema vamos a ver la mayor parte de los tipos de funciones que se manejan a este nivel:

Funciones polinómicas. $y = ax^n + bx^{n-1} + \dots$

Las más usuales son las de primero y segundo grado (rectas y parábolas) que conoces de tiempo atrás.

Las de grado superior tienen algunas peculiaridades que conviene conocer.

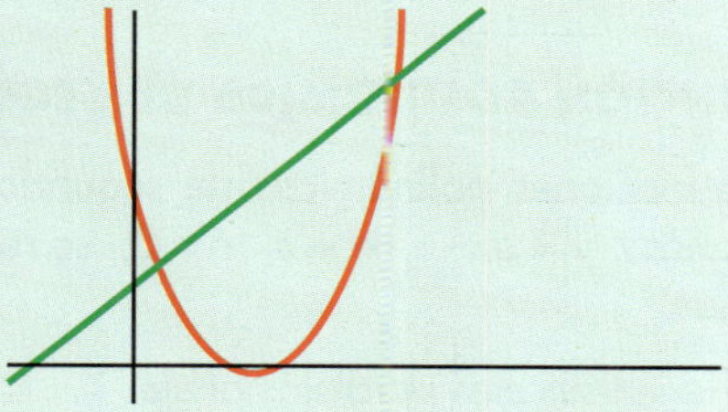

Funciones racionales. La función $y = \frac{1}{x}$ (de proporcionalidad inversa) se representa mediante una hipérbola.

Muy relacionadas con ella son todas las funciones de la familia $y = \frac{ax + b}{cx + d}$.

Y, en general, veremos en este apartado las funciones racionales que son cociente de dos expresiones polinómicas.

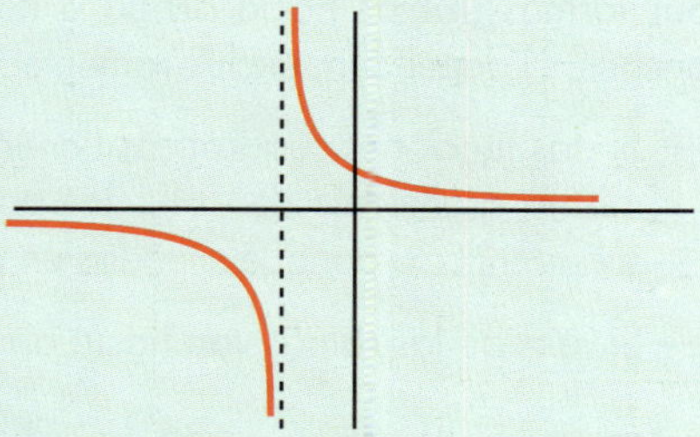

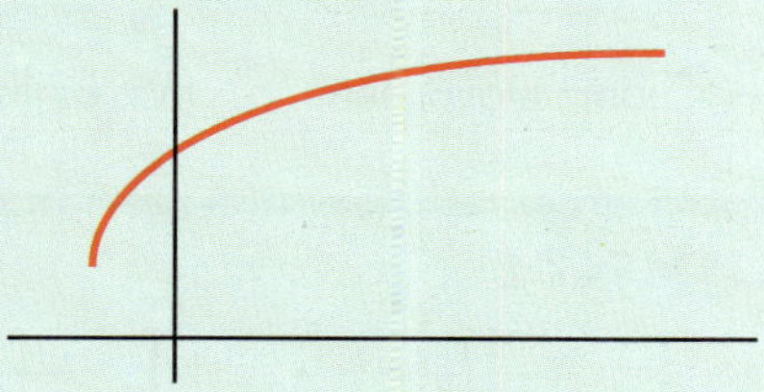

Funciones radicales. $y = \sqrt{x}$, $y = \sqrt[3]{x}$ ... son los modelos básicos de las funciones en las que aparecen radicales. Aquí veremos las más sencillas.

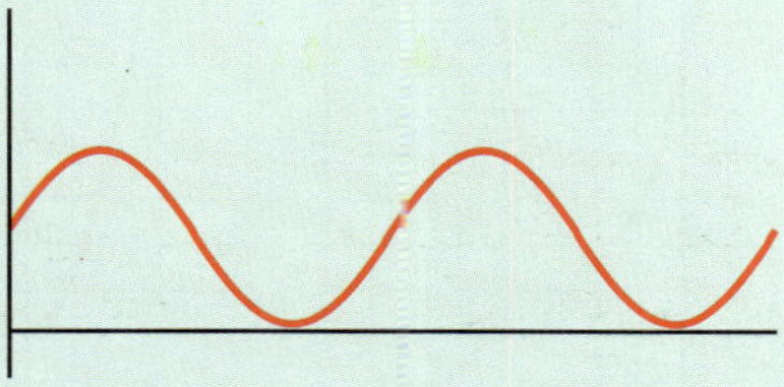

Funciones trigonométricas. La curva que describe la altura de una barquilla de la noria que gira, al pasar el tiempo, es un modelo de función trigonométrica.
Veremos las dos funciones trigonométricas más básicas: seno y coseno.

5.1 FUNCIONES POLINÓMICAS

■ FUNCIÓN POLINÓMICA DE PRIMER GRADO

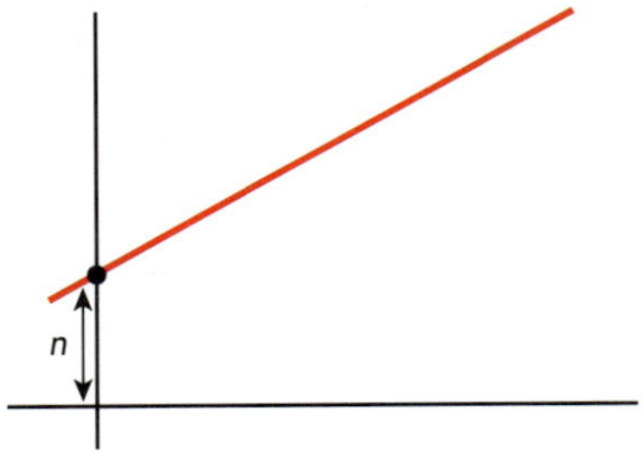

Como sabemos, la **función polinómica de primer grado** o **función lineal**:

$$y = mx + n$$

se representa mediante una recta de pendiente m.

Pendiente de una recta es la variación (aumento o disminución) que se produce en la y cuando la x aumenta una unidad.

Si conocemos las coordenadas de dos puntos de la recta $P(x_1, y_1)$, $Q(x_2, y_2)$, para **hallar la pendiente** procedemos así:

$$m = \frac{y_2 - y_1}{x_2 - x_1}$$

$y_2 - y_1$ es la variación de la y

$x_2 - x_1$ es la variación de la x

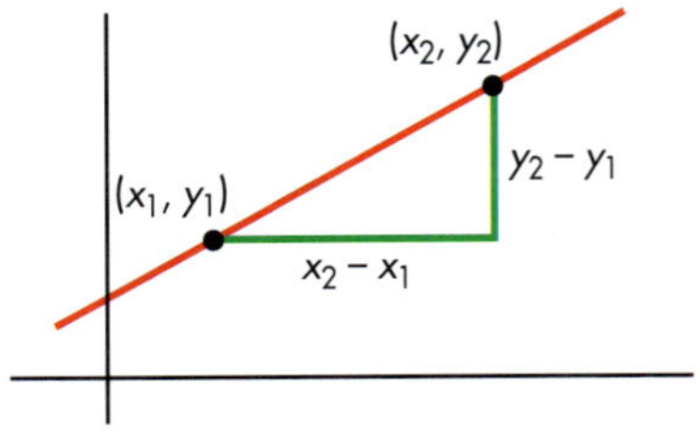

■ FUNCIÓN POLINÓMICA DE SEGUNDO GRADO

Las **funciones polinómicas de segundo grado** o **funciones cuadráticas** $y = ax^2 + bx + c$, $a \neq 0$, se representan mediante parábolas.

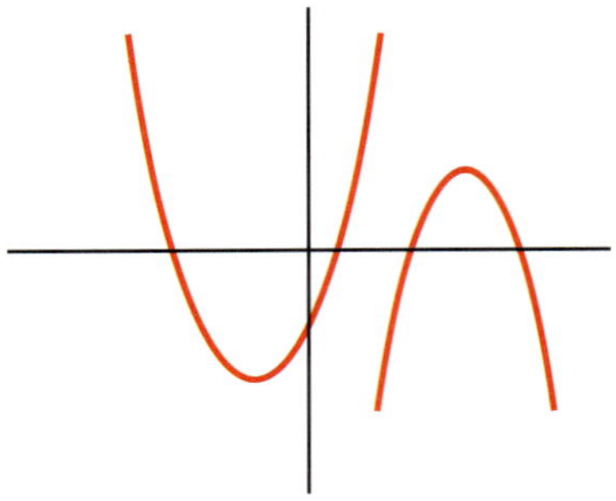

- Tienen sus ejes paralelos al eje Y.
- Sus formas (ramas hacia arriba o hacia abajo, más o menos anchas...) dependen, exclusivamente, del valor de a.
  - — Si dos funciones cuadráticas tienen el mismo valor de a (el mismo coeficiente de x^2), las parábolas correspondientes son idénticas, aunque situadas en posiciones distintas.
  - — Si $a > 0$, las ramas van hacia arriba: $\lim\limits_{x \to \infty} f(x) = \infty$, $\lim\limits_{x \to -\infty} f(x) = \infty$
  - — Si $a < 0$, las ramas van hacia abajo: $\lim\limits_{x \to \infty} f(x) = -\infty$, $\lim\limits_{x \to -\infty} f(x) = -\infty$
  - — Cuanto mayor sea $|a|$ más estilizada es la parábola.

EJEMPLOS

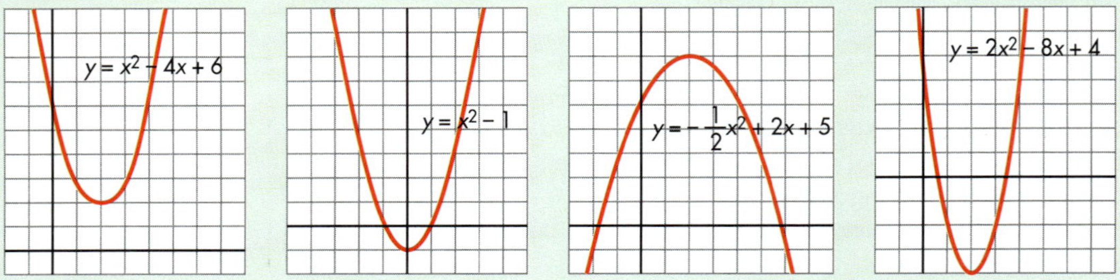

■ FUNCIONES POLINÓMICAS CUALESQUIERA

Las funciones polinómicas, $y = P(x) = ax^n + bx^{n-1} \ldots$, están definidas en todo $\mathbb{R}$ y son continuas. Por tanto, no tienen asíntotas verticales. Tampoco tienen asíntotas horizontales. Sus ramas infinitas son:

$$n \text{ par} \begin{cases} a > 0 & \lim\limits_{x \to \infty} P(x) = \infty, \quad \lim\limits_{x \to -\infty} P(x) = \infty \\ a < 0 & \lim\limits_{x \to \infty} P(x) = -\infty, \quad \lim\limits_{x \to -\infty} P(x) = -\infty \end{cases}$$

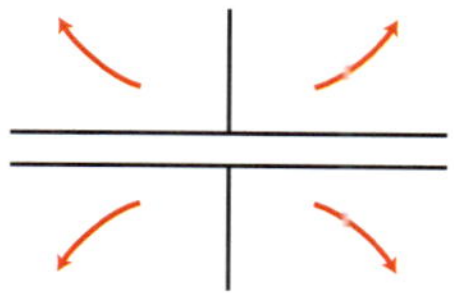

$$n \text{ impar} \begin{cases} a > 0 & \lim\limits_{x \to \infty} P(x) = \infty, \quad \lim\limits_{x \to -\infty} P(x) = -\infty \\ a < 0 & \lim\limits_{x \to \infty} P(x) = -\infty, \quad \lim\limits_{x \to -\infty} P(x) = \infty \end{cases}$$

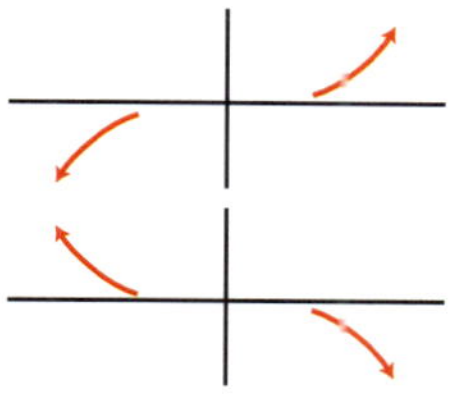

Para representar las funciones polinómicas de grado mayor que dos, es fundamental conocer dónde tienen sus máximos y sus mínimos. Aprenderemos a hacerlo en el tema 7.

EJEMPLOS

1. *Hallar las ramas infinitas de las siguientes funciones polinómicas:*

a) $y = 2x^3 - 3x^2 - 12x + 45$ *b)* $y = 3x^4 + 4x^3 - 72x^2$

a) $\lim\limits_{x \to \infty} P(x) = \infty, \quad \lim\limits_{x \to -\infty} P(x) = -\infty$

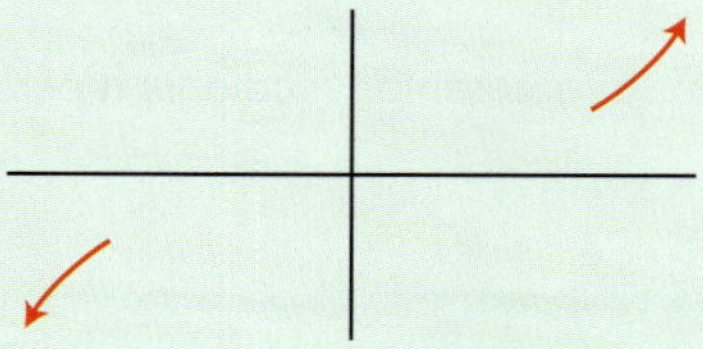

b) $\lim\limits_{x \to \infty} P(x) = \infty, \quad \lim\limits_{x \to -\infty} P(x) = \infty$

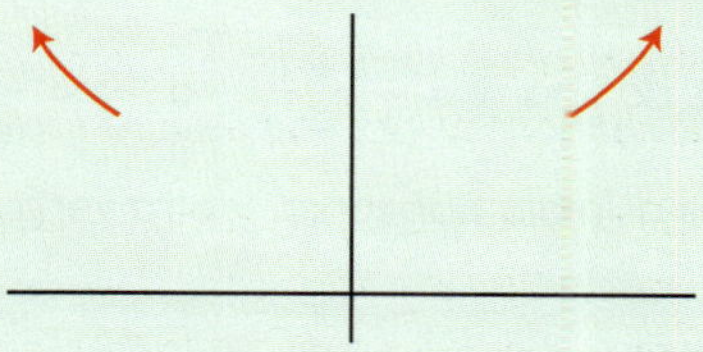

2. *Resulta interesante hacer un estudio conjunto de las funciones* $y = x^2$, $y = x^3$, $y = x^4$ *en el intervalo* $[-1, 1]$.

Todas pasan por (0, 0) y (1, 1), pero su comportamiento intermedio es algo distinto.

Observándolas, podemos conjeturar cómo son

$$y = x^5, \quad y = x^{10}, \quad y = x^{20}, \quad y = x^{21}$$

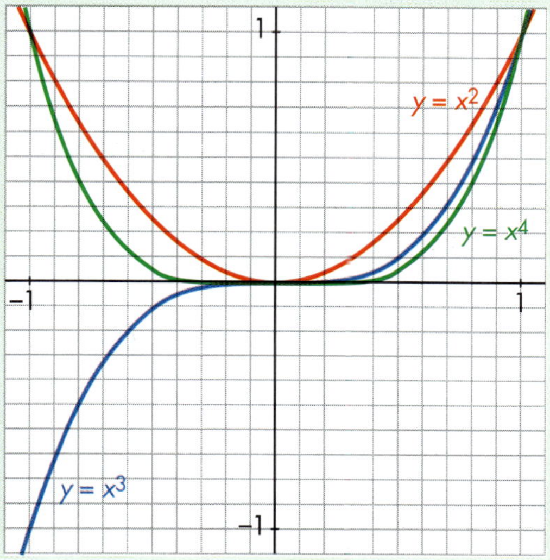

5.2 FUNCIONES RACIONALES

Se llaman **funciones racionales** $y = \frac{P(x)}{Q(x)}$ las que son cociente de dos polinomios.

Estudiemos, sucesivamente, los tipos $y = \frac{k}{x}$, $y = \frac{ax+b}{cx+d}$, $y = \frac{P(x)}{Q(x)}$

FUNCIONES DE PROPORCIONALIDAD INVERSA

Las funciones del tipo $y = \frac{k}{x}$ se llaman de **proporcionalidad inversa**. Se representan mediante hipérbolas.

Sus asíntotas son los ejes coordenados, pues $\lim\limits_{x \to \infty} \frac{k}{x} = 0$, $\lim\limits_{x \to -\infty} \frac{k}{x} = 0$, $\lim\limits_{x \to 0} f(x) = \pm\infty$

EJEMPLOS

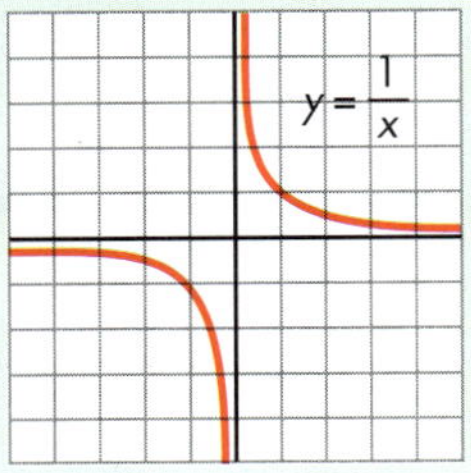

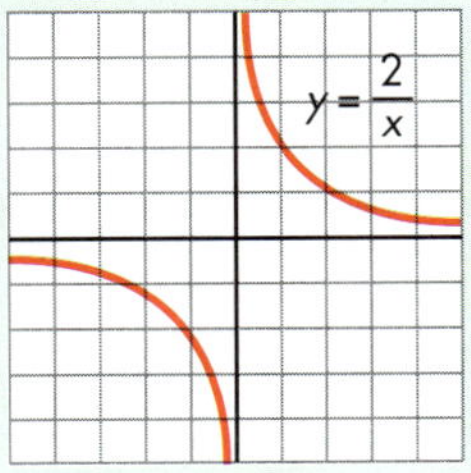

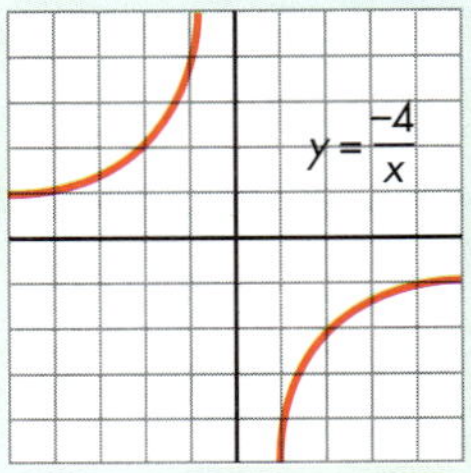

Estas hipérbolas en las que las asíntotas son perpendiculares, se llaman hipérbolas equiláteras.

COCIENTE DE POLINOMIOS DE PRIMER GRADO

Las funciones de tipo $y = \frac{ax+b}{cx+d}$ o $y = \frac{k}{cx+d}$ también se representan mediante hipérbolas equiláteras con una asíntota horizontal y otra vertical.

EJEMPLOS

1. *Representar* $y = \frac{1}{x-2}$

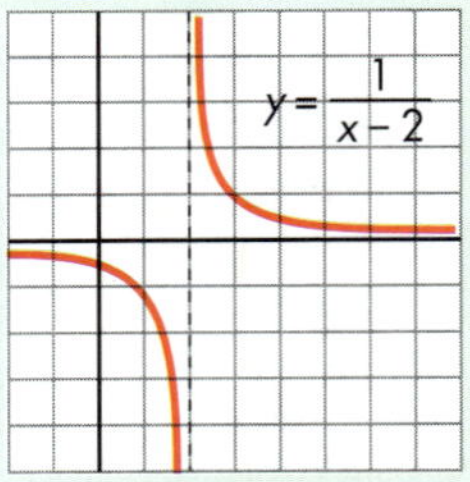

$\lim\limits_{x \to \infty} \frac{1}{x-2} = 0$ El eje X es asíntota.

$\lim\limits_{x \to 2} \frac{1}{x-2} = \pm\infty$ La recta $x = 2$ es asíntota.

2. *Representar* $y = \frac{3x-5}{x-2}$

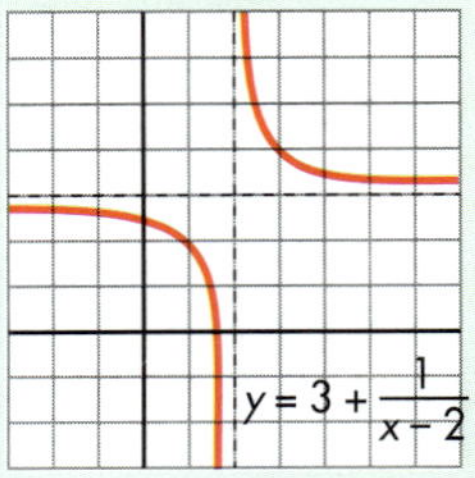

$\frac{3x-5}{x-2} = 3 + \frac{1}{x-2}$ Por tanto, su gráfica es como la del ejemplo anterior subida 3 unidades.

COCIENTE DE POLINOMIOS CUALESQUIERA

$y = f(x) = \dfrac{P(x)}{Q(x)}$ es una fracción algebraica *simplificada* (el numerador y el denominador son polinomios sin raíces comunes).

Para representarla daremos los siguientes pasos:

I. **Asíntotas verticales.** Hay tantas como raíces reales tenga el denominador.

II. **Asíntota horizontal.** Si "grado de $P(x) \leq$ grado de $Q(x)$", entonces $\lim\limits_{x \to \pm\infty} f(x) = l$ y, por tanto, $y = l$ es asíntota horizontal.

III. **Asíntota oblicua.** Si "grado de $P(x)$ = grado de $Q(x) + 1$", entonces tiene una asíntota oblicua $y = ax + b$, siendo $ax + b$ el cociente de la división de $P(x)$ entre $Q(x)$.

IV. Los **máximos** y **mínimos** aprenderemos a hallarlos en el tema 7.

EJEMPLOS

Hallar las asíntotas de las siguientes funciones: a) $y = \dfrac{x}{x^2 + 1}$ b) $y = \dfrac{x^2}{(x-1)^2}$ c) $y = \dfrac{x^3}{x^2 - 1}$

a) • El denominador no tiene raíces. Por tanto, no tiene asíntotas verticales.

• $\lim\limits_{x \to \pm\infty} f(x) = 0$. $y = 0$ es asíntota horizontal: $\begin{cases} \text{Si } x \to \infty, & f(x) > 0 \\ \text{Si } x \to -\infty, & f(x) < 0 \end{cases}$

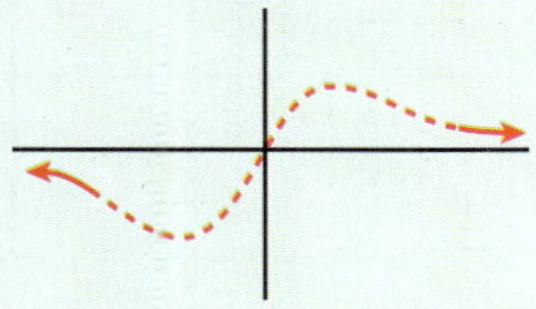

b) • El denominador tiene raíz $x = 1$. Es asíntota vertical:

$$\lim_{x \to 1} \frac{x^2}{(x-1)^2} = \infty$$

• $\lim\limits_{x \to \infty} f(x) = 1$, $\lim\limits_{x \to -\infty} f(x) = 1$

Por tanto, $y = 1$ es asíntota horizontal: $\begin{cases} \text{Si } x \to \infty, & f(x) > 1 \\ \text{Si } x \to -\infty, & f(x) < 1 \end{cases}$

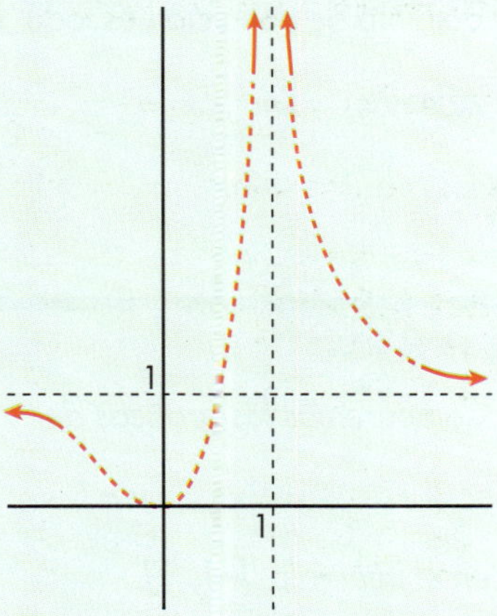

c) • Asíntotas verticales: $x^2 - 1 = 0 \to x = -1$, $x = 1$

$$\lim_{x \to -1^-} f(x) = -\infty, \quad \lim_{x \to -1^+} f(x) = \infty$$

$$\lim_{x \to 1^-} f(x) = -\infty, \quad \lim_{x \to 1^+} f(x) = \infty$$

• Como el grado del numerador, 3, es una unidad mayor que el grado del denominador, 2, hay una síntota oblicua.

$$\begin{array}{l|l} x^3 & x^2 - 1 \\ \hline -x^3 + x & x \\ \quad x & \end{array} \qquad \frac{x^3}{x^2 - 1} = x + \frac{x}{x^2 - 1}$$

La recta $y = x$ es asíntota.

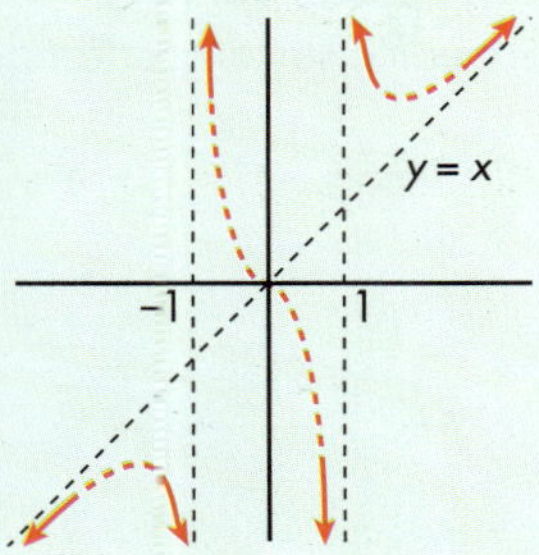

5.3 FUNCIONES RADICALES

- La función $y = \sqrt{x}$ es continua y creciente (pues al aumentar x aumenta $\sqrt{x}$).

  Su dominio de definición es $[0, \infty)$.

  Para representarla tenemos en cuenta, además de lo anterior, que pasa por (0, 0), (1, 1), (4, 2), (9, 3), (16, 4)...

  Rama infinita: $\lim_{x \to \infty} \sqrt{x} = \infty$

  Las siguientes funciones son de la misma familia:

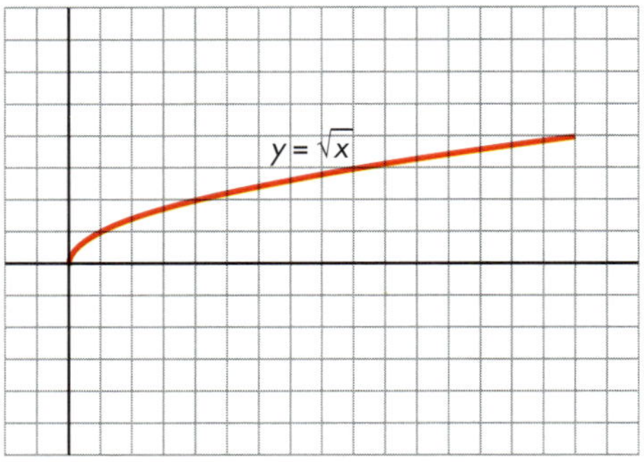

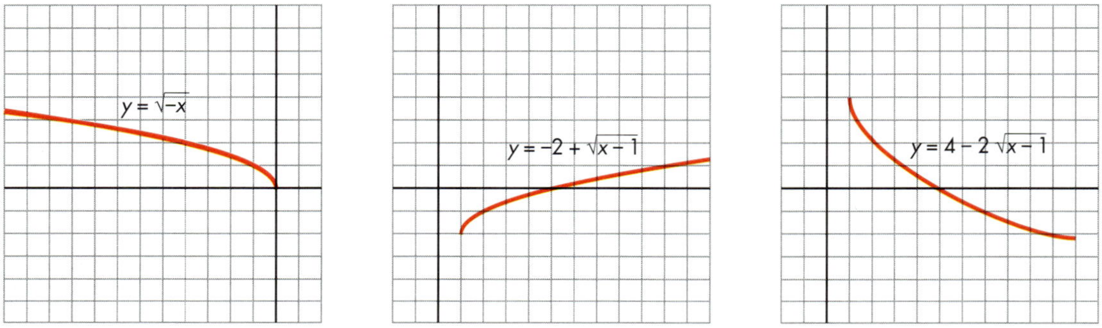

- La función $y = \sqrt[3]{x}$ es, también, continua, creciente y su dominio de definición es todo $\mathbb{R}$.

  Además, $\lim_{x \to -\infty} \sqrt[3]{x} = -\infty$, $\lim_{x \to \infty} \sqrt[3]{x} = \infty$

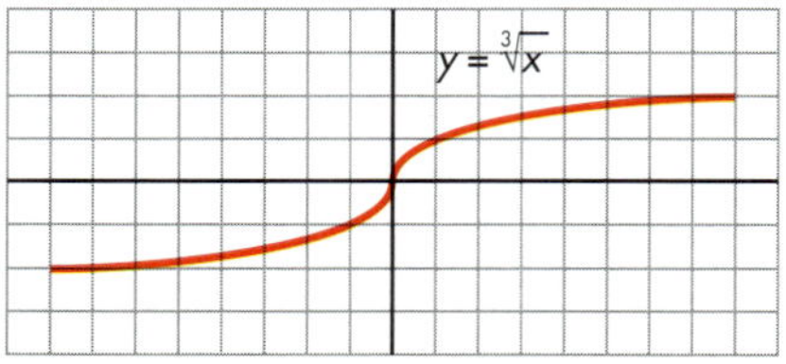

EJEMPLO

Comparemos las gráficas de

$$y = \sqrt{x}, \quad y = \sqrt[3]{x}, \quad y = \sqrt[4]{x}$$

en el intervalo $[-1, 1]$.

Todas pasan por (0, 0) y (1, 1), pero en los puntos intermedios se comportan de manera distinta.

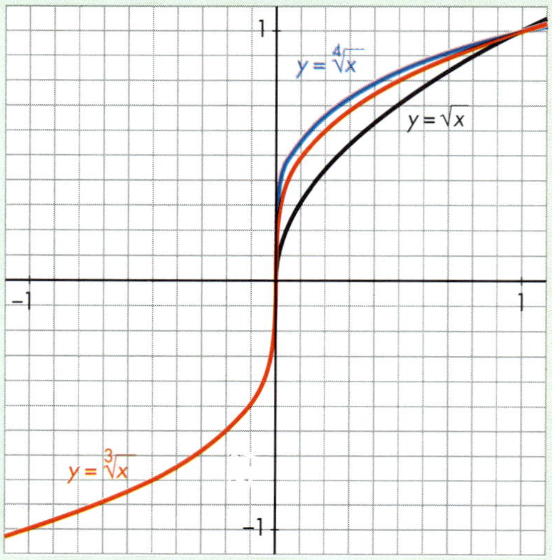

5.4 FUNCIONES PERIÓDICAS

Hay funciones cuyos valores se repiten idénticamente una y otra vez. Veamos dos ejemplos:

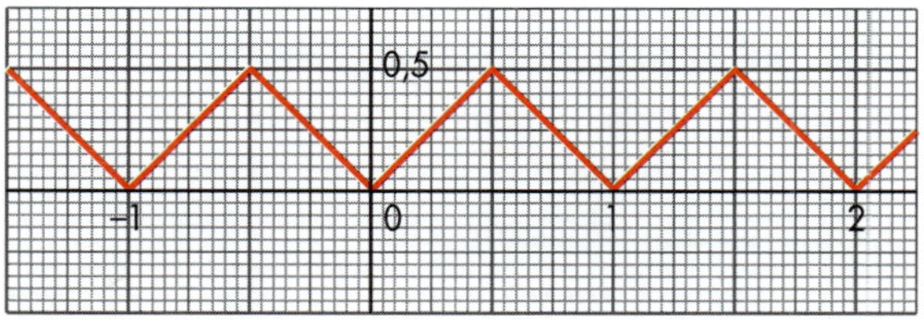

Esta función representa la distancia (diferencia en valor absoluto) entre cada número real x y el entero más próximo a él.

Como es natural, los valores de la función se repiten cada tramo de longitud 1.

La estrella Algol es doble, es decir, en realidad son dos estrellas, una grande y luminosa y otra pequeña y débil, que giran cada una en torno a la otra dando una vuelta cada 70 horas.

Cuando se ven las dos, la luminosidad es máxima. Si la débil tapa a la fuerte, la luminosidad es mínima. Si la fuerte oculta a la débil, la luminosidad es intermedia.

El resultado es que la luminosidad que nos llega es una función cuyos valores se repiten cada 70 horas.

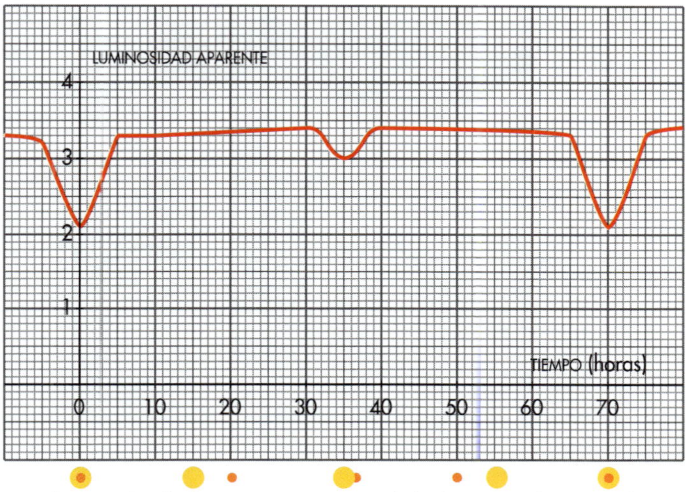

Las dos funciones anteriores son **periódicas**. El **periodo** de la primera es 1 y el de la segunda es 70 h.

Funciones periódicas son aquéllas cuyos valores se van repitiendo cada vez que la variable independiente recorre un cierto intervalo. A la longitud, T, de ese intervalo, se la llama **periodo**.

$f(x) = f(x \pm T) = f(x \pm 2T) = \ldots$ En general, $f(x + nT) = f(x)$, n entero

Una función periódica queda perfectamente determinada conociendo su comportamiento en un intervalo de longitud T.

EJERCICIO

1 Un reloj de sol no es exacto debido a que la Tierra, en su movimiento alrededor del Sol, no va siempre a igual velocidad.

Esta gráfica muestra cuántos minutos se adelanta o se atrasa el reloj de sol en el transcurso de un año.

a) ¿En qué fecha el reloj se adelanta más?

b) ¿En qué fecha se retrasa más?

c) ¿En qué fecha no se adelanta ni se retrasa?

d) Representa gráficamente lo que ocurrirá el año siguiente.

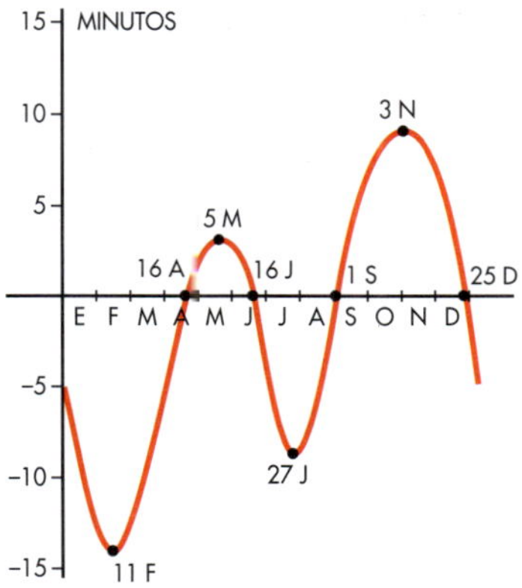

5.5 FUNCIONES TRIGONOMÉTRICAS

Estamos arreglando un pinchazo en una rueda de bicicleta, que tenemos situada en el borde de una mesa, tal como se ve en la fotografía.

Al girar la rueda, el punto P en el que está el pinchazo varía su altura respecto de la mesa.

La función que relaciona x con y

x: longitud recorrida por el punto P al girar

y: altura a la que se encuentra P respecto al nivel de la mesa,

tomando la longitud del radio como unidad de medida, se llama **función seno**:

$$x \text{ (recorrido)} \xrightarrow{sen} y = sen\ x \text{ (altura)}$$

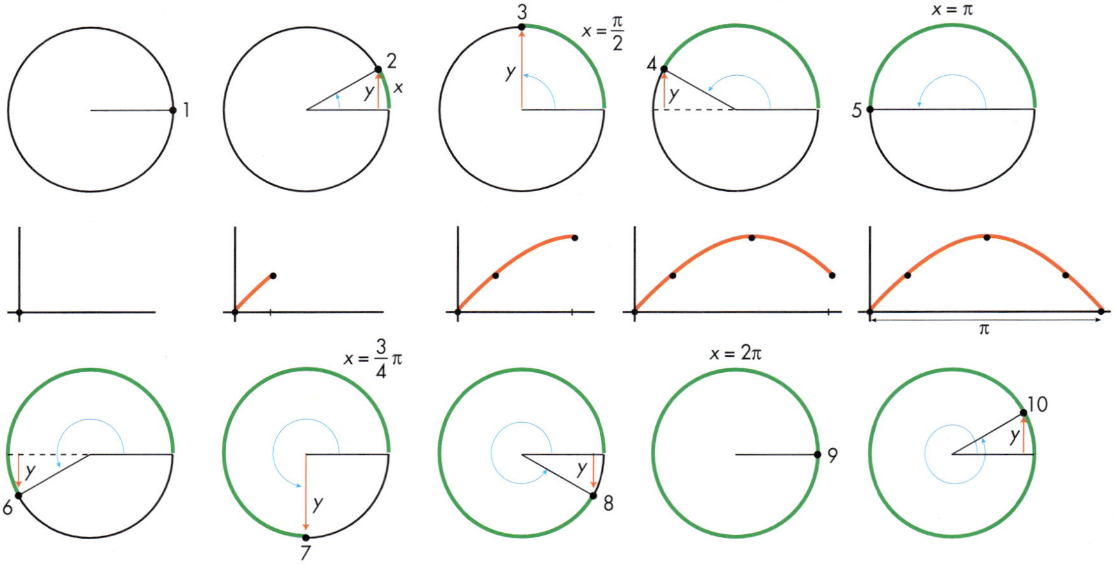

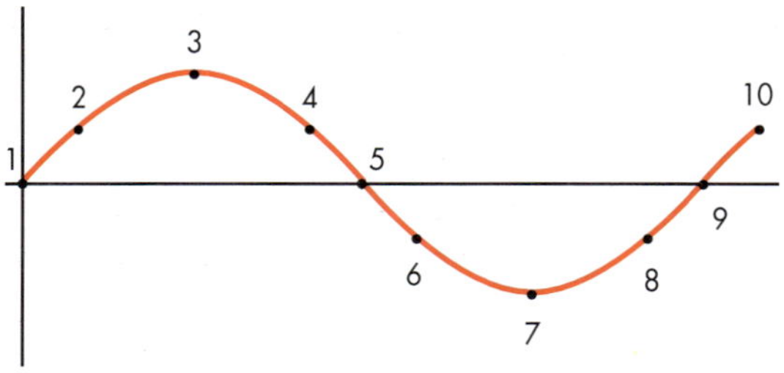

Así es la gráfica que obtenemos.

A partir de la primera vuelta, los valores de la función se repiten una y otra vez.

Se trata de una función periódica. Su periodo es 2π, pues ésta es la distancia que recorre P al dar una vuelta completa.

Podemos observar que cada posición de P corresponde a un ángulo de giro, α. Si a dicho ángulo lo medimos por el valor de x, diremos que está medido en **radianes**.

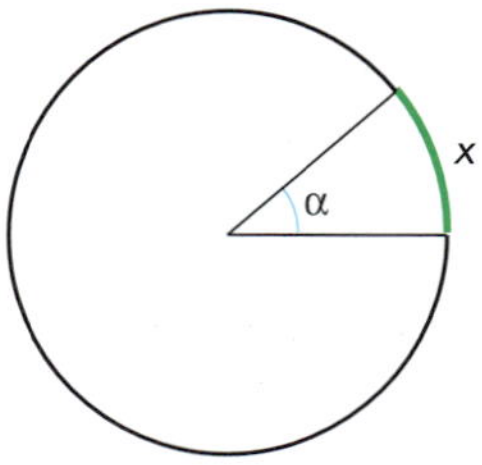

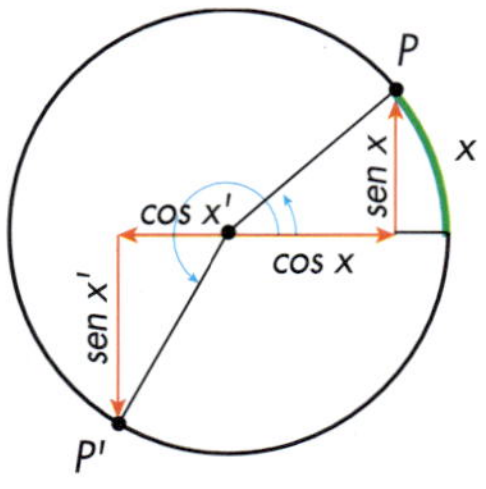

Un punto P gira en torno a una circunferencia de radio 1.

Para cada arco, x, se obtienen dos valores, *sen x* y *cos x*.

Los valores de *sen x* son positivos cuando quedan hacia arriba y negativos cuando quedan hacia abajo.

Los valores de *cos x* son negativos hacia la izquierda y positivos hacia la derecha.

Las gráficas de las correspondientes funciones son las siguientes:

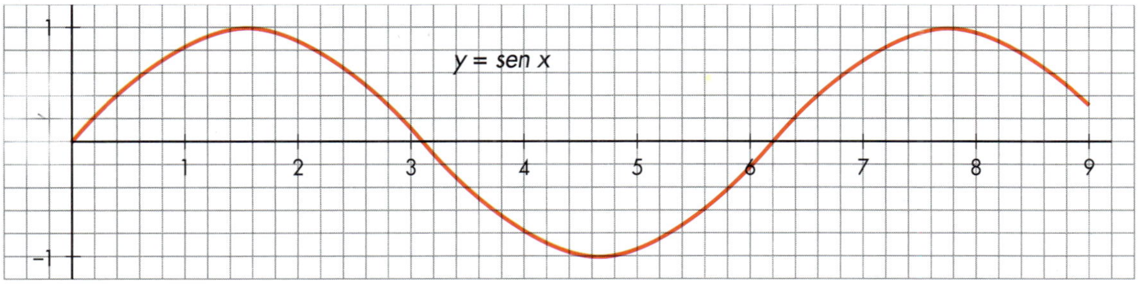

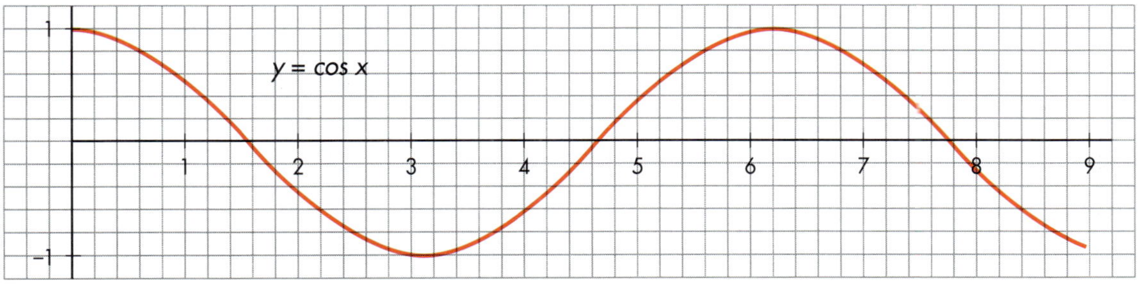

Son funciones continuas en todo $\mathbb{R}$ y periódicas de periodo 2π.

No tienen límite en ∞ ni en $-\infty$, pues oscilan tomando valores entre -1 y 1.

El enorme interés de estas funciones viene de la posibilidad de expresar cualquier función periódica a partir de ellas. En un mundo como el actual, rebosante de ritmos y de fenómenos periódicos (el día y la noche, las mareas, los latidos del corazón, las ondas cerebrales, el movimiento de la cuerda de la guitarra, la luz, la corriente alterna, las ondas electromagnéticas, los rayos X, etc.), esta posibilidad supone un enorme avance tecnológico.

Con calculadora

Para hallar los valores de estas funciones con la calculadora, cuando x viene dado en radianes, hay que ponerla en el modo RADIAN (MODE RAD) y se utilizan las teclas (sin) y (cos) para seno y coseno, respectivamente.

EJEMPLOS

Para hallar *sen* 4: MODE RAD 4 (sin) {-0.756802495}

Para hallar *cos* 7: MODE RAD 7 (cos) {0.753902254}

EJERCICIOS Y PROBLEMAS RESUELTOS

1 ECUACIÓN DE UNA RECTA

Halla la ecuación de las rectas r y s de las que sabemos:

- *r pasa por $(-1, -4)$ y es paralela a $2x - 3y + 6 = 0$*
- *s pasa por los puntos $A(2, -1)$ y $B(5, 3)$.*

Comprueba si son paralelas y si no lo son, halla el punto donde se cortan.

Resolución

Ecuación de la recta r

Recuerda que la ecuación de una recta de la que conocemos un punto (x_1, y_1) y la pendiente, m, es:

$y = y_1 + m(x - x_1)$ (forma punto-pendiente)

La pendiente de r es la misma que la de la recta $2x - 3y + 6 = 0$.

Despejamos y para tomar el coeficiente de x:

$$y = \frac{2}{3}x + 2 \rightarrow \text{Pendiente de } r = \frac{2}{3}$$

La ecuación de r será: $y = -4 + \frac{2}{3}(x + 1) \rightarrow \boxed{2x - 3y - 10 = 0}$

Ecuación de la recta s

Pendiente de $s = \dfrac{y_2 - y_1}{x_2 - x_1} = \dfrac{3 + 1}{5 - 2} = \dfrac{4}{3}$

Ecuación de s: $y = -1 + \frac{4}{3}(x - 2) \rightarrow \boxed{4x - 3y - 11 = 0}$

Comprobación de paralelismo

Las rectas r y s no son paralelas porque sus pendientes son distintas.

Calculamos el punto de intersección de ambas rectas:

$$\left.\begin{array}{l} 2x - 3y - 10 = 0 \\ 4x - 3y - 11 = 0 \end{array}\right\} \quad \begin{array}{r} -2x + 3y = -10 \\ 4x - 3y = 11 \\ \hline 2x \quad\quad = 1 \end{array} \quad \left.\begin{array}{l} x = \frac{1}{2} \\ y = -3 \end{array}\right\} \quad \left(\frac{1}{2}, -3\right)$$

2 PARÁBOLA

Representa la función $y = -3x^2 + 6x + 3$.

Resolución

- Su gráfica es una parábola con las ramas hacia abajo por ser una función polinómica de segundo grado, con $a < 0$.
- **Puntos de corte con los ejes**

$x = 0 \rightarrow y = 3 \quad (0, 3)$

$y = 0 \rightarrow -3x^2 + 6x + 3 = 0 \rightarrow x = 1 \pm \sqrt{2} \left\langle \begin{array}{ll} x \approx 2{,}4 & (2{,}4; 0) \\ x \approx -0{,}4 & (-0{,}4; 0) \end{array} \right.$

- **Vértice**

La ecuación $-3x^2 + 6x = 0$ tiene dos soluciones: $x = 0$, $x = 2$. La abscisa del vértice es la intermedia, $x = 1$ $\left(\text{que corresponde a } x = -\frac{b}{2a}\right)$.

La ordenada es $y = -3 + 6 + 3 = 6 \rightarrow V(1, 6)$.

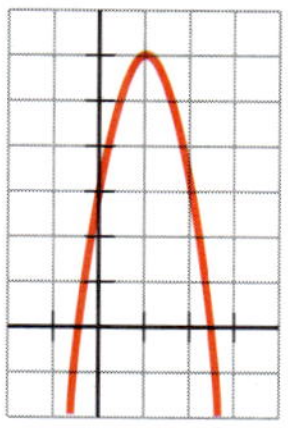

- **Ramas infinitas**

$\lim_{x \to \infty} f(x) = -\infty, \quad \lim_{x \to -\infty} f(x) = -\infty$

3 FUNCIONES LINEALES

Una persona duda entre comprarse un coche de gasolina o uno de gasóleo. El primero consume, cada 100 km, 12 litros de gasolina, a 115 PTA *por litro. El segundo consume, cada 100 km, 7 litros de gasóleo, a 70* PTA *el litro, y cuesta 500 000* PTA *más que el otro modelo.*

Haz un estudio del gasto total según los kilómetros recorridos y averigua a partir de qué kilometraje resulta más rentable uno que otro.

Resolución

- Si recorremos 1 000 km, los gastos serán:

Modelo de gasolina: $\frac{1\,000}{100} \cdot 12 \cdot 115 = 13\,800$ PTA

Modelo de gasóleo: $\frac{1\,000}{100} \cdot 7 \cdot 70 + 500\,000 = 504\,900$ PTA

- En general, para x kilómetros recorridos:

$y = \frac{x}{100} \cdot 12 \cdot 115 = 13{,}8x$ (modelo de gasolina)

$y = \frac{x}{100} \cdot 7 \cdot 70 + 500\,000 = 4{,}9x + 500\,000$ (modelo de gasóleo)

Representamos ambas funciones en un mismo diagrama y hallamos el punto de corte:

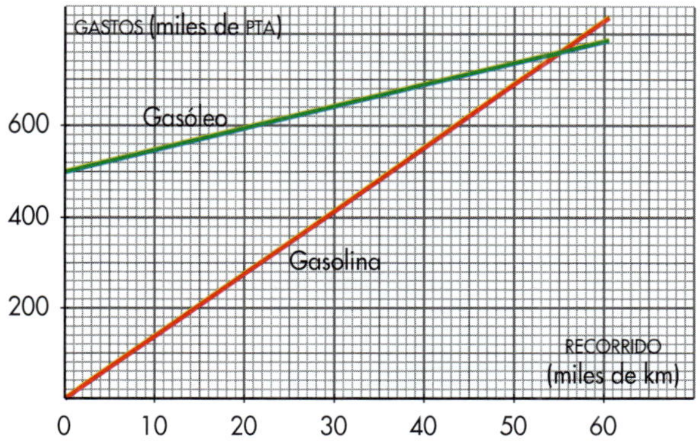

$$\left.\begin{array}{l} y = 13{,}8x \\ y = 4{,}9x + 500\,000 \end{array}\right\} \begin{array}{l} x = 56\,179{,}77 \text{ km} \\ y = 775\,280{,}9 \text{ PTA} \end{array}$$

A partir de 56 180 km recorridos, el gasto es menor con el modelo de gasóleo.

4 PARÁBOLA

Los costes de producción de una empresa vienen dados por $C = 40\,000 + 20q + q^2$ *(q: unidades producidas; C: coste en* PTA*). El precio de venta de cada unidad es de 520* PTA *pues se sabe que, a ese precio, el mercado absorbe toda la producción.*

a) Expresa en función de q *el beneficio de la empresa y represéntalo gráficamente.*

b) ¿Cuántas unidades hay que producir para que el beneficio sea máximo?

Resolución

a) El beneficio se calcula restando los costes de producción al dinero obtenido con las ventas.

Dinero recaudado = $520q$

Costes de producción = $40\,000 + 20q + q^2$

Beneficio: $B = 520q - 40\,000 - 20q - q^2 = -q^2 + 500q - 40\,000$

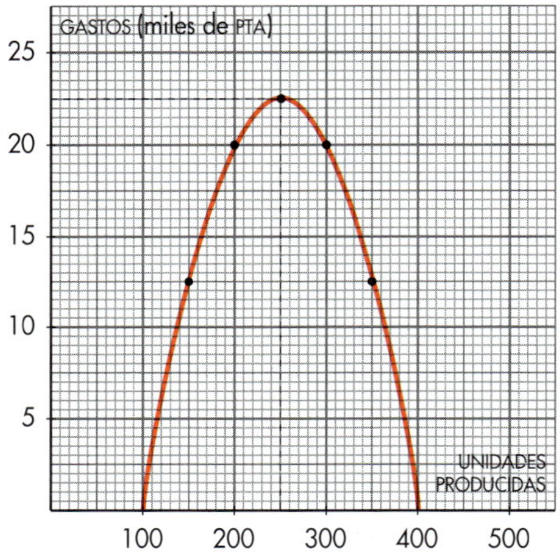

Hemos obtenido un polinomio de segundo grado cuya representación gráfica es una parábola abierta hacia abajo porque el coeficiente de q^2 es negativo.

- Puntos de corte con OX:

$$B = 0 \rightarrow q = \frac{-500 \pm \sqrt{500^2 - 4 \cdot 40\,000}}{-2} = \begin{cases} 100 \\ 400 \end{cases}$$

- Vértice $\begin{cases} q = \dfrac{-500}{-2} = 250 \\ B = -250^2 + 500 \cdot 250 - 40\,000 = 22\,500 \end{cases}$

b) El beneficio máximo es 22 500 PTA y se obtiene fabricando 250 unidades.

5 FUNCIÓN RADICAL

Dada la función $y = \sqrt{x^2 + 1}$, *di cuál es su dominio de definición, haz una tabla de valores y represéntala. ¿Cuál es el mínimo de esa función?*

Resolución

- Su **dominio** es todo $\mathbb{R}$ porque $x^2 + 1$ es mayor que 0 para cualquier x.

x	–5	–4	–3	–2	–1	0	1	2	3	4
y	5,09	4,12	3,16	2,23	1,4	1	1,4	2,23	3,16	4,12

- **Ramas infinitas:**

$$\lim_{x \to \infty} \sqrt{x^2 + 1} = \infty, \quad \lim_{x \to -\infty} \sqrt{x^2 + 1} = \infty$$

- El **mínimo** es el punto (0, 1), pues para cualquier valor de x, distinto de 0, el valor de la función es mayor que 1.

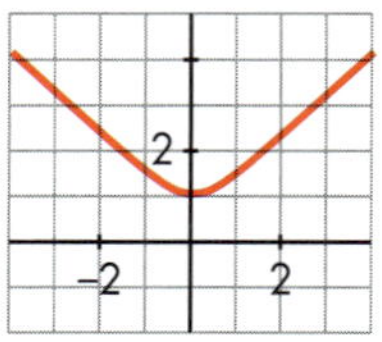

6 FUNCIÓN SENO

Haz, con la calculadora, una tabla de valores de la función $y = sen\ 2x$, dando a x valores comprendidos entre 0 y 2π radianes y representa gráficamente esa función.

Resolución

x	0	$\frac{\pi}{4}$	$\frac{\pi}{2}$	$\frac{3\pi}{4}$	π	$\frac{5\pi}{4}$	$\frac{3\pi}{2}$	$\frac{7\pi}{4}$	2π
$y = sen\ 2x$	0	1	0	–1	0	1	0	–1	0

Para representar estos puntos expresamos los valores de x en forma decimal $\left(\frac{\pi}{4} \simeq 0{,}78;\ \frac{\pi}{2} \simeq 1{,}57\ldots\right)$

Para calcular el valor de $sen\ 2x$ correspondiente a $x = \frac{\pi}{4}$, haremos: [INV] [π] [÷] 4 [◁] 2 [=] [sin] [=]

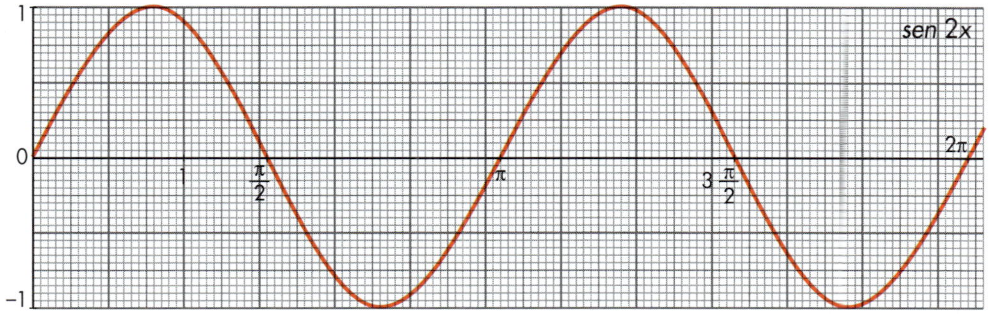

7 FUNCIÓN COSENO

Representa la función $y = \cos\left(x + \frac{\pi}{2}\right)$.

Resolución

Hacemos una tabla de valores como en el ejercicio anterior:

x	0	$\frac{\pi}{4}$	$\frac{\pi}{2}$	$\frac{3\pi}{4}$	π	$\frac{5\pi}{4}$	$\frac{3\pi}{2}$	$\frac{7\pi}{4}$	2π
$y = \cos\left(x + \frac{\pi}{2}\right)$	0	–0,7	–1	–0,7	0	0,7	1	0,7	0

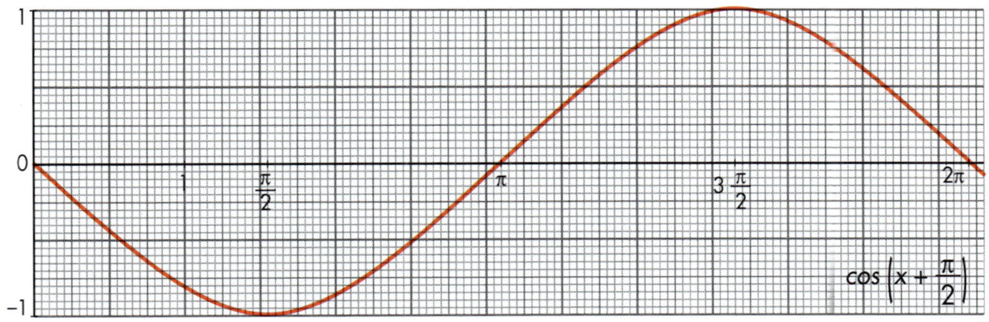

5 EJERCICIOS Y PROBLEMAS PROPUESTOS

EJERCICIOS PARA PRACTICAR

1 ¿Cuál es la pendiente de cada una de estas rectas?

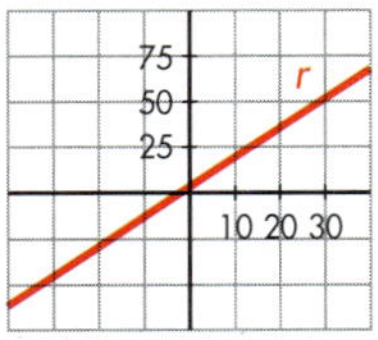

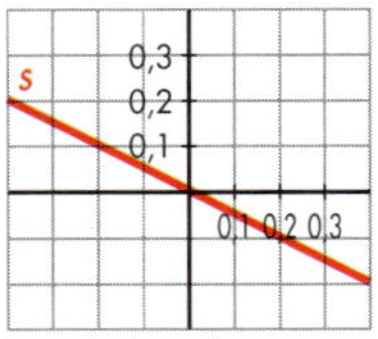

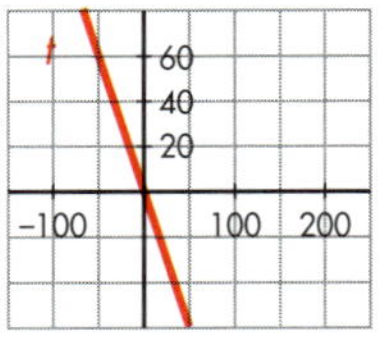

2 Asocia a cada recta su ecuación:

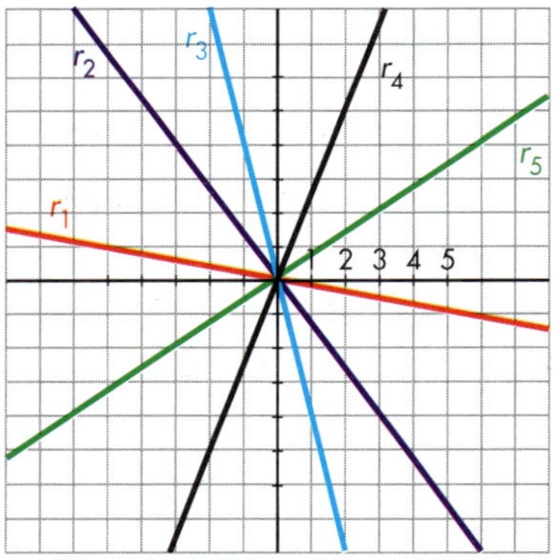

$y = -4x$

$y = \dfrac{2}{3}x$

$y = -\dfrac{4}{3}x$

$y = -0{,}2x$

$y = 2{,}5x$

3 Elige dos puntos en cada una de estas rectas y escribe su ecuación:

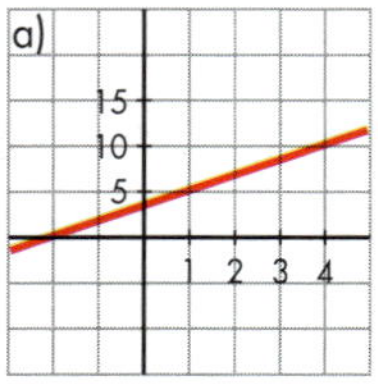

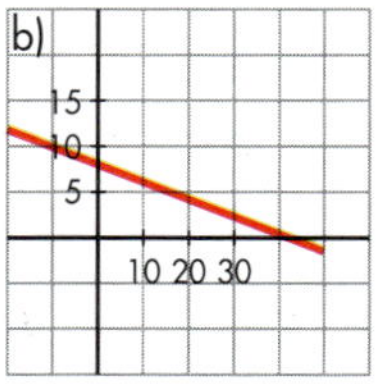

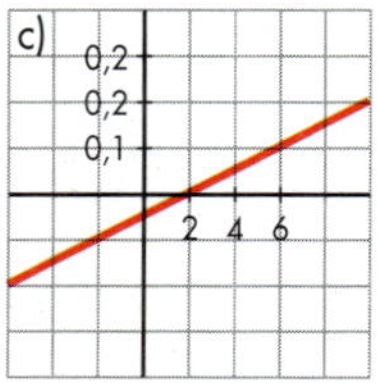

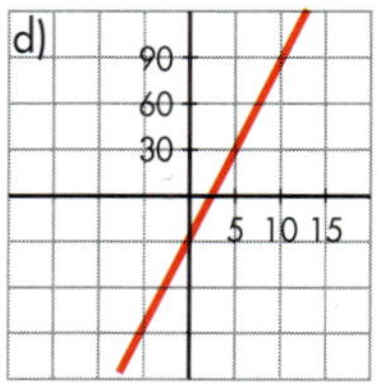

4 Halla las pendientes de las rectas que pasan por los siguientes pares de puntos:

a) (3, 1) y (7, 5)

b) (3, 5) y (7, −2)

c) (3, −2) y (7, 8)

d) (1, −5) y (10, 11)

e) (1 500, 17) y (1 600, 41)

5 Di cuál es la pendiente de cada una de las siguientes rectas:

a) $y = 2x - 5$

b) $2x - y + 1 = 0$

c) $y = -x + 5$

d) $y = 5$

6 Escribe las ecuaciones de las siguientes rectas:

a) Pasa por $P(1, -5)$ y $Q(10, 11)$.

b) Pasa por (−7, 2) y su pendiente es −0,75.

c) Corta a los ejes (3,5; 0) y (0, −5).

d) Es paralela a $3x - y + 1 = 0$ y pasa por (−2, −3).

7 Asocia a cada una de estas parábolas una de estas ecuaciones:

a) $y = x^2 - 2$ b) $y = -0{,}25x^2$

c) $y = (x + 3)^2$ d) $y = -2x^2$

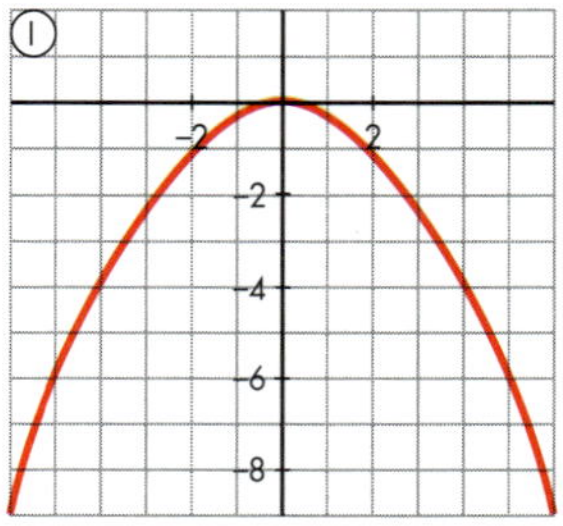

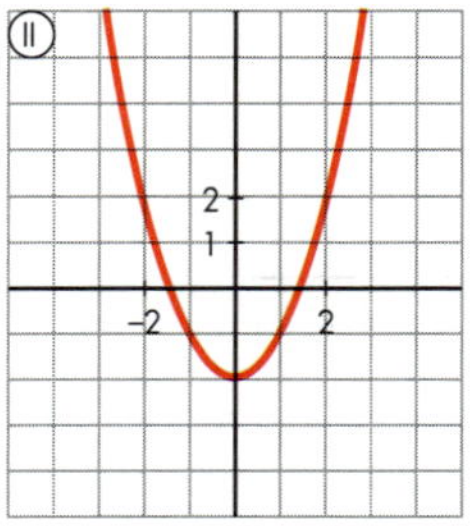

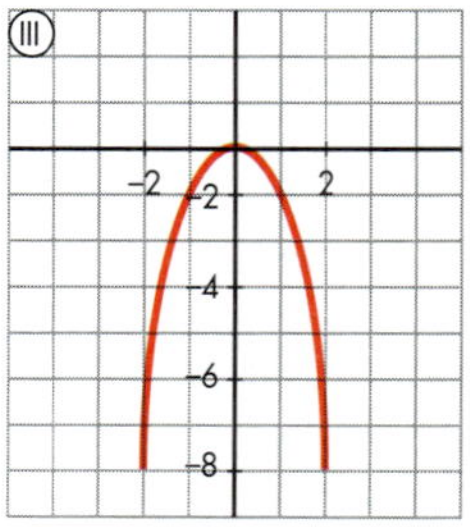

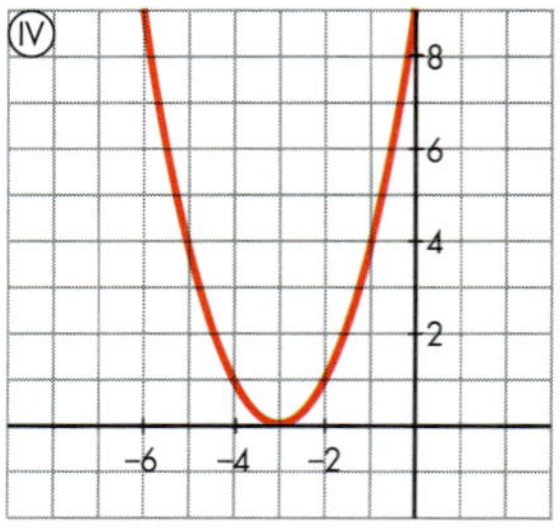

8 Representa las siguientes parábolas hallando el vértice, los puntos de corte con los ejes de coordenadas y algún punto próximo al vértice:

a) $y = 0{,}5x^2 - 3$ b) $y = -x^2 + 3$

c) $y = 2x^2 - 4$ d) $y = -\dfrac{3x^2}{2}$

9 Representa las siguientes funciones:

a) $y = x^2 + 2x + 1$ b) $y = \dfrac{x^2}{2} + 3x + 1$

c) $y = -x^2 + 3x - 5$ d) $y = \dfrac{x^2}{3} + 3x + 6$

10 En las siguientes parábolas, halla el vértice y comprueba que ninguna de ellas corta al eje de abscisas. Obtén algún punto a la derecha y a la izquierda del vértice y represéntalas gráficamente:

a) $y = 4\,(x^2 + x + 1)$

b) $y = 5\,(x + 2)^2 + 1$

c) $y = -\dfrac{3}{4}\,(x^2 + 2)$

11 Asocia a cada una de las gráficas una de las siguientes expresiones analíticas:

a) $y = \dfrac{1}{x} + 2$ b) $y = \dfrac{1}{x + 3}$

c) $y = \dfrac{1}{x} - 3$ d) $y = \dfrac{1}{x - 4}$

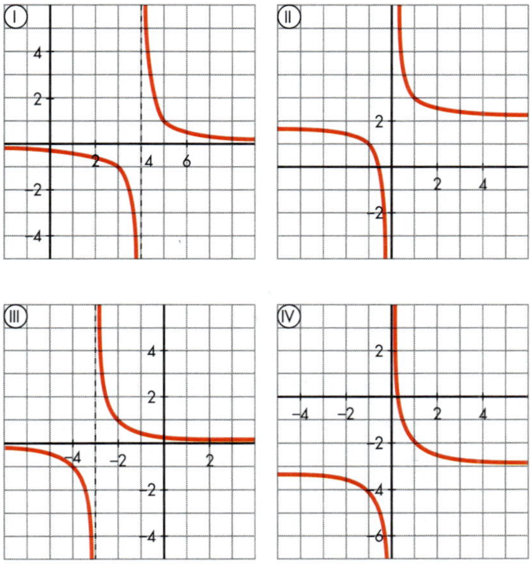

12 Representa las siguientes funciones:

a) $y = \dfrac{1}{x + 1}$ b) $y = \dfrac{4}{x - 1}$

c) $y = \dfrac{-1}{x}$ d) $y = \dfrac{-2}{x - 3}$

13 Dibuja la gráfica de la función $y = \dfrac{1}{x^2}$.

¿Cuáles son sus asíntotas? Determina la posición de la curva respecto a ellas.

14 Representa las siguientes funciones:

a) $y = \sqrt{x - 1}$ b) $y = -\sqrt{x + 3}$

c) $y = \sqrt{2x - 5}$

15 Representa las funciones:

a) $y = \sqrt{3x}$ b) $y = 3\sqrt{x}$

c) $y = 2 + \sqrt{x}$ d) $y = 1 - \sqrt{x}$

16 La gráfica de la función $y = \sqrt{4 - x^2}$ es una semicircunferencia con centro en el origen y radio 2. Compruébalo.

¿Cuál es su dominio? ¿Cuál será la función que representa la otra semicircunferencia?

17

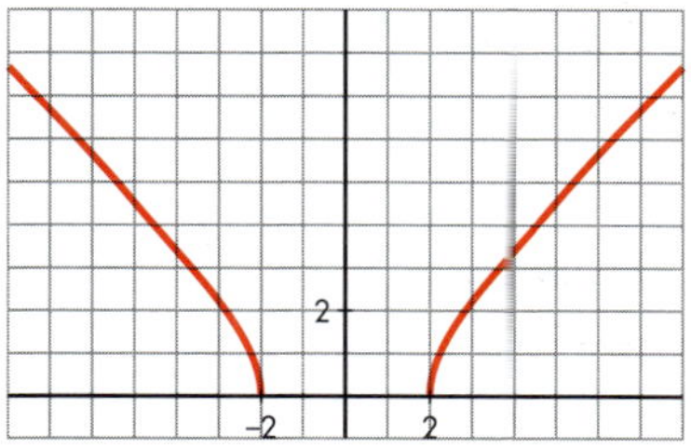

a) Comprueba que ésta es la gráfica de la función $y = \sqrt{x^2 - 4}$.

b) ¿Cuál es su dominio?

c) Representa $y = \sqrt{x^2 - 1}$.

PROBLEMAS PARA RESOLVER

18 Los gastos fijos mensuales de una empresa por la fabricación de x televisores son

$G = 2\,000 + 25x$, en miles de pesetas, y los ingresos mensuales que se obtienen por las ventas son $I = 60x - 0{,}01x^2$, también en miles de pesetas. ¿Cuántos televisores deben fabricarse para que el beneficio (ingresos menos gastos) sea máximo?

19 El precio de venta de un artículo viene dado por la expresión $p = 12 - 0{,}01x$ (x = número de artículos fabricados; p = precio, en miles de pesetas).

a) Si se fabrican y se venden 500 artículos, ¿cuáles serán los ingresos obtenidos?

b) Representa la función *Nº de artículos-Ingresos obtenidos.*

c) ¿Cuántos artículos se deben fabricar para que los ingresos sean máximos?

20 Un fabricante vende mensualmente 100 electrodomésticos a 40 000 PTA cada uno y sabe que por cada 1 000 PTA de subida venderá 2 electrodomésticos menos.

a) ¿Cuáles serán los ingresos si sube los precios 5 000 PTA?

b) Escribe la función que relaciona la subida de precio con los ingresos mensuales.

c) ¿Cuál debe ser la subida para que los ingresos sean máximos?

21 El coste de producción de x unidades de un producto es igual a $\left(\frac{1}{4}x^2 + 35x + 25\right)$ PTA y el precio de venta de una unidad es $\left(50 - \frac{x}{4}\right)$ PTA.

a) Escribe la función que nos da el beneficio total si se venden las x unidades producidas.

b) Halla el número de unidades que deben venderse para que el beneficio sea máximo.

22 Un tiovivo acelera durante 2 minutos hasta alcanzar una velocidad de 10 km/h. Permanece a esta velocidad durante 7 minutos y decelera, hasta parar, en 1 minuto. Tras permanecer 5 minutos parado, comienza otra vuelta.

a) Dibuja la gráfica *Tiempo-Velocidad.*

b) ¿Es una función periódica? En caso afirmativo, di cuál es el periodo.

23 En una empresa se hacen montajes en cadena. El número de montajes realizados por un trabajador sin experiencia depende de los días de entrenamiento según la función:

$$M(t) = \frac{30t}{t+4} \quad (t \text{ en días})$$

a) ¿Cuántos montajes realiza el primer día? ¿Y el décimo?

b) Representa la función sabiendo que el periodo de entrenamiento es de un mes.

c) ¿Qué ocurriría con el número de montajes si nunca acabara el entrenamiento?

24 Midiendo la temperatura a diferentes alturas, se ha observado que por cada 180 m de ascenso, el termómetro baja 1 °C. Si en la base de una montaña de 800 m estamos a 10 °C, ¿cuál será la temperatura en la cima?

Representa gráficamente la función *Altura-Temperatura* y busca su expresión analítica.

25 Una pelota es lanzada verticalmente hacia arriba desde lo alto de un edificio. La altura que alcanza viene dada por la fórmula $h = 80 + 64t - 16t^2$ (t en segundos y h en metros).

a) Dibuja la gráfica en el intervalo [0, 5].

b) Halla la altura del edificio.

c) ¿En qué instante alcanza su máxima altura?

CUESTIONES TEÓRICAS

26 Una parábola corta al eje de abscisas en $x = -1$ y en $x = 3$. La ordenada del vértice es $y = -4$. ¿Cuál es la ecuación de esa parábola?

27 ¿Cuál es la ecuación de la recta que pasa por los puntos $A(0, n)$ y $B(1, n + m)$?

28 Recuerda que la pendiente de una recta es lo que aumenta y por cada unidad que aumenta x. Demuestra que en la recta $y = mx + n$, m es la pendiente.

☛ *Calcula el valor de y cuando $x = a$ y cuando $x = a + 1$ y halla la pendiente.*

29 Encuentra los valores de c para que la función $y = -x^2 + 12x + c$ tenga con el eje de abscisas:

a) Dos puntos de corte.

b) Un punto de corte.

c) Ningún punto de corte.

30 Justifica por qué las funciones polinómicas no tienen asíntotas.

31 ¿Es posible que una función polinómica de grado par no corte al eje de abscisas? ¿Y una función polinómica de grado impar? Razona la respuesta.

32 Si un punto P recorre una circunferencia completa de radio 1, el ángulo de giro es 360°, que medido por el arco equivale a 2π radianes.

a) Teniendo en cuenta esta equivalencia, expresa en radianes los siguientes ángulos:

30°   45°   60°   90°
120°   135°   150°   210°

b) Expresa en grados estos ángulos medidos en radianes:

$$\frac{5\pi}{6}, \ \frac{7\pi}{4}, \ \frac{4\pi}{3}, \ \frac{5\pi}{2}, \ 3\pi$$

PARA PROFUNDIZAR

33 Para cada una de las funciones $y = sen\ x$ e $y = cos\ x$, contesta:

a) ¿Son funciones continuas?

b) ¿Cuál es su periodo?

c) ¿Entre qué valores están acotadas?

d) ¿Para qué valores de x es $sen\ x < 0$? ¿Y $cos\ x < 0$?

34 a) ¿Existe algún valor de x tal que $sen\ x = 1{,}5$?

b) Justifica que $-1 \leq sen\ x \leq 1$.

35 Busca los valores de x comprendidos entre 0 y 2π que verifiquen $sen\ x = \frac{1}{2}$.

36 Dibuja en la circunferencia de radio 1 dos ángulos tales que $cos\ x = -\frac{1}{2}$.

37 Sobre la circunferencia de radio 1 señalamos un ángulo x en el primer cuadrante.

A partir de él, dibujamos los ángulos $\pi - x$, $\pi + x$ y $2\pi - x$.

Busca la relación que existe entre:

a) 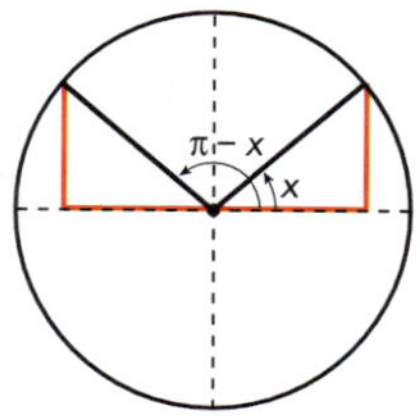

$sen\ (\pi - x)$ y $sen\ x$

$cos\ (\pi - x)$ y $cos\ x$

b) 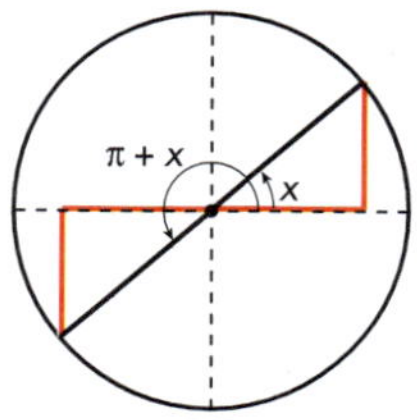

$sen\ (\pi + x)$ y $sen\ x$

$cos\ (\pi + x)$ y $cos\ x$

c) 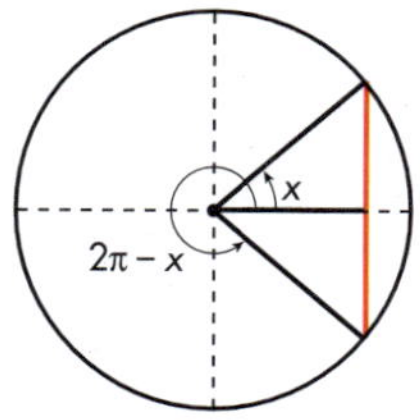

$sen\ (2\pi - x)$ y $sen\ x$

$cos\ (2\pi - x)$ y $cos\ x$

38 Haz una tabla de valores de la función $f(x) = 3 - x^4$. Observando los valores obtenidos, deduce cuál es el máximo de la función.

39 Calculando algunos valores de la función $y = 2\ (x - 1)^4$, deduce cuál es su mínimo.

¿Y el de $y = \sqrt[3]{x^2}$?

40 Justifica por qué el mínimo de la función $y = 1 + (x - 3)^4$ es el punto (3, 1), razonando sobre la expresión analítica de la función.

41 Halla en radianes un ángulo x tal que:

a) $sen\ x = 0{,}72$ y $cos\ x < 0$

b) $cos\ x = -0{,}37$ y $x > \pi$

6 OPERACIONES CON FUNCIONES

PARA CENTRARTE EN EL TEMA, PIENSA Y RESUELVE

La función representada junto a estas líneas está formada por varios tramos de funciones constantes:

$$f(x) = \begin{cases} 2 & \text{si } x < -3 \\ -1 & \text{si } -3 \leq x \leq -1 \\ 1 & \text{si } -1 < x \leq 3 \\ 4 & \text{si } x > 3 \end{cases}$$

Por eso se llama **función escalonada**.

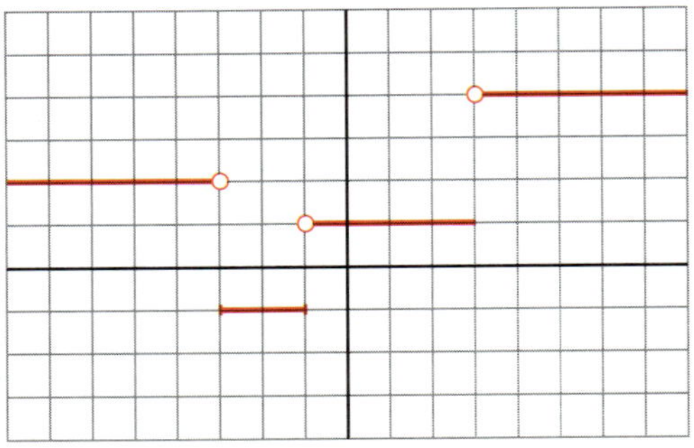

1. Representa la siguiente función escalonada.

$$f(x) = \begin{cases} 4 & \text{si } x < -5 \\ 2 & \text{si } -5 \leq x < -2 \\ 1 & \text{si } -2 \leq x < 2 \\ 2 & \text{si } 2 \leq x < 5 \\ 4 & \text{si } x > 5 \end{cases}$$

2. Escribe la expresión analítica de la siguiente función escalonada:

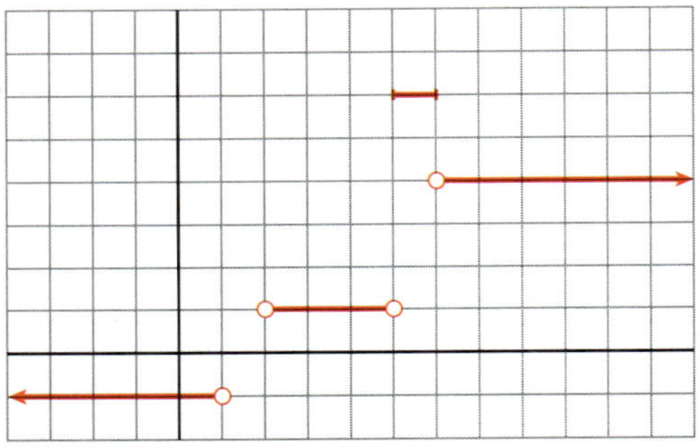

3. El precio de las llamadas locales en un teléfono público es de 25 PTA los tres primeros minutos y 25 PTA más por cada periodo adicional de 2 minutos. Representa la función

duración de la llamada (en minutos) → *coste* (en número de monedas de 25 PTA).

Comprueba que se trata de una función escalonada.

4. Se llama *parte entera* de un número real, x, al número entero inmediatamente anterior a x.

Por ejemplo: Ent(7,8) = 7, Ent(6) = 6, Ent(−2,3) = −3.

Completa en tu cuaderno la gráfica de la función $y = \text{Ent}(x)$.

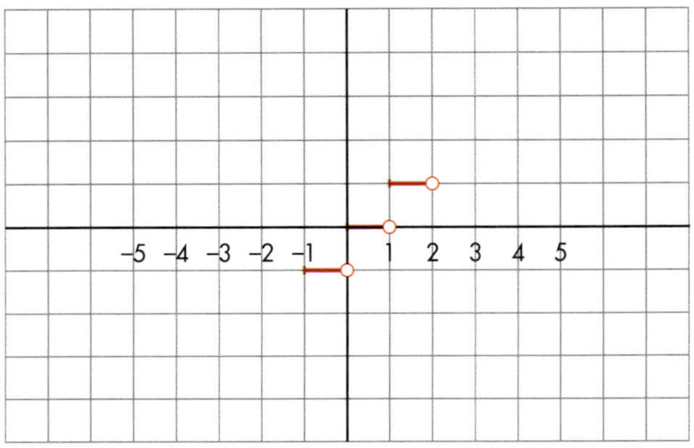

5. Se llama *parte decimal* de x, $\text{Dec}(x)$, o *mantisa* de x, a la diferencia entre x y su parte entera. Por ejemplo:

$$\text{Dec}(7{,}8) = 7{,}8 - 7 = 0{,}8 \qquad \text{Dec}(6) = 6 - 6 = 0 \qquad \text{Dec}(-2{,}3) = -2{,}3 - (-3) = 0{,}7$$

Observa que, según esta definición, la "parte decimal" de un número no entero es, siempre, positiva.

Completa la representación de $y = \text{Dec}(x) = x - \text{Ent}(x)$:

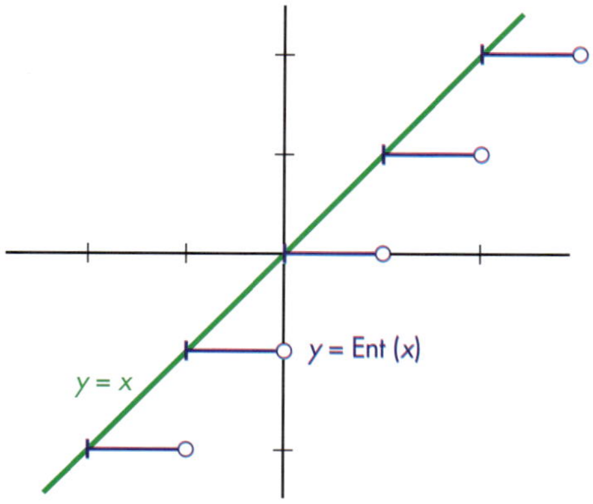

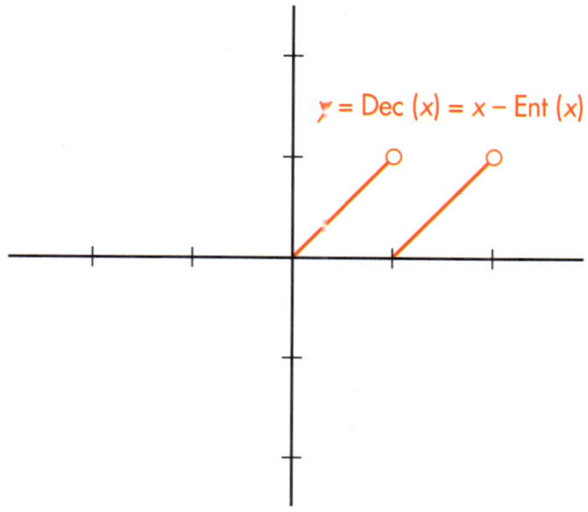

PANORAMA DEL TEMA

Las funciones, como los números, **pueden operarse**.

Las operaciones aritméticas (suma, resta, multiplicación y división) así como la potenciación y la radicación, se efectúan con toda sencillez, con la única cautela de excluir del dominio de definición los puntos en los que aparezca alguna operación prohibida (por ejemplo, dividir por cero).

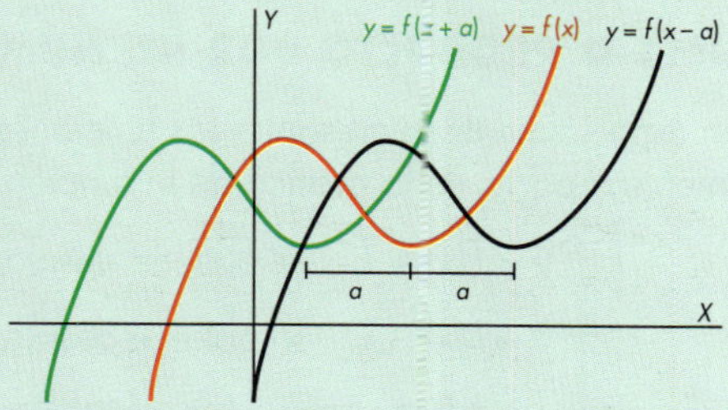

Especialmente importante es otra operación, no aritmética, entre funciones: la **composición** de dos de ellas (una de ellas actúa sobre el resultado de haber actuado la otra).

Hay funciones que se neutralizan (si una de ellas actúa sobre la otra, los valores vuelven a su situación inicial). Estos pares de funciones se llaman **recíprocas** (cada una es **inversa** de la otra).

Estudiaremos dos grandes familias de funciones (**exponenciales** y **logarítmicas**) recíprocas unas de otras, con notables aplicaciones prácticas.

Prestaremos la atención acostumbrada tanto al aspecto gráfico de las funciones como al papel de la calculadora en algunos de los procesos que se tratan.

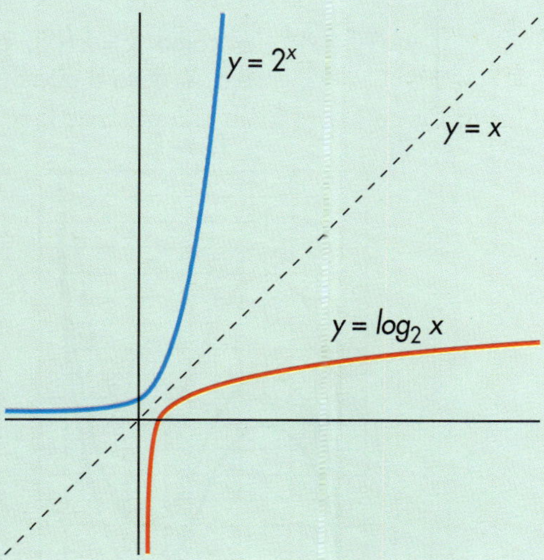

6.1 OPERACIONES ARITMÉTICAS CON FUNCIONES

Veamos cómo se realizan las operaciones aritméticas (+, –, · , :) entre dos funciones.

Dadas las funciones $f(x)$ y $g(x)$, se define:

SUMA: $(f+g)(x) = f(x) + g(x)$

RESTA: $(f-g)(x) = f(x) - g(x)$

PRODUCTO: $(f \cdot g)(x) = f(x) \cdot g(x)$

COCIENTE: $(f : g)(x) = f(x) : g(x)$

En todos los casos el dominio de definición de la nueva función es la intersección entre los dominios de f y de g, es decir, lo que tengan en común ambos dominios, con una salvedad:

La función $f : g$ no está definida en los puntos en que se anula g.

EJEMPLO

Calculemos la suma y el cociente de $f(x) = \sqrt{x}$ *con* $D_1 = [0, \infty)$ *y* $g(x) = x^2 - 9$ *con* $D_2 = (-\infty, \infty)$.

$(f+g)(x) = \sqrt{x} + x^2 - 9$, definida en $[0, \infty)$.

$(f : g)(x) = \dfrac{\sqrt{x}}{x^2 - 9}$, no está definida en $x = 3$, porque se anula el denominador. Por tanto, su dominio es $D = [0, 3) \cup (3, \infty)$.

SUMA O PRODUCTO POR UN NÚMERO. REPRESENTACIÓN GRÁFICA

Son especialmente interesantes las funciones $y = f(x) + k$ o $y = kf(x)$, pues sus gráficas se obtienen fácilmente a partir de la gráfica de la función $y = f(x)$:

Si $k > 0$:

- $y = f(x) + k$ se obtiene desplazando $y = f(x)$, k unidades hacia arriba.
- $y = f(x) - k$ se obtiene desplazando $y = f(x)$, k unidades hacia abajo.
- $y = kf(x)$ se obtiene estirando (si $k > 1$) o encogiendo (si $k < 1$) la gráfica de $y = f(x)$, k veces en el sentido de las ordenadas.
- $y = -kf(x)$, es como $y = kf(x)$, pero invirtiendo el sentido; lo que en $f(x)$ está encima del eje X pasa a abajo, y al revés.

$f(x) + k$

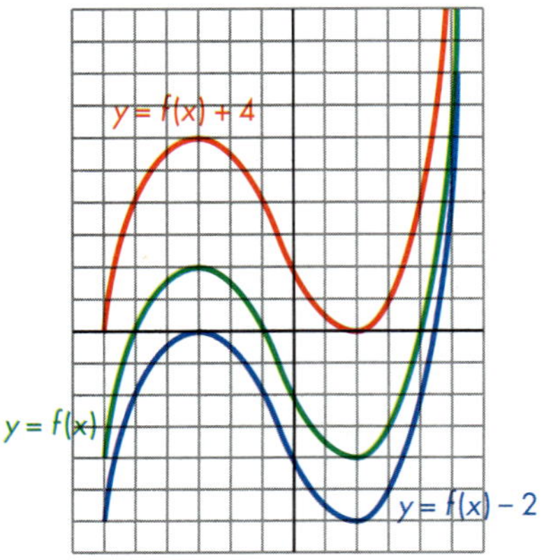

$kf(x)$

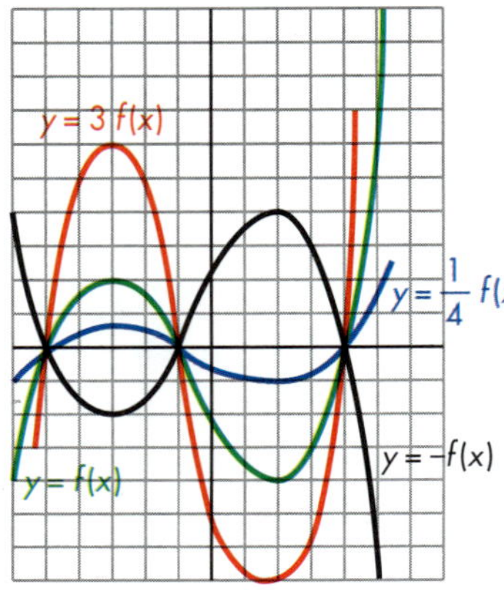

VALOR ABSOLUTO DE UNA FUNCIÓN

Recordemos que el valor absoluto de un número a coincide con a si es positivo o nulo, o con su opuesto, si es negativo:

$$|a| = \begin{cases} a & \text{si } a \geq 0 \\ -a & \text{si } a < 0 \end{cases}$$

Ejemplos: $|3| = 3$, $|0| = 0$, $|-5| = 5$

La función $y = |x|$ se define, en consecuencia, así:

$$y = |x| = \begin{cases} -x & \text{si } x < 0 \\ x & \text{si } x \geq 0 \end{cases}$$

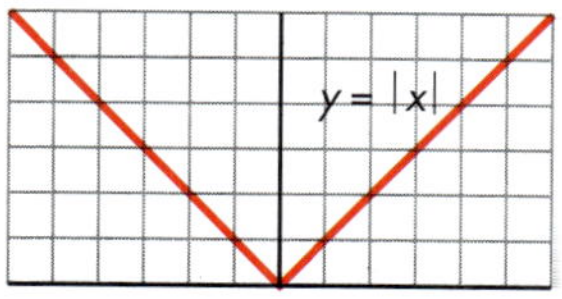

En general, el valor absoluto de una función se define así:

$$y = |f(x)| = \begin{cases} f(x) & \text{cuando } f(x) \geq 0 \\ -f(x) & \text{cuando } f(x) \leq 0 \end{cases}$$

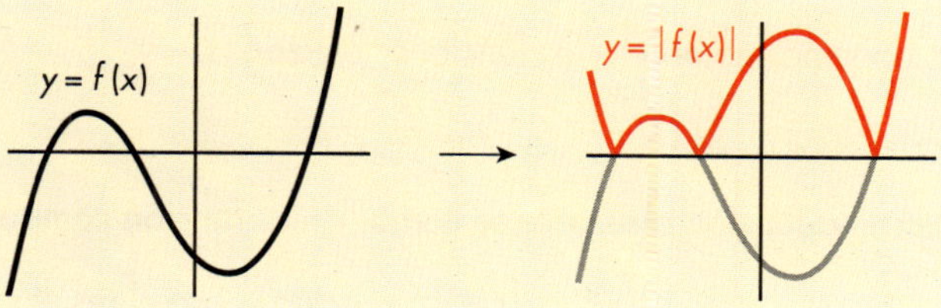

EJEMPLOS

1. *Representar* $y = |x^2 - 5x + 4|$

La función $y = x^2 - 5x + 4$ corta al eje X en:

$$x^2 - 5x + 4 = 0 \rightarrow x = \frac{5 \pm \sqrt{25 - 16}}{2} = \begin{cases} 4 \\ 1 \end{cases}$$

Por tanto, entre 1 y 4 la gráfica sube sobre el eje X.

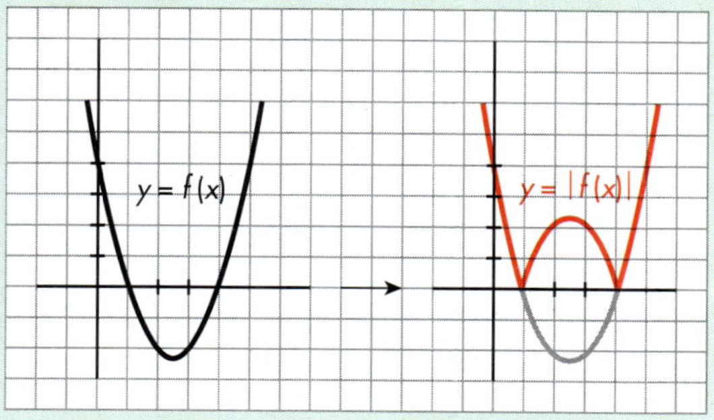

2. *Representar* $y = |x| + |x - 2|$ *y obtener su expresión analítica.*

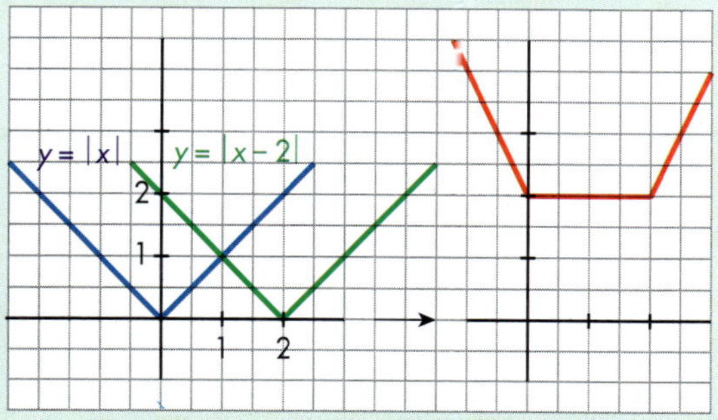

$$|x| = \begin{cases} -x & \text{si } x < 0 \\ x & \text{si } x \geq 0 \end{cases} \qquad |x - 2| = \begin{cases} -(x-2), & x < 2 \\ x - 2, & x \geq 2 \end{cases}$$

$-x - (x - 2)$ | $x - (x - 2)$ | $x + (x - 2)$

$\boxed{-2x + 2}$ 0 $\boxed{2}$ 2 $\boxed{2x - 2}$

$$\begin{cases} -2x + 2, & \text{si } x < 0 \\ 2, & \text{si } 0 \leq x \leq 2 \\ 2x - 2, & \text{si } x > 2 \end{cases}$$

6.2 COMPOSICIÓN DE FUNCIONES

Además de las sencillas operaciones elementales entre funciones, existe otra operación de significado más profundo. Veámosla, empezando con un ejemplo.

Tu calculadora tiene una tecla para la función raíz cuadrada, [√], y otra para [1/x]

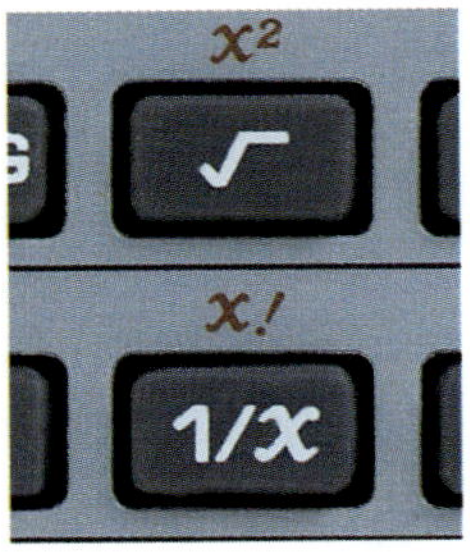

La secuencia 4 [√] [1/x] significa $\frac{1}{\sqrt{4}} = 0,5$

Si actuamos sobre un número cualquiera x, obtenemos la función $\frac{1}{\sqrt{x}}$:

$$x \xrightarrow{[\sqrt{\ }]} \sqrt{x} \xrightarrow{[1/x]} \frac{1}{\sqrt{x}}$$

Les ponemos nombre a las funciones utilizadas:

[√] $= r$ [1/x] $= v$

Ahora, la función resultante se llama $v \circ r$, **función compuesta** de r y v.

$v \circ r\,(x) = v\left[r(x)\right]$; v actúa sobre el resultado de actuar r sobre x.

Dadas dos funciones, f y g, se llama **función compuesta** de f y g, y se designa por $g \circ f$, a la función

$$x \xrightarrow{g \circ f} g\left[f(x)\right] \qquad x \xrightarrow{f} f(x) \xrightarrow{g} g\left[f(x)\right]$$

¡Atención! $g \circ f$ se lee "f compuesto con g". Es decir, se lee primero la función de la derecha porque es la primera en actuar sobre x.

EJEMPLO

Tenemos las funciones $f(x) = \text{sen}\, x$, $g(x) = x^2 + 5$. Hallemos $f \circ g$, $g \circ f$, $f \circ f$ y $g \circ g$.

- $(f \circ g)\,(x) = f\left[g(x)\right] = f\left[x^2 + 5\right] = \text{sen}\,(x^2 + 5)$
- $(g \circ f)\,(x) = g\left[\text{sen}\, x\right] = (\text{sen}\, x)^2 + 5$

Podemos observar que las funciones $f \circ g$ y $g \circ f$ son distintas.

- $(f \circ f)\,(x) = \text{sen}\,(\text{sen}\, x)$
- $(g \circ g)\,(x) = g(x^2 + 5) = (x^2 + 5)^2 + 5 = x^4 + 10x^2 + 30$

EXPRESIÓN GRÁFICA DE $f(x - a)$ Y DE $f(kx)$

Entre las funciones compuestas son especialmente interesantes las gráficas de las siguientes:

$$y = f\,(x - a) \qquad , \qquad y = f\,(a\,x)$$

Son el resultado de componer una función cualquiera, $f\,(x)$ con las funciones $x \to x - a$, $x \to kx$.

Gráfica de $y = f\,(x - a)$

Para $a > 0$

— La gráfica de $y = f\,(x - a)$ es idéntica a la de $y = f\,(x)$, desplazada a unidades a la derecha.

— La gráfica de $y = f\,(x + a)$ es idéntica a la de $y = f\,(x)$, desplazada a unidades a la izquierda.

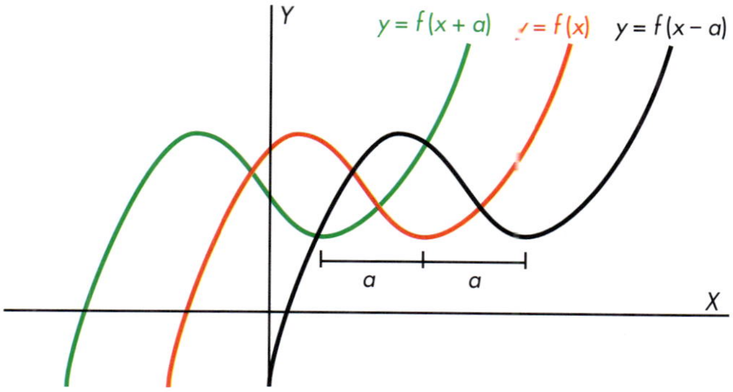

Gráfica de $y = f\,(kx)$

Para $k > 0$

— La gráfica de $y = f(kx)$ se obtiene a partir de la gráfica de $y = f(x)$ reduciendo las distancias al eje Y a la k-ésima parte (si $0 < k < 1$, entonces es una ampliación de distancias).

— La gráfica de $y = f(-x)$ es la simétrica respecto del eje Y de la gráfica de $y = f(x)$.

— La gráfica de $y = f(-kx)$ es la simétrica respecto al eje Y de la gráfica de $y = f(kx)$.

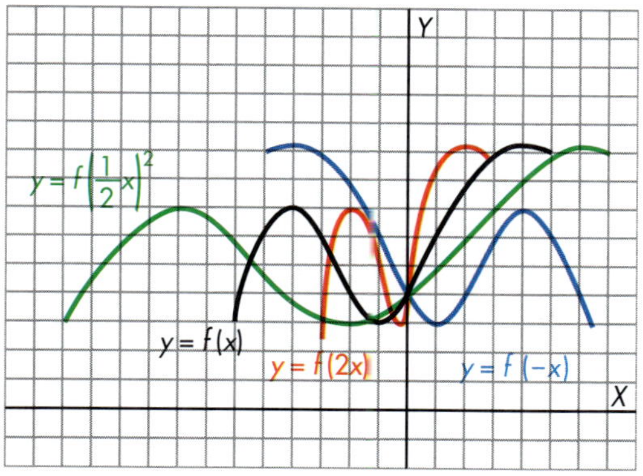

Observa que la gráfica de $y = f(2x)$ está a la mitad de distancia del eje Y que la de $y = f(x)$, mientras que la de $y = f\left(\frac{1}{2}\,x\right)$ está al doble de distancia que ésta.

EJEMPLOS

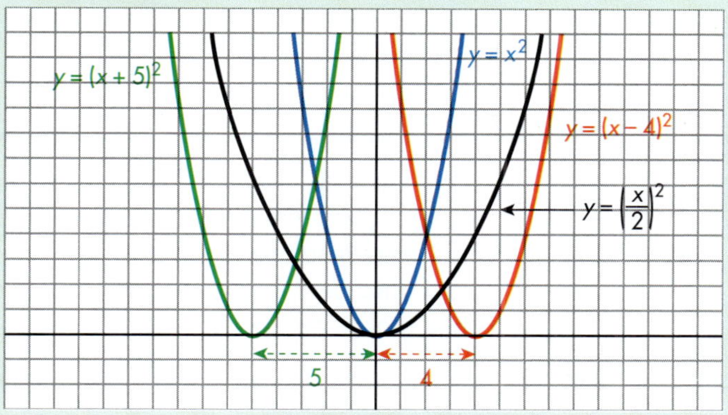

- La gráfica de $y = (x - 4)^2$ es idéntica a la de $y = x^2$ pero desplazada 4 unidades a la derecha.
- La gráfica de $y = (x + 5)^2$ es como la de $y = x^2$, pero desplazada 5 unidades a la izquierda.
- La gráfica de $y = \left(\frac{x}{2}\right)^2$ es como la de $y = x^2$ duplicando sus distancias al eje Y.

6.3 FUNCIÓN INVERSA O RECÍPROCA DE OTRA

Si una función f consiste en multiplicar por 2 y otra función g consiste en dividir por 2, al hacer su composición cada una neutraliza lo que hace la otra.

$$x \xrightarrow{f} 2x \xrightarrow{g} \frac{2x}{2} = x \qquad\qquad x \xrightarrow{g} \frac{x}{2} \xrightarrow{f} 2 \cdot \frac{x}{2} = x$$

Cuando dos funciones se comportan de ese modo, se dice que cada una de ellas es **inversa** de la otra o que son **recíprocas**.

Se llama **función inversa** de f a otra función, que se designa por f^{-1}, y que cumple la condición siguiente:

$$\text{si } f(a) = b, \text{ entonces } f^{-1}(b) = a$$

Como consecuencia se dan las relaciones siguientes:

$$(f^{-1} \circ f)(x) = x \qquad (f \circ f^{-1})(x) = x$$

La gráfica de una función y la de su inversa son simétricas respecto de la recta $y = x$.

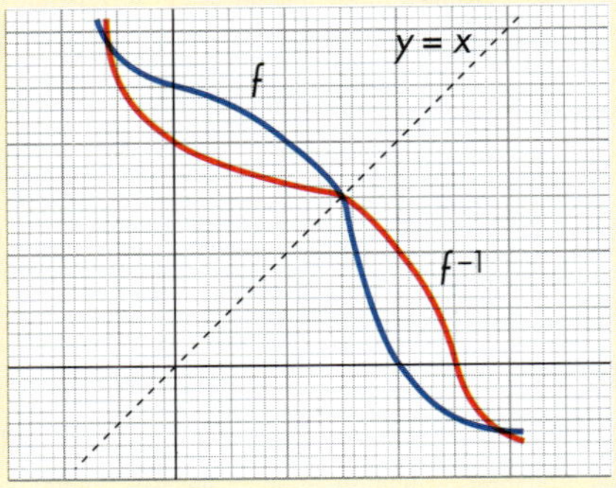

EJEMPLO

Analicemos las gráficas de $y = x^2$ e $y = \sqrt{x}$.

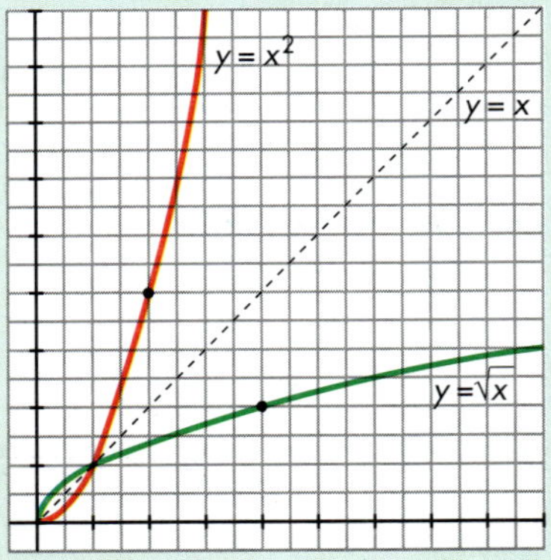

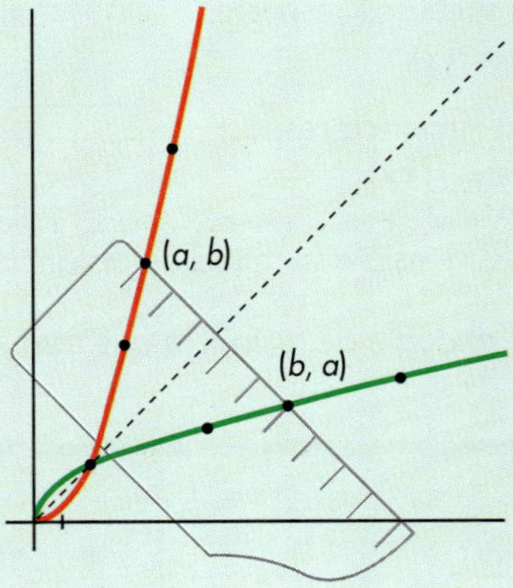

Las curvas son simétricas respecto de la recta $y = x$. Puedes comprobarlo con una regla transparente, apoyándola sobre pares de puntos correspondientes.

La función $\sqrt{x}$ es inversa de la función x^2 para $x \geq 0$.

La función $-\sqrt{x}$ es inversa de x^2 para $x \leq 0$.

EJERCICIOS

1 Representa las funciones $y = 2x$, $y = \frac{1}{2}x$ y comprueba, así, que son inversas una de otra.

2 Representa las gráficas de $y = x^3$ e $y = \sqrt[3]{x}$ y comprueba que son recíprocas (cada una inversa de la otra).

3 Si $f(x) = x + 1$ y $g(x) = x - 1$, prueba que $f[g(x)] = x$. ¿Son $f(x)$ y $g(x)$ funciones recíprocas? Comprueba que el punto $(a, a + 1)$ está en la gráfica de f y que el punto $(a + 1, a)$ está en la gráfica de g.

Representa las dos funciones y observa su simetría respecto de la bisectriz del primer cuadrante.

■ MÉTODO PARA HALLAR ANALÍTICAMENTE LA FUNCIÓN INVERSA DE OTRA

Para obtener la expresión analítica de la inversa de una función, se procede del siguiente modo:

(1º) Se intercambian la x y la y en la expresión inicial: $y = f(x) \rightarrow x = f(y)$

(2º) Se despeja la y en la nueva expresión: $x = f(y) \rightarrow y = f^{-1}(x)$

Este proceso, a veces, no es posible; bien porque la función no tenga inversa, bien porque, aunque la tenga, no sepamos despejar la y en la expresión $x = f(y)$.

EJEMPLOS

1. *Obtengamos la función inversa de $y = 2x - 3$.*

— Se intercambian x e y: $x = 2y - 3$

— Se despeja la y: $y = \dfrac{x+3}{2}$

La inversa de $f(x) = 2x - 3$ es $f^{-1}(x) = \dfrac{x+3}{2}$

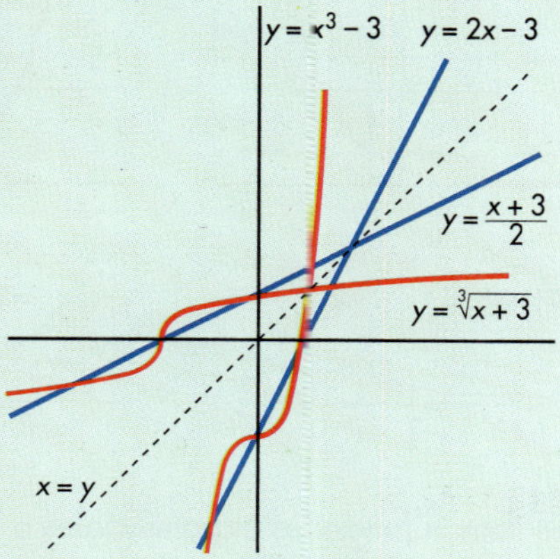

2. *Obtengamos la función inversa de $y = x^3 - 3$.*

— Intercambio de variables: $x = y^3 - 3$

— Se despeja la y: $y = \sqrt[3]{x+3}$

Hemos obtenido que si $f(x) = x^3 - 3$, entonces $f^{-1}(x) = \sqrt[3]{x+3}$.

EJERCICIOS

4 Sigue los pasos dados más arriba y obtén la función inversa de:

a) $y = \sqrt{x+4}$ b) $y = 3 + 2\,(x - 1)$ c) $y = 2\sqrt{x+1}$ d) $y = \dfrac{3}{x}$

5 Comprueba que al buscar la función inversa de $y = x^2 - 1$, vas a encontrar dos funciones distintas $y = \sqrt{x+1}$ e $y = -\sqrt{x+1}$.

a) Representa $y = x^2 - 1$ si $x \geq 0$, y su inversa. b) Representa $y = x^2 - 1$ si $x \leq 0$, y su inversa.

6 Algunos puntos de la función de la derecha vienen dados en esta tabla:

x	−2	−1	0	1	2	3
y	0,25	0,5	1	2	4	8

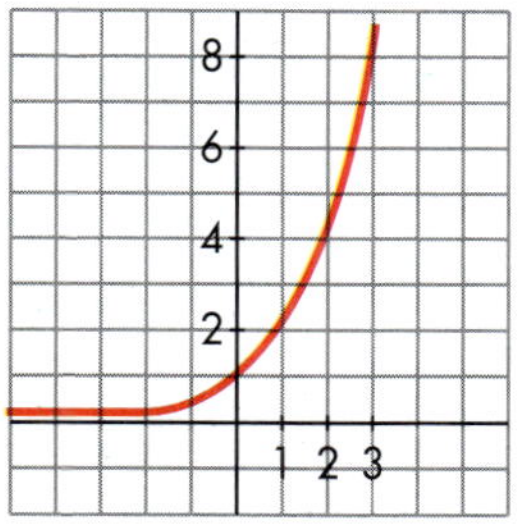

Representa su función inversa.

7 Halla las funciones inversas de $y = (x - 3)^2 + 2,\ x \leq 3$ y de $y = (x - 3)^2 + 2,\ x \geq 3$.

6.4 LAS FUNCIONES EXPONENCIALES

Vamos a representar, dando valores a x, las funciones $y = 2^x$, $y = \left(\frac{1}{2}\right)^x$.

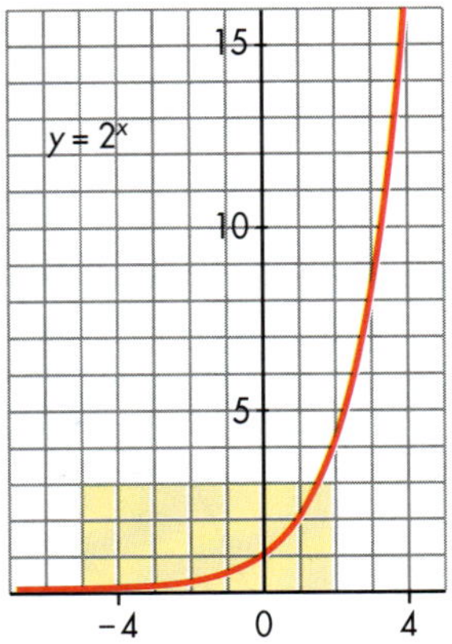

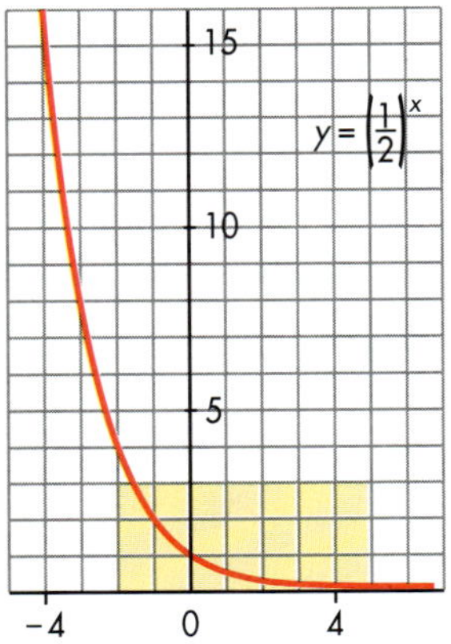

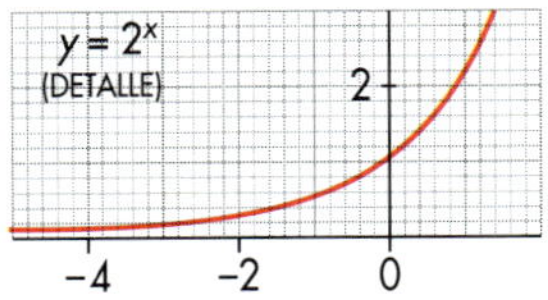

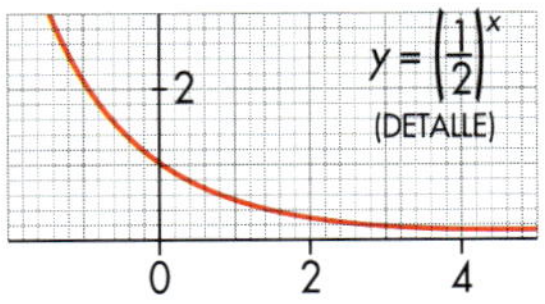

Estas dos curvas son simétricas la una de la otra respecto del eje Y, porque

$$2^{-k} = \frac{1}{2^k} = \left(\frac{1}{2}\right)^k$$

Es decir, ambas toman el mismo valor en los puntos k y $-k$, simétricos respecto del O.

Por ejemplo:

$$2^{-3} = \frac{1}{8} = 0{,}125; \quad \left(\frac{1}{2}\right)^3 = 0{,}5^3 = 0{,}125$$

$$2^3 = 8; \quad \left(\frac{1}{2}\right)^{-3} = \frac{1}{2^{-3}} = 2^3 = 8$$

Se llaman **funciones exponenciales** a las que tienen la ecuación $\mathbf{y = a^x}$, siendo la **base** a un número real positivo distinto de 1.

- Todas ellas son continuas, están definidas en todo $\mathbb{R}$ y pasan por los puntos $(0, 1)$ y $(1, a)$.
  Si $a > 1$, son crecientes y crecen tanto más rápidamente cuanto mayor sea a.
  Si $a < 1$, son decrecientes y decrecen tanto más rápidamente cuanto menor sea a.
- También son exponenciales las funciones de la forma $y = a^{kx}$, pues
  $a^{kx} = (a^k)^x$ es exponencial de base a^k
- En la calculadora hay una tecla para la función exponencial $y = 10^x$.

EJEMPLOS

Poner en forma exponencial las funciones: a) $y = 3^{2x}$; b) $y = \left(\frac{1}{2}\right)^{x/5}$; c) $y = 10^{0,21x}$

a) $3^{2x} = (3^2)^x = 9^x$. La función adopta la siguiente forma exponencial: $\boxed{y = 9^x}$

b) $\left(\frac{1}{2}\right)^{x/5} = \left[\left(\frac{1}{2}\right)^{1/5}\right]^x = 0{,}87^x$. (Con calculadora: 2 [1/x] [x^y] 5 [1/x] [=] [0.87]) $\boxed{y = 0{,}87^x}$

c) $10^{0,21x} = (10^{0,21})^x = 1{,}62^x$. (Con calculadora: 10 [$x^y$] 0,21 [=] [1.62]) $\boxed{y = 1{,}62^x}$

EJERCICIOS

1 Representa sobre papel milimetrado:
a) $y = 1{,}5^x$ b) $y = 0{,}8^x$

2 Escribe en forma exponencial las expresiones:
a) $2^{0,4x}$ b) $10^{0,01x}$ c) $1{,}01^{12x}$

APLICACIONES DE LAS FUNCIONES EXPONENCIALES

El crecimiento exponencial es extraordinariamente frecuente en la naturaleza (cultivos de microorganismos, poblaciones animales o vegetales…). También sirve para describir fenómenos económicos y otros. Veamos algunos ejemplos.

Ejemplo 1. Crecimiento de una población

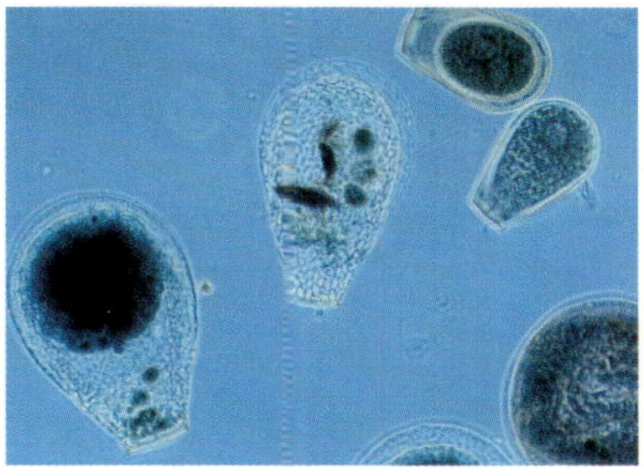

Las amebas, como sabes, son seres unicelulares que se reproducen partiéndose en dos (bipartición) más o menos rápidamente. Supongamos que las condiciones de un cultivo son tales que las amebas se duplican aproximadamente cada hora y que, inicialmente, hay una ameba.

El número aproximado de amebas que habrá al cabo de t horas es $N = 2^t$

Su gráfica es como las de la página anterior, pero sólo es válida para valores $t \geq 0$.

Ejemplo 2. Crecimiento del dinero

Un capital de 2 000 000 de PTA está en un banco, colocado al 1% mensual; lo que quiere decir que cada mes aumenta el 1% y, por tanto, el capital que hay a principios de mes se multiplica por 1,01.

La expresión que da el capital acumulado al cabo de T meses es: $C = 2\,000\,000 \cdot 1{,}01^T, \quad T \geq 0$

Ejemplo 3. Desintegración radiactiva

Las sustancias radiactivas se desintegran transformándose en otras sustancias diferentes y lo hacen con mayor o menor rapidez según cuál sea la sustancia que se desintegra.

Supongamos que tenemos una cantidad C_0 de una sustancia radiactiva que se desintegra reduciéndose a la mitad cada 3 años.

La cantidad de sustancia radiactiva que queda al cabo de t años es:

$$C = C_0 \left(\frac{1}{2}\right)^{t/3} = C_0 \left[\left(\frac{1}{2}\right)^{1/3}\right]^t = C_0 \cdot 0{,}7937^t. \quad (2 \; \boxed{1/x} \; \boxed{x^y} \; 3 \; \boxed{1/x} \; \boxed{=} \; \boxed{0.7937})$$

El tiempo que tarda en desistegrarse la mitad de la masa de una sustancia radiactiva se llama **periodo de semidesintegración**.

EJERCICIOS

3 Un capital de 1 300 000 PTA está en un banco colocado al 12% anual. Expresa el valor del capital C en función del tiempo t, expresado en años, que permanezca el dinero en el banco.

4 Una sustancia radiactiva tiene un periodo de semidesintegración de 10 años. Tenemos 8 g de esa sustancia. La ecuación que da la cantidad de sustancia radiactiva en función del tiempo transcurrido, en años, es $C = 8\,a^t$. ¿Cuál es el valor de a?

6.5 LAS FUNCIONES LOGARÍTMICAS

La función inversa de cada función exponencial es una función logarítmica.

■ FUNCIÓN INVERSA DE LA FUNCIÓN EXPONENCIAL $y = 2^x$

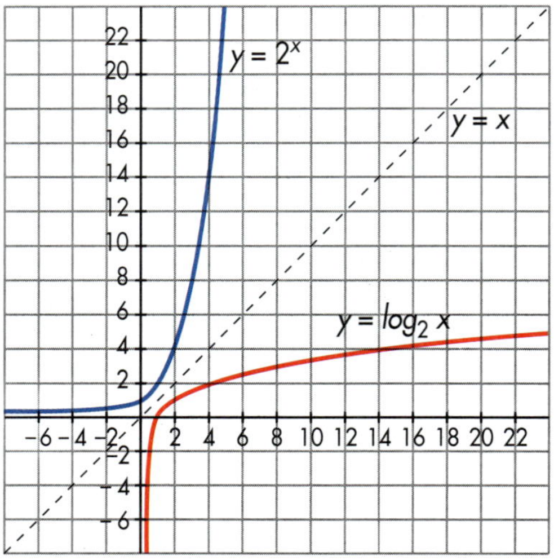

La gráfica de $y = 2^x$ está en azul.

La gráfica de su función inversa, en rojo, es simétrica de la anterior respecto de la recta $y = x$.

Esta nueva función se llama **función logarítmica** de base 2 y se designa así:

$$y = log_2\, x$$

Observa algunos de sus valores en la tabla adjunta. Comprueba que $log_2\, x$ *es el exponente al que hay que elevar 2 para obtener* x.

Por ejemplo, $log_2\, 16 = 4$ porque $2^4 = 16$.

x	2	4	8	16	...	2^n	1	$1/2 = 2^{-1}$	$1/4 = 2^{-2}$	...	2^{-n}
$log_2\, x$	1	2	3	4	...	n	0	-1	-2	...	$-n$

Descripción de las funciones logarítmicas

- La función $y = log_a\, x$ con $a > 1$ está definida para los valores mayores que 0. Es decir, su dominio de definición es $(0, \infty)$.
- Es continua y pasa por los puntos $(1, 0)$ y $(a, 1)$.
- Es creciente, pero al aumentar x su velocidad de crecimiento disminuye, haciéndose muy pequeña.

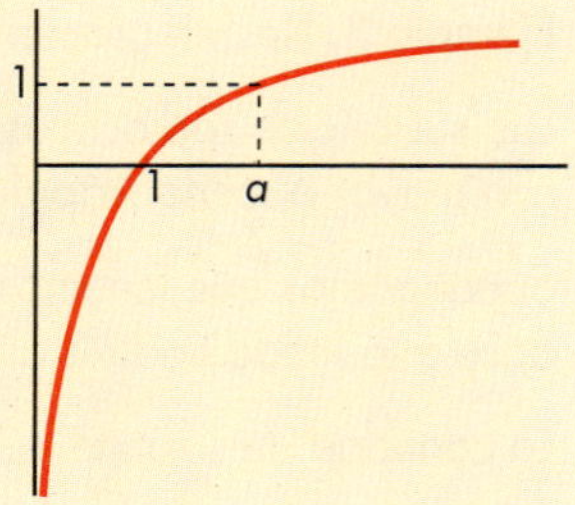

EJERCICIOS

1 Dibuja la gráfica de $y = \left(\frac{1}{2}\right)^x$ y, por simetría, la de $y = log_{1/2}\, x$.

2 Haz una tabla de valores de $y = log_{1/2}\, x$ para $x = 2, 4, 8, 16..., 2^n, 1, \frac{1}{2}, \frac{1}{4}, \frac{1}{8}..., \frac{1}{2^n}...,$ razonando lo que en cada caso significa.

Por ejemplo, $log_{1/2}\, \frac{1}{16} = 4$ porque $\left(\frac{1}{2}\right)^4 = \frac{1}{16}$

3 Describe, como hemos hecho con $y = log_a\, x$, $a > 1$, la función $y = log_a\, x$, $a < 1$.

EJERCICIOS Y PROBLEMAS RESUELTOS

1 OPERACIONES CON FUNCIONES

Ésta es la gráfica de la función $f(x) = x^2 - 2x - 3$.

Representa, a partir de ella, las funciones:

a) $g(x) = f(x) + 3$ *b)* $h(x) = f(x + 2)$

c) $i(x) = -f(x)$ *d)* $j(x) = |f(x)|$

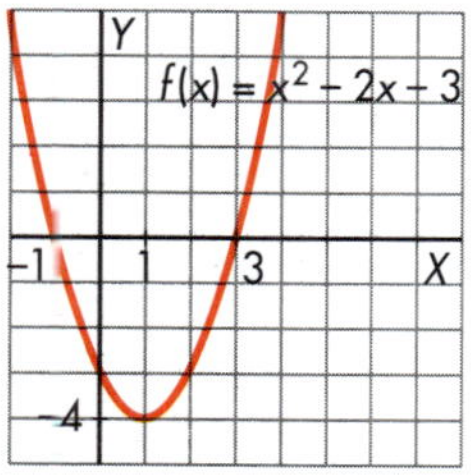

Resolución

Sus gráficas son éstas:

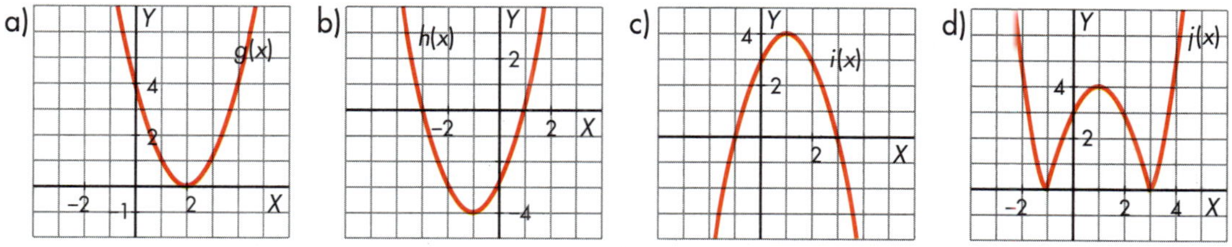

Puedes comprobarlo con su expresión analítica:

a) $g(x) = x^2 - 2x$ b) $h(x) = (x + 2)^2 - 2(x + 2) - 3 = x^2 + 2x - 3$ c) $i(x) = -x^2 + 2x + 3$

d) $j(x) = \begin{cases} x^2 - 2x - 3, & \text{si } x \in (-\infty, -1] \cup [3, \infty) \\ -x^2 + 2x + 3, & \text{si } x \in (-1, 3) \end{cases}$

2 OPERACIONES CON FUNCIONES

Representa las funciones: a) $k(x) = 2f(x)$, *b)* $w(x) = \dfrac{f(x)}{2}$, *c)* $m(x) = f(2x)$, *siendo* $f(x)$ *la función del ejercicio anterior.*

Describe las transformaciones que se producen en $k(x)$, $w(x)$ *y* $m(x)$ *respecto a* $f(x)$.

Resolución

a) $k(x) = 2x^2 - 4x - 6$ b) $w(x) = \dfrac{x^2}{2} - x - \dfrac{3}{2}$ c) $m(x) = (2x)^2 - 2(2x) - 3 = 4x^2 - 4x - 3$

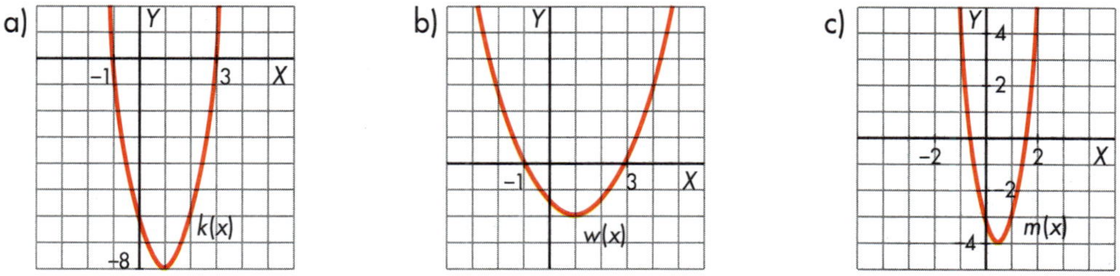

Descripción:

a) Las ordenadas se duplican. Cada punto aumenta al doble su distancia al eje *OX*.

b) Las ordenadas se dividen por dos. Cada punto reduce a la mitad su distancia al eje *OX*.

c) Cada punto reduce a la mitad su distancia al eje *OY*. Por ejemplo:

El vértice en $f(x)$ es $(1, -4)$ y en $m(x)$ es $\left(\dfrac{1}{2}, -4\right)$

Los puntos de corte con el eje *OX* en $f(x)$ son $(3, 0)$ y $(-1, 0)$ y en $m(x)$ son $\left(\dfrac{3}{2}, 0\right)$ y $\left(-\dfrac{1}{2}, 0\right)$

3 COMPOSICIÓN

Dadas las funciones $f(x) = \dfrac{1}{3x-6}$, $g(x) = 2 + \sqrt{x}$, *halla:*

a) $f \circ g$ *b)* g^{-1} *c)* $g^{-1} \circ g$

Resolución

a) $(f \circ g)(x) = f[g(x)] = f(2 + \sqrt{x}) = \dfrac{1}{3(2+\sqrt{x}) - 6} = \dfrac{1}{3\sqrt{x}}$

b) $y = 2 + \sqrt{x} \xrightarrow{\text{cambia } x \text{ por } y} x = 2 + \sqrt{y} \xrightarrow{\text{despeja la } y} x - 2 = \sqrt{y} \rightarrow y = (x-2)^2$; $g^{-1}(x) = (x-2)^2$

c) $(g^{-1} \circ g)(x) = g^{-1}(g(x)) = g^{-1}(2 + \sqrt{x}) = (2 + \sqrt{x} - 2)^2 = x$

4 FUNCIÓN EXPONENCIAL

Representa la función: $y = 2{,}5^x$.

Resolución

- La función está definida y es continua en $\mathbb{R}$.
- Pasa por los puntos (0, 1) y (1; 2,5).
- No corta al eje OX porque la ecuación $2{,}5^x = 0$ no tiene solución.
- Límites: estudiamos el comportamiento de la función cuando $x \to \infty$ y $x \to -\infty$.

x	10	100	1 000
$2{,}5^x$	9 536,7	$6{,}22^{39}$	Error

← (Es tan grande que la calculadora no puede hallarlo.) $\lim\limits_{x \to \infty} 2{,}5^x = \infty$

x	–10	–100	–1 000
$2{,}5^x$	$1 \cdot 10^{-4}$	$1{,}6 \cdot 10^{-40}$	0

← (Es tan próximo a 0 que la calculadora lo identifica con 0.) $\lim\limits_{x \to -\infty} 2{,}5^x = 0$

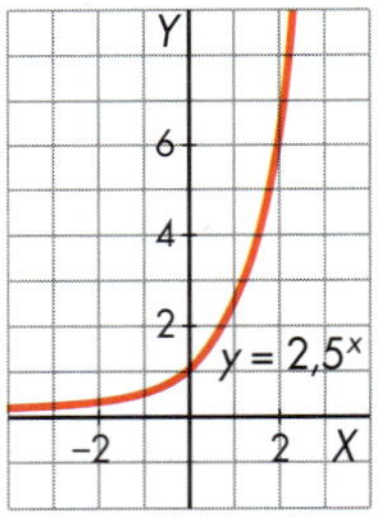

5 FUNCIÓN LOGARÍTMICA

Representa la función: $y = \log_3 x$.

Resolución

- Dominio: $(0, \infty)$.
- Pasa por los puntos (1, 0) y (3, 1).
- Estudiemos su comportamiento cuando $x \to 0^+$ y cuando $x \to \infty$.

Para calcular $\log_3 x$ con la calculadora, recuerda que $\log_3 x = \dfrac{\log x}{\log 3}$.

x	0,1	0,001	10^{-6}	10^{-10}	10^{-20}	10^{-100}
$\log_3 x$	–2,09	–6,28	–12,57	–20,95	–41,9	–209,59

$\lim\limits_{x \to 0^+} \log_3 x = -\infty$

x	10	1 000	10^6	10^{10}	10^{20}	10^{100}
$\log_3 x$	2,09	6,28	12,57	20,95	41,9	209,59

$\lim\limits_{x \to \infty} \log_3 x = \infty$

Utiliza la calculadora para obtener otros puntos.

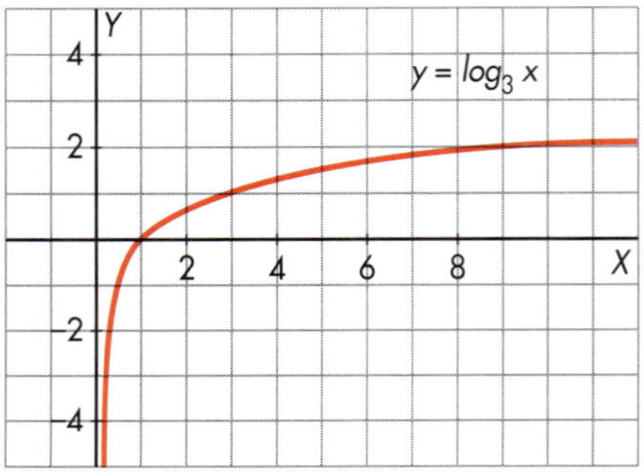

EJERCICIOS PARA PRACTICAR

1 Representa $f(x) = 4 - x^2$ y, a partir de ella, representa:

a) $g(x) = f(x) - 3$ b) $h(x) = 2f(x)$

2 Representa la función $y = |2x - 5|$ y comprueba que su expresión analítica en intervalos es:

$$y = \begin{cases} -2x + 5 & \text{si } x < 2{,}5 \\ 2x - 5 & \text{si } x \geq 2{,}5 \end{cases}$$

3 Representa las siguientes funciones y defínelas por intervalos:

a) $y = |4 + x|$ b) $y = |x^2 - 1|$

4 Dadas las funciones

$$f(x) = \sqrt{x} \text{ y } g(x) = \frac{1}{x^2 - 4}$$

halla $(g \circ f)(x)$ y $(f \circ g)(x)$.

5 Halla $f^{-1}(x)$ siendo $f(x) = \dfrac{1}{2x - 3}$.

6 Haz una tabla de valores de la función $y = 3^x$. A partir de ella, representa la función $y = \log_3 x$.

☛ *Si el punto (2, 9) pertence a $y = 3^x$, el punto (9, 2) pertenecerá a $y = \log_3 x$.*

7 A partir de la gráfica de $f(x) = \dfrac{1}{x}$, representa:

a) $g(x) = f(x) - 2$ b) $h(x) = f(x - 3)$

c) $i(x) = -f(x)$ d) $j(x) = |f(x)|$

8 Representa la función $f(x) = \sqrt{x}$ y dibuja, a partir de ella:

a) $g(x) = \sqrt{x + 1}$ b) $h(x) = \sqrt{x} - 3$

9 Halla $f^{-1}(x)$, $g^{-1}(x)$ y $h^{-1}(x)$ siendo f, g y h las funciones del ejercicio anterior.

10 Con ayuda de la calculadora, haz una tabla de valores de la función $y = \left(\dfrac{3}{5}\right)^x$ y represéntala gráficamente.

11 Representa la función $y = \left(\dfrac{6}{5}\right)^x$. ¿Es creciente o decreciente?

12 Dada las funciones

$$f(x) = \frac{1}{x - 2} \quad ; \quad g(x) = \frac{1}{x + 3}$$

halla la expresión analítica de la función $(f - g)(x)$ y di cuál es su dominio.

13 Considera las funciones f y g definidas por $f(x) = x^2 + 1$ y $g(x) = \dfrac{1}{x}$.

Calcula:

a) $(f \circ g)(2)$ b) $(g \circ f)(-3)$

c) $(g \circ g)(x)$ d) $(f \circ g)(x)$

PROBLEMAS PARA RESOLVER

14 Ésta es la gráfica de la función $y = f(x)$:

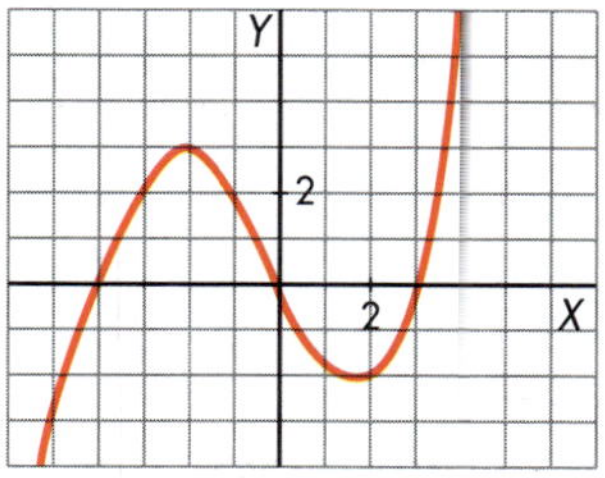

Representa, a partir de ella, las funciones:

a) $y = |f(x)|$

b) $y = f(x - 1)$

c) $y = f(x) + 2$

d) $y = f(2x)$

15 Representa las siguientes funciones y exprésalas en intervalos:

a) $y = 1 - |x|$

b) $y = |x - 1| - |x|$

16 Representa la función $y = 0{,}75^x$.

☛ *Estudia su comportamiento cuando $x \to \infty$ y cuando $x \to -\infty$ con ayuda de la calculadora.*

17 Representa la gráfica de $y = log_{1/3}\, x$ a partir de la gráfica de $y = \left(\frac{1}{3}\right)^x$.

18 Representa las funciones:

a) $y = 2^x + 1$ b) $y = 2^x - 3$

☛ *Utiliza la gráfica de $y = 2^x$.*

19 Representa las funciones:

a) $y = 2^{x-1}$ b) $y = \left(\frac{1}{2}\right)^{x+3}$

c) $y = 1 - 2^x$ d) $y = 2^{-x}$

20 Comprueba que las gráficas de $y = 3^x$ e $y = \left(\frac{1}{3}\right)^x$ son simétricas respecto al eje OY.

☛ *Represéntalas en los mismos ejes.*

21 Representa estas funciones a partir de la gráfica de $y = log_2\, x$:

a) $y = 1 + log_2\, x$ b) $y = log_2\,(x - 1)$

☛ *En b), el dominio es $(1, \infty)$.*

22 ¿Cuál es el dominio de esta función?

$$y = log_2\,(2 - x)$$

Represéntala.

23 a) Representa la función $y = x^2$ $(x \geq 0)$ y su función recíproca.

b) Representa la función $y = x^2$ $(x \leq 0)$ y su función recíproca.

24 Con las funciones:

$f(x) = x - 5$ $g(x) = \sqrt{x}$ $h(x) = \dfrac{1}{x+2}$

hemos obtenido, por composición, estas otras:

$$p(x) = \sqrt{x-5}, \quad q(x) = \sqrt{x} - 5$$

$$r(x) = \frac{1}{\sqrt{x} + 2}$$

Explica cómo, a partir de f, g y h, se pueden obtener p, q y r.

25 Una empresa produce diariamente x objetos. Un estudio de mercado ha permitido determinar que, para un número x de objetos, el coste de producción $C(x)$ y la recaudación por las ventas de esos objetos $R(x)$ vienen dadas por:

$$C(x) = 850 - 2x \quad \text{y} \quad R(x) = 1\,358x - 2x^2$$

a) ¿Cuál es la función que da el beneficio de la empresa?

b) ¿Qué relación tiene esta función con $C(x)$ y $R(x)$?

26 La gráfica de una función exponencial del tipo $y = ka^x$ pasa por los puntos $(0;\ 0{,}5)$ y $(1;\ 1{,}7)$.

a) Calcula k y a.

b) Representa la función.

27 Se llama inflación a la pérdida de valor del dinero; es decir, si un artículo que costó 100 PTA al cabo de un año cuesta 106 PTA, la inflación ha sido del 6%.

Suponiendo que la inflación se mantiene constante en el 6% anual, ¿cuánto costará dentro de 5 años un terreno que hoy cuesta cinco millones de pesetas?

28 En el contrato de trabajo de un empleado figura que su sueldo subirá un 6% anual.

a) Si empieza ganando 1 200 000 PTA anuales, ¿cuánto ganará dentro de 10 años?

b) Calcula cuánto tiempo tardará en duplicarse su sueldo.

29 Se sabe que la concentración de un fármaco en sangre viene dado por $y = 100\,(0{,}94)^t$ (y en miligramos, t en minutos).

a) ¿Cuál es la dosis inicial?

b) ¿Qué cantidad de ese fármaco tiene el paciente al cabo de 1 hora? ¿Y de tres horas?

c) Representa la función.

d) Si queremos que la concentración no baje de 60 mg, ¿al cabo de cuánto tiempo tendremos que inyectarle de nuevo?

CUESTIONES TEÓRICAS

30 Estas gráficas corresponden a funciones del tipo $y = a^x$, $y = log_a\, x$. Identifícalas e indica en cada caso si es $a > 1$ o $0 < a < 1$.

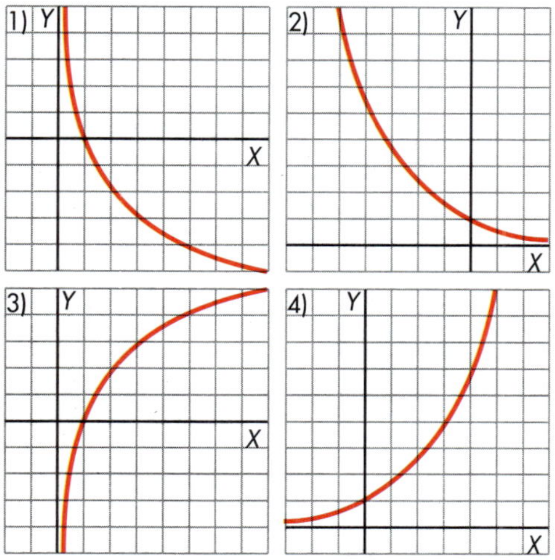

31 La gráfica de $|f(x)|$, ¿puede tener algún punto por debajo del eje de abscisas?

32 Si $f(x) = 2^x$ y $g(x) = log_2\, x$, ¿cuál es la función $(f \circ g)(x)$? ¿Y $(g \circ f)(x)$?

33 Comprueba que las funciones $f(x) = 2x + 5$ y $g(x) = \frac{x-5}{2}$ son recíprocas.

34 El dominio de una función, ¿es el mismo que el de su función inversa? Pon ejemplos.

35 La función exponencial, ¿puede tomar valores negativos? Razona tu respuesta.

36 Las gráficas de las funciones $y = a^x$ pasan todas por un mismo punto. ¿Cuál es ese punto?

37 ¿Para qué valores de a la función $y = a^x$ es creciente? ¿Para cuáles es decreciente?

38 Indica para qué valores de a es creciente la función $y = log_a\, x$. ¿Para cuáles es decreciente?

39 Las gráficas de las funciones $y = log_a\, x$ tienen un punto en común. ¿Cuál es ese punto?

PARA PROFUNDIZAR

40 Halla $f(2 + h) - f(2)$, siendo $f(x) = \frac{1}{x}$.

41 Halla $f(x + h) - f(x)$, siendo $f(x) = x^2 - x$.

42 Representa la función $f(x) = \frac{|x|}{x}$.

¿Hay algún punto en el que no esté definida? ¿Cuál es su dominio de definición?

43 Dada la función $y = 2^x$ calcula su límite cuando $x \to \infty$ y cuando $x \to -\infty$.

¿Tiene asíntota horizontal la función $y = 2^x$?

44 ¿Cuál es la asíntota vertical de la función $y = log_2\, x$? ¿Y la de $y = log_2\,(x - 1)$?

45 ¿Para qué valores de x se verifica $0 < a^x < 1$, siendo $a > 1$?

46 Utilizando la relación

$$\frac{\text{Dividendo}}{\text{divisor}} = \text{cociente} + \frac{\text{resto}}{\text{divisor}}$$

podemos escribir la función $y = \frac{2x+3}{x+1}$ de esta forma: $y = 2 + \frac{1}{x+1}$.

Comprueba que su gráfica coincide con la de $y = \frac{1}{x}$ trasladada 1 unidad hacia la izquierda y 2 hacia arriba.

47 Representa las funciones

$$y = \frac{3x}{x-1} \quad , \quad y = \frac{x-2}{x-4}$$

utilizando el procedimiento del problema anterior.

48 Para hallar la función inversa de $y = 2^{x-1}$ hacemos:

$$y = 2^{x-1} \to x = 2^{y-1} \to log_2\, x = y - 1 \to$$
$$\to y = 1 + log_2\, x$$

Comprueba, componiéndolas, que esas dos funciones son recíprocas.

7 INICIACIÓN AL CÁLCULO DE DERIVADAS

PARA CENTRARTE EN EL TEMA, PIENSA Y RESUELVE

1.

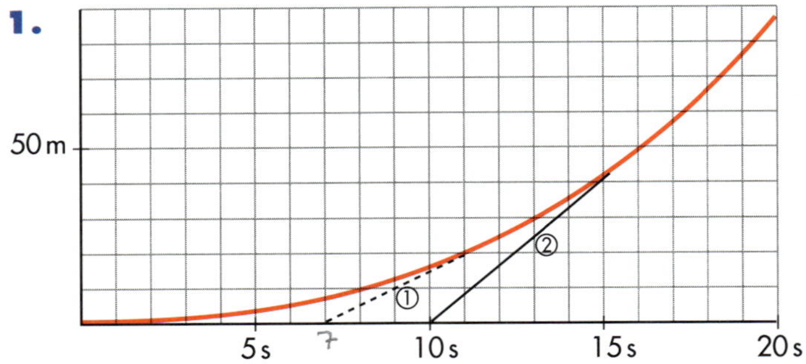

Coger un autobús en marcha

La línea en rojo representa el movimiento de un autobús que arranca de la parada y va, poco a poco, ganando velocidad.

① y ② corresponden a pasajeros que llegan tarde y corren para coger el autobús en marcha.

El pasajero ① llega a la parada 7 s después de que saliera el autobús, y lo alcanza 4 s después 20 m más allá. Corrió, por tanto, a $\frac{20}{4} = 5$ m/s. Es decir, a $5 \cdot 3{,}6 = 18$ km/h.

> Para pasar de m/s a km/h se multiplica por 3,6.
> V m/s = $3{,}6V$ km/h

La velocidad del autobús en el instante en que es alcanzado la hallaremos aproximadamente, estudiando su recorrido desde 1 s antes a 1 s después:

En el instante 10 s está a 17 m de la parada
En el instante 12 s está a 25 m de la parada

Velocidad media $= \frac{8 \text{ m}}{2 \text{ s}} = 4$ m/s $= 14{,}4$ km/h

- a) Explica por qué podemos decir que el pasajero ① accede *suavemente* al autobús.
- b) Describe el movimiento del pasajero ② y halla la velocidad a la que corre.
- c) ¿Cuál es la velocidad aproximada del autobús en el momento que lo alcanza el pasajero ②? ¿Entra este pasajero *suavemente* en el autobús?

2. ¿Es preferible esperar o correr tras el autobús?

Los viajeros ③ y ④, en el momento de la salida del autobús, estaban a 100 m de la parada. El ③ decide esperarlo y entrar en él cuando pase por allí.

El ④ tiene un extraño comportamiento. ¿Extraño?

- Describe el movimiento del pasajero ④ y explica por qué su comportamiento es mucho más sensato que el del ③, quien tendrá muy difícil la entrada en el autobús.

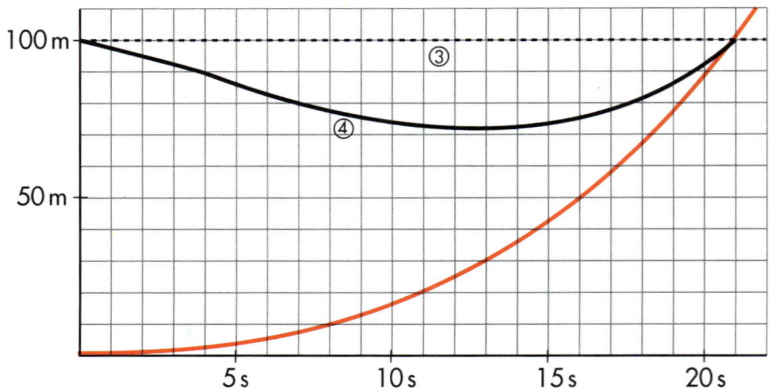

3. Carreras de relevos

- ¿Por qué en las carreras de relevos 4 × 100 m cada relevista echa a correr antes de que llegue su compañero?
- ¿Qué pasaría si esperara quieto la llegada del otro?
- ¿Es razonable que las gráficas de sus movimientos sean tangentes? ¿Cómo son sus velocidades en el momento de la entrega del "testigo"?

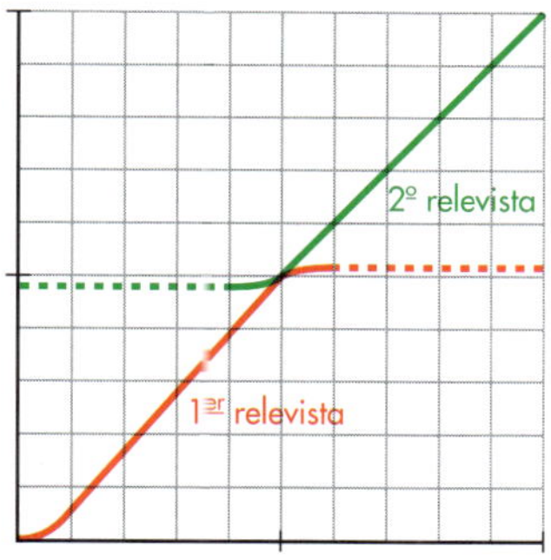

PANORAMA DEL TEMA

- Las funciones admiten una visión estática (¿cuánto vale esta variable para tal valor de la otra?) y una visión dinámica (¿con qué rapidez se produce la variación?). Este aspecto, el estudio del cambio, es al que nos dedicaremos en este tema.

- Empezaremos estudiando la *variación relativa*:

$$\frac{\text{variación de la } y}{\text{variación de la } x}$$

Es lo que, en los problemas que acabamos de resolver, corresponde a la *velocidad media*.

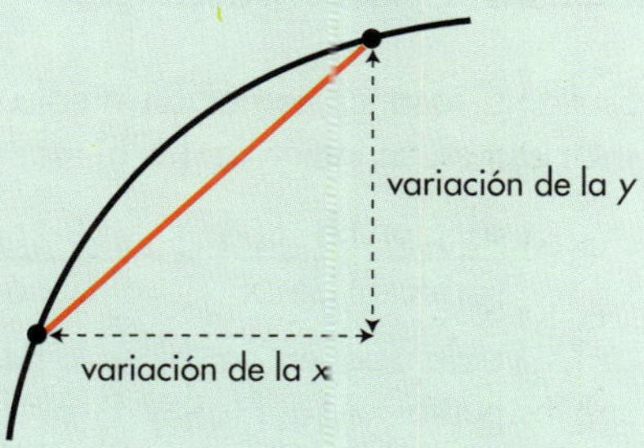

- Estudiaremos el crecimiento en un punto. Es lo que, en los ejemplos anteriores, corresponde a las *velocidades instantáneas*.

La idea de variación instantánea (derivada) será fundamental de ahora en adelante.

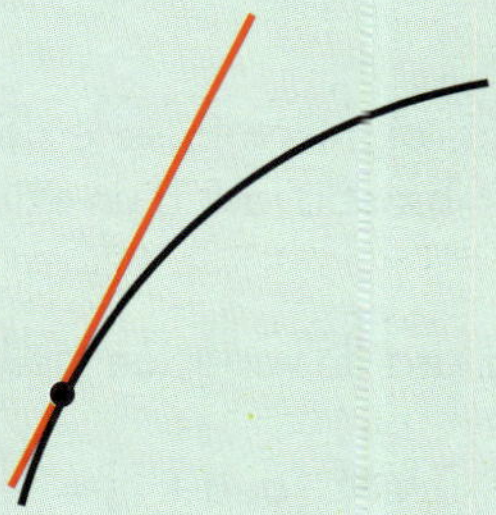

- Aprenderemos técnicas para hallar, con comodidad, crecimientos instantáneos (técnicas de derivación). Gracias a dichas técnicas podremos responder con facilidad a estos dos tipos de preguntas:

¿Cuál es la medida del crecimiento de una función en un cierto punto?

¿En qué puntos el crecimiento de una función toma un cierto valor?

7.1 MEDIDA DEL CRECIMIENTO DE UNA FUNCIÓN

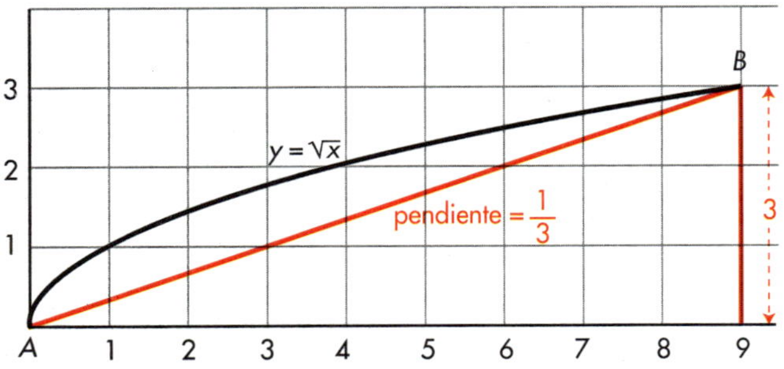

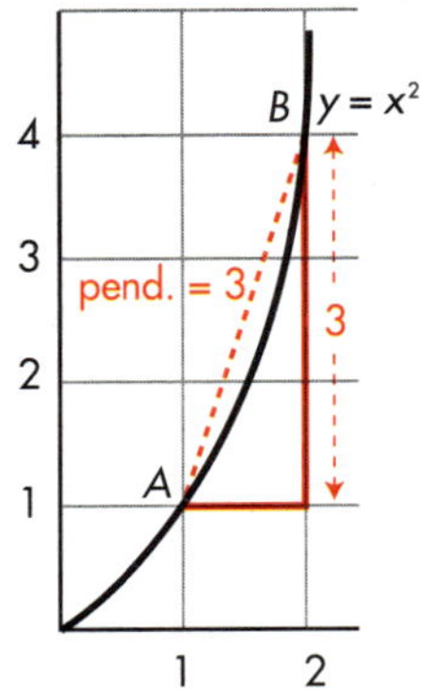

Las dos funciones de arriba, $y = \sqrt{x}$, $y = x^2$ crecen lo mismo, 3 unidades, entre los puntos A y B.

Sin embargo, su *crecimiento medio* es muy distinto:

la primera, $\frac{3}{9} = \frac{1}{3}$ la segunda, $\frac{3}{1} = 3$

En este apartado nos vamos a ocupar del estudio del crecimiento medio de las funciones.

TASA DE VARIACIÓN MEDIA

Se llama **tasa de variación media (T.V.M.)** de una función, $y = f(x)$, en un intervalo $[a, b]$ al cociente:

$$\frac{\text{variación de } f(x)}{\text{variación de } x} = \frac{f(b) - f(a)}{b - a} = \text{T. V. M. } [a, b]$$

La T.V.M. de $f(x)$ en $[a, b]$ es la **pendiente** del segmento que une los puntos $A\,(a, f(a))$ y $B\,(b, f(b))$:

$$\text{T. V. M. } [a, b] = \frac{f(b) - f(a)}{b - a}$$

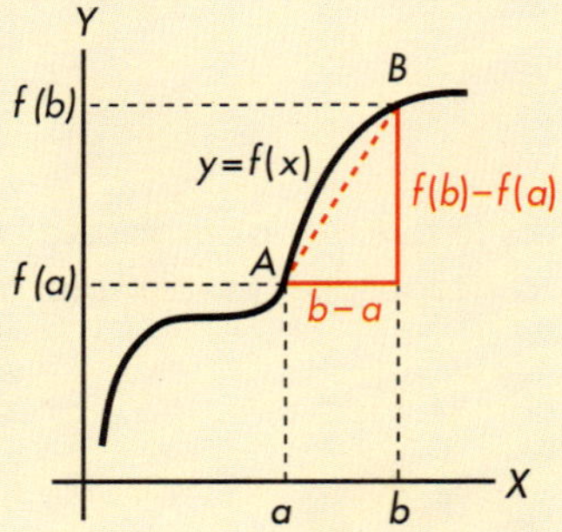

Con frecuencia, al intervalo se le designa mediante la expresión $[a, a + h]$, nombrando, así, a un extremo del intervalo, a, y a su longitud, h.

En tal caso, la tasa de variación media se obtiene así:

$$\text{T.V.M. } [a, a + h] = \frac{f(a + h) - f(a)}{h}$$

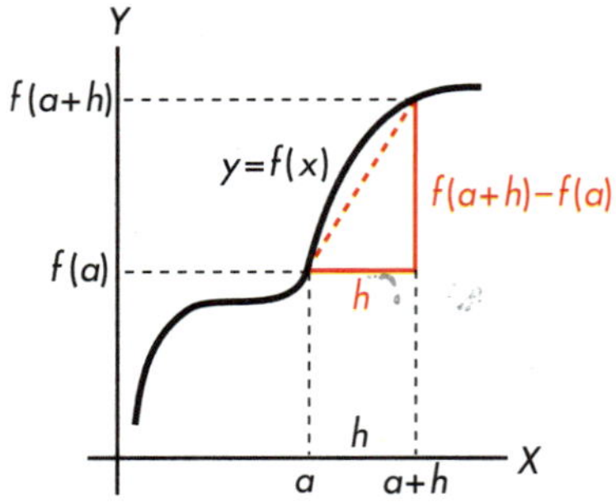

EJERCICIOS

1 Dibuja una función y señala dos puntos en ella $(a, f(a))$ y $(b, f(b))$ tales que $a < b$ y $f(b) < f(a)$. Observa en ella que la T. V. M. es negativa.

EJEMPLOS

1. *Esta gráfica nos muestra la temperatura de un radiador, alimentado por una caldera de carbón, desde que ésta se enciende hasta ocho horas después. Los aumentos medios de temperatura se obtienen mediante la T.V.M. de esta función.*

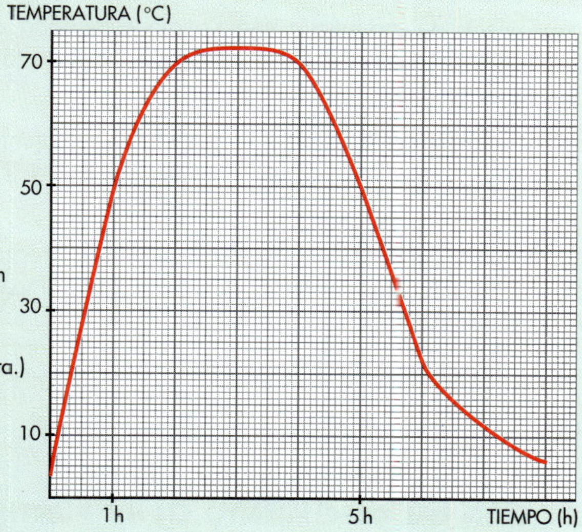

$$\text{T.V.M. } [0, 2] = \frac{70 - 4}{2} = 33$$ (Sube 33 °C cada hora en las dos primeras horas.)

$$\text{T.V.M. } [0, 1] = \frac{50 - 4}{1} = 46$$ (Sube 46 °C en esa hora.)

$$\text{T.V.M. } [2{,}5;\ 3{,}5] = 0$$

$$\text{T.V.M. } [2, 4] = 0$$

$$\text{T.V.M. } [4, 8] = \frac{6 - 70}{4} = -16$$ (Baja 16 °C, por término medio, cada hora.)

2. *Vamos a hallar la T.V.M. de la función* $y = 5x - x^2$ *en varios intervalos.*

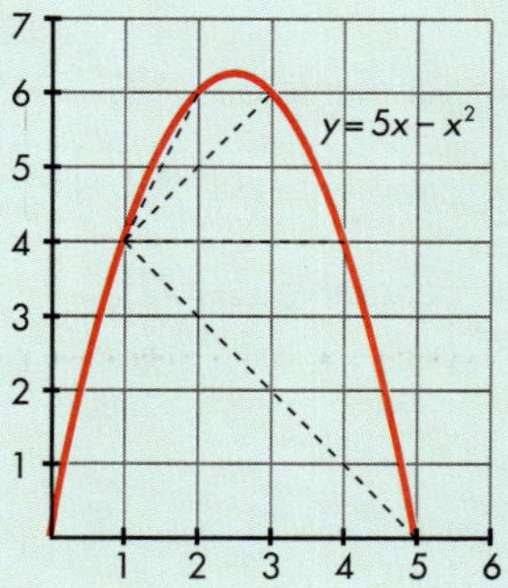

$$\text{T.V.M. } [1, 2] = \frac{f(2) - f(1)}{2 - 1} = \frac{6 - 4}{1} = \frac{2}{1} = 2$$

$$\text{T.V.M. } [1, 3] = \frac{f(3) - f(1)}{3 - 1} = \frac{6 - 4}{2} = 1$$

$$\text{T.V.M. } [1, 4] = \frac{f(4) - f(1)}{4 - 1} = \frac{4 - 4}{3} = 0$$

$$\text{T.V.M. } [1, 5] = \frac{f(5) - f(1)}{5 - 1} = \frac{0 - 4}{4} = -\frac{4}{4} = -1$$

3. *Vamos a hallar la T. V. M. de la misma función anterior en un intervalo con origen en el 1 y con longitud variable,* h. *Es decir, en el intervalo* $[1, 1 + h]$.

$$f(1 + h) = 5(1 + h) - (1 + h)^2 = 5 + 5h - (1 + 2h + h^2) = 4 + 3h - h^2 \quad ; \quad f(1) = 5 \cdot 1 - 1^2 = 4$$

$$\text{T.V.M. } [1, 1 + h] = \frac{f(1 + h) - f(1)}{h} = \frac{(4 + 3h - h^2) - 4}{h} = \frac{3h - h^2}{h} = 3 - h$$

Observa que, ahora, si damos a h los valores 1, 2, 3 y 4, respectivamente, obtenemos las T. V. M. obtenidas en los cuatro intervalos del ejemplo anterior.

EJERCICIOS

2 Halla la T. V. M. de la función $y = x^2 - 8x + 12$ en los intervalos $[1, 2]$, $[1, 3]$, $[1, 4]$, $[1, 5]$, $[1, 6]$, $[1, 7]$, $[1, 8]$. Comprueba que coinciden los resultados con los de la T.V.M. en $[1, 1 + h]$ para los correspondientes valores de h. Interpreta gráficamente los resultados.

7.2 CRECIMIENTO DE UNA FUNCIÓN EN UN PUNTO

El crecimiento de una función en un punto viene dado, de forma natural, por el crecimiento (la pendiente) de la recta tangente a la curva en ese punto.

Así, la medida del crecimiento de la función adjunta en los puntos *A, B, C* y *D* es, respectivamente 2, –1, 0 y 2,5 [compruébalo].

En este apartado vamos a aprender a calcular el crecimiento en un punto de funciones dadas no ya gráficamente, sino mediante sus expresiones analíticas.

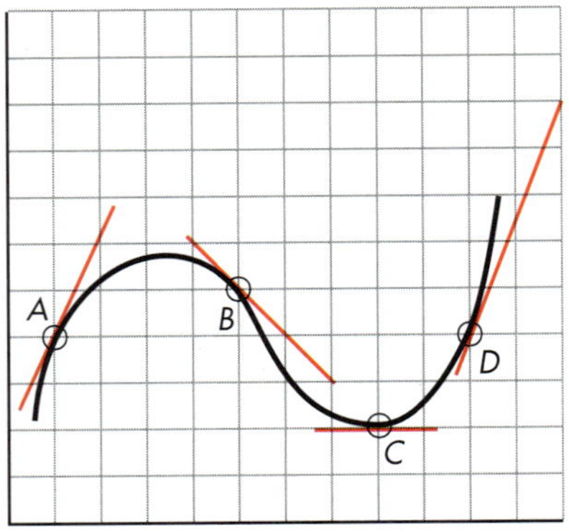

RELACIÓN DEL CRECIMIENTO EN UN PUNTO CON LA T.V.M.

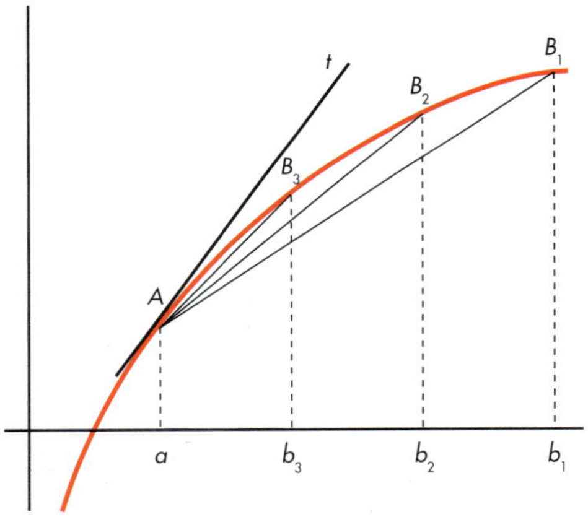

La T.V.M. de una función en un intervalo se interpreta como la pendiente de la cuerda correspondiente. Así, será:

T.V.M. $[a, b_1]$ = pendiente de AB_1

T.V.M. $[a, b_2]$ = pendiente de AB_2

T.V.M. $[a, b_3]$ = pendiente de AB_3

. . . .

La recta tangente, t, se obtiene como límite de las secantes AB_1, AB_2, AB_3, … Por tanto, su pendiente es el límite de las pendientes de las secantes, AB_i, cuando $B_i \to A$.

El crecimiento de una función en un punto se mide por la pendiente de la recta tangente a la gráfica de la función en ese punto. Se obtiene mediante el siguiente límite:

$$\text{CRECIMIENTO PUNTUAL DE } f \text{ en } a = \lim_{x \to a} \text{T.V.M.} [a, x] = \lim_{x \to a} \frac{f(x) - f(a)}{x - a}$$

A ese valor se le llama **derivada de *f* en *a*** y se designa por $f'(a)$.

Por tanto:

$$f'(a) = \lim_{x \to a} \frac{f(x) - f(a)}{x - a} = \lim_{h \to 0} \frac{f(a+h) - f(a)}{h}$$

EJEMPLOS

1. *Hallemos la medida del crecimiento de la función* $y = 5x - x^2$ *en algunos de sus puntos.*

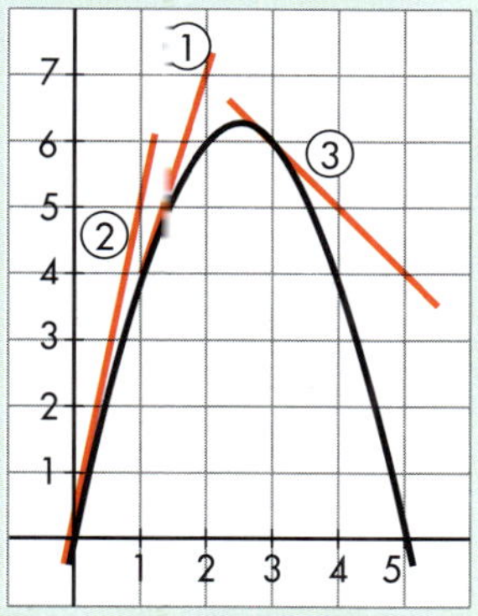

- En $x = 1$: T.V.M. $[1, 1 + h] = 3 - h$ (la calculamos en la página 149)

  Por tanto, $f'(1) = \lim_{h \to 0} (3 - h) = 3$ ①

- En $x = 0$: T.V.M. $[0, h] = \dfrac{f(h) - f(0)}{h - 0} = \dfrac{(5h - h^2) - 0}{h} = 5 - h$

  Por tanto, $f'(0) = \lim_{h \to 0} (5 - h) = 5$ ②

- En $x = 3$: T.V.M. $[3, 3 + h] = \dfrac{f(3 + h) - f(3)}{h} =$

$$= \frac{[5(3 + h) - (3 + h)^2] - [5 \cdot 3 - 3^2]}{h} = \frac{(15 + 5h - 9 - 6h - h^2) - 6}{h} = \frac{-h - h^2}{h} = -1 - h$$

  Por tanto, $f'(3) = \lim_{h \to 0} (-1 - h) = -1$ ③

2. *Calculemos la ecuación de la recta tangente a la gráfica de* $y = \dfrac{3}{x - 2}$ *en* $x = 4$.

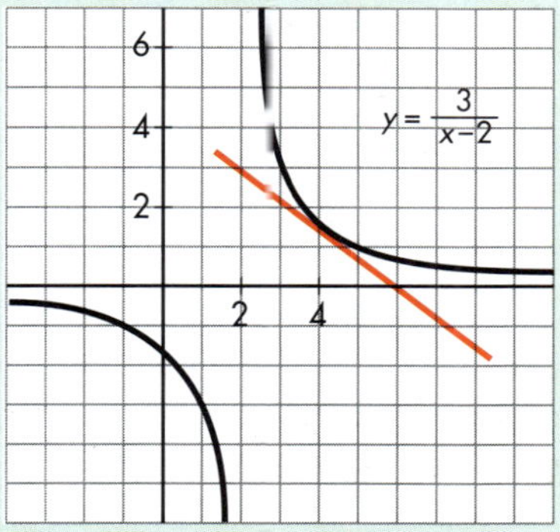

Hemos de calcular $\lim_{h \to 0} \dfrac{f(4 + h) - f(4)}{h}$

$f(4 + h) = \dfrac{3}{(4 + h) - 2} = \dfrac{3}{2 + h}$, $\quad f(4) = \dfrac{3}{4 - 2} = \dfrac{3}{2}$

$f(4 + h) - f(4) = \dfrac{3}{2 + h} - \dfrac{3}{2} = \dfrac{6 - 3(2 + h)}{(2 + h) \cdot 2} = \dfrac{-3h}{4 + 2h}$

$\dfrac{f(4 + h) - f(4)}{h} = \dfrac{-3h}{4 + 2h} : h = \dfrac{-3}{4 + 2h}$

$f'(4) = \lim_{h \to 0} \dfrac{-3}{4 + 2h} = -\dfrac{3}{4}$. La pendiente es, pues, $-\dfrac{3}{4}$.

Como $f(4) = \dfrac{3}{2}$, dicha recta pasa por el punto $\left(4, \dfrac{3}{2}\right)$. Su ecuación es $y = \dfrac{3}{2} - \dfrac{3}{4}(x - 4)$

EJERCICIOS

1 Halla la derivada de la función $y = 5x - x^2$ en los puntos de abscisas 1, 4 y 5.

2 Halla la derivada de la función $y = \dfrac{3}{x - 2}$ en los puntos de abscisas 1, −1 y 5. Halla las ecuaciones de las rectas tangentes a la gráfica de esta función en esos puntos.

3 Halla la derivada de la función $y = x^2 - 2x$ en los puntos de abscisas −2, −1, 0, 1, 2, 3 y 4.

7.3 FUNCIÓN DERIVADA DE OTRA

En el último ejercicio que se propone en la página anterior se pide calcular la derivada de la función $f(x) = x^2 - 2x$ en varios puntos. Los resultados son los siguientes:

x	–2	–1	0	1	2	3	4
$f'(x)$	–6	–4	–2	0	2	4	6

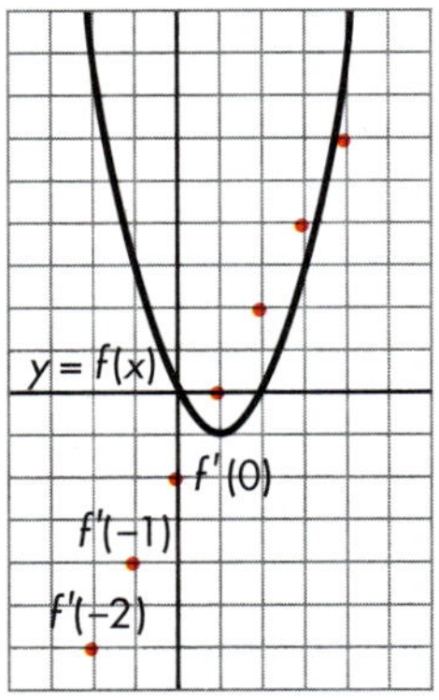

Observa que se trata de una nueva función, f', que asocia a cada abscisa, x, el valor de la pendiente (la derivada) de la función f en x.

$$x \rightarrow f'(x) \quad \text{[pendiente de } f \text{ en } x\text{]}$$

La función f' se llama **función derivada** de f [el nombre de la derivada viene de aquí, pues la función f' deriva (proviene) de la función f].

Los valores de la tabla anterior, (–2, –6), …, (4, 6), que son los puntos representados en rojo en la gráfica, corresponden a la recta $y = 2x - 2$.

Es decir, la derivada de $f(x) = x^2 - 2x$ es $f'(x) = 2x - 2$

Para probarlo, vamos a obtener la derivada de $f(x) = x^2 - 2x$ en un punto cualquiera, x, paso a paso, como lo hicimos en los ejemplos resueltos en la página anterior:

$$f(x+h) = (x+h)^2 - 2(x+h) = x^2 + 2xh + h^2 - 2x - 2h$$

$$f(x+h) - f(x) = (x^2 + 2xh + h^2 - 2x - 2h) - (x^2 - 2x) = 2xh + h^2 - 2h$$

$$\frac{f(x+h) - f(x)}{h} = \frac{2xh + h^2 - 2h}{h} = 2x + h - 2$$

$$\lim_{h \to 0} \frac{f(x+h) - f(x)}{h} = \lim_{h \to 0} (2x + h - 2) = 2x - 2$$

Por tanto, hemos obtenido que $f'(x) = 2x - 2$, como habíamos previsto.

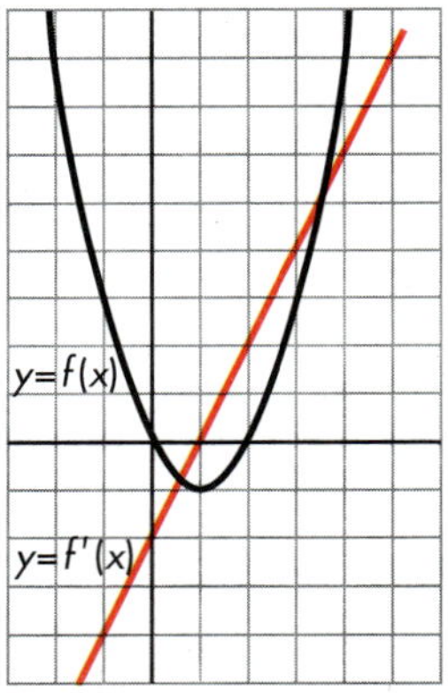

Se llama **función derivada de *f*** (o simplemente **derivada de *f***) a una función f' que asocia a cada abscisa, x, la derivada de f en ese punto, $f'(x)$, es decir, la pendiente de la curva $y = f(x)$ en ese punto. A la derivada de f la llamaremos f', o bien Df.

$$Df(x) = f'(x) = \lim_{h \to 0} \frac{f(x+h) - f(x)}{h}$$

EJERCICIOS

1 Halla la derivada de $f(x) = 5x - x^2$ y comprueba que, a partir de ella, se pueden obtener los valores concretos hallados en el ejemplo 1 y en el ejercicio 1 de la página anterior.

2 Halla la derivada de $f(x) = \dfrac{3}{x-2}$ y comprueba que, a partir de ella, se pueden obtener los valores concretos calculados en el ejemplo 2 y en el ejercicio 2 de la página anterior.

3 Halla la derivada de $f(x) = x^3 - 6x^2 + 9x - 4$.

■ UTILIDAD DE LA FUNCIÓN DERIVADA

I. Calcular la derivada de una función en varios puntos

Si deseamos obtener la derivada de una función $f(x)$ en varios puntos, $a, b, c, \ldots$:

- Hallaremos la expresión general de $f'(x)$.
- Sustituyendo en ella x por $a, b, c, \ldots$ hallaremos $f'(a)$, $f'(b)$, $f'(c)$, …

II. Averiguar para qué abscisa la derivada tiene un cierto valor

Para responder a la pregunta: "¿En qué abscisas la derivada tienen un cierto valor, k?":

- Hallaremos la expresión general de $f'(x)$.
- Resolveremos la ecuación $f'(x) = k$, pues sus soluciones son las abscisas buscadas.

En concreto, las abscisas de los máximos y mínimos de una función se encuentran entre las soluciones de la ecuación $f'(x) = 0$.

EJEMPLO

Sabemos que la función derivada de $f(x) = x^3 - 6x^2 + 9x - 4$ es $f'(x) = 3x^2 - 12x + 9$. a) Hallemos su derivada en los puntos -1, 0, 2 y 4. b) ¿En qué abscisas su derivada es cero?

a) Cálculo de f' en algunos puntos concretos:

$f'(-1) = 3 \cdot (-1)^2 - 12(-1) + 9 = 24$

$f'(0) = 9 \qquad f'(2) = -3 \qquad f'(4) = 9$

b) ¿Para qué valores se anula la derivada?

$$3x^2 - 12x + 9 = 0 \;\rightarrow\; x = \frac{12 \pm \sqrt{144 - 108}}{6} = \begin{cases} 1 \\ 3 \end{cases}$$

Se anula en las abscisas 1 y 3.

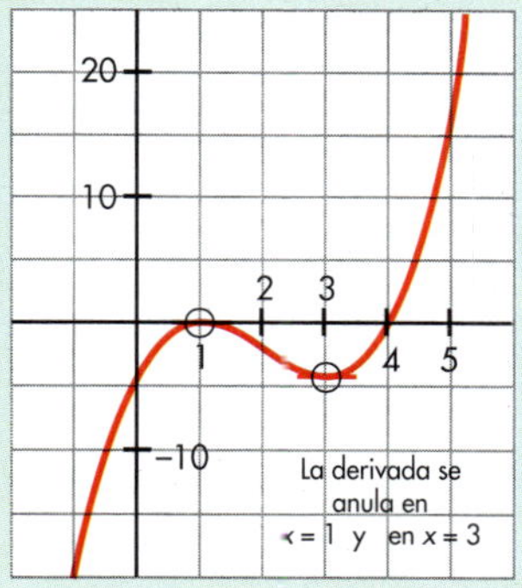

■ DERIVABILIDAD

Hay funciones que no tienen derivada en alguno de sus puntos:

- bien porque es un punto anguloso en el cual la curva no tiene tangente,
- bien porque la tangente es vertical y, por tanto, no tiene pendiente.

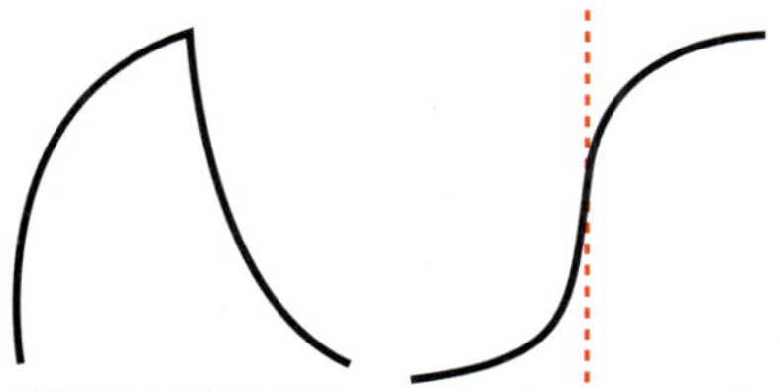

En los puntos en los que la función sí tiene derivada, se dice que es **derivable**. Las funciones que manejamos habitualmente son derivables en todos los puntos en los que están definidas, salvo en algunos en los que hay tangente vertical como, por ejemplo, $y = \sqrt{x}$ o $y = \sqrt[3]{x}$ en $x = 0$.

Para obtener un punto anguloso hay que empalmar dos curvas.

EJERCICIOS

4 Dada la función $f(x) = x^3 - 4x^2 + 1$, calcula la pendiente de la recta tangente en los puntos de abscisas -1, 1 y 3. ¿En qué abscisas la tangente es paralela al eje X?

7.4 REGLAS PARA OBTENER LAS DERIVADAS DE ALGUNAS FUNCIONES

En la página anterior hemos calculado la derivada de algunas funciones aplicando la definición de derivada. El proceso es largo y pesado. Sin embargo, existen unas sencillas reglas prácticas con las que se puede hallar, muy fácilmente, la derivada de cualquier función elemental.

Todas las reglas que vamos a dar se pueden demostrar, pero eso lo dejaremos para el próximo curso.

Ahora nos limitaremos a dar las reglas y a entender cómo se ponen en práctica.

■ DERIVADA DE UNA FUNCIÓN CONSTANTE

$D(k) = 0$ pues la pendiente de $y = k$ es cero en todos sus puntos.

■ DERIVADA DE *x*

$D(x) = 1$ pues la recta $y = x$ tiene pendiente 1 en todos sus puntos.

■ DERIVADA DE LA FUNCIÓN POTENCIA x^n

$D(x^n) = n\,x^{n-1}$ siendo n un número cualquiera

Esta regla es mucho más útil de lo que parece a simple vista, pues hay muchos tipos de funciones que se pueden poner en forma de potencia, como veremos ahora.

Por ejemplo:

$$D(x^5) = 5x^{5-1} = 5x^4$$

$$D\left(\frac{1}{x}\right) = D(x^{-1}) = -1x^{-1-1} = -1x^{-2} = -\frac{1}{x^2}$$

$$D\left(\sqrt{x^3}\right) = D(x^{3/2}) = \frac{3}{2}\,x^{\frac{3}{2}-1} = \frac{3}{2}\,x^{\frac{1}{2}} = \frac{3}{2}\sqrt{x}$$

$$D\left(\sqrt{x}\,/\,x^3\right) = D(x^{[(1/2)-3]}) = D(x^{-5/2}) = -\frac{5}{2}x^{-7/2}$$

■ DERIVADA DEL PRODUCTO DE UN NÚMERO POR UNA FUNCIÓN, $k \cdot f(x)$

$D[k \cdot f(x)] = k \cdot f'(x)$ Para derivar el producto de un número por una función multiplicamos el número por la derivada de la función.

Por ejemplo:

$$D(6x^5) = 6 \cdot D(x^5) = 6 \cdot 5x^4 = 30x^4$$

$$D\left(\frac{3}{2x}\right) = \frac{3}{2}D\left(\frac{1}{x}\right) = \frac{3}{2}\left(-\frac{1}{x^2}\right) = -\frac{3}{2x^2}$$

■ DERIVADA DE LA SUMA DE FUNCIONES, $f(x) + g(x)$

$D[f(x) + g(x)] = f'(x) + g'(x)$ Para hallar la derivada de la suma de dos funciones derivamos cada una de ellas y sumamos los resultados.

Con esta regla y las anteriores podemos derivar cualquier función polinómica.

Por ejemplo:

$$D(x^3 - 6x^2 + 9x - 4) = D(x^3) + D(-6x^2) + D(9x) + D(-4) = 3x^2 - 12x + 9$$

DERIVADA DE LAS FUNCIONES SENO, *sen x* Y COSENO, *cos x*

$$D(sen\ x) = cos\ x \qquad D(cos\ x) = -sen\ x$$

DERIVADA DE $f(ax + b)$

$$D[f(ax+b)] = a\,f'(ax+b)$$

Por ejemplo: $D\left[sen\left(2x + \frac{\pi}{2}\right)\right] = 2\ cos\left(2x + \frac{\pi}{2}\right)$

DERIVADA DEL PRODUCTO DE DOS FUNCIONES $f(x) \cdot g(x)$

$$D[f(x) \cdot g(x)] = f'(x) \cdot g(x) + f(x) \cdot g'(x)$$

La derivada del producto de dos funciones es igual a la derivada de la primera por la segunda más la primera por la derivada de la segunda

Por ejemplo: $D[(x^2 + 3x + 1)\ sen\ x] = (2x + 3)\ sen\ x + (x^2 + 3x + 1)\ cos\ x$

DERIVADA DEL COCIENTE DE DOS FUNCIONES $f(x) / g(x)$

$$D\left[\frac{f(x)}{g(x)}\right] = \frac{f'(x) \cdot g(x) - f(x) \cdot g'(x)}{[g(x)]^2}$$

La derivada del cociente de dos funciones es igual a la derivada del numerador por el denominador menos el numerador por la derivada del denominador, todo ello dividido por el cuadrado del denominador.

Por ejemplo:

$$D\left[\frac{x^3 + 5x - 1}{x^2 + 3x - 2}\right] = \frac{(3x^2 + 5)(x^2 + 3x - 2) - (x^3 + 5x - 1)(2x + 3)}{(x^2 + 3x - 2)^2} = \frac{x^4 + 6x^3 - 11x^2 + 2x - 7}{(x^2 + 3x - 2)^2}$$

EJERCICIOS

1 Halla la función derivada de las siguientes funciones:

a) $3x^2 - 5x + 1$

b) $5x^3 + x^2 - 6x + \pi$ (recuerda que π es un número, una "constante")

c) $5x^4 + 7x^2 - 2x + 3$

d) $\sqrt{x} + \sqrt[3]{x}$

e) $\sqrt{2x} + \sqrt[3]{5x}$

f) $\frac{5x}{2x^3}$

g) $\frac{1}{x\sqrt{x}}$

h) $\frac{1}{x}$

i) $\frac{1}{x+3}$

j) $\frac{1}{3x-1}$

k) $\frac{1}{(3x-1)^2}$

l) $4x^9 - \frac{3}{2}x^4 + x - 7$

m) $\frac{3x^3 - 5x^2 + 7x + 3}{x}$

n) $\frac{1}{x^4} - \frac{3}{x^2} + \frac{2}{x} + 1$

ñ) $\frac{2x^2 - 3x + 5}{x^2 - 3x + 5}$

o) $sen\ (3x - 5)\ cos\ (5x - 1)$

p) $cos\left(\frac{x}{2} - \pi\right)$

q) $3\ sen\left(\frac{\pi x}{3} - \pi\right)$

r) $2\ cos\ \frac{\pi}{3}$

s) $tg\ x = \frac{sen\ x}{cos\ x}$

UTILIZACIÓN DE LA DERIVADA PARA LA OBTENCIÓN DE MÁXIMOS Y MÍNIMOS

La función cuya gráfica vemos a la derecha tiene un **máximo relativo** en el punto C porque en él toma valores mayores que en los puntos que le rodean. No importa que la función valga menos en C que en A.

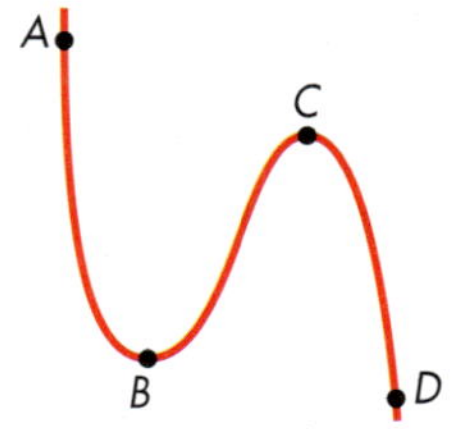

Análogamente, esa función tiene un **mínimo relativo** en B, aunque no valga menos que en D.

Para representar la gráfica de una función es fundamental conocer sus máximos y mínimos relativos.

Y si la función es derivable (es decir, si no tiene rupturas ni puntos picudos), sus **extremos relativos** tienen tangente horizontal: su derivada es cero en dichos puntos.

Como las funciones que manejamos habitualmente son derivables, para localizar sus extremos relativos averiguaremos dónde se anula su derivada.

Para hallar los extremos relativos (máximos y mínimos) de una función $f(x)$, derivable, resolvemos la ecuación $f'(x) = 0$.

Entre sus raíces se encuentran los extremos relativos de la función.

Para averiguar si cada una de ellas corresponde a un máximo o a un mínimo, representaremos los puntos hallando sus ordenadas y tendremos en cuenta las ramas infinitas de la función.

EJEMPLOS

1. *De la función $y = x^3 - 3x^2 + 7$ conocemos las ramas infinitas. Para representarla, recurrimos a su derivada para obtener sus extremos relativos.*

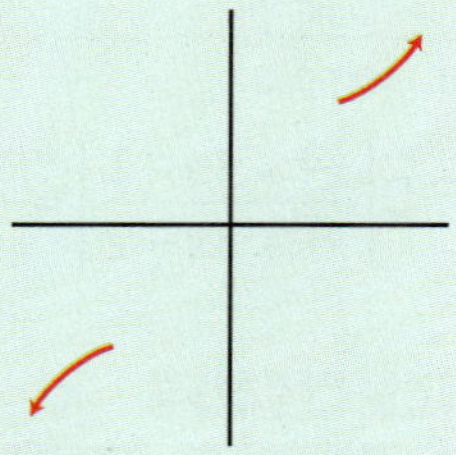

$$f'(x) = 3x^2 - 6x$$

$$f'(x) = 0 \Leftrightarrow 3x^2 - 6x = 0 \rightarrow x_1 = 0, \; x_2 = 2$$

La función tiene tangente horizontal en 0 y en 2.

Las ordenadas de estos puntos son:

$$f(0) = 7 \qquad f(2) = 3$$

Los puntos de tangente horizontal son (0, 7) y (2, 3).

Con ellos y las ramas infinitas, representamos la función.

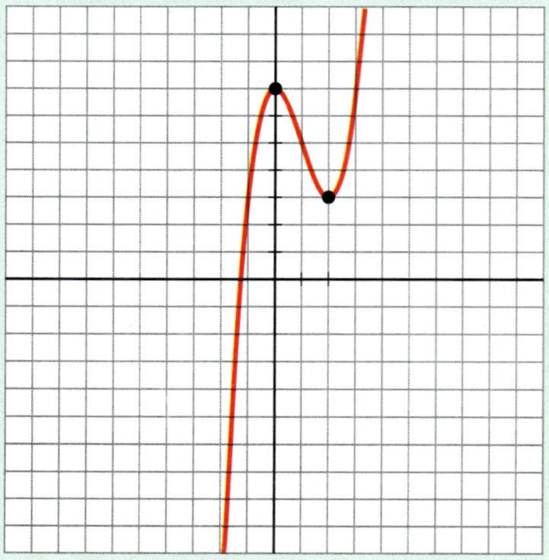

2. *De la función* $y = \dfrac{x^2 + 1}{x^2 - 2x}$ *conocemos las ramas infinitas, representadas por flechas.*

Con trazo punteado hemos representado la forma más sencilla en que podría dibujarse la gráfica. Según esto, habría dos puntos de tangente horizontal (un mínimo y un máximo) señalados con flechas rojas. Vamos a obtenerlos derivando la función.

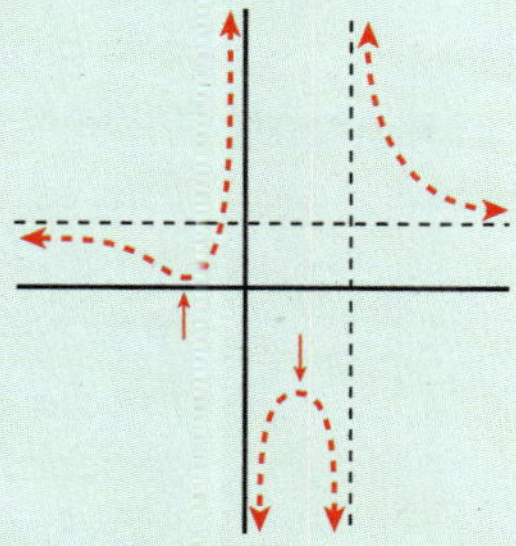

$$f'(x) = \frac{D(x^2+1)\cdot(x^2-2x) - (x^2+1)\cdot D(x^2-2x)}{(x^2-2x)^2} = \frac{2x(x^2-2x) - (x^2+1)(2x-2)}{(x^2-2x)^2} =$$

$$= \frac{2x^3 - 4x^2 - 2x^3 + 2x^2 - 2x + 2}{(x^2-2x)^2} = \frac{-2x^2 - 2x + 2}{(x^2-2x)^2}$$

Hallamos los valores de x para los cuales se anula la derivada: $f'(x) = 0$

Para que un cociente sea cero, ha de serlo el numerador:

$$-2x^2 - 2x + 2 = 0$$

$$x^2 + x - 1 = 0 \rightarrow x = \frac{-1 \pm \sqrt{1+4}}{2} = \frac{-1 \pm \sqrt{5}}{2} = \begin{cases} \dfrac{-1+\sqrt{5}}{2} \approx 0{,}62 \\[2mm] \dfrac{-1-\sqrt{5}}{2} \approx -1{,}62 \end{cases}$$

Los puntos de abscisas $\dfrac{-1+\sqrt{5}}{2}$ y $\dfrac{-1-\sqrt{5}}{2}$ tienen tangente horizontal. Hallemos sus ordenadas:

$$f\left(\frac{-1+\sqrt{5}}{2}\right) = \frac{10 - 2\sqrt{5}}{10 - 6\sqrt{5}} \approx -1{,}62 \qquad f\left(\frac{-1-\sqrt{5}}{2}\right) = \frac{10 + 2\sqrt{5}}{10 + 6\sqrt{5}} \approx 0{,}62$$

(0,62; –1,62) (–1,62; 0,62)

Representando estos dos puntos en un diagrama cartesiano, junto con las ramas infinitas, se puede trazar la gráfica de la función:

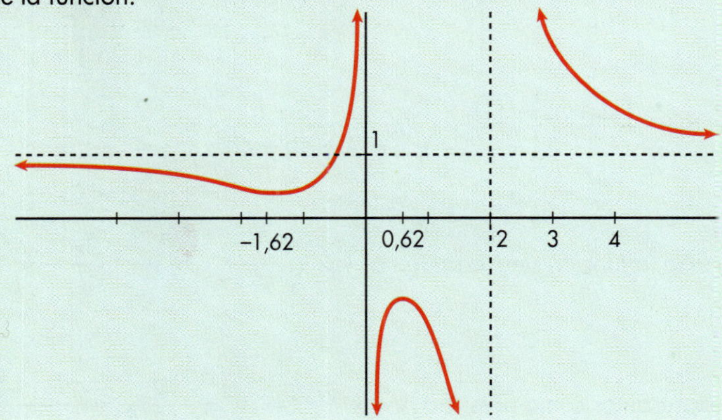

1 TASA DE VARIACIÓN MEDIA

Esta gráfica muestra la longitud del feto durante el embarazo.

Ésta es una función creciente. Sin embargo, la rapidez de crecimiento no es la misma en todo el embarazo.

Estudia el crecimiento medio cada 10 semanas y di en qué período crece más rápidamente.

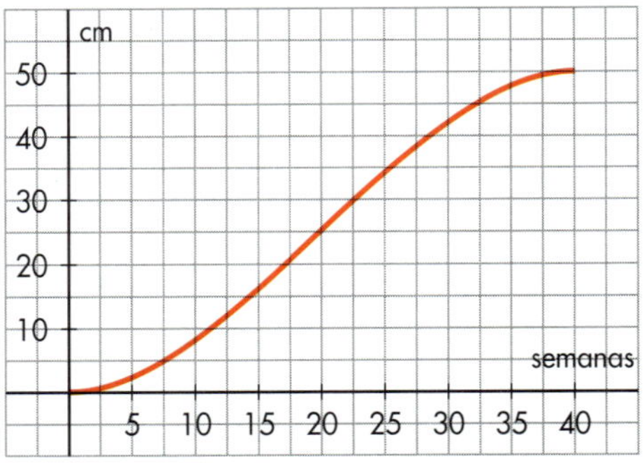

Resolución

Calculamos la tasa de variación media en los intervalos [0, 10], [10, 20], [20, 30], [30, 40]:

T.V.M. [0, 10] $= \dfrac{f(10)-f(0)}{10-0} = \dfrac{7{,}5-0}{10} = 0{,}75$ → Crece 0,75 cm por semana

T.V.M. [10, 20] $= \dfrac{25-7{,}5}{10} = 1{,}75$ → Crece 1,75 cm por semana

T.V.M. [20 ,30] $= \dfrac{42-25}{10} = 1{,}7$ → Crece 1,7 cm por semana

T.V.M. [30, 40] $= \dfrac{50-42}{10} = 0{,}8$ → Crece 0,8 cm por semana

Entre las semanas 10 y 20 se produce el crecimiento más rápido, 1,75 cm por semana.

2 DERIVADA EN UN PUNTO

Calcula la derivada de $f(x) = \dfrac{1}{x^2+1}$ *en el punto* $x = 1$.

Resolución

Hallamos la T.V.M. en el intervalo $[1, 1+h] = \dfrac{f(1+h)-f(1)}{h}$

$$f(1+h) = \frac{1}{(1+h)^2+1} = \frac{1}{2+2h+h^2} \qquad f(1) = \frac{1}{2}$$

$$\frac{f(1+h)-f(1)}{h} = \frac{-2h-h^2}{4+4h+2h^2} : h = \frac{-2h-h^2}{(4+4h+2h^2)\,h} = \frac{-2-h}{4+4h+2h^2}$$

Calculamos $f'(1) = \lim\limits_{h\to 0} \dfrac{f(1+h)-f(1)}{h} = \lim\limits_{h\to 0} \dfrac{-2-h}{4+4h+2h^2} = -\dfrac{2}{4} = -\dfrac{1}{2}$

3 REGLAS DE DERIVACIÓN

Halla la función derivada de: a) $y = \sqrt[3]{\dfrac{1}{x^2}}$ b) $y = \left(\dfrac{3x}{2} - 5\right)^4$ c) $y = \dfrac{3x-7}{x+2}$

Resolución

a) $y = \sqrt[3]{\dfrac{1}{x^2}}$. La expresamos como potencia $y = x^{-2/3} \rightarrow y' = -\dfrac{2}{3}\,x^{-5/3} = \dfrac{-2}{3\sqrt[3]{x^5}} = \dfrac{-2}{3x\sqrt[3]{x^2}}$

b) $y = \left(\frac{3x}{2} - 5\right)^4 \xrightarrow{*} y' = 4\left(\frac{3x}{2} - 5\right)^3 \cdot \frac{3}{2} = 6\left(\frac{3x}{2} - 5\right)^3$

c) $y = \frac{3x - 7}{x + 2}$. Es un cociente $\rightarrow y' = \frac{3(x+2) - (3x-7) \cdot 1}{(x+2)^2} = \frac{13}{(x+2)^2}$

(*) Aplicamos $D(x^n) = nx^{n-1}$ y $D[f(ax+b)] = a\,f'(ax+b)$

4 ECUACIÓN DE LA TANGENTE

Escribe la ecuación de la tangente a la curva $f(x) = \frac{x-3}{x+2}$ *en el punto de abscisa 1.*

Resolución

Sabemos que la pendiente de la tangente en $x = a$ es $f'(a)$. La ecuación de la recta tangente la escribimos utilizando la forma punto-pendiente: $y = f(a) + f'(a)(x - a)$.

- Hallamos el punto de tangencia: $x = 1$; $f(1) = -2/3 \rightarrow P(1, -2/3)$
- La pendiente de la tangente la obtenemos calculando el valor de la derivada en el punto de tangencia:

$$f'(x) = \frac{1 \cdot (x+2) - (x-3) \cdot 1}{(x+2)^2} = \frac{5}{(x+2)^2} \rightarrow f'(1) = \frac{5}{9}$$

- Escribimos la ecuación de la tangente: $y = -\frac{2}{3} + \frac{5}{9}(x - 1) \rightarrow \boxed{5x - 9y - 11 = 0}$

5 MÁXIMOS Y MÍNIMOS

Halla los puntos de tangente horizontal de la función $f(x) = -\frac{x^3}{3} + 3x^2 - 8x + 16$. *Con la ayuda de las ramas infinitas, di si son máximos o mínimos y haz la gráfica de* $f(x)$.

Resolución

- En los puntos de tangente horizontal la derivada es igual a 0.

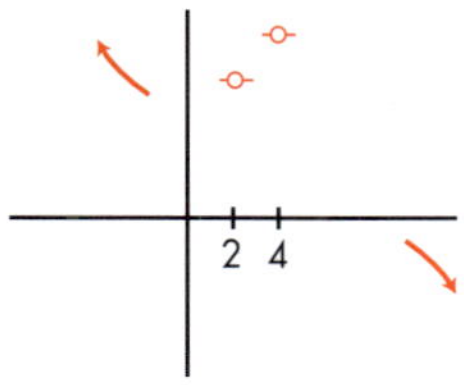

$f'(x) = -x^2 + 6x - 8 \rightarrow -x^2 + 6x - 8 = 0 \begin{cases} x = 2 \\ x = 4 \end{cases}$

$x = 2 \rightarrow f(2) = -\frac{8}{3} + 12 - 16 + 16 = \frac{28}{3}$

$x = 4 \rightarrow f(4) = -\frac{64}{3} + 48 - 32 + 16 = \frac{32}{3}$

- Ramas infinitas: $\lim_{x \to -\infty} \left(-\frac{x^3}{3} + 3x^2 - 8x + 16\right) = \infty$, $\lim_{x \to \infty} f(x) = -\infty$

$\left(2, \frac{28}{3}\right)$ es mínimo. $\left(4, \frac{32}{3}\right)$ es máximo.

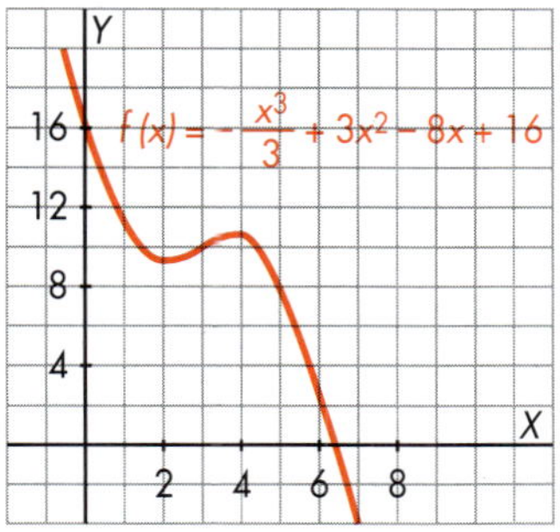

- Puntos de corte con los ejes: $x = 0 \rightarrow y = 16$ $(0, 16)$

  No podemos determinar en qué punto corta a OX porque no sabemos resolver la ecuación $f(x) = 0$. Dando valores a x, podemos comprobar que el punto de corte está entre $x = 6$ y $x = 7$.

6 GRÁFICA DE UNA FUNCIÓN POLINÓMICA

De una función polinómica sabemos que:

- $\lim_{x \to -\infty} f(x) = -\infty \qquad \lim_{x \to \infty} f(x) = -\infty$
- *Tiene tangente horizontal en* $(0, -3)$ *y en* $(3, 2)$.
- *Corta al eje* OX *en* $(2, 0)$ *y en* $(5, 0)$.

Represéntala gráficamente y di si los puntos de tangente horizontal son máximos o mínimos.

Resolución

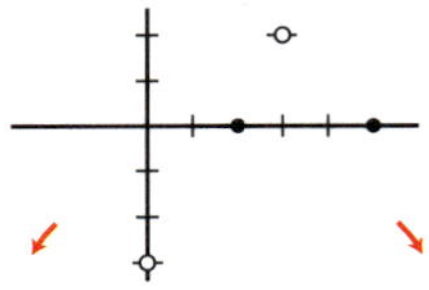

Tenemos toda la información necesaria para hacer la gráfica.

Representamos esta información y observamos que el punto $(3, 2)$ es un máximo y el punto $(0, -3)$ no es máximo ni mínimo.

Uniendo esos puntos y teniendo en cuenta las ramas infinitas, la gráfica es como ves a la derecha.

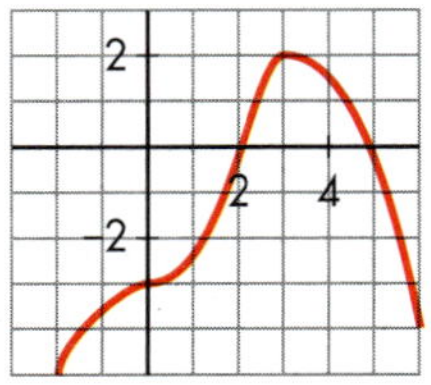

7 GRÁFICA DE UNA FUNCIÓN RACIONAL

Estudia el dominio, asíntotas y puntos de tangente horizontal de la función $y = \dfrac{x^2}{4 - x^2}$ *y represéntala gráficamente.*

Resolución

- Dominio: $\mathbb{R} - \{-2, 2\}$
- Asíntotas verticales: $x = 2, \; x = -2$

  Posición de la curva respecto de las asíntotas:

$$x = 2 \begin{cases} x < 2, & y \to \infty \\ x > 2, & y \to -\infty \end{cases} \qquad x = -2 \begin{cases} x < -2, & y \to -\infty \\ x > -2, & y \to \infty \end{cases}$$

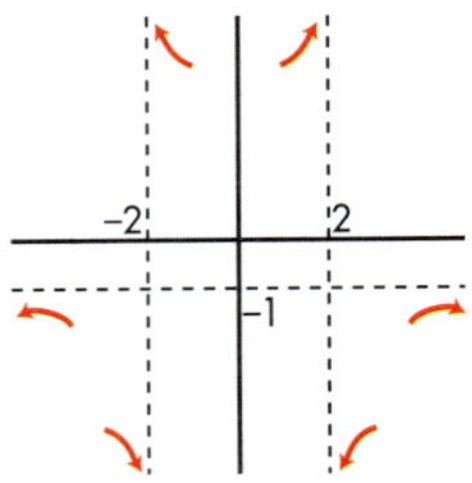

- Asíntota horizontal: $y = -1$

  Posición de la curva respecto de la asíntota:

  Si $x \to \infty, \; y < -1$

  Si $x \to -\infty, \; y < -1$

La representación de esta información nos sugiere que la curva va a tener un mínimo entre $x = -2$ y $x = 2$.

- Hallamos los puntos de tangente horizontal:

$$y' = \frac{8x}{(4 - x^2)^2}$$

$$y' = 0 \to 8x = 0 \to x = 0; \; f(0) = 0$$

  El punto $(0, 0)$ es el mínimo.

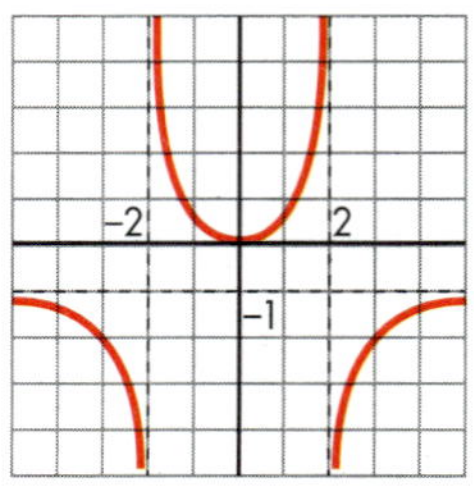

EJERCICIOS Y PROBLEMAS PROPUESTOS

EJERCICIOS PARA PRACTICAR

Tasa de variación media

1 Calcula la tasa de variación media de esta función en los intervalos:

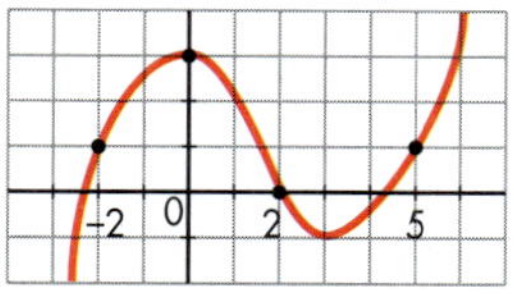

a) $[-2, 0]$

b) $[0, 2]$

c) $[2, 5]$

☛ *Calcula* $\frac{f(0) - f(-2)}{0 - (-2)}$, *halla* $f(0)$ *y* $f(-2)$ *observando la gráfica.*

2 Halla la tasa de variación media de estas funciones en el intervalo $[1, 3]$ e indica si dichas funciones crecen o decrecen en ese intervalo:

a) $f(x) = 1/x$ b) $f(x) = (2 - x)^3$

c) $f(x) = x^2 - x + 1$

☛ *Si la T.V.M. es positiva, la función crece.*

3 Calcula la T.V.M. de $f(x) = 3x - 2$ en los intervalos $[-1, 2]$, $[1, 3]$ y $[-3, 4]$. Justifica por qué obtienes el mismo resultado.

☛ *f es una recta y su pendiente es constante.*

4 Dada la función $f(x) = x^2 - 1$, halla la tasa de variación media en el intervalo $[2, 2 + h]$.

☛ $f(2 + h) = (2 + h)^2 - 1$.

5 Comprueba que la T.V.M. de la función $f(x) = -x^2 + 5x - 3$ en el intervalo $[1, 1 + h]$ es igual a $-h + 3$.

Calcula la tasa de variación media de esa función en los intervalos $[1, 2]$, $[1; 1{,}5]$, $[1; 1{,}1]$, $[1; 1{,}01]$, utilizando la expresión anterior.

Derivada en un punto

6 Halla el valor del crecimiento de $f(x) = (x - 3)^2$ en los puntos $x = 1$ y $x = 3$.

7 Aplicando la definición de derivada, calcula $f'(-2)$, $f'(3)$ y $f'(a)$, siendo $f(x) = \frac{2x - 3}{5}$.

8 Halla la derivada de la función $f(x) = \frac{3}{x}$ en el punto $x = 1$ utilizando la definición de derivada.

9 Halla la pendiente de la tangente a la curva $y = x^2 - 5x + 1$ en el punto de abscisa $x = -2$.

10 Halla los puntos en los que la derivada es igual a 0 en las siguientes funciones:

a) $y = 3x^2 - 2x + 1$ b) $y = x^3 - 3x^2$

11 Comprueba que la función $f(x) = \frac{3x - 7}{2}$ no tiene ningún punto de derivada nula.

Función derivada

Halla la función derivada de las siguientes funciones y calcula su valor en los puntos que se indican:

12 $y = 2x^3 + 3x^2 - 6;\ x = 1$

13 $y = \cos(2x + \pi);\ x = 0$

14 $y = \frac{x}{3} + \sqrt{2};\ x = -\frac{17}{3}$

15 $y = \frac{1}{7x + 1};\ x = 0$

16 $y = \operatorname{sen}\frac{x}{2} + \cos\frac{x}{2};\ x = \pi$

17 $y = \frac{2}{(x + 3)^2};\ x = -1$

18 $y = \frac{x^3}{2} + \frac{3}{2}x^2 - \frac{x}{2};\ x = 2$

19 $y = \frac{1}{\sqrt{x - 4}};\ x = 8$

20 $y = 3\operatorname{sen}(2x - \pi);\ x = \frac{\pi}{2}$

21 $y = (5x - 2)^3;\ x = \frac{1}{5}$

22 $y = \frac{x + 5}{x - 5};\ x = 3$

23 $y = x + \operatorname{sen} x;\ x = \pi$

24 $y = x\cos x;\ x = \frac{3\pi}{2}$

25 $y = \operatorname{sen} x \cdot \cos x;\ x = \dfrac{\pi}{4}$

26 $y = \dfrac{x^3 - x^2}{x^2};\ x = -\sqrt{2}$

27 $y = \dfrac{x^2 - 5x + 6}{x - 1};\ x = 2$

28 $y = \sqrt[3]{x + 6};\ x = -3$

29 $y = \dfrac{-3}{\sqrt{1 - x}};\ x = 0$

30 $y = \dfrac{1}{3x} + \dfrac{x}{3};\ x = 1$

31 $y = \dfrac{x}{1 + x^2};\ x = -1$

32 $y = \dfrac{x^3}{(x - 1)^2};\ x = 0$

33 $y = \dfrac{x^3}{x^2 - 4};\ x = 1$

34 $y = \operatorname{sen} \dfrac{3\pi}{2};\ x = 2$

35 $y = \dfrac{x^3 + 2x}{x^2 + 1};\ x = -1$

36 $y = \dfrac{2x}{(x + 1)^2};\ x = -2$

PROBLEMAS PARA RESOLVER

37

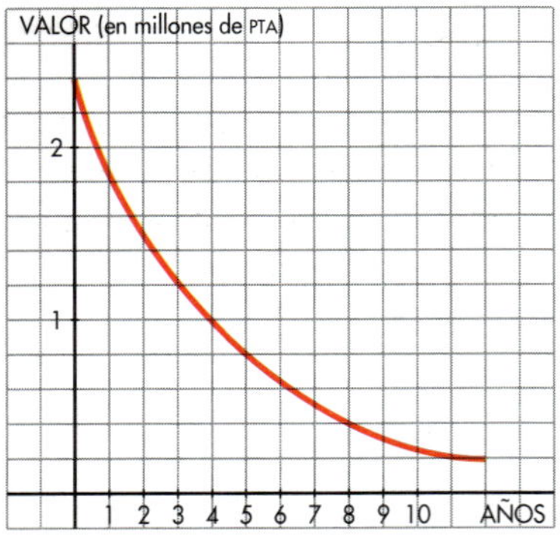

Los coches, una vez que se compran, empiezan a perder valor: un 20% cada año, aproximadamente. Esta gráfica muestra el valor de un coche desde que se compró hasta 10 años más tarde. Calcula lo que se deprecia el coche en los dos primeros años, entre los años 4 y 6, y entre los años 8 y 10. ¿Es constante la depreciación?

38 Halla f' en los puntos de abscisas -3, 0 y 4.

☛ *Halla las pendientes de las tangentes trazadas en esos puntos.*

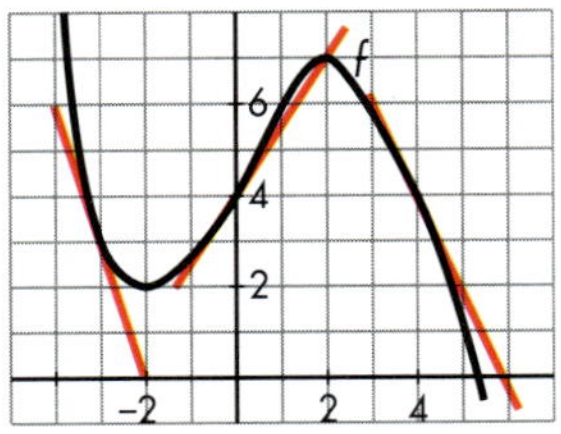

39 Indica, en la gráfica del ejercicio anterior, los puntos en los que la derivada es cero. En $x = 1$, ¿la derivada es positiva o negativa? ¿Y en $x = 3$?

40 ¿Existe algún punto en esta función en el que la derivada sea negativa?

Compara los valores de $f'(-2)$, $f'(2)$ y $f'(0)$.

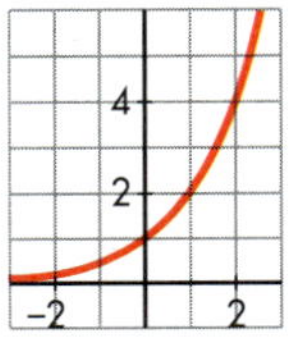

41 La ecuación de la recta tangente a una función $f(x)$ en el punto de abscisa $x = 2$ es $4x - 3y + 1 = 0$. ¿Cuál es el valor de $f'(2)$? ¿Y el de $f(2)$?

☛ *Halla la pendiente de esa recta y ten en cuenta su relación con la derivada.*

42 Indica en cada una de estas funciones los valores de x en los que f' es positiva y en los que f' es negativa.

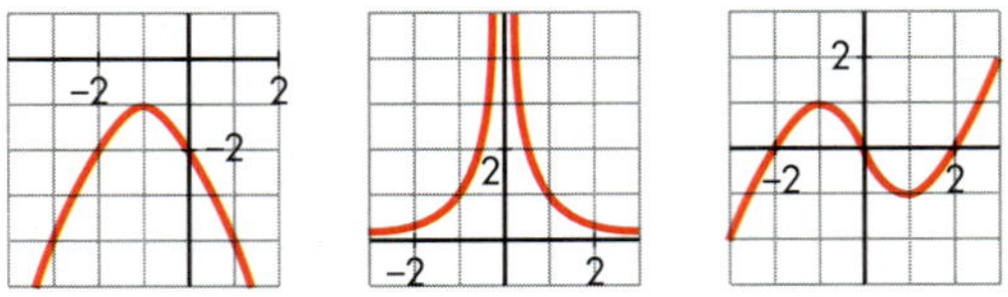

☛ *Observa su crecimiento y decrecimiento. La primera crece si* $x < -1$.

43 Escribe la ecuación de la tangente a la curva $y = -x^2 + 2x + 5$ en el punto de abscisa $x = -1$.

44 Escribe la ecuación de la tangente a la curva $y = x^2 + 4x + 1$, cuya pendiente sea igual a 2.

45 Halla la ecuación de la tangente a la curva $y = \sqrt{x+1}$ en $x = 0$.

46 La tasa de variación media de una función $f(x)$ en el intervalo $[3, 3 + h]$ es igual a $\dfrac{2 - 3h}{h + 1}$.

¿Cuál es el crecimiento de esa función en $x = 3$?

47 Escribe la ecuación de la tangente a la curva $y = x^3 - 3x$ que sea paralela a la recta $6x - y + 10 = 0$.

☛ *Hay dos soluciones.*

48 Escribe las ecuaciones de las tangentes a la función $y = 4 - x^2$ en los puntos de corte con el eje de abscisas.

49 Halla los puntos de tangente horizontal de la función $y = x^3 - 3x^2 - 9x - 1$.

50 ¿En qué puntos de $y = 1/x$ la tangente es paralela a la bisectriz del segundo cuadrante? ¿Existe algún punto de tangente horizontal en esa función?

51 Representa una función $y = f(x)$ de la que sabemos:

- Es continua.
- $\lim\limits_{x \to -\infty} f(x) = \infty$; $\lim\limits_{x \to \infty} f(x) = -\infty$
- Tiene tangente horizontal en $(-3, 2)$ y en $(1, 5)$.

Indica si los puntos de tangente horizontal son máximos o mínimos.

52 De una función polinómica sabemos que:

- $\lim\limits_{x \to -\infty} f(x) = \infty$; $\lim\limits_{x \to \infty} f(x) = \infty$
- Su derivada es 0 en $(-2, 2)$ y en $(2, -1)$.
- Corta a los ejes en $(0, 0)$ y en $(4, 0)$.

Represéntala gráficamente.

53 Representa la función continua $y = f(x)$ de la que sabemos:

- En los puntos $(-1, -2)$ y $(1, 2)$ la tangente es horizontal.
- Sus ramas infinitas son así:

54 Comprueba que la función $y = (x - 1)^3$ pasa por los puntos $(0, -1)$, $(1, 0)$ y $(2, 1)$. Su derivada se anula en el punto $(1, 0)$. ¿Puede ser un máximo o un mínimo ese punto?

55 Comprueba que la función $y = \dfrac{x^2 + 1}{x}$ tiene dos puntos de tangente horizontal, $(-1, -2)$ y $(1, 2)$; sus asíntotas son $x = 0$ e $y = x$ y la posición de la curva respecto de las asíntotas es la de la derecha. Represéntala.

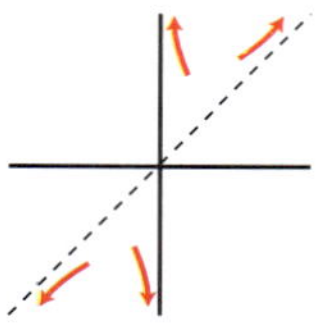

56 Comprueba que la función $y = \dfrac{2x^2}{x^2 + 1}$:

- Tiene derivada nula en $(0, 0)$.
- La recta $y = 2$ es una asíntota horizontal.
- Posición de la curva respecto a la asíntota:

  Si $x \to -\infty$, $y < 2$

  Si $x \to \infty$, $y < 2$

Represéntala.

57 Completa la gráfica de una función de la que sabemos que tiene tres puntos de tangente horizontal:

$\left(-3, -\dfrac{5}{2}\right)$, $(0, 0)$ y $\left(3, \dfrac{5}{2}\right)$

y que sus ramas infinitas son las representadas.

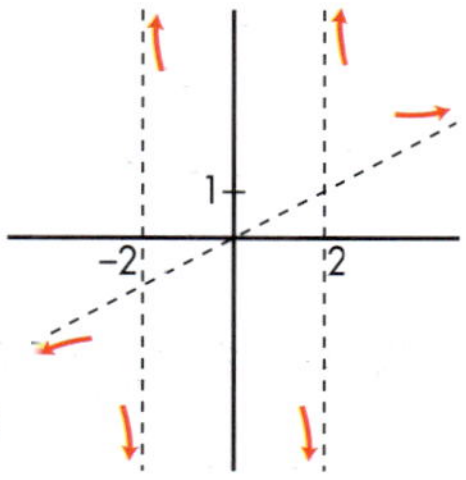

58 En cada una de las siguientes funciones, halla los puntos de tangente horizontal y, con ayuda de las ramas infinitas, decide si son máximos o mínimos. Represéntalas:

a) $y = x^3 - 3x^2$

b) $y = x^3 - 3x + 2$

c) $y = x^4 + 4x^3$

d) $y = x^3 - 9x^2 + 24x - 20$

e) $y = 12x - x^3$

f) $y = -x^4 + x^2$

g) $y = x^5 - 6x^3 - 8x - 1$

h) $y = x^4 - 8x^2 + 2$

59 Representa estas funciones hallando los puntos de tangente horizontal y estudiando sus ramas infinitas:

a) $y = x^3 - 2x^2 + x$ b) $y = -x^4 + 2x^2$

c) $y = \dfrac{x}{x^2 + 5x + 4}$ d) $y = \dfrac{1}{x^2 - 3x + 2}$

e) $y = \dfrac{x}{(x + 5)^2}$ f) $y = \dfrac{2x^2}{x + 2}$

60 Comprueba que estas funciones no tienen puntos de tangente horizontal. Represéntalas estudiando sus ramas infinitas y los puntos de corte con los ejes:

a) $y = \dfrac{x - 3}{x + 2}$ b) $y = \dfrac{x^2 - 1}{x}$

c) $y = \dfrac{x^3}{3} + 4x$ d) $y = \dfrac{1}{(x - 2)^2}$

61 Estudia y representa las siguientes funciones:

a) $y = \dfrac{x}{x^2 - 16}$ f) $y = \dfrac{x^2}{1 - x^2}$

b) $y = \dfrac{x}{1 - x^2}$ g) $y = \dfrac{x^2}{x^2 - 4x + 3}$

c) $y = \dfrac{x + 2}{x^2 - 6x + 5}$ h) $y = \dfrac{x^2}{(x - 2)^2}$

d) $y = \dfrac{(x - 1)^2}{x + 2}$ i) $y = \dfrac{x^2 - x + 1}{x^2 + x + 1}$

e) $y = \dfrac{x^2 - 1}{x + 2}$ j) $y = \dfrac{x^2 - 5}{2x - 4}$

62 a) Cuál es la derivada de $y = 2x - 8$ en cualquier punto?

b) ¿Cuánto ha de valer x para que la derivada de $y = x^2 - 6x + 5$ sea igual a 2?

c) ¿En qué punto la recta tangente a la gráfica de la función $y = x^2 - 6x + 5$ es paralela a la recta $y = 2x + 8$?

63 ¿En qué puntos la recta tangente a $y = x^3 - 4x$ tiene la pendiente igual a 8?

64 Escribe las ecuaciones de las rectas tangentes a la curva $y = \dfrac{2x}{x - 1}$ que son paralelas a la recta $2x + y = 0$.

65 Halla una función de segundo grado sabiendo que pasa por (0, 1) y que la pendiente de la recta tangente en el punto (2, –1) vale 0.

☛ *Llama a la función $f(x) = ax^2 + bx + c$ y ten en cuenta que $f(0) = 1$, $f(2) = -1$ y $f'(2) = 0$.*

66 Halla el vértice de la parábola

$$y = x^2 + 6x + 11$$

teniendo en cuenta que en ese punto la tangente es horizontal.

67 Determina la parábola $y = ax^2 + bx + c$ que es tangente a la recta $y = 2x - 3$ en el punto $A(2, 1)$ y que pasa por el punto $B(5, -2)$.

68 Halla el valor de x para el que las tangentes a las curvas $y = 3x^2 - 2x + 5$ e $y = x^2 + 6x$ sean paralelas y escribe las ecuaciones de esas tangentes.

69 Halla a, b y c en $f(x) = x^3 + ax^2 + bx + c$ de modo que la gráfica de f tenga tangente horizontal en $x = -4$ y en $x = 0$ y que pase por $(1, 1)$.

70 Representa la función $y = \begin{cases} 2, & \text{si } x < 3 \\ -1, & \text{si } x \geq 3 \end{cases}$ y razona sobre ella en qué punto no es derivable.

71 Estudia la derivabilidad de la función cuya gráfica es:

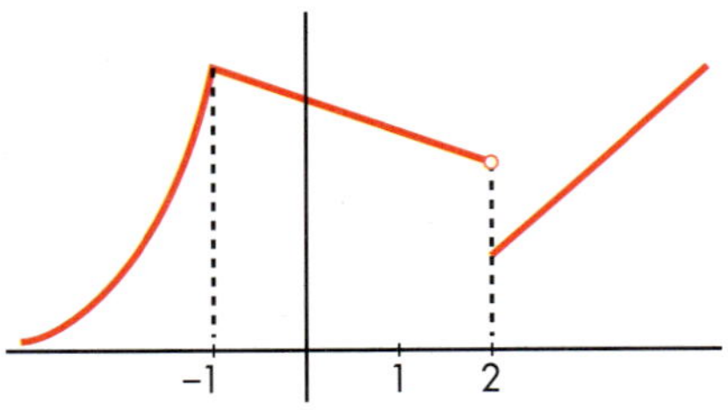

72 Representa la función $y = |x - 2|$ y di en qué punto no es derivable.

73 Representa la función $f(x) = \begin{cases} 2x - 1, & x < 2 \\ 1, & x \geq 2 \end{cases}$

a) Calcula $f'(0)$ y $f'(3)$.

b) Explica si existe $f'(2)$.

CUESTIONES TEÓRICAS

74 Pon ejemplos de funciones f cuya derivada sea $f'(x) = 2x$. ¿Cuántas existen?

75 La tangente a una curva en un punto, ¿puede cortar a la curva en otro punto? Haz un gráfico que lo aclare.

76 Ésta es la gráfica de la función $y = x^3$.

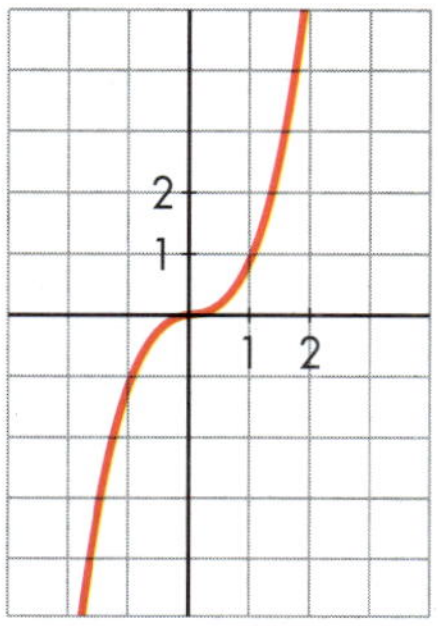

Halla su tangente en $x = 0$ y comprueba que obtienes la recta $y = 0$.

¿Por qué podemos asegurar que el eje de abscisas es la tangente de esa curva en $(0, 0)$?

77 ¿Qué relación existe entre f y g? ¿Y entre f' y g'?

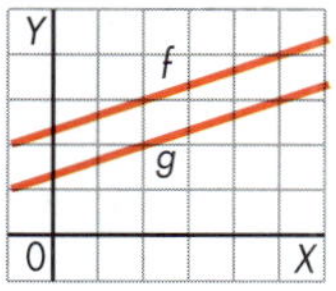

78 ¿Qué relación existe entre las funciones f y g? ¿Y entre sus funciones derivadas?

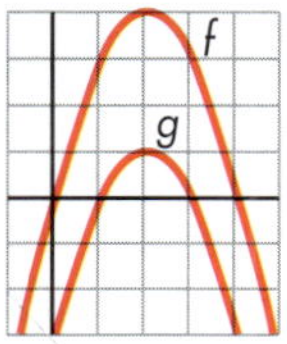

☛ *Cada punto de f está 3 unidades más arriba que el correspondiente de g.*

79 ¿Existe algún punto en el que la función $y = \sqrt{x}$ no es derivable?

80 Dibuja una función que tenga derivada nula en $x = 1$ y en $x = -1$, derivada negativa en el intervalo $[-1, 1]$ y positiva para cualquier otro valor de x.

81 Explica en qué puntos no es derivable esta función y calcula sobre la gráfica $f'(-2)$, $f'(0)$ y $f'(3)$.

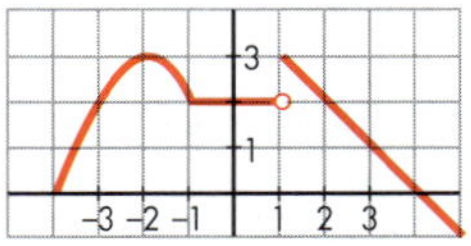

82 Considera las funciones:

$$f(x) = 2x^2 \quad \text{y} \quad g(x) = x^2 - 3x$$

¿En qué intervalo crece más rápidamente f que g?

PARA PROFUNDIZAR

83 Halla la derivada de $y = \sqrt{x+3}$ en $x = 1$, calculando la T.V.M. en $[1, 1 + h]$ para valores de h muy pequeños, con ayuda de la calculadora.

☛ *Dale a h los valores 0,01; 0,001; 0,0001.*

84 Halla la derivada de $f(x) = \sqrt{x}$ en el punto de abscisa 2 aplicando la definición.

☛ *Para calcular* $\lim\limits_{h \to 0} \dfrac{\sqrt{2+h} - \sqrt{2}}{h} = \dfrac{0}{0}$, *simplifica la fracción multiplicando el numerador y el denominador por* $\sqrt{2+h} + \sqrt{2}$.

85 Estudia el crecimiento y el decrecimiento de estas funciones analizando el signo de su derivada:

a) $y = \dfrac{x-3}{5}$

b) $y = x^2 - 5x + 3$

c) $y = \dfrac{3x^2 - 2x + 1}{4}$

d) $y = 1 + 2x - x^2$

e) $y = x^3$

f) $y = (x + 1)^4$

g) $y = (2 - x)^5$

86

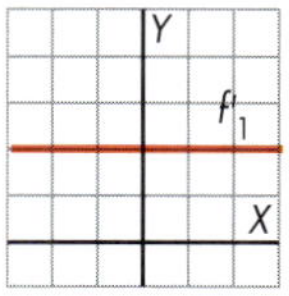

Ésta es la gráfica de la función derivada de f_1.

a) ¿Tiene f_1 algún punto de tangente horizontal?

b) Estudia su crecimiento o decrecimiento. Justifica tus respuestas.

87

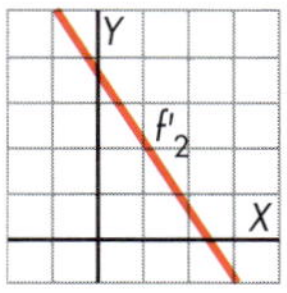

Contesta las mismas preguntas del ejercicio anterior observando la gráfica de la derivada de la función f_2.

III ESTADÍSTICA

LA ESTADÍSTICA

La palabra Estadística puede evocar una gran cantidad de cosas: números, tablas, curvas, promedios, desviación, índices de compra... En el uso más familiar quiere decir, simplemente, información numérica, ordenada en ciertas tablas o gráficas. En su vertiente más técnica, la Estadística es un poderoso instrumento de decisión, una ciencia que usa los números para obtener conocimiento de la naturaleza y de la experiencia. La Estadística es un conjunto de métodos que nos ayuda a tomar decisiones razonables, incluso en casos de incertidumbre.

EL ORIGEN DE LA ESTADÍSTICA

El origen de la estadística está estrechamente relacionado con los censos realizados a lo largo de la historia. Desde las culturas más antiguas, existe una enorme preocupación por conocer el capital humano y la distribución de los recursos. En **China**, desde la cultura Han hasta los tiempos modernos, se han llevado a cabo numerosos recuentos de la población. El **Imperio Romano** erigió la figura del **censor**, que con el paso del tiempo fue desempeñando una labor fundamental en el control del Imperio. La misión de los censores romanos consistía en controlar el número de habitantes y su distribución por los distintos territorios.

El primer censo fue realizado por el emperador **Servio Tulio** (578-535 a. de C.). Algunos casos han quedado reflejados en la Biblia; así, la disposición de **César Augusto** está descrita en el evangelio de **San Lucas**. La Biblia también recoge un censo que tuvo una importancia trascendental para el pueblo de Israel, recogida en Los Números 1 (La Biblia).

En la Edad Media, **Carlomagno** ordenó la creación de un registro de todas sus propiedades, así como de los bienes privados. Dos siglos más tarde, **Guillermo I, el Conquistador**, elaboró un catastro que puede considerarse el primero de Europa.

En el año 1662, el inglés **John Graunt** publicó un tratado con las observaciones políticas y naturales referidas a la ciudad de Londres. Puede considerarse el primer trabajo estadístico serio sobre la población. Nacía así una nueva ciencia: la estadística.

Curiosamente, J. Graunt no conocía algunos de los trabajos de **B. Pascal** (1623-1662) ni de **C. Huygens** (1629-1695) sobre estos mismos temas. En Londres y en París se estaban construyendo, casi de manera simultánea, las dos disciplinas que actualmente llamamos estadística y probabilidad.

El término estadística, hasta el siglo XVIII, denotaba las características más notables de un Estado (aún en el Diccionario de la Real Academia se da esta definición). Con la escuela Alemana del siglo XVIII, el término estadística queda definitivamente acuñado. Su artífice fue **G. Achenwall** (1719-1772).

En resumen, la estadística en sus orígenes era más bien una ciencia de carácter demográfico que, acaso, debiera llamarse **Aritmética Política**. Con el avance de los métodos matemáticos y la figura del matemático belga **Adolphe Quetelet** (1796-1874), la estadística dio un paso de gigante. En él se sentaron las bases fundamentales del futuro trabajo estadístico: los conceptos de desviación, valor medio, curva normal y otros muchos. La estadística, poco a poco, fue invadiendo la mayoría de los campos de las ciencias naturales y humanas.

LA COMBINATORIA

Los problemas de combinatoria, por su misma naturaleza, debieron interesar al ser humano desde el principio. Hay vestigios escritos de problemas combinatorios que se remontan al tercer milenio a. de C.

La combinatoria moderna nace con la figura de B. Pascal, quien en 1654 estudia a fondo lo que hoy llamamos triángulo de Tartaglia y relaciona, por primera vez, los coeficientes del desarrollo de una potencia de un binomio con los números combinatorios. Posteriormente, muchos matemáticos realizaron valiosas aportaciones al campo combinatorio. Cabe destacar, entre todos, al ilustre **L. Euler** (1707-1783). Hoy la combinatoria juega un papel importante en la estadística y la probabilidad.

HISTORIA DE LA CURVA NORMAL

En el año 1733, el matemático **Abraham de Moivre** publica un escrito en el que da a conocer sus "pequeñas" investigaciones respecto a la experimentación con monedas, relacionando la distribución **binomial** con la llamada distribución **normal**. Sin embargo, la curva cayó en el olvido.

Gauss (1777-1855) y **Laplace** (1749-1827), ante el problema de calcular lo más exactamente posible, a partir de la colocación de los impactos sobre una diana, el lugar en que se hallaba el blanco, vuelve a descubrir la curva normal y su ecuación, llamándola "curva de errores".

El matemático **A. Quetelet** averiguó que muchos resultados de censos, medidas, etc., mostraban inesperadamente unas distribuciones de frecuencia con las mismas características que la "curva de errores". Ésta se empezó a aplicar en los campos más dispares. La admiración por la curva normal (o de errores) por parte de algunos matemáticos, llevó a decir a **Galton** (1822-1911): *Si los griegos la hubieran conocido, la habrían adorado como un dios.*

REGRESIÓN

El término *regresión* fue acuñado por Galton.

Galton estudió la siguiente distribución bidimensional: *estatura media de un matrimonio–estatura media de sus hijos adultos.*

Encontró una correlación fuerte: cuanto mayor era la primera, mayor era la segunda.

Sin embargo, observó que a padres de estatura muy elevada corresponden hijos altos, pero no tanto. Y a padres muy bajos, corresponden hijos no tan bajos. Es decir, parece que la estatura de los hijos se aproxima a los valores medios de la población.

Según Galton, la estatura de los hijos *regresa* hacia la media de la población. De ahí el término *regresión* que, desde entonces, se utiliza para designar una relación estadística cualquiera.

PARA CENTRARTE EN EL TEMA, PIENSA Y RESUELVE

1. La cantidad de información disponible suele ser enorme

El "cuaderno de notas" de un profesor contiene una enorme cantidad de información: de cada uno de sus alumnos y alumnas hay calificaciones, observaciones sobre cómo responde en clase, cómo lleva el cuaderno, actitud, datos familiares y personales…, junto con las fechas en las que se realizaron las observaciones.

Esa información es, sin embargo, una ínfima parte de lo que el profesor observa en clase. Como es lógico, sólo anota lo más relevante.

Sin duda conoces el censo municipal que se realiza cada pocos años. En él se recaban datos de cada vivienda relativos a la casa, a la unidad familiar que la habita y a cada uno de sus miembros.

- Intenta recordar (o averiguar) algunos de los datos que se preguntan en el censo.
- Imagina qué otras cosas se podrían preguntar.

2. Para hacer una estadística hay que seleccionar y organizar los datos

Si el profesor quiere utilizar sus datos, no ya para su uso personal como profesor de ese curso, sino para realizar comparaciones con otros cursos y otros profesores, tendrá que realizar un tratamiento estadístico de ellos:

a) Seleccionará lo más importante de cada alumno o alumna (por ejemplo, su nota final).

b) Hará una tabla clasificando a los alumnos y alumnas por sus notas.

c) Acaso representará gráficamente los resultados.

d) Hallará algunos parámetros relativos a la distribución de notas finales de los estudiantes de ese curso.

NOTAS	Nº DE ALUMNOS
1 – 2	2
3 – 4	6
5 – 6	16
7 – 8	9
9 – 10	4

PARÁMETROS: MEDIA, $\bar{x} = 5{,}9$; DESVIACIÓN TÍPICA, $\sigma = 1{,}95$

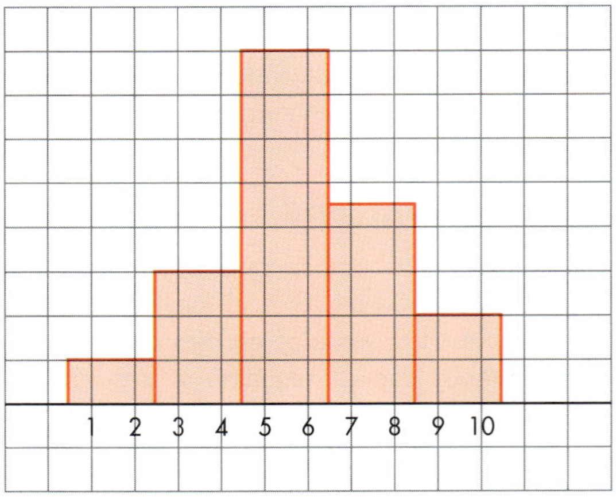

Si comparamos las observaciones que se encuentran en el cuaderno de notas del profesor con la tabla o la gráfica de arriba, hemos de reconocer que se ha perdido una gran cantidad de información. Sin embargo, ha quedado la información más importante que, además, resulta muy fácil de analizar y de utilizar (es muy operativa). Con los parámetros se extrema más aún esta tendencia (pérdida de información pero máximo aprovechamiento y operatividad de la que queda).

3. Imaginemos que en un municipio desean estudiar el tamaño de las unidades familiares que lo componen. Para ello, recurren al último censo y extraen los datos con los que forman una tabla como la siguiente:

Nº DE MIEMBROS EN LA FAMILIA	Nº DE FAMILIAS
1 o 2	
3 o 4	
5 o 6	
7 o 8	
9 o 10	
más de 10	

TABLA DE FRECUENCIAS

DIAGRAMA DE SECTORES

- Completa la tabla inventando los datos como te parezca razonable, para un total de 1 840 familias. Haz, después, el correspondiente diagrama de sectores.

PANORAMA DEL TEMA

Nos encontramos de continuo con tablas y gráficas estadísticas con las cuales la información nos llega de forma clara y atractiva. Ante ellas, podríamos preguntarnos: "¿De dónde sale la información?" "¿Cómo se ha obtenido?" "¿Por qué se ha procurado esta información y no otra?"

Hay que ser conscientes de que el tratamiento estadístico requiere, además de profundos conocimientos, la toma de decisiones sobre qué se pone y cómo se expresa.

También hay que ser conscientes de que en cada paso del proceso estadístico se pierde información (en mayor o menor medida) pero que, a cambio, se gana en claridad y en operatividad.

En este tema recordaremos las distribuciones estadísticas, sus peculiaridades, los distintos tipos de variables y cómo se plasman gráficamente.

Y, sobre todo, estudiaremos los parámetros estadísticos: en qué consisten, cómo se calculan, qué significan y cómo se interpreta una distribución a partir de ellos.

8.1 ESTADÍSTICA. NOCIONES GENERALES

La Estadística, como sabes, tiene por objeto el desarrollo de técnicas para el conocimiento numérico de un conjunto de datos empíricos (recogidos mediante experimentos o mediante encuestas).

Vamos a recordar algunos conceptos básicos.

Población. Es el conjunto de todos los elementos cuyo conocimiento nos interesa y que serán sujetos de nuestro estudio.

Muestra. Es un subconjunto, extraído de la población, cuyo estudio sirve para inferir características de toda la población.

Individuo. Es cada uno de los elementos que forman la población o la muestra.

Caracteres y variables. Caracteres son los aspectos que deseamos estudiar en los individuos de una población. Cada carácter puede tomar distintos valores o modalidades. Una variable estadística recorre todos los valores de un cierto carácter.

Clasificación de las variables estadísticas:

Cualitativas. No toman valores numéricos.

Cuantitativas discretas. Toman valores numéricos aislados.

Cuantitativas continuas. Pueden tomar todos los valores de un intervalo.

EJEMPLOS

Los 18 560 alumnos y alumnas de una cierta universidad.

650 alumnos y alumnas de esa universidad, elegidos al azar.

Cada uno de los alumnos o alumnas matriculados en esa universidad.

Edad, sexo, número de años que ha estado matriculado, estatura... son caracteres. Cada uno de ellos lleva asociada una variable.

La edad toma valores entre 17 años y 45 años, por ejemplo.

El sexo toma los valores o modalidades V y M.

El sexo, la *carrera* que estudian.

Número de años matriculados.

Edad, estatura.

DOS RAMAS DE LA ESTADÍSTICA

- La **estadística descriptiva** trata de "describir" y analizar algunos caracteres de todos los individuos de un grupo dado, sin extraer conclusiones para un grupo mayor. Para este estudio se siguen estos pasos:

  1º Selección de caracteres dignos de estudio.

  2º Análisis de cada carácter, anotando los valores que toman los individuos en ellos.

  3º Clasificación y organización mediante tablas de los resultados obtenidos.

  4º Cálculo de ciertos valores numéricos (los **parámetros estadísticos**) a partir de los datos obtenidos.

- La **estadística inferencial** trabaja con muestras y pretende, a partir de ellas, "inferir" características de toda la población. Es decir, se pretende tomar como generales propiedades que sólo se han verificado para casos particulares. En ese proceso hay que operar con mucha cautela: "¿Cómo se elige la muestra?" "¿Qué grado de confianza se puede tener en el resultado obtenido?"

  En este curso haremos un repaso de la estadística descriptiva. La estadística inferencial se verá el curso próximo.

8.2 GRÁFICOS ESTADÍSTICOS. BARRAS E HISTOGRAMAS

Observemos las siguientes distribuciones dadas gráficamente:

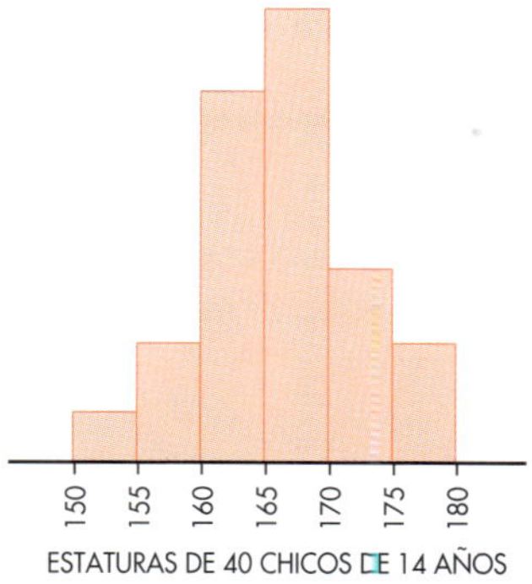

Ambas son **distribuciones de frecuencia** de variables cuantitativas (numéricas).

La primera corresponde a una **variable discreta**, pues sólo puede tomar valores aislados.

La segunda es de **variable continua**, pues las estaturas pueden tomar valores cualesquiera.

GRÁFICA ADECUADA A CADA TIPO DE VARIABLE

En la primera de las gráficas anteriores, puesto que los valores de la variable sólo pueden ser los que hay, hacemos la representación mediante barras estrechas situadas sobre esos puntos y separadas unas de otras. Es un **diagrama de barras**. Se utiliza para **variables discretas**.

En la segunda distribución la **variable** es **continua**: los individuos que hay en cada intervalo pueden tener valores situados en cualquier punto del mismo. Por eso, en vez de barras, levantamos rectángulos que ocupan todo el tramo. El diagrama se llama **histograma**.

Tanto en el diagrama de barras como en el histograma, el eje vertical puede significar frecuencia (número de individuos). Sin embargo, *en el histograma*, cuando el ancho de las distintas barras no es el mismo, *lo que marca la frecuencia* no es la altura de cada barra, sino el *área* de la misma.

EJEMPLO

EDADES	[0, 5)	[5, 10)	[10, 15)	[15, 20)	[20, 25)	[25, 30)	[30, 40)	[40, 50)	[50, 70)	[70, 100)
Nº DE PERSONAS	900	950	1 300	1 200	1 000	700	1 360	1 110	1 200	540

Ésta es la distribución de edades de una población.

Observamos que los intervalos no son de la misma longitud. Por tanto, para representar la distribución con un histograma pondremos en cada barra una altura tal que el área sea proporcional a la frecuencia.

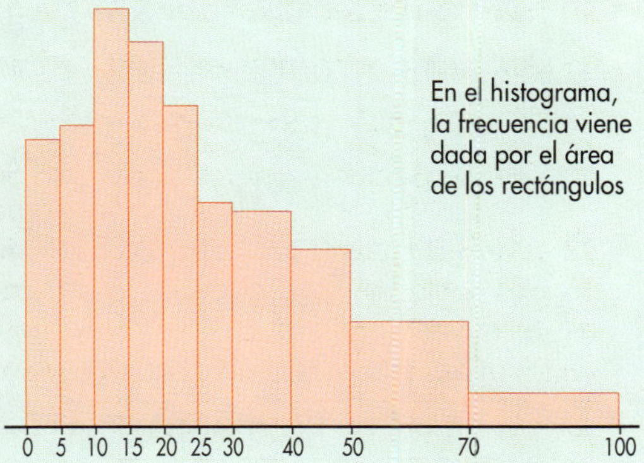

8.3 TABLAS DE FRECUENCIAS

Las tablas de frecuencias sirven para ordenar y organizar los datos estadísticos. Con ellas, una masa amorfa de datos pasa a ser una colección ordenada y perfectamente inteligible.

EJEMPLO

*Se ha realizado una encuesta a 110 matrimonios de una cierta barriada. Entre las preguntas que se les hicieron, figuraba el **número de hijos**. Éstas son las respuestas:*

2 2 0 3 1	2 3 3 3 2	1 2 2 1 3	2 3 3 1 4
2 4 3 1 3	2 4 2 2 3	1 2 3 3 2	3 2 4 1 3
3 3 2 2 3	3 1 5 2 0	5 2 2 2 3	3 1 4 2 2
3 2 3 3 3	2 4 3 2 6	2 3 2 2 4	4 2 1 3 2
2 2 2 1 1	3 1 2 2 4	3 5 2 4 1	3 2 1 0 0
1 2 1 3 4	2 2 2 1 3		

x_i	f_i
0	4
1	18
2	41
3	32
4	11
5	3
6	1

Con estos datos se construye la tabla de frecuencias adjunta.

En la primera columa, la variable x_i: número de hijos.

En la segunda columna, la correspondiente frecuencia, f_i: número de matrimonios que tienen ese número de hijos.

FRECUENCIAS RELATIVAS

Cuando se desea comparar varias distribuciones similares con distinto número de elementos, se debe recurrir a las frecuencias relativas. Éstas vienen dadas en "tantos por uno" ($fr_i = f_i / N$, siendo N el número total de individuos) o en "tantos por ciento" ($\%_i = 100\ f_i / N$).

EJEMPLO

En el ejemplo de arriba, $N = 110$. Completamos la tabla con las columnas fr_i y $\%_i$:

x_i	f_i	fr_i	$\%_i$
0	4	0,036	3,6
1	18	0,164	16,4
2	41	0,373	37,3
3	32	0,291	29,1
4	11	0,1	10
5	3	0,027	2,7
6	1	0,009	0,9
	110	1,000	100

OBSERVACIONES PARA EL USO DE LA CALCULADORA

Para calcular varios porcentajes de una misma cantidad, es muy ventajoso utilizar el factor constante de la calculadora:

100 ÷ 110 = 0.909090909 × ×

Ahora la calculadora está preparada para obtener qué porcentaje, sobre un total de 110, representa cada número que se le vaya dando con tal de apretar, a continuación, la tecla =.

4 = 3.636363636

18 = 16.363636363

41 = 37.272727272

TABLA CON DATOS AGRUPADOS

Pretendemos elaborar una tabla de frecuencias con las estaturas de 40 adolescentes:

168, 160, 167, 175, 175, 160, 165, 154, 163, 165
167, 168, 158, 149, 160, 161, 162, 166, 163, 159
178, 166, 158, 163, 171, 170, 165, 150, 167, 164
162, 165, 163, 156, 174, 165, 173, 164, 169, 170

En este caso resulta poco adecuado hacer una clasificación al estilo de la anterior, pues hay más de veinte valores distintos. En estos casos es preferible clasificar los datos en intervalos. Procedemos del siguiente modo:

— Localizamos los valores extremos: el menor (149) y el mayor (178).

— Hallamos la diferencia entre los valores extremos: 178 – 149 = 29 (Este valor es el *recorrido.*)

— Puesto que el número de datos es pequeño (sólo 40), decidimos que el número de intervalos sea, también, pequeño. Por ejemplo, 6. Buscamos un número algo mayor que el recorrido (29) y que sea múltiplo de 6. Por ejemplo, el 30. De este modo, cada uno de los seis intervalos tendrá una longitud igual a 5.

— Se forman los intervalos comenzando por un número algo menor que el 149 y de modo que los seis intervalos abarquen a la totalidad de los datos:

148,5-153,5; 153,5-158,5; 158,5-163,5;
163,5-168,5; 168,5-173,5; 173,5-178,5

— Se reparten los cuarenta datos en los seis intervalos.

INTERVALOS	FRECUENCIAS
148,5-153,5	2
153,5-158,5	4
158,5-163,5	11
163,5-168,5	14
168,5-173,5	5
173,5-178,5	4

Es conveniente tomar los intervalos con extremos no enteros para que no haya duda de si un valor pertenece a un intervalo o al siguiente.

Cuando en una distribución estadística el número de valores que toma la variable es muy grande, conviene elaborar una tabla de frecuencias agrupándolos en intervalos. Para ello:

- Se localizan los valores extremos a y b y se halla su diferencia $r = b - a$.
- Se decide el número de intervalos que se quiere formar, teniendo en cuenta el número de datos que se poseen. Este número no debe ser inferior a 6 ni superior a 15.
- Se toma un intervalo total algo mayor que el recorrido r y que sea múltiplo del número de intervalos, con objeto de que éstos tengan una longitud entera.
- Se forman los intervalos de modo que el extremo inferior del primero sea algo menor que a y el extremo superior del último sea algo superior a b. Es deseable que los extremos de los intervalos no coincidan con ninguno de los datos. Para ello, puede convenir que dichos extremos tengan valores no enteros.

Cuando se elabora una tabla con datos agrupados se pierde algo de información (pues en ella se ignora cada valor concreto, que se difumina dentro de un intervalo). A cambio se gana en claridad y eficacia.

8.4 PARÁMETROS ESTADÍSTICOS. MEDIA Y DESVIACIÓN TÍPICA

Recordemos la definición de algunos parámetros estadísticos.

En una distribución estadística de valores $x_1, x_2, x_3, \dots, x_n$, se definen los siguientes parámetros:

MEDIA. Su significado es muy claro: es el valor que tendría cada individuo si se repartiera por igual la totalidad de sus valores.

$$\bar{x} = \frac{x_1 + x_2 + x_3 + \dots + x_n}{n} = \frac{\Sigma x_i}{n}$$

El signo Σ se lee "sumatorio" y sirve para designar de forma abreviada una suma.

DESVIACIÓN MEDIA. Es el promedio de las distancias de los datos a la media.

$$D.m. = \frac{|x_1 - \bar{x}| + |x_2 - \bar{x}| + \dots + |x_n - \bar{x}|}{n} = \frac{\Sigma |x_i - \bar{x}|}{n}$$

VARIANZA. Es el promedio de los cuadrados de las distancias de los datos a la media.

$$\text{Varianza} = \frac{(x_1 - \bar{x})^2 + (x_2 - \bar{x})^2 + \dots + (x_n - \bar{x})^2}{n} = \frac{\Sigma (x_i - \bar{x})^2}{n}$$

$$\text{Varianza} = \frac{x_1^2 + x_2^2 + \dots + x_n^2}{n} - \bar{x}^2 = \frac{\Sigma x_i^2}{n} - \bar{x}^2$$

Estas dos expresiones son equivalentes, como podrás ver en el ejercicio propuesto número 29.

DESVIACIÓN TÍPICA. Es la raíz cuadrada de la varianza.

$$\sigma = \sqrt{\text{varianza}} = \sqrt{\frac{\Sigma (x_i - \bar{x})^2}{n}} = \sqrt{\frac{\Sigma x_i^2}{n} - \bar{x}^2}$$

La media es una **medida de centralización**, pues en torno a ella se distribuyen los datos.

Las otras tres son **medidas de dispersión**, pues indican el grado de alejamiento de los datos a la media.

La desviación media no se suele usar. Por eso no volveremos a tratarla.

La varianza tiene importancia en niveles superiores de estadística, pero aquí la utilizaremos, solamente, como paso previo para hallar la desviación típica, que es la medida de dispersión más importante.

EJEMPLO

Hallemos los parámetros estadísticos anteriores para los datos 2, 4, 4, 4, 5, 7, 9, 9, 10.

MEDIA: $\bar{x} = \frac{2+4+4+4+5+7+9+9+10}{9} = 6$

DESVIACIÓN MEDIA:

$$D.M. = \frac{|2-6| + |4-6| + |4-6| + |4-6| + |5-6| + |7-6| + |9-6| + |9-6| + |10-6|}{9} = 2{,}44$$

VARIANZA:

$$V = \frac{(2-6)^2 + (4-6)^2 + (4-6)^2 + (4-6)^2 + (5-6)^2 + (7-6)^2 + (9-6)^2 + (9-6)^2 + (10-6)^2}{9} = 7{,}11$$

$$V = \frac{2^2 + 4^2 + 4^2 + 4^2 + 5^2 + 7^2 + 9^2 + 9^2 + 10^2}{9} - 6^2 = \frac{388}{9} - 36 = 7{,}11$$

DESVIACIÓN TÍPICA: $\sigma = \sqrt{\text{Varianza}} = \sqrt{7{,}11} = 2{,}67$

CÁLCULO DE LOS PARÁMETROS $\bar{x}$ Y σ A PARTIR DE UNA TABLA DE FRECUENCIAS

Cuando la distribución viene dada en una tabla de frecuencias, las fórmulas para el cálculo de los parámetros adoptan las siguientes formas:

x_i	f_i
x_1	f_1
x_2	f_2
x_3	f_3
...	...
x_n	f_n

$$\bar{x} = \frac{f_1x_1 + f_2x_2 + \ldots + f_nx_n}{f_1 + f_2 + \ldots + f_n} = \frac{\Sigma f_i x_i}{\Sigma f_i}$$

$$\sigma^2 = \frac{f_1(x_1-\bar{x})^2 + f_2(x_2-\bar{x})^2 + \ldots + f_n(x_n-\bar{x})^2}{f_1 + f_2 + \ldots + f_n} = \frac{\Sigma f_i(x_i-\bar{x})^2}{\Sigma f_i}$$

$$= \frac{f_1x_1^2 + f_2x_2^2 + \ldots + f_nx_n^2}{f_1 + f_2 + \ldots + f_n} - \bar{x}^2 = \frac{\Sigma f_i x_i^2}{\Sigma f_i} - \bar{x}^2$$

Si en la tabla de frecuencias los datos vienen agrupados en intervalos, el valor central de cada intervalo, que se llama su **marca de clase**, es el que se asigna a todos los individuos que están en dicho intervalo.

EJEMPLO

Calculemos $\bar{x}$ y σ en la distribución de estaturas estudiada en la página 173 .

INTERVALOS	x_i	f_i	$f_i \cdot x_i$	$f_i \cdot x_i^2$
148,5 a 153,5	151	2	302	45 602
153,5 a 158,5	156	4	624	97 344
158,5 a 163,5	161	11	1 771	285 131
163,5 a 168,5	166	14	2 324	385 784
168,5 a 173,5	171	5	855	146 205
173,5 a 178,5	176	4	704	123 904
		40	6 580	1 083 970

MEDIA: $\bar{x} = \dfrac{\Sigma f_i \cdot x_i}{\Sigma f_i} = \dfrac{6\,580}{40} = 164{,}5$ cm

VARIANZA: $= \dfrac{\Sigma f_i \cdot x_i^2}{\Sigma f_i} - \bar{x}^2 =$

$= \dfrac{1\,083\,970}{40} - 164{,}5^2 = 39$

DESVIACIÓN TÍPICA: $\sigma = \sqrt{39} = 6{,}24$ cm

Vemos en este ejemplo la ventaja de la segunda expresión de σ^2 para hallar su valor numérico a partir de una tabla de frecuencias.

UTILIZACIÓN DE LA CALCULADORA PARA EL CÁLCULO DE $\bar{x}$ Y σ

1º Preparamos la calculadora para que trabaje en el modo SD: [MODE] [·]

2º Borramos los datos que pudieran haber acumulados de otras ocasiones: [INV] [AC]

3º Introducimos los datos:

151 [×] 2 [DATA] → 151

156 [×] 4 [DATA] → 156

161 [×] 11 [DATA] → 161

166 [×] 14 [DATA] → 166

171 [×] 5 [DATA] → 171

176 [×] 4 [DATA] → 176

4º Resultados obtenidos:

NÚMERO DE INDIVIDUOS	Σf_i	[n] →	40
SUMA DE VALORES	$\Sigma f_i x_i$	[Σx] →	6580
SUMA DE CUADRADOS	$\Sigma f_i x_i^2$	[Σx²] →	1083970
MEDIA	$\bar{x}$	[$\bar{x}$] →	164.5
DESVIACIÓN TÍPICA	σ	[σn] →	6.244998

8.5 INTERPRETACIÓN DE LOS PARÁMETROS ESTADÍSTICOS $\bar{x}$ Y σ

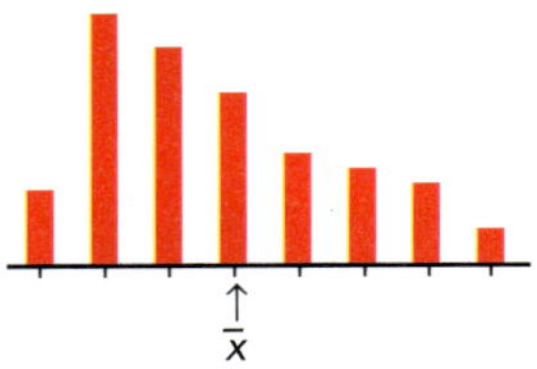

La **media** es el centro de gravedad de la distribución. Si las barras tuvieran peso, la media es el punto donde habría que sostener la tablilla en que se sitúan.

Análogamente ocurre con las distribuciones dadas mediante histogramas.

La **desviación típica** nos dice cómo de alejados de la media, cómo de dispersos, se encuentran los datos.

Observemos la siguiente familia de distribuciones. Todas ellas tienen la misma media. Sus desviaciones típicas, sin embargo, son distintas:

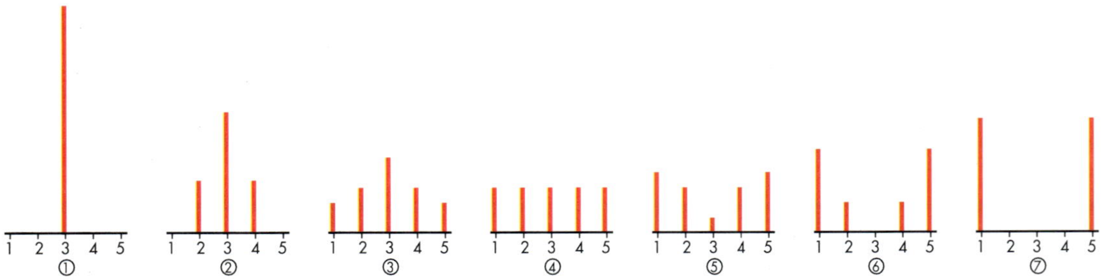

En la primera, todos los valores están acumulados en la media. Su desviación típica es cero (no hay dispersión).

Al pasar a la segunda aumenta la dispersión, pues algunos individuos están separados de la media.

Y, en general, para pasar de cada una a la siguiente, algunos individuos se alejan de la media y, por tanto, aumenta la dispersión.

Por ejemplo, observemos cómo pasaríamos de la distribución ③ a la ④ y de la ④ a la ⑤ "alejando individuos de la media".

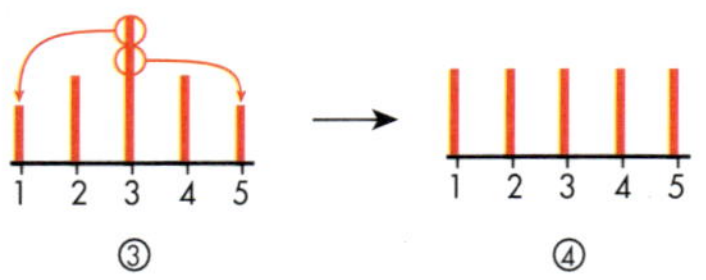

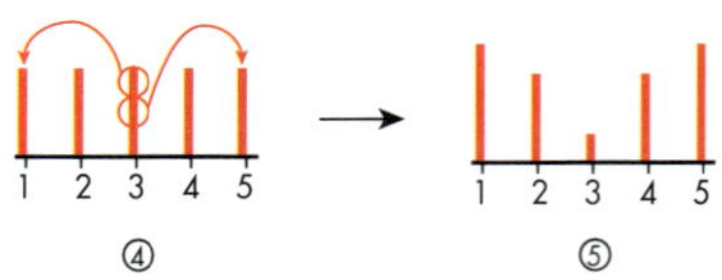

EJERCICIOS

1 Compara las desviaciones típicas de las siguientes distribuciones:

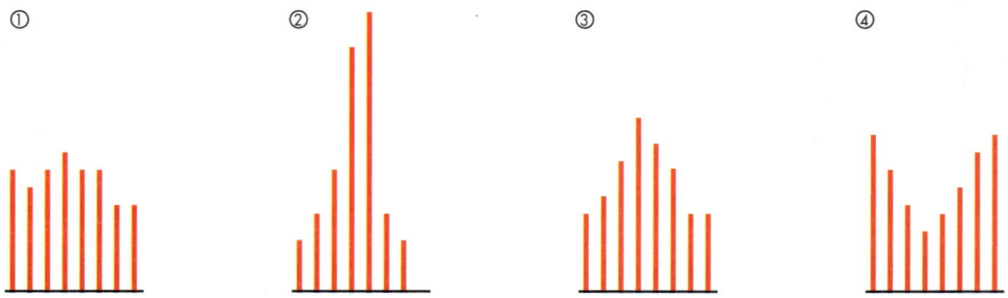

Al comparar dos de ellas, en caso de duda, pregúntate: ¿qué he de hacerle a ésta para que se parezca a la otra? Por ejemplo, para que la ① se parezca a la ②, hemos de achicar las columnas extremas y aumentar la columna central. Por tanto, la ① es más dispersa que la ②.

8.6 COEFICIENTE DE VARIACIÓN

Los pesos de los toros de lidia de una ganadería se distribuyen con una media $\bar{x}_1 = 510$ kg y una desviación típica $\sigma_1 = 25$ kg.

Los pesos de los perros de una exposición canina se distribuyen con una media $\bar{x}_2 = 19$ kg y una desviación típica $\sigma_2 = 10$ kg.

La desviación típica de los pesos de la manada de toros bravos es superior que la de los perros $(\sigma_1 = 25 > \sigma_2 = 10)$. Sin embargo, esos 25 kg son poca cosa para el enorme peso de los toros (es decir, los toros de esa manada son muy parecidos en peso), mientras que 10 kg en relación con el peso de un perro es mucho (imaginamos que en la exposición canina habrá perros muy dispares: caniches, "salchichas", dogos, mastines...).

Para poder comparar la dispersión de dos poblaciones muy distintas, no es buena la desviación típica. Por eso se define una nueva medida de dispersión, llamada **coeficiente de variación**:

$$C.V. = \frac{\sigma}{\bar{x}}$$

Al dividir la desviación típica entre su media, $\bar{x}$, se está relativizando la variación.

Así como la media y la desviación típica se dan en las unidades en que vienen dados los datos, el coeficiente de variación es un número abstracto (no tiene unidades).

En el ejemplo de los toros y los perros, sus respectivos coeficientes de variación son:

$$C.V_1 = \frac{25}{510} = 0{,}049 \qquad C.V_2 = \frac{10}{19} = 0{,}526$$

A veces el coeficiente de variación se da en tantos por ciento. En este caso, sería:

$$C.V_1 \text{ (toros)} = 4{,}9\% \qquad C.V_2 \text{ (perros)} = 52{,}6\%$$

Con este parámetro se ve claramente que el peso de los perros de la exposición canina es mucho más disperso que el de los toros de la manada.

EJEMPLO

En una factoría inglesa, los sueldos medios de sus trabajadores es de 952 £ (libras esterlinas) y su desviación típica 157 £. En una fábrica marroquí, el sueldo medio es de 2 630 DH (dirhams) y su desviación típica es de 980 DH. Hallemos sus coeficientes de variación.

FACTORÍA INGLESA: $C.V. = \frac{157}{952} \cdot 100 = 16{,}49\%$

FÁBRICA MARROQUÍ: $C.V. = \frac{980}{2\,630} \cdot 100 = 37{,}26\%$

Es mucho menor la dispersión de sueldos en la factoría inglesa que en la fábrica marroquí.

8.7 MEDIDAS DE POSICIÓN

MEDIANA

Si ordenamos los individuos de una población en orden creciente según la variable que estudiamos, el que ocupa el valor central se llama individuo mediano, y su valor la **mediana**.

La **mediana**, Me, está situada de modo que antes de ella está el 50% de la población y, detrás, el otro 50%.

Por ejemplo, entre los valores 6, 7, 7, 7, **8**, 9, 10, 12, 15, la mediana es Me = 8.

Si el número de individuos es par, la mediana es el valor medio de los dos centrales.

Por ejemplo, entre los valores 6, 7, 7, 7, **8**, **9**, 10, 12, 15, 16, la mediana es Me = 8,5.

CUARTILES

Si en lugar de partir la totalidad de los individuos en dos mitades, lo hacemos en cuatro partes iguales (todas ellas con el mismo número de individuos), los dos nuevos puntos de separación se llaman **cuartiles**.

Cuartil inferior, Q_1, es un valor de la variable que deja por debajo de él al 25% de la población, y por encima al 75%. El **cuartil superior,** Q_3, deja por debajo al 75% y por encima al 25%.

Se desginan por Q_1 y Q_3 porque la mediana sería el Q_2. Por ejemplo, en la distribución

$$\underbrace{1,\ 2,\ 2}_{25\%}\ ,\underset{Q_1}{\uparrow}\ \underbrace{3,\ 4,\ 5}_{25\%}\ ,\underset{Me}{\uparrow}\ \underbrace{5,\ 5,\ 6}_{25\%}\ ,\underset{Q_3}{\uparrow}\ \underbrace{8,\ 9,\ 10}_{25\%}$$

estos parámetros toman los valores siguientes: $Q_1 = 2,5$; Me = 5; $Q_3 = 7$

CENTILES

Si partimos la población en 100 partes y señalamos el lugar que deja debajo k de ellas, el valor de la variable correspondiente a ese lugar se designa por p_k y se denomina **centil** k o **percentil** k. La mediana es Me = p_{50} y los cuartiles $Q_1 = p_{25}$, $Q_3 = p_{75}$.

Mediana, cuartiles y centiles, se llaman **medidas de posición**.

EJEMPLO

Calculemos Me, Q_1, Q_3, p_{10} y p_{80} en la distribución:

1, 2, 2, 3, 4, 4, 5, 5, 5, 5, 6, 7, 7, 8, 9, 9, 10

Hay 17 individuos.

17/2 = 8,5 → La mediana es el valor del individuo que ocupa el lugar 9º: Me = 5

17/4 = 4,25 → (5º lugar) $Q_1 = 4$

17 · (3/4) = 12,75 → (13º lugar) $Q_3 = 7$

17 · (10/100) = 1,7 → (2º lugar) $p_{10} = 2$

17 · (80/100) = 13,6 → (14º lugar) $p_{80} = 8$

POLÍGONO DE FRECUENCIAS ACUMULADAS CORRESPONDIENTE A UNA DISTRIBUCIÓN POR INTERVALOS

En las tablas de frecuencias con datos agrupados en intervalos, se ha perdido el valor concreto de cada individuo. En estos casos, para asignar valores a las medidas de posición, nos basaremos en un nuevo tipo de representación gráfica: el **polígono de frecuencias acumuladas**.

INTERVALOS	f_i
x_0 - x_1	f_1
x_1 - x_2	f_2
x_2 - x_3	f_3
...	...
x_{i-1} - x_i	f_i
x_i - x_{i+1}	f_{i+1}
...	...
x_{n-1} - x_n	f_n

→

EXTREMOS	fac_i
x_0	0
x_1	f_1
x_2	$f_1 + f_2$
...	...
x_{i-1}	$f_1 + ... + f_{i-1}$
x_i	$fac_{i-1} + f_i$
...	...
x_{n-1}	$f_1 + ... + f_{n-1}$
x_n	$f_1 + ... + f_n$

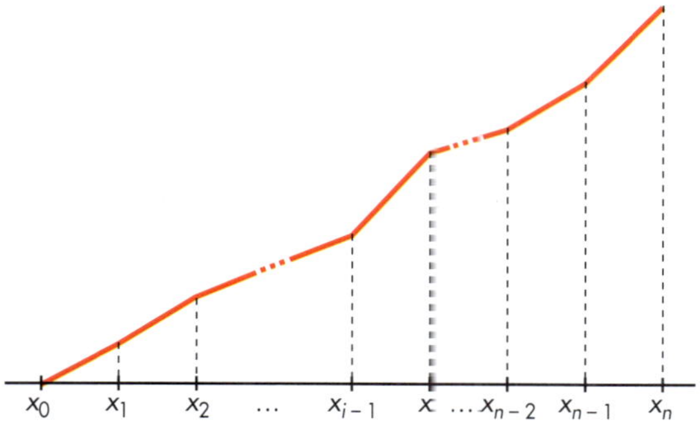

Se supone que la frecuencia f_1 se reparte uniformemente en todo el intervalo $[x_0, x_1]$. Análogamente, cada frecuencia f_i se reparte uniformemente en su intervalo $[x_{i-1}, x_i]$.

Las frecuencias acumuladas, *fac*, se consiguen sumando todas las frecuencias anteriores al punto en cuestión. En los extremos de los intervalos sus valores son: $fac_i = f_1 + f_2 + ... + f_i$.

El polígono de frecuencias acumuladas refleja esta situación: en el extremo inferior del primer intervalo, x_0, la frecuencia acumulada es 0. En el extremo superior de cada intervalo, la frecuencia acumulada es la suma de las frecuencias de ese intervalo y las de todos los anteriores.

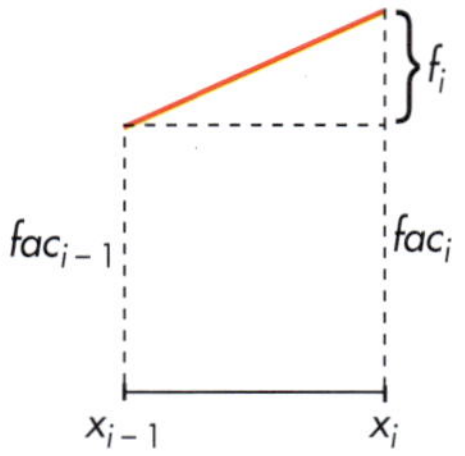

En el intervalo *i*-ésimo la gráfica crece uniformemente, aumentando f_i.

En el punto x_n la altura alcanzada por el polígono es $f_1 + f_2 + ... + f_n = N$, es decir, el número total de individuos.

En lugar de frecuencias pueden usarse porcentajes. Se obtiene, así, el polígono de porcentajes acumulados.

EJEMPLO

INTERVALOS	f_i	$\%_i$
148,5-153,5	2	5
153,5-158,5	4	10
158,5-163,5	11	27,5
163,5-168,5	14	35
168,5-173,5	5	12,5
173,5-178,5	4	10

EXTREMOS	fac_i	$\%ac_i$
148,5	0	0
153,5	2	5
158,5	6	15
163,5	17	42,5
168,5	31	77,5
173,5	36	90
178,5	40	100

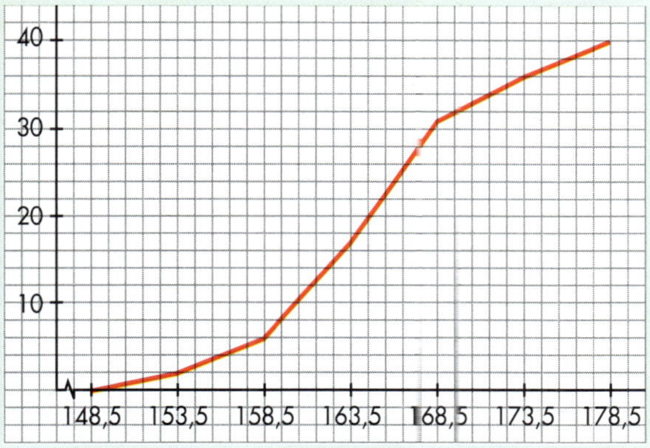

CÁLCULO DE PERCENTILES A PARTIR DEL POLÍGONO DE FRECUENCIAS ACUMULADAS

Partiendo del polígono de frecuencias acumuladas o, mejor, del polígono de porcentajes acumulados, se puede obtener gráficamente, con comodidad, cualquier percentil de una distribución. Veamos cómo:

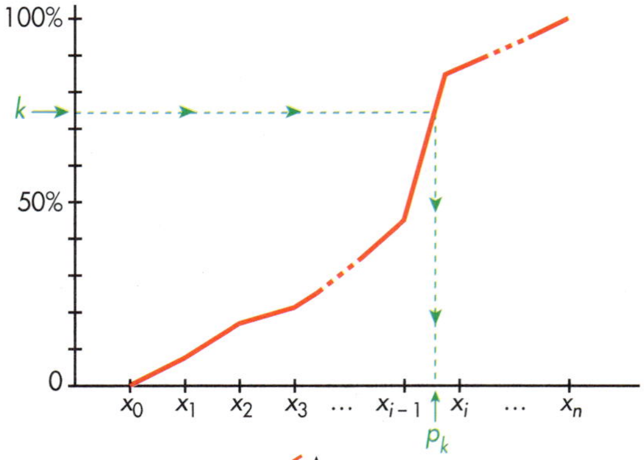

Para calcular un percentil, p_k, se señala el porcentaje correspondiente, k, en el eje graduado de 0 a 100. Se busca, mediante una paralela al eje X, el punto correspondiente del polígono. Desde ese punto, se baja al eje de abscisas, donde se localiza el punto p_k.

Ahora no hay más que leer numéricamente ese punto, teniendo en cuenta la escala de dicho eje.

El método gráfico puede ser sustituido por una fórmula que se deduce del mismo:

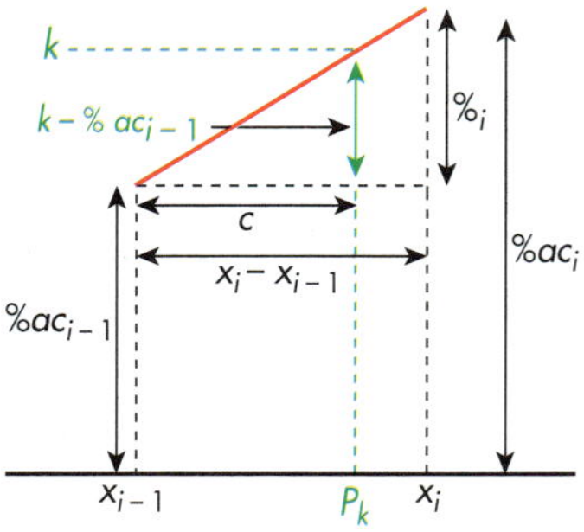

$$\frac{c}{k - \%ac_{i-1}} = \frac{x_i - x_{i-1}}{\%_i} \quad ; \quad c = \frac{k - \%ac_{i-1}}{\%_i}(x_i - x_{i-1})$$

$$p_k = x_{i-1} + \frac{k - \%ac_{i-1}}{\%_i}(x_i - x_{i-1})$$

x_{i-1}, x_i son los extremos del intervalo, tales que $\%ac_{i-1} < k < \%ac_i$

EJEMPLO

Hallemos $Q_1 = P_{25}$, $Me = P_{50}$, $Q_3 = P_{75}$ y p_{95} en la distribución de las estaturas de 40 chicos y chicas que se vio en la página anterior (mira allí las tablas correspondientes).

Numéricamente:

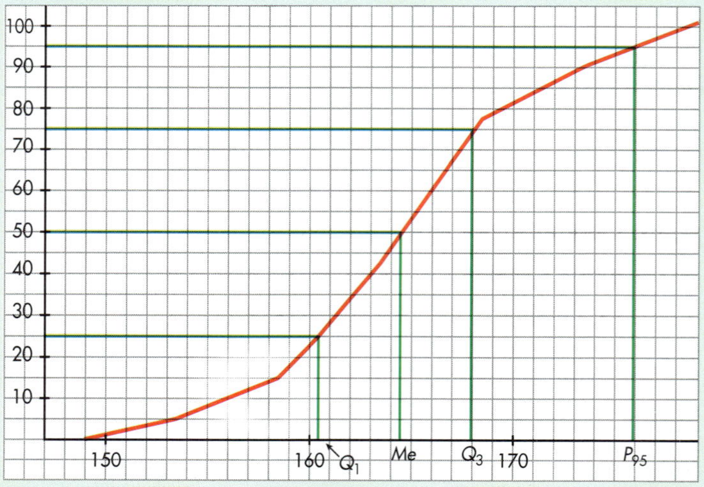

$$Q_1 = 158{,}5 + \frac{25 - 15}{27{,}5} \cdot 5 = 160{,}3 \text{ cm}$$

$$Me = 163{,}5 + \frac{50 - 42{,}5}{35} \cdot 5 = 164{,}6 \text{ cm}$$

$$Q_3 = 163{,}5 + \frac{75 - 42{,}5}{35} \cdot 5 = 168{,}1 \text{ cm}$$

$$p_{95} = 173{,}5 + \frac{95 - 90}{10} \cdot 5 = 176 \text{ cm}$$

Observa que en la gráfica se obtienen con mucha aproximación los valores hallados numéricamente.

EJERCICIOS Y PROBLEMAS RESUELTOS

1 MEDIA Y DESVIACIÓN TÍPICA

A un grupo de 30 personas se le ha tomado el número de pulsaciones por minuto (ritmo cardíaco) y se han obtenido los siguientes resultados:

87	85	61	51	64	75	80	70	69	82
80	79	82	74	90	76	72	73	63	65
67	71	88	76	68	73	70	76	71	86

a) Calcula la media y la desviación típica de esta serie de datos.

b) ¿Qué porcentaje de datos se encuentra en el intervalo $(\bar{x} - \sigma,\ \bar{x} + \sigma)$?

c) Representa gráficamente esta distribución agrupando los datos en intervalos.

d) Halla $\bar{x}$ y σ con los datos agrupados y compáralos con los valores obtenidos en el apartado a).

Resolución

a) $\bar{x} = \dfrac{\Sigma x_i}{n} = \dfrac{87 + 85 + 61 + \ldots + 71 + 86}{30} = 74{,}13 \qquad \sigma = \sqrt{\dfrac{\Sigma x_i{}^2}{n} - \bar{x}^2} = 8{,}7$

El número medio de pulsaciones por minuto de este grupo es 74,13 con una desviación típica de 8,7 pulsaciones.

b) $(\bar{x} - \sigma,\ \bar{x} + \sigma) = (65{,}4;\ 82{,}8)$. Contamos el número de personas cuyas pulsaciones están comprendidas entre esos valores y obtenemos 20, que representan el 66,6%.

c) Diferencia entre valores extremos $90 - 51 = 39 \rightarrow$ Tomamos un recorrido de 42 $(6 \cdot 7 = 42)$, algo mayor que 39 y con el cual se pueden tomar 7 intervalos de longitud 6.

INTERVALOS	FRECUENCIAS
[50, 56)	1
[56, 62)	1
[62, 68)	4
[68, 74)	9
[74, 80)	6
[80, 86)	5
[86, 92)	4
	30

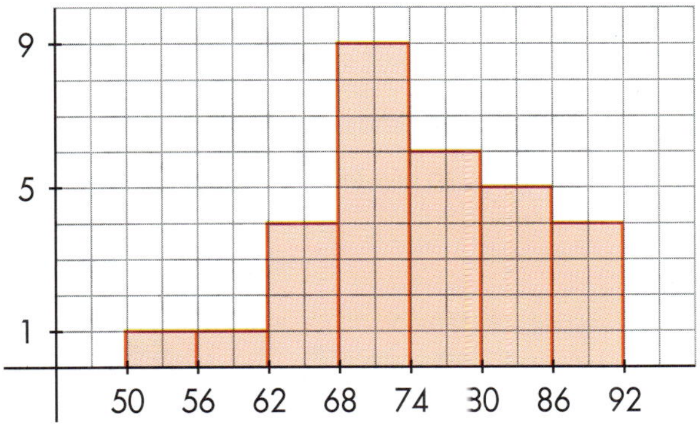

d)

x_i	f_i	$x_i f_i$	$x_i^2 f_i$
53	1	53	2 809
59	1	59	3 481
65	4	260	16 900
71	9	639	45 369
77	6	462	35 574
83	5	415	34 445
89	4	356	31 684
	30	2 244	170 262

Para hallar los parámetros $\bar{x}$ y σ tomamos como x_i las marcas de clase de los intervalos.

$$\bar{x} = \frac{\Sigma x_i f_i}{\Sigma f_i} = \frac{2\,244}{30} = 74{,}8$$

$$\sigma = \sqrt{\frac{\Sigma x_i^2 f_i}{\Sigma f_i} - \bar{x}^2} = \sqrt{80{,}36} = 8{,}9$$

La media y la desviación típica obtenidas con los datos agrupados son muy parecidas a las obtenidas en el apartado a).

2 MEDIANA

Esta tabla nos da la tasa de fecundidad (número de nacimientos por cada 1 000 mujeres) según la edad, en un país europeo:

EDAD (en años)	[15, 20)	[20, 25)	[25, 30)	[30, 35)	[35, 40)	[40, 50)
NÚMERO DE NACIMIENTOS	40	396	700	450	160	40

Calcula la mediana.

Resolución

a) CÁLCULO GRÁFICO. Sobre el polígono de porcentajes acumulados, la mediana es la abscisa correspondiente al punto de ordenada 50.

EDAD	f_i	$\%_i$	fac_i	$\% ac_i$
[15, 20)	40	2,2	40	2,2
[20, 25)	396	22,2	436	24,4
[25, 30)	700	39,2	1 136	63,6
[30, 35)	450	25,2	1 586	88,8
[35, 40)	160	9	1 746	97,8
[40, 50)	40	2,2	1 786	100

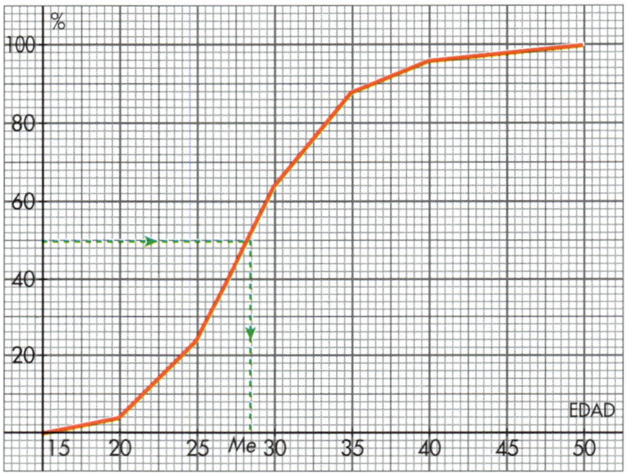

La mediana es, aproximadamente, de unos 28 años.

b) RAZONADAMENTE. Podemos calcular la mediana razonando sobre el significado de la misma.

La mediana está en el intervalo [25, 30), porque en él se alcanza la mitad de las frecuencias:

$$\frac{1\,786}{2} = 893$$

La suma de frecuencias de los intervalos anteriores es: $40 + 396 = 436$

Para llegar a 893 necesitamos $893 - 436 = 457$. Estos 457 salen de los 700 del tercer intervalo, lo cual supone el siguiente porcentaje:

$$\frac{457}{700} \cdot 100 = 65,28\%$$

Calculamos el 65,28% de la amplitud del intervalo y se lo sumamos al extremo inferior del mismo para obtener la mediana:

$$Me = 25 + 0,6528 \cdot 5 = 28,26 \text{ años}$$

c) APLICANDO LA FÓRMULA. También podemos calcular la mediana aplicando directamente la fórmula $p_k = x_{i-1} + \frac{k - \%ac_{i-1}}{\%_i}(x_i - x_{i-1})$, en la que $Me = p_{50}$.

$$Me = 25 + \frac{50 - 24,4}{39,2} \cdot 5 = 28,26 \text{ años}$$

3 CENTILES

Las estaturas de los 40 alumnos y alumnas de una clase vienen dadas en la tabla adjunta.

Calcula el percentil que corresponde a una estatura de 180 cm y explica su significado.

ALTURA	Nº DE ALUMNOS
158,5-163,5	1
163,5-168,5	5
168,5-173,5	11
173,5-178,5	14
178,5-183,5	6
183,5-188,5	3

Resolución

a) MÉTODO GRÁFICO. Sobre el polígono de porcentajes acumulados, buscamos la ordenada que corresponde a la abscisa $x = 180$ cm:

EXTREMOS	fa_i	$\% \; ac_i$
158,5	0	0
163,5	1	2,5
168,5	6	15
173,5	17	42,5
178,5	31	77,5
183,5	37	92,5
188,5	40	100

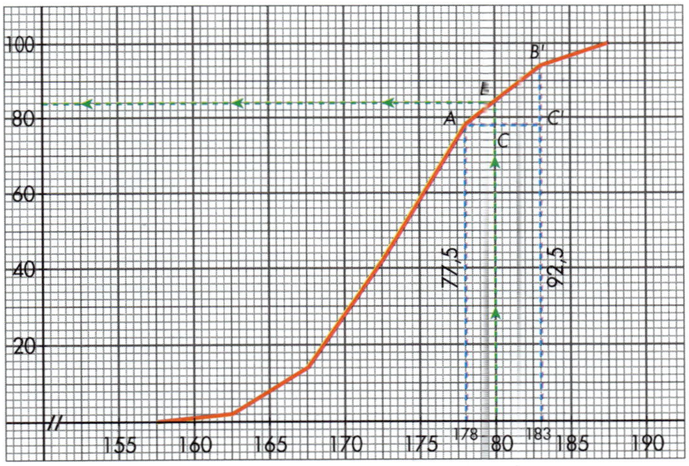

El percentil correspondiente a una estatura de 180 cm es, aproximadamente, el 83%.

b) RAZONADAMENTE

En el polígono de porcentajes acumulados nos fijamos en los datos del intervalo 178,5 -183,5.

De la semejanza de los triángulos ABC y $AB'C'$, obtenemos x.

$$\frac{BC}{B'C'} = \frac{AC}{AC'} \rightarrow \frac{x}{15} = \frac{2}{5} \rightarrow x = 6$$

El percentil correspondiente a 180 cm de estatura es:

$$77{,}5 + 6 = 83{,}5\%$$

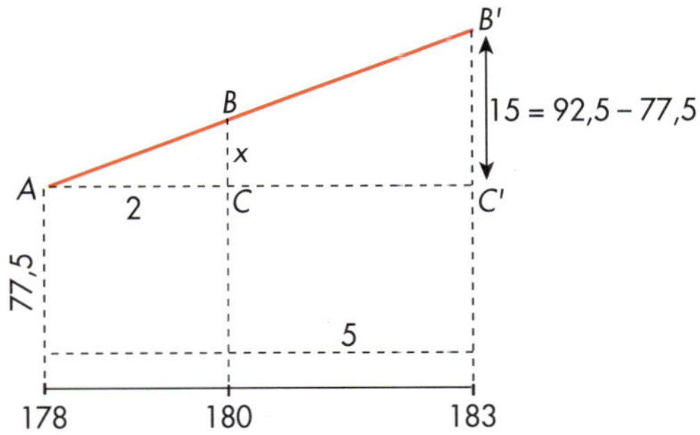

c) UTILIZANDO LA FÓRMULA

$$p_k = x_{i-1} + \frac{k - \% \; ac_{i-1}}{\%_i}(x_i - x_{i-1}) \rightarrow 180 = 178 + \frac{k - 77{,}5}{15} \cdot 5 \rightarrow k = 83{,}5\%$$

Significado: un alumno cuya estatura sea 180 cm, es más alto que el 83,5% de la clase y más bajo que el 16,5% restante.

8 EJERCICIOS Y PROBLEMAS PROPUESTOS

PROBLEMAS PARA RESOLVER

1 En una maternidad se han tomado los pesos (en kg) de 50 recién nacidos:

2,8	3,2	3,8	2,5	2,7	3,7	1,9	2,6	3,5	2,3
3,0	2,6	1,8	3,3	2,9	2,1	3,4	2,8	3,1	3,9
2,9	3,5	3,0	3,1	2,2	3,4	2,5	1,9	3,0	2,9
2,4	3,4	2,0	2,6	3,1	2,3	3,5	2,9	3,0	2,7
2,9	2,8	2,7	3,1	3,0	3,1	2,8	2,6	2,9	3,3

a) Construye una tabla con los datos agrupados en 6 intervalos de amplitud 0,4 kg.

b) Representa gráficamente esta distribución.

c) Calcula la media y la desviación típica.

2 En una fábrica se ha medido la longitud de 1 000 piezas de las mismas características y se han obtenido estos datos:

LONGITUD (en mm)	67,5-72,5	72,5-77,5	77,5-82,5	82,5-87,5	87,5-92,5
Nº DE PIEZAS	5	95	790	100	10

a) Representa el histograma correspondiente.

b) Se consideran aceptables las piezas cuya longitud está en el intervalo [75, 85]. ¿Cuál es el porcentaje de piezas defectuosas?

☛ *Del segundo intervalo habrá que rechazar las que midan entre 72,5 y 75. Calcula qué tanto por ciento de la amplitud representa la diferencia 75-72,5 y halla el porcentaje de la frecuencia correspondiente.*

3 Deseamos hacer una tabla con datos agrupados a partir de 384 datos, cuyos valores extremos son 19 y 187.

a) Si queremos que sean 10 intervalos de amplitud 17, ¿cuáles serán esos intervalos?

b) Haz otra distribución en 12 intervalos de la amplitud que creas conveniente.

4 En una población de 25 familias se ha observado la variable X = *"número de coches que tiene la familia"* y se han obtenido los siguientes datos:

0, 1, 2, 3, 1   0, 1, 1, 1, 4   3, 2, 2, 1, 1

2, 2, 1, 1, 1   2, 1, 3, 2, 1

a) Construye la tabla de frecuencias de la distribución X.

b) Haz el diagrama de barras.

c) Calcula la media y la desviación típica.

d) Halla la mediana y los cuartiles.

5 Los gastos mensuales de una empresa A tienen una media de 10 000 000 PTA y una desviación típica de 1 250 000 PTA. En otra empresa B la media es 1 500 000 PTA y la desviación típica 250 000 PTA. Calcula el coeficiente de variación y di cuál de las dos tiene mayor variación relativa.

6 Observa esta tabla sobre la edad de algunos niños y niñas en el momento de andar:

TIEMPO (meses)	9	10	11	12	13	14	15
Nº DE NIÑOS	1	4	9	16	11	8	1

a) Dibuja el polígono de frecuencias.

b) Calcula la media y la desviación típica.

c) ¿Cuál es el intervalo mediano?

☛ *9 meses es el intervalo que va desde que se cumplen 9 meses hasta el día antes de cumplir 10 meses.*

7 El peso medio de los alumnos de una clase es 58,2 kg y su desviación típica 3,1 kg. El de las alumnas de esa clase es 52,4 kg y su desviación típica es 5,1 kg. Calcula el coeficiente de variación y compara la dispersión de ambos grupos.

8 Un dentista observa el número de caries en cada uno de los 100 niños de un colegio y obtiene los resultados resumidos en esta tabla:

NÚMERO DE CARIES	0	1	2	3	4
FRECUENCIA ABSOLUTA	25	20	x	15	y
FRECUENCIA RELATIVA	0,25	0,2	z	0,15	0,05

a) Completa la tabla obteniendo x, y, z.

b) Calcula el número medio de caries.

☛ *La suma de las frecuencias relativas es igual a 1.*

9 Este diagrama de barras muestra las calificaciones obtenidas por un grupo de 50 alumnos y alumnas.

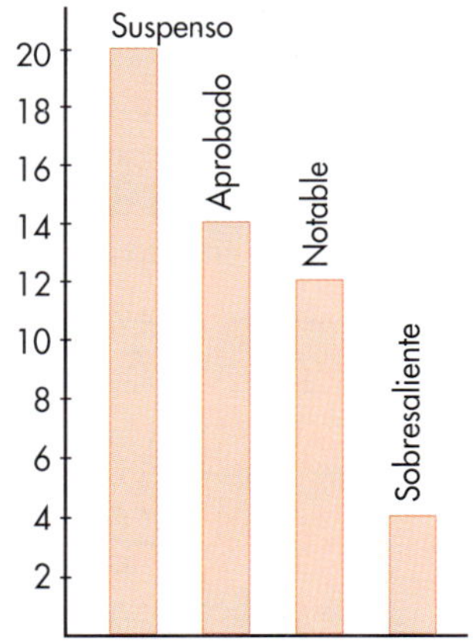

a) Construye el histograma correspondiente a las calificaciones numéricas teniendo en cuenta las siguientes equivalencias:

Suspenso: [0, 5) Aprobado: [5, 7) Notable: [7, 9) Sobresaliente: [9, 10)

b) Calcula la calificación media.

☛ *Ten en cuenta que los intervalos no tienen la misma amplitud y que las áreas de los rectángulos deben ser proporcionales a las frecuencias.*

10 Completa la siguiente tabla estadística, donde f, F y fr representan, respectivamente, la frecuencia absoluta, la frecuencia absoluta acumulada y la frecuencia relativa.

x	1	2	3	4	5	6	7	8
f	4	4		7	5		7	
F			16		28	38	45	
fr	0,08		0,16	0,14				

☛ *Recuerda que* $fr = \frac{f}{n}$ *y calcula* n.

11 La altura, en centímetros, de un grupo de alumnos y alumnas de una misma clase, es:

150, 169, 171, 172, 172, 175, 181

182, 183, 177, 179, 176, 184, 158

Calcula la mediana y los cuartiles y explica el significado de estos parámetros.

12

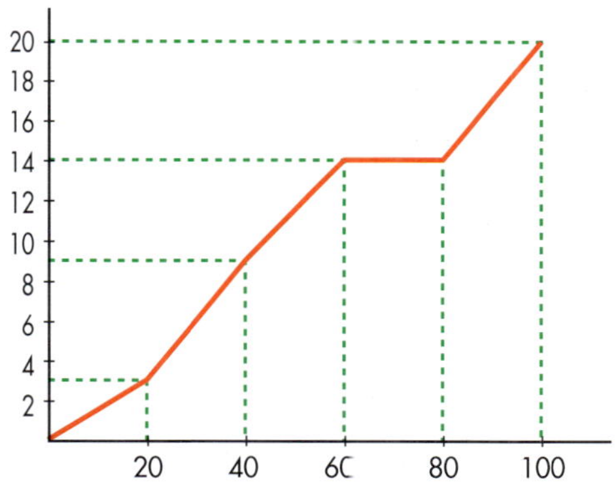

Éste es el polígono de frecuencias acumuladas correspondiente a una distribución de datos agrupados en intervalos.

a) Escribe la tabla de frecuencias absolutas.

b) Calcula la media y la desviación típica de la distribución.

13 Se ha pasado un test de 80 preguntas a 600 personas. El número de respuestas correctas se refleja en la siguiente tabla:

RESPUESTAS CORRECTAS	[0, 10)	[10, 20)	[20, 30)	[30, 40)	[40, 50)	[50, 60)	[60, 70)	[70, 80)
NÚMERO DE PERSONAS	40	60	75	90	105	85	80	65

a) Calcula la mediana, los cuartiles y los percentiles 20 y 85.

b) ¿Cuál es el percentil de una persona que tiene 65 respuestas correctas?

14 Al preguntar a un grupo de personas cuánto tiempo dedicaron a ver televisión durante un fin de semana, se obtuvieron estos resultados:

TIEMPO (en horas)	[0; 0,5)	[0,5; 1,5)	[1,5; 2,5)	[2,5; 4)	[4, 8)
Nº DE PERSONAS	10	10	18	12	12

Dibuja el histograma correspondiente y halla la media y la desviación típica.

15 De una muestra de 75 pilas eléctricas, se han obtenido estos datos sobre su duración:

TIEMPO (en horas)	[25, 30)	[30, 35)	[35, 40)	[40, 45)	[45, 55)	[55, 70)
Nº DE PILAS	3	5	21	28	12	6

a) Representa gráficamente los datos.

b) Calcula la media y la desviación típica.

c) ¿Qué porcentaje de pilas hay en el intervalo $(\bar{x} - \sigma,\ \bar{x} + \sigma)$?

16 Completa la tabla de esta distribución en la que sabemos que su media es 2,7:

x_i	1	2	3	4
f_i	3	…	7	5

17 La asistencia de espectadores a cada una de las salas de una cadena de cines, en cierto día fue de 200, 500, 300 y 1 000 personas.

a) Calcula la dispersión del número de asistentes.

b) Si el día del espectador acuden 50 personas más a cada sala, ¿qué efecto tendrá sobre la dispersión?

c) Calcula el coeficiente de variación en los dos casos y compara los resultados.

18 La nota media de los aprobados en un examen de Matemáticas ha sido 6,8 y la de los suspensos 3,5.

Calcula la nota media de la clase sabiendo que hubo 35 aprobados y 15 suspensos.

19 La estatura media de los 38 alumnos y alumnas de una clase es de 168 cm.

Las chicas, que son 17, miden 162 cm de media.

Calcula la estatura media de los chicos.

20 Se ha medido el colesterol en cuatro grupos de personas sometidas a diferentes dietas. Las medias de las desviaciones típicas son las que figuran en esta tabla:

DIETA	A	B	C	D
$\bar{x}$	211,3	186,6	202,2	188,6
σ	37,4	52,6	39,1	43,1

Las gráficas son, no respectivamente:

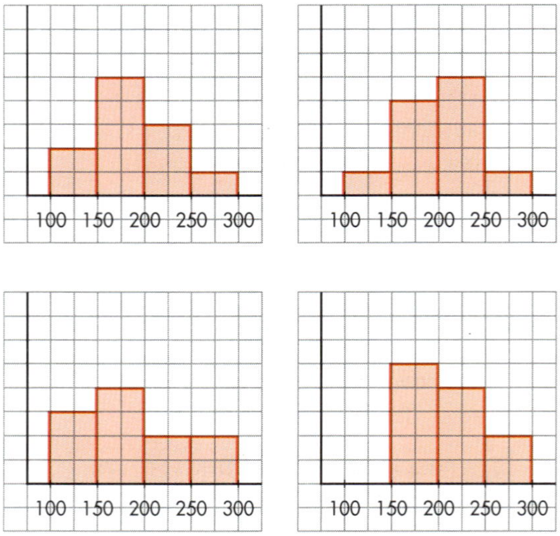

Asocia a cada dieta la gráfica que le corresponde.

21 La tabla adjunta recoge la frecuencia de signos de las quinielas en las 20 primeras jornadas de la Liga de la temporada 84-85:

1	4	9	11	10	8	9	10	8	9	5	9	5	7	4	7	6	8	6	7	7
X	4	3	2	2	4	4	4	4	5	6	3	6	5	9	3	4	2	7	4	5
2	6	2	1	2	2	1	0	2	0	3	2	3	2	1	4	4	4	1	3	2

a) Calcula el número medio de *unos, equis* y *doses.*

b) Calcula la desviación típica para cada caso del apartado anterior.

c) Calcula los intervalos $(\bar{x} - \sigma,\ \bar{x} + \sigma)$ y $(\bar{x} - 2\sigma,\ \bar{x} + 2\sigma)$ y obtén la proporción de datos que hay en ellos para cada uno de los signos.

22 En el proceso de fabricación de un vino, a éste se le añade un compuesto químico. Se ha comprobado la concentración de este compuesto en una partida de 200 botellas y se han obtenido estos datos:

CONCENTRACIÓN (mg/*l*)	[20; 20,2)	[20,2; 20,4)	[20,4; 20,6)	[20,6; 20,8)	[20,8; 21]
Nº DE BOTELLAS	15	38	76	57	14

a) Calcula la media y la desviación típica.

b) Se estima que el vino no se debe consumir si la concentración de ese compuesto es superior a 20,9 mg/*l*. Según esto, ¿qué porcentaje de botellas no es adecuado para el consumo?

CUESTIONES TEÓRICAS

23 Justifica que la suma de las frecuencias relativas es siempre igual a 1.

24 En la distribución de las notas de un examen el primer cuartil fue 4. ¿Qué significa esto?

25 Si a todos los datos de una distribución le sumamos un mismo número, ¿qué le ocurre a la media? ¿Y a la desviación típica? ¿Y si multiplicamos todos los datos por un mismo número?

26 Dos distribuciones estadísticas, A y B, tienen la misma desviación típica.

a) Si la media de A es mayor que la de B, ¿cuál tiene mayor coeficiente de variación?

b) Si la media de A es doble que la de B, ¿cómo serán sus coeficientes de variación?

27 Si la nota media de los 25 aprobados de una clase fue 6,4 y la de los 10 suspensos fue 3,2, explica por qué no podemos decir que la media de la clase fue: (6,4 + 3,2) : 2 = 4,8.

¿Cómo calcularías la media?

28 Demuestra que $\dfrac{\Sigma\,(a\,x_i + b)}{n} = a\bar{x} + b.$

☛ *Para ello haz:*

$$\frac{\Sigma\,(a\,x_i + b)}{n} = \frac{\Sigma\,a\,x_i}{n} + \frac{\Sigma\,b}{n}$$

$$\frac{\Sigma\,a\,x_i}{n} = \frac{a\,x_1 + a\,x_2 + \ldots + a\,x_n}{n}$$

$$\frac{\Sigma\,b}{n} = \frac{b + b \ldots + b}{n}$$

29 Para demostrar que

$$\frac{\Sigma\,(x_i - \bar{x})^2}{n} = \frac{\Sigma\,x^2}{n} - \bar{x}^2$$

hacemos:

$$\frac{\Sigma\,(x_i - \bar{x})^2}{n} = \frac{\Sigma\,(x_i^2 - 2\,x_i\,\bar{x} + \bar{x}^2)}{n} \overset{①}{=}$$

$$= \frac{\Sigma\,x_i^2}{n} - 2\,\bar{x}^2 + \frac{\Sigma\,\bar{x}^2}{n} \overset{②}{=}$$

$$= \frac{\Sigma\,x_i^2}{n} - 2\,\bar{x}^2 + \bar{x}^2 = \frac{\Sigma\,x_i^2}{n} - \bar{x}^2$$

Justifica las igualdades ① y ②.

9 DISTRIBUCIONES DE PROBABILIDAD. VARIABLE DISCRETA

PARA CENTRARTE EN EL TEMA, PIENSA Y RESUELVE

Observa el curioso artilugio que hay a la derecha. Se llama aparato de Galton. Para hacerlo funcionar, se sitúa verticalmente y, por el embudo, se echa un montón de perdigones que van cayendo y se recogen en las casillas inferiores.

¿Por qué las casillas intermedias están más llenas que las extremas? Para explicarlo, sigamos el camino recorrido por un perdigón: en su trayectoria encuentra 4 bifurcaciones y, en cada una de ellas, tiene la misma probabilidad, $\frac{1}{2}$, de ir hacia la izquierda o hacia la derecha.

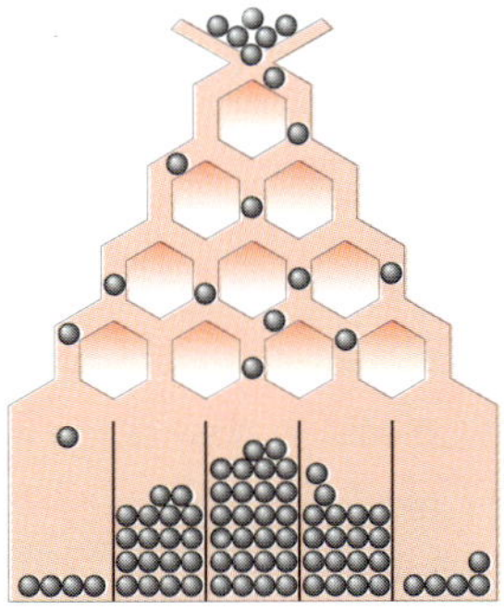

1. Imita el recorrido de un perdigón lanzando una moneda 4 veces y haciendo la asignación:

CARA → derecha CRUZ → izquierda

Por ejemplo, si obtienes C C C + el itinerario es el que ves a la derecha.

Dibuja los recorridos correspondientes a:

C + C C, + C + C, + C C C, + + + +, C C + C

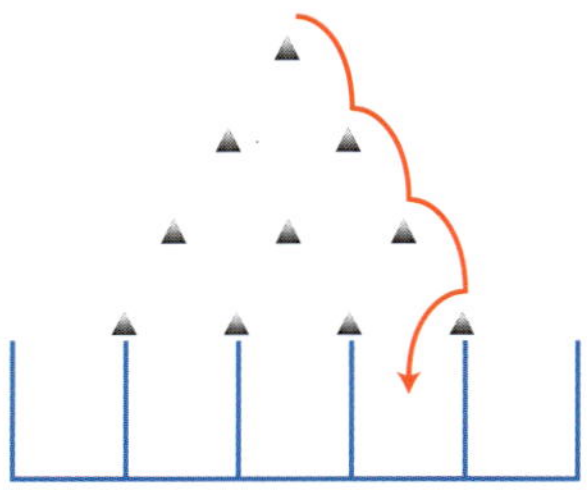

2. Observa que todos los recorridos que constan de 3 CARAS y 1 CRUZ llegan al mismo casillero.

Comprueba que ocurre lo mismo en los recorridos que tienen 2 CARAS y 2 CRUCES o bien 1 CARA y 3 CRUCES.

Por eso, cada uno de los cinco casilleros queda caracterizado por el número de CARAS que se necesitan para llegar a él.

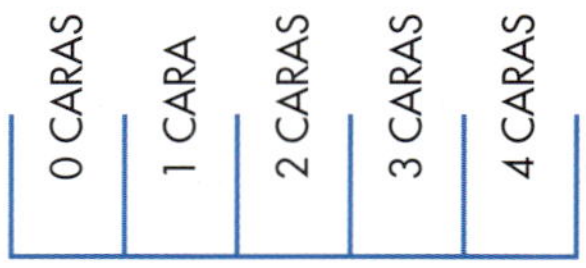

3. Observa la serie:

1 FILA	2 FILAS	3 FILAS
1 1	1 1 1 2 1	1 1 1 2 1 1 3 3 1

¿Sabrías poner la 4ª fila?

4. Observa cuál es el criterio para formar cada nueva fila a partir de la anterior en el triángulo numérico que acabamos de ver:

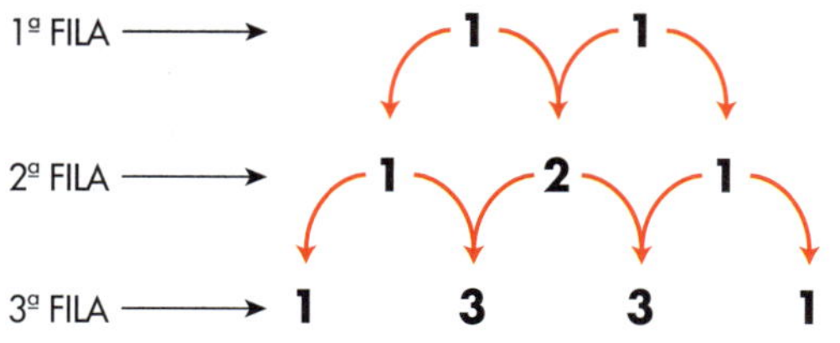

Los números de los extremos son *unos*. Cada uno de los demás se obtiene sumando los dos que tiene encina.

Construye ahora las filas 4ª y 5ª.

PANORAMA DEL TEMA

En las distribuciones estadísticas de variable discreta, a cada valor de la variable se le asocia su frecuencia (absoluta o relativa).

Las **distribuciones de probabilidad** son idealizaciones de las distribuciones estadísticas.

En las distribuciones de probabilidad de variable discreta, que son las que veremos en este tema, a cada valor de la variable le asociaremos su probabilidad.

Las distribuciones de probabilidad, al igual que las distribuciones estadísticas, también tienen **parámetros**: media, desviación típica..., que se definen de forma muy similar a los correspondientes parámetros estadísticos.

Una de las más importantes distribuciones de variable discreta es la **binomial**.

¿Cuántas caras obtenemos al lanzar cuatro monedas?

¿En qué casillero caerá un perdigón en el aparato de Galton descrito en la página anterior?

Ambas distribuciones responden a la binominal, cuyo estudio será el que protagonice este tema.

9.1 DISTRIBUCIONES DE PROBABILIDAD

Las **distribuciones de probabilidad** son idealizaciones de las **distribuciones de frecuencias relativas**. Éstas son empíricas, aquéllas son teóricas. Cuando la variable es discreta, unas y otras se representan mediante diagramas de barras.

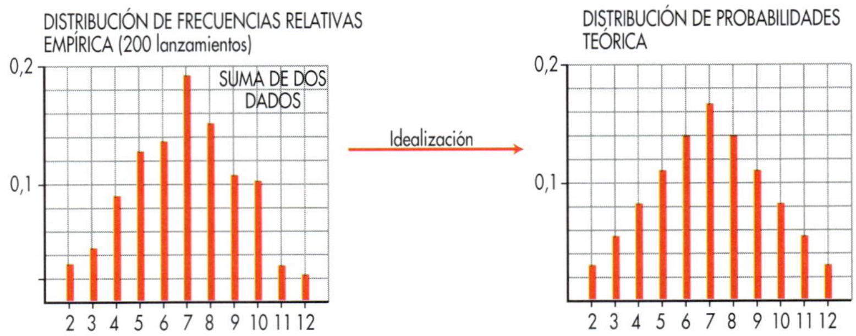

Cuando la variable es continua, la distribución estadística viene dada mediante un histograma de frecuencias relativas y su idealización, que es la distribución de probabilidad, mediante una curva.

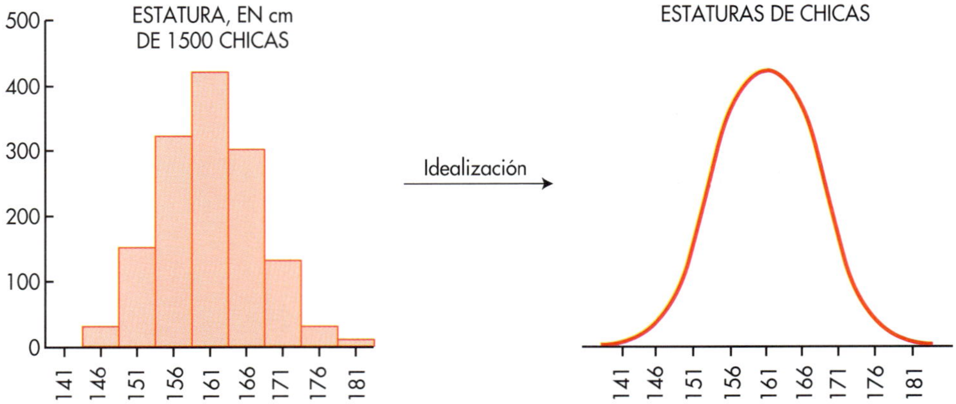

En este tema estudiaremos las distribuciones de probabilidad de variable discreta, dejando las otras para el tema siguiente.

Una **distribución de probabilidad de variable discreta** es el resultado de asignar a cada valor de la variable su probabilidad.

x_i	$P[x_i] = p_i$
x_1	p_1
x_2	p_2
.	.
.	.
.	.
x_n	p_n

Cada p_i es un número comprendido entre 0 y 1:

$$0 \leq p_i \leq 1$$

La suma de todos los p_i es 1:

$$p_1 + p_2 + \ldots + p_n = \Sigma p_i = 1$$

Se representa mediante un diagrama de barras.

EJEMPLOS

1. *Distribución de probabilidad en el lanzamiento de un dado.*

x_i	1	2	3	4	5	6
$p_i = P[x_i]$	1/6	1/6	1/6	1/6	1/6	1/6

2. *Distribución de probabilidad de las "sumas de los resultados" de dos dados.*

x_i	2	3	4	5	6	7	8	9	10	11	12
p_i	1/36	2/36	3/36	4/36	5/36	6/36	5/36	4/36	3/36	2/36	1/36

3. *Se tiran dos monedas. Distribución de probabilidad del "número de caras".*

x_i	0	1	2
p_i	1/4	2/4	1/4

4. *En una bolsa hay bolas numeradas: 9 con un uno, 5 con un dos y 6 con un tres. Extraemos una bola al azar. Distribución de probabilidad del "resultado obtenido".*

x_i	1	2	3
p_i	9/20	5/20	6/20

5. *En una lotería popular hay 1 000 números. Se rifa un número que gana 500 000 PTA. El anterior y el siguiente ganan 100 000 PTA. Todos los que tienen la misma terminación que el ganador se llevan 1 000 PTA y el resto, nada. Veamos la distribución de probabilidad del premio obtenido de una persona que juegue un número.*

x_i	500 000	100 000	1 000	0
p_i	1/1 000	2/1 000	99/1 000	898/1 000

6. *Lanzamos un dado hasta que sale "5". Contamos el número, n, de veces que se ha lanzado el dado. Distribución de probabilidad de n.*

x_i	1	2	3	4	…	n	…
p_i	1/6	$5/6 \cdot 1/6$	$(5/6)^2 \cdot 1/6$	$(5/6)^3 \cdot 1/6$	…	$(5/6)^{n-1} \cdot 1/6$	…

9.2 PARÁMETROS EN UNA DISTRIBUCIÓN DE PROBABILIDAD

Puesto que las distribuciones de probabilidad son idealizaciones de las distribuciones estadísticas, recordemos cómo son los parámetros en éstas para que sirvan de referencia a aquéllas. Recordemos también que la probabilidad es una idealización de la frecuencia relativa, por lo que los parámetros los pondremos en función de las frecuencias relativas.

PARÁMETROS EN UNA DISTRIBUCIÓN ESTADÍSTICA

x_i	f_i
x_1	f_1
x_2	f_2
·	·
·	·
·	·
x_n	f_n

NÚMERO DE INDIVIDUOS: $f_1 + f_2 + \dots + f_n = \Sigma f_i = N$

MEDIA: $\bar{x} = \dfrac{f_1x_1 + f_2x_2 + \dots + f_nx_n}{N} = \dfrac{f_1}{N}x_1 + \dfrac{f_2}{N}x_2 + \dots + \dfrac{f_n}{N}x_n = \boxed{\Sigma \dfrac{f_i}{N} x_i}$

VARIANZA: $s^2 = \dfrac{\Sigma f_i (x_i - \bar{x})^2}{N} = \Sigma \dfrac{f_i}{N} (x_i - \bar{x})^2 = \boxed{\Sigma \dfrac{f_i}{N} x_i^2 - \bar{x}^2}$

DESVIACIÓN TÍPICA: $\sqrt{\text{VARIANZA}}$

PARÁMETROS EN UNA DISTRIBUCIÓN DE PROBABILIDAD

x_i	p_i
x_1	p_1
x_2	p_2
·	·
·	·
·	·
x_n	p_n

$\Sigma p_i = 1$

Las probabilidades, p_i, son idealizaciones de las frecuencias relativas, $\dfrac{f_i}{N}$.
Por tanto, los parámetros se definen del siguiente modo:

MEDIA: $\mu = p_1 x_1 + p_2 x_2 + \dots + p_n x_n = \boxed{\Sigma p_i x_i}$

VARIANZA: $\sigma^2 = p_1 (x_1 - \mu)^2 + p_2 (x_2 - \mu)^2 + \dots + p_n (x_n - \mu)^2 = \boxed{\Sigma p_i (x_i - \mu)^2}$

o bien: $\sigma^2 = (p_1x_1^2 + p_2x_2^2 + \dots + p_nx_n^2) - \mu^2 = \boxed{\Sigma p_i x_i^2 - \mu^2}$

DESVIACIÓN TÍPICA: $\sqrt{\text{VARIANZA}}$

Observaciones

- Cuando se utilizan distribuciones estadísticas (empíricas) y distribuciones de probabilidad (teóricas), los parámetros de las primeras se designan mediante letras latinas ($\bar{x}$ o m, s) mientras que los parámetros de las segundas se designan mediante letras griegas (μ, σ).
- En la primera expresión de la varianza se ve claro su significado: suma ponderada de los cuadrados de las diferencias de cada valor a la media. La segunda expresión de la varianza es, sin embargo, mucho más cómoda para los cálculos, como se puede ver en los ejemplos de la página siguiente. Pero ambas son equivalentes, por supuesto (ver problema propuesto número 37).
- También puede usarse la calculadora (con modo SD) para el cálculo de los parámetros de las distribuciones de probabilidad. Los datos se introducen así:

  x_i [×] p_i [DATA]

  Al final se obtiene $\Sigma p_i = 1$, que se ve dándole a la tecla [n].

EJEMPLOS

1. *Hallemos* μ *y* σ *en la distribución que se obtiene al sumar las puntuaciones de dos dados.*

x_i	p_i	$p_i x_i$	$p_i x_i^2$
2	1/36	2/36	4/36
3	2/36	6/36	18/36
4	3/36	12/36	48/36
5	4/36	20/36	100/36
6	5/36	30/36	180/36
7	6/36	42/36	294/36
8	5/36	40/36	320/36
9	4/36	36/36	324/36
10	3/36	30/36	300/36
11	2/36	22/36	242/36
12	1/36	12/36	144/36
		252/36	1 974/36

MEDIA: $\mu = \frac{252}{36} = 7$

DESVIACIÓN TÍPICA: $\sigma = \sqrt{\frac{1\,974}{36} - 7^2} = 2{,}415$

Con calculadora:

2 [×] [(] 1 [÷] 36 [)] [DATA]
3 [×] [(] 2 [÷] 36 [)] [DATA]
4 [×] [(] 3 [÷] 36 [)] [DATA]
....
12 [×] [(] 1 [÷] 36 [)] [DATA]
(*) bajo [(] 1 [÷] 36 [)]

(*) Sirve para obtener la expresión decimal de p_i.

[$\bar{x}$] Nos da el valor de μ.

Como las frecuencias introducidas han sido las p_i, su suma, $\Sigma\, p_i = 1$, se obtiene cuando se pide el valor de [n].

2. *Calculemos los parámetros* μ *y* σ *en la distribución de probabilidad correspondiente a la lotería descrita en el ejemplo 5 de la página 191.*

x_i	p_i	$p_i x_i$	$p_i x_i^2$
500 000	0,001	500	250 000 000
100 000	0,002	200	20 000 000
1 000	0,099	99	99 000
0	0,898	0	0
	1	799	270 099 000

MEDIA: $\mu = 799$

(Esto significa que si jugáramos muchísimas veces un número a esa lotería, ganaríamos 799 PTA por término medio. Esto, sin contar lo que nos cuesta el boleto.)

DESVIACIÓN TÍPICA:

$$\sigma = \sqrt{270\,099\,000 - 799^2} = 16\,415$$

Con calculadora:

500 000 [×] 0,001 [DATA]
100 000 [×] 0,002 [DATA]
1 000 [×] 0,099 [DATA]
0 [×] 0,898 [DATA]

Obtenemos:

[n] = 1 ($\Sigma\, p_i$) ; [Σx] = 799 ($\Sigma\, p_i x_i$) ; [Σx^2] = 270 099 000 ($\Sigma\, p_i x_i^2$)

[$\bar{x}$] = 799 (μ) ; [$x\sigma_n$] = 16 415 (σ)

9.3 LA DISTRIBUCIÓN BINOMIAL

EXPERIENCIA DICOTÓMICA

Si en una experiencia aleatoria destacamos un suceso A y prestamos atención, exclusivamente, a si ocurre A o su contrario, A', se trata de una **experiencia dicotómica.**

Al suceso A se le denomina *éxito,* y a su probabilidad, p, $P[A] = p$.

La probabilidad de su contrario es $P[A'] = 1 - p = q$

EJEMPLOS

Son experiencias dicotómicas:

1. *Lanzar una moneda:* A = CARA, A' = CRUZ.

$$p = P[\text{CARA}] = \frac{1}{2} \qquad q = P[\text{CRUZ}] = \frac{1}{2}$$

2. *Lanzar un dado y ver si sale 5 o no:* $A = \{5\}$, $A' = \text{no } \{5\} = \{1, 2, 3, 4, 6\}$.

$$p = P[\text{"5"}] = \frac{1}{6} \qquad q = P[\text{"no 5"}] = \frac{5}{6}$$

3. *Lanzar una chincheta:* A = , A' = 

$p = P[$  $] = 0,3$ (por ejemplo) $\qquad q = P[$  $] = 0,7$

4. *Extraer una carta de una baraja y ver si es* FIGURA *(as, sota, caballo o rey).*

A = FIGURA = {AS, SOTA, CABALLO, REY}, A' = NO FIGURA = {2, 3, 4, 5, 6, 7}

$p = P[\text{FIGURA}] = 0,4 \qquad q = P[\text{NO FIGURA}] = 0,6$

5. *Tenemos un montón de tornillos fabricados por una máquina que, por término medio, produce un 2% de defectuosos. Extraemos uno de ellos al azar.* A = DEFECTUOSO, A' = NO DEFECTUOSO.

$p = P[\text{DEFECTUOSO}] = 0,02 \qquad q = P[\text{NO DEFECTUOSO}] = 0,98$

DISTRIBUCIÓN BINOMIAL

Se repite n veces una misma experiencia dicotómica. Nos preguntamos por el número, x, de *éxitos.* x es una variable discreta que puede tomar los valores $0, 1, 2, \ldots, n$.

La distribución de probabilidad de la variable x se llama **distribución binomial** $B(n, p)$.

$p = P[A]$ es la probabilidad de *éxito* en cada una de las experiencias.

n es el número de veces que se repite la experiencia.

Es importante destacar que se repite n veces *la misma experiencia.* Es decir, que en las sucesivas repeticiones han de darse las mismas condiciones y, por tanto, la probabilidad de éxito ha de ser la misma en todos los casos.

EJEMPLOS

En cada una de las siguientes distribuciones veamos si es o no binomial y, en caso afirmativo, identifiquemos los valores de n y de p.

1. *Lanzamos 10 monedas y nos preguntamos por el número de caras.*

Suponiendo que las 10 monedas son correctas, se trata de una distribución binomial con $n = 10$ y $p = 0{,}5 \rightarrow B(10; 0{,}5)$.

2. *Lanzamos 6 dados correctos y nos preguntamos por el número de "cincos".*

Es una distribución binomial con $n = 6$, $p = \frac{1}{6} \rightarrow B\left(6, \frac{1}{6}\right)$.

3. *Dejamos caer al suelo 100 chinchetas y contamos cuántas caen con la punta hacia arriba.*

Si las chinchetas son del mismo tipo, sí es una binomial con $n = 100$ y $p = P$ [].

Suponiendo que P[] $= 0{,}3$; será $B(100; 0{,}3)$.

4. *Extraemos cinco cartas de una baraja y nos preguntamos cuántas figuras habrá.*

No es una distribución binomial, pues cada vez que se extrae una carta, cambia la composición del mazo y se modifica la probabilidad de FIGURA en la siguiente extracción. Es decir, las cinco pruebas sucesivas no son idénticas.

5. *Extraemos una carta de una baraja, observamos si es o no FIGURA y la devolvemos al mazo. Barajamos y volvemos a extraer. Repetimos cinco veces la experiencia (a este proceso se le denomina extracción de cinco cartas "con reemplazamiento").*

Sí es una distribución binomial: $n = 5$, $p = 0{,}4 \rightarrow B(5; 0{,}4)$.

6. *Nos preguntamos cuántos partidos ganará el Betis en sus próximos diez encuentros.*

No es binomial, pues la probabilidad de vencer en un encuentro es muy distinta que la de vencer en otros. Es decir, las diez experiencias no son idénticas.

7. *Una máquina produce tornillos y, por término medio, un 2% son defectuosos. Se empaquetan en cajas de 100 tornillos. Nos preguntamos cuántos tornillos defectuosos habrá en cada caja.*

Es una distribución binomial con $n = 100$ y $p = 0{,}02 \rightarrow B(100; 0{,}02)$.

EJERCICIOS

1 ¿Qué valores puede tomar la variable x en cada distribución de los ejemplos 1, 2, 3, 5 y 7 anteriores?

9.4 CÁLCULO DE PROBABILIDADES EN UNA DISTRIBUCIÓN BINOMIAL

Al extraer 5 veces una carta de una baraja (con reemplazamiento) y observar en cada extracción si la carta es figura (F) o no figura (F'), obtendremos *tiras* de 5 resultados con las siguientes probabilidades:

$$\text{F F' F F F'} \xrightarrow{\text{Prob}} 0{,}4 \cdot 0{,}6 \cdot 0{,}4 \cdot 0{,}4 \cdot 0{,}6 = 0{,}4^3 \cdot 0{,}6^2$$

$$\text{F' F' F' F F'} \xrightarrow{\text{Prob}} 0{,}6 \cdot 0{,}6 \cdot 0{,}6 \cdot 0{,}4 \cdot 0{,}6 = 0{,}4 \cdot 0{,}6^4$$

¿Cuál es la probabilidad de obtener 3 figuras?

$\text{F F F F' F'} \to 0{,}4^3 \cdot 0{,}6^2$

$\text{F F F' F F'} \to 0{,}4^3 \cdot 0{,}6^2$

...

$\text{F' F' F F F} \to 0{,}4^3 \cdot 0{,}6^2$

La probabilidad de obtener tres FIGURAS y dos NO FIGURAS en un cierto orden (cualquiera que sea éste) es $0{,}4^3 \cdot 0{,}6^2$. Pero, ¿cuántas tiras distintas hay con 3 FIGURAS y 2 NO FIGURAS? Al número de ellas lo llamamos $\begin{pmatrix} 5 \\ 3 \end{pmatrix}$ (se lee *"cinco sobre tres"*).

Este tipo de expresiones se llaman **números combinatorios.**

NÚMEROS COMBINATORIOS

Recordemos el triángulo numérico que vimos al principio del tema. Se llama triángulo de Tartaglia.

Las filas empiezan y terminan en 1.

Los números intermedios se obtienen sumando los dos que tienen encima.

Cada número se designa por su fila, m, y su índice, n: $\begin{pmatrix} m \\ n \end{pmatrix}$

Por ejemplo: $\begin{pmatrix} 3 \\ 1 \end{pmatrix} = 3$ (fila 3, índice 1); $\begin{pmatrix} 4 \\ 3 \end{pmatrix} = 4$; $\begin{pmatrix} 5 \\ 3 \end{pmatrix} = 10$

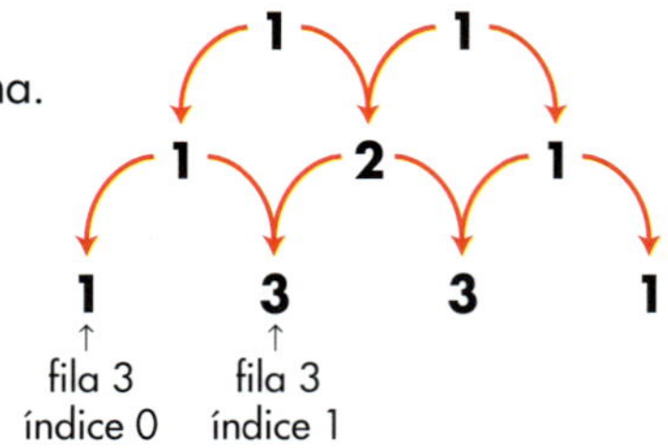

Los **números combinatorios** $\begin{pmatrix} m \\ n \end{pmatrix}$ se pueden obtener construyendo el triángulo de Tartaglia hasta la fila m. También se puede calcular mediante la siguiente fórmula:

$$\begin{pmatrix} m \\ n \end{pmatrix} = \frac{m\,(m-1) \cdot \ldots \cdot (m-n+1)}{n\,(n-1) \cdot \ldots \cdot 3 \cdot 2 \cdot 1} \qquad \frac{[n \text{ factores decrecientes a partir de } m]}{[n \text{ factores decrecientes a partir de } n]}$$

EJEMPLOS

Para hallar los valores $\begin{pmatrix} 6 \\ 3 \end{pmatrix} = 20$, $\begin{pmatrix} 5 \\ 2 \end{pmatrix} = 10$, $\begin{pmatrix} 7 \\ 2 \end{pmatrix} = 21$, $\begin{pmatrix} 8 \\ 5 \end{pmatrix} = 56$, podemos completar el triángulo de Tartaglia hasta la fila correspondiente y mirar su valor. Hazlo.

Pero para valores grandes de m es necesario recurrir a la fórmula. Por ejemplo:

$$\begin{pmatrix} 100 \\ 4 \end{pmatrix} = \frac{100 \cdot 99 \cdot 98 \cdot 97}{4 \cdot 3 \cdot 2 \cdot 1} = 3\,921\,225$$

La simetría del triángulo de Tartaglia permite simplificar algunos cálculos.

$$\begin{pmatrix} m \\ n \end{pmatrix} = \begin{pmatrix} m \\ m-n \end{pmatrix} \to \begin{pmatrix} 100 \\ 98 \end{pmatrix} = \begin{pmatrix} 100 \\ 2 \end{pmatrix} = \frac{100 \cdot 99}{2 \cdot 1} = 4\,950$$

Si x es una variable que sigue una distribución $B(n, p)$, la probabilidad $P[x = k]$ de obtener k éxitos es:

$$P[x = k] = \binom{n}{k} p^k q^{n-k}$$

VARIABLE, k	0	1	…	k	…	n
$P[x = k]$	$\binom{n}{0} q^n = q^n$	$\binom{n}{1} pq^{n-1} = npq^{n-1}$	…	$\binom{n}{k} p^k q^{n-k}$	…	$\binom{n}{n} p^n = p^n$

Los parámetros de esta distribución son:

MEDIA .... $\mu = np$

DESVIACIÓN TÍPICA .... $\sigma = \sqrt{npq}$

EJEMPLOS

1. *En una binomial $B(8; 0,2)$, calculemos algunas probabilidades y los parámetros μ y σ.*

$P[x = 0] = 0,8^8 = 0,167$ (probabilidad de "ningún éxito")

$P[x \neq 0] = 1 - 0,8^8 = 0,833$ (probabilidad de "algún éxito")

$P[x = 2] = \binom{8}{2} 0,2^2 \cdot 0,8^6 = 28 \cdot 0,04 \cdot 0,262 = 0,29$

MEDIA.. $\mu = np = 8 \cdot 0,2 = 1,6$

DESVIACIÓN TÍPICA .... $\sigma = \sqrt{npq} = \sqrt{1,28} = 1,13$

2. *Una máquina produce tornillos. Por término medio, el 2% de ellos son defectuosos. Se empaquetan en cajas de 100. Calcula las probabilidades de que en una caja:*

a) No haya ninguno defectuso. b) Haya alguno defectuoso. c) Haya exactamente 3 defectuosos.

Se trata de una distribución binomial $B(100; 0,02)$, $p = 0,02$, $q = 0,98$

P[ninguno defectuoso] $= P[x = 0] = q^{100} = 0,98^{100} = 0,13$

P[alguno defectuoso] $= P[x \neq 0] = 1 - P[x = 0] = 1 - 0,13 = 0,87$

P[tres defectuosos] $= P[x = 3] = \binom{100}{3} 0,02^3 \cdot 0,98^{97} = \frac{100 \cdot 99 \cdot 98}{3 \cdot 2 \cdot 1} \cdot 0,02^3 \cdot 0,98^{97} = 0,182$

Los parámetros de esta distribución son:

MEDIA: $\mu = np = 100 \cdot 0,02 = 2$ (Habrá dos tornillos defectuosos, por término medio, en cada caja.)

DESVIACIÓN TÍPICA: $\sigma = \sqrt{npq} = \sqrt{100 \cdot 0,02 \cdot 0,98} = 1,4$

9.5 AJUSTE DE UN CONJUNTO DE DATOS A UNA DISTRIBUCIÓN BINOMIAL

En ocasiones, conviene saber si puede suponerse que una serie de datos obtenidos experimentalmente (distribución empírica) provienen de una distribución binomial (distribución teórica).

Veamos con un ejemplo cómo puede procederse:

Queremos averiguar si al lanzar 5 chinchetas cualesquiera de un cierto modelo y contar el número de ellas que quedan con la punta hacia arriba, se sigue una distribución binomial. Para ello, cada uno de los 35 alumnos de una clase realiza 10 veces la experiencia. He aquí los resultados:

x_i	f_i
0	60
1	135
2	99
3	45
4	11
5	0
	350

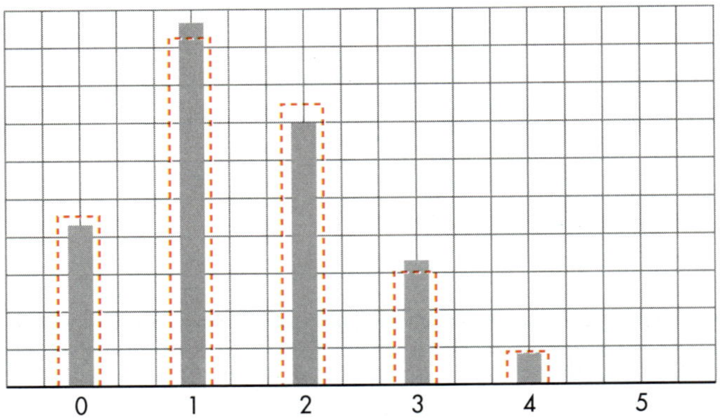

Hemos de comparar la distribución empírica de los 350 lanzamientos de cinco chinchetas, representada mediante barras grises, con una distribución teórica, binomial (barras rojas), $B(n, p)$, con $n = 5$ y con la misma media que la distribución empírica. La comparación que con las gráficas se ha realizado visualmente, hay que hacerla numéricamente.

En definitiva, consistirá en decidir si las diferencias se pueden atribuir al azar o no.

Disponemos de una serie de observaciones relativas a n individuos (en el ejemplo, las 5 chinchetas). En cada observación contamos el número, k, de ellos que cumplen una determinada condición (el número de chinchetas que quedan con la punta hacia arriba). En definitiva, tenemos una tabla de frecuencias cuya variable toma los valores 0, 1, …, n.

Para estudiar si esa serie de datos obtenidos experimentalmente puede provenir de una distribución binomial $B(n, p)$, procedemos del siguiente modo:

- Calculamos la media $\bar{x}$ de los datos y la igualamos a la media $\mu = n\,p$ de la teórica binomial.

  Así obtenemos el valor de p.

- Comparamos la distribución empírica con la teórica. Para ello:

  — Hallamos las probabilidades $P[x = k]$ para $k = 0, 1, \ldots, n$ en la $B(n, p)$ y las multiplicamos por n para averiguar cómo se repartirían los n individuos en la distribución teórica.

  — Para cada valor de k, hallamos la diferencia entre el valor empírico y el teórico.

  — Según que la mayor de las diferencias sea suficientemente pequeña o no, aceptamos o rechazamos la hipótesis de que los datos provienen de una binomial.

EJEMPLO

Vamos a resolver numéricamente el ajuste planteado en la página anterior referente a 350 lanzamientos de 5 chinchetas de un mismo tipo. Empezamos por calcular la media de la variable "número de ellas que quedan con la punta hacia arriba".

x_i	f_i	$f_i x_i$
0	60	0
1	135	135
2	99	198
3	45	135
4	11	44
5	0	0
	350	512

MEDIA: $\bar{x} = \frac{512}{350} = 1{,}46$

La media μ de la binomial es: $\mu = n\,p = 5p$

Como deben coincidir las dos medias ($\mu = \bar{x}$) será:

$$5p = 1{,}46 \rightarrow p = \frac{1{,}46}{5} = 0{,}29$$

$$q = 1 - 0{,}29 = 0{,}71$$

Compararemos la distribución empírica con una distribución binomial $B(5; 0{,}29)$.

En una distribución $B(5; 0{,}29)$, la variable x toma los valores 0, 1, 2, 3, 4, 5.

Si repitiéramos la experiencia 350 veces, ¿cuántas veces se darían cada uno de estos valores?

x_i	$p_i = P[x = x_i]$	$350 \cdot p_i$	Nos ESPERADOS	Nos OBSERVADOS	DIFERENCIAS
0	$0{,}71^5 = 0{,}180$	63,00	63	60	3
1	$5 \cdot 0{,}71^4 \cdot 0{,}29 = 0{,}368$	128,80	129	135	6
2	$10 \cdot 0{,}71^3 \cdot 0{,}29^2 = 0{,}301$	105,35	105	99	6
3	$10 \cdot 0{,}71^2 \cdot 0{,}29^3 = 0{,}123$	43,05	43	45	2
4	$5 \cdot 0{,}71 \cdot 0{,}29^4 = 0{,}025$	8,75	9	11	2
5	$0{,}29^5 = 0{,}002$	0,70	1	0	1

Las diferencias son suficientemente pequeñas para suponer que el ajuste es bueno, es decir, que los datos iniciales provenían de una distribución binomial.

¡Atención! El último paso, en el cual se decide si las diferencias son *suficientemente pequeñas*, se ha dado de forma completamente subjetiva. Debemos saber que existen métodos estadísticos para tomar dicha decisión de manera objetiva, aunque aquí no los aprendamos porque superan el nivel de este curso.

EJERCICIOS

1 Un profesor de idiomas tiene una clase con cuatro alumnos adultos. De los 100 días de clase, asisten 4, 3, 2, 1 o ninguno de ellos, según la tabla adjunta. Ajusta los datos a una distribución binomial y di si te parece que el ajuste es bueno o no.

x_i	4	3	2	1	0
f_i	23	48	17	9	3

1 DISTRIBUCIONES DE PROBABILIDAD

Las caras de un dado irregular tienen las siguiente probabilidades:

$P[1] = 0,1 \quad P[2] = 0,2 \quad P[3] = 0,1 \quad P[4] = 0,15 \quad P[6] = 0,25$

Averigua cuál es la probabilidad de "5" y el valor de los parámetros μ *y* σ.

Resolución

Puesto que $\Sigma p_i = 1$:

$$0,1 + 0,2 + 0,1 + 0,15 + P[5] + 0,25 = 1 \Rightarrow P[5] = 0,2$$

$\mu = 3,9 \qquad \sigma = \sqrt{18,2 - 3,9^2} \approx 1,73$

x_i	p_i	$p_i x_i$	$p_i x_i^2$
1	0,1	0,1	0,1
2	0,2	0,4	0,8
3	0,1	0,3	0,9
4	0,15	0,6	2,4
5	0,2	1	5
6	0,25	1,5	9
	1	3,9	18,2

2 DISTRIBUCIONES DE PROBABILIDAD

Se lanzan dos dados y se anota la diferencia entre la mayor y la menor puntuación.

a) Haz la tabla con la distribución de probabilidad y represéntala gráficamente.

b) Calcula la media y la desviación típica.

Resolución

a) Construyamos una tabla con todos los casos posibles.

Los valores de x_i son 0, 1, 2, 3, 4, 5.

La probabilidad de obtener 0 es $\frac{6}{36}$.

Ésta es la tabla de la distribución de probabilidad y su representación gráfica:

	1	2	3	4	5	6
1	0	1	2	3	4	5
2	1	0	1	2	3	4
3	2	1	0	1	2	3
4	3	2	1	0	1	2
5	4	3	2	1	0	1
6	5	4	3	2	1	0

x_i	p_i
0	$6/36 = 0,1\widehat{6}$
1	$10/36 = 0,2\widehat{7}$
2	$8/36 = 0,\widehat{2}$
3	$6/36 = 0,1\widehat{6}$
4	$4/36 = 0,\widehat{1}$
5	$2/36 = 0,0\widehat{5}$

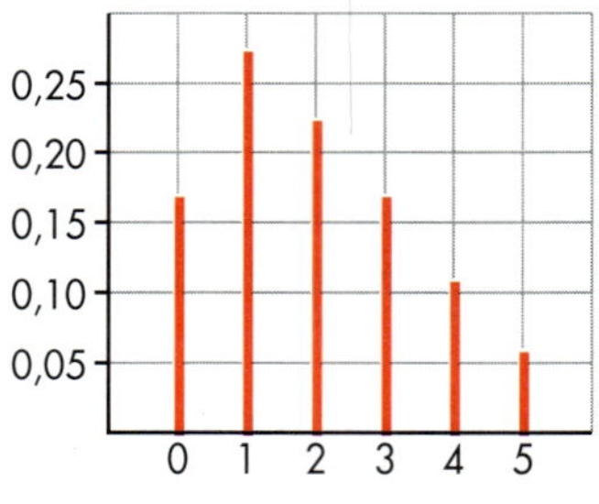

b) $\mu = \Sigma p_i x_i = \frac{6}{36} \cdot 0 + \frac{10}{36} \cdot 1 + \frac{8}{36} \cdot 2 + \frac{6}{36} \cdot 3 + \frac{4}{36} \cdot 4 + \frac{2}{36} \cdot 5 = \frac{70}{36} = 1,9\widehat{4}$

$$\sigma^2 = \Sigma p_i x_i^2 - \mu^2 = \frac{6}{36} \cdot 0^2 + \frac{10}{36} \cdot 1^2 + \frac{8}{36} \cdot 2^2 + \frac{6}{36} \cdot 3^2 + \frac{4}{36} \cdot 4^2 + \frac{2}{36} \cdot 5^2 - \left(\frac{70}{36}\right)^2 \approx 2,05$$

$\sigma = \sqrt{2,05} \approx 1,43$

Solución: La media es $1,9\widehat{4}$ y la desviación típica 1,43.

3 DISTRIBUCIONES DE PROBABILIDAD

La probabilidad de que una jugadora de golf haga hoyo en un lanzamiento a cierta distancia es 0,2. Si lo intenta 5 veces, calcular la probabilidad de que:

a) No acierte ninguna.

b) Acierte alguna.

c) Acierte dos.

d) Si hace tandas de 5 lanzamientos, ¿cuál será el número medio de aciertos? ¿Cuál será su desviación típica?

e) Si lanzara 1 000 veces y su capacidad de acierto se mantuviera estable (ni aumentara por el entrenamiento ni disminuyera por el cansancio), ¿qué probabilidad hay de que acierte más de 220 veces?

Resolución

Se trata de una distribución binomial $B(5; 0{,}2)$, pues consiste en repetir 5 veces la misma prueba, manteniéndose constante la probabilidad de éxito en 0,2.

a) $P[0 \text{ ACIERTOS}] = 0{,}8^5 = 0{,}32768$

b) $P[\text{ALGÚN ACIERTO}] = 1 - P[0 \text{ ACIERTOS}] = 1 - 0{,}32768 = 0{,}67232$

c) $P[2 \text{ ACIERTOS}] = \binom{5}{2} 0{,}2^2 \cdot 0{,}8^3 = 10 \cdot 0{,}04 \cdot 0{,}512 = 0{,}2048$

d) $\mu = n \cdot p = 5 \cdot 0{,}2 = 1$ (acertará 1 por término medio).

$\sigma = \sqrt{n \cdot p \cdot q} = \sqrt{5 \cdot 0{,}2 \cdot 0{,}8} = 0{,}8944$

e) En este caso se trata de una binomial $B(1\,000; 0{,}2)$ y hay que calcular:

$$P[x = 221] + P[x = 222] + \ldots + P[x = 1\,000]$$

Estos cálculos, como ves, son prácticamente imposibles si no es con ordenador. Sin embargo, en el próximo tema aprenderemos un método por el cual se podrán obtener fácilmente. Quedamos emplazados para calcularlos entonces.

4 NÚMEROS COMBINATORIOS

Calcula el valor de los siguientes números combinatorios:

$$\binom{3}{1} \quad \binom{3}{2} \quad \binom{5}{3} \quad \binom{6}{2} \quad \binom{2\,000}{3} \quad \binom{5\,000}{4\,999}$$

Resolución

Los cuatro primeros se pueden obtener a partir del triángulo de Tartaglia. Para los otros, aplicamos la fórmula.

1 1
1 2 1
1 3 3 1
1 4 6 4 1
1 5 10 10 5 1
1 6 15 20 15 6 1

$$\binom{3}{1} = 3 \qquad \binom{3}{2} = 3 \qquad \binom{5}{3} = 10 \qquad \binom{6}{2} = 15$$

$$\binom{2\,000}{3} = \frac{2\,000 \cdot 1\,999 \cdot 1998}{3 \cdot 2 \cdot 1} = 1\,331\,334\,000$$

$$\binom{5\,000}{4\,999} = \binom{5\,000}{5\,000 - 4\,999} = \binom{5\,000}{1} = \frac{5\,000}{1} = 5\,000$$

También se pueden hallar con la calculadora si tiene la tecla nCr.

2 000 nCr 3 = 1 331 334 000 5 000 nCr 4 999 = 5 000

5 DISTRIBUCIÓN BINOMIAL

Una máquina produce disquetes. Se ha comprobado que el 5% son defectuosos. Tomamos 10 disquetes al azar y nos preguntamos por el número de defectuosos.

a) ¿Es una distribución binomial? *b) Calcula sus parámetros μ y σ.*

c) Calcula $P[x = 0]$, $P[x > 0]$, $P[x = 2]$.

Resolución

a) Se trata de una distribución binomial $B\left(10, \frac{5}{100}\right)$ porque la probabilidad de que cada disquete sea defectuoso es 0,05, la misma en los diez casos.

b) Sus parámetros son: $\mu = 10 \cdot 0{,}05 = 0{,}5$; $\sigma = \sqrt{10 \cdot 0{,}05 \cdot 0{,}95} = 0{,}689$

c) Ninguno defectuoso: $P[x = 0] = \binom{10}{0} 0{,}05^0 \cdot 0{,}95^{10} = 0{,}5987$

Alguno defectuoso: $P[x > 0] = 1 - P[x = 0] = 1 - 0{,}5987 = 0{,}4013$

Dos defectuosos: $P[x = 2] = \binom{10}{2} 0{,}05^2 \cdot 0{,}95^8 = 0{,}0746$

6 DISTRIBUCIÓN BINOMIAL

La probabilidad de que Óscar gane a Santiago un partido de tenis es 2/3. Si juegan 4 partidos, ¿cuál es la probabilidad de que Óscar gane más de la mitad?

Resolución

Cada partido sólo admite dos resultados (ganar o perder).

Ganar un partido es independiente de los otros y su probabilidad es siempre la misma, $\frac{2}{3}$.

Por ello se trata de una binomial $B\left(4, \frac{2}{3}\right)$.

$$P[x > 2] = P[x = 3] + P[x = 4] = \binom{4}{3}\left(\frac{2}{3}\right)^3\left(\frac{1}{3}\right) + \binom{4}{4}\left(\frac{2}{3}\right)^4 = 0{,}59$$

7 AJUSTE

Para probar la eficacia de una vacuna, se administró a 150 grupos de 4 personas con riesgo de contagio y los resultados observados fueron los de la tabla.

Ajusta los datos a una distribución binomial y calcula la probabilidad de que en un grupo se contagien menos de 3 personas.

CONTAGIADOS	Nº DE GRUPOS
0	30
1	62
2	46
3	10
4	2
	150

Resolución

MEDIA: $\bar{x} = \frac{192}{150} = 1{,}28$. La media de la binomial es $\mu = np = 4p$

Como deben coincidir las medias: $4p = 1{,}28 \rightarrow p = 0{,}32 \rightarrow q = 1 - 0{,}32 = 0{,}68$

$$P[x < 3] = P[x = 0] + P[x = 1] + P[x = 2] =$$

$$= \binom{4}{0} \cdot 0{,}68^4 + \binom{4}{1} \cdot 0{,}32 \cdot 0{,}68^3 + \binom{4}{2} \cdot 0{,}32^2 \cdot 0{,}68^2 \approx 0{,}9$$

EJERCICIOS PARA PRACTICAR

Distribuciones de probabilidad

1 Completa la siguiente tabla de probabilidades y calcula sus parámetros:

x_i	0	1	2	3
p_i	0,1	0,3	...	0,1

2 Recuerda cuáles son las puntuaciones de las 28 fichas de un dominó. Si en cada una de ellas sumamos los puntos de sus dos mitades, obtenemos las posibles sumas 0, 1, 2..., 10, 11 y 12 con probabilidades distintas.

Haz la tabla con la distribución de probabilidades y calcula μ y σ.

3 En un monedero hay 5 monedas: una de peseta, dos de duro y dos de cinco duros. Sacamos una moneda al azar y anotamos su valor en pesetas.

Establece la distribución de probabilidad y calcula la media y la desviación típica.

4 Sacamos dos cartas de una baraja y anotamos el número de ases (0, 1 o 2).

a) ¿Cuál es la distribución de probabilidad?

b) Calcula la media y la desviación típica.

5 Se lanzan tres monedas al aire y se cuenta el número de caras obtenidas.

Haz una tabla con las probabilidades, represéntala gráficamente y calcula la media y la desviación típica.

6 En las familias con dos hijos se observa el número de hijos varones.

Haz una tabla con las probabilidades, represéntala gráficamente y calcula la media y la desviación típica.

7 En las familias con cuatro hijos nos fijamos en el número de hijas.

Haz una tabla con las probabilidades, represéntala gráficamente y calcula la media y la desviación típica.

Distribución binomial

8 Reconoce en cada uno de los siguientes ejercicios una distribución binomial y di los valores de n, p, μ y σ.

- Un examen tipo test consta de 50 preguntas, cada una con tres respuestas, de las que sólo una es correcta. Se responde al azar y nos preguntamos por el número de preguntas acertadas.
- En el examen descrito en el apartado anterior, un alumno conoce las respuestas de 20 preguntas y responde las restantes al azar. Nos preguntamos cuántas de ellas acertará.
- Una moneda se lanza 400 veces. Número de caras.
- El 11% de los billetes de lotería reciben algún tipo de premio, aunque sea el reintegro. En una familia juegan a 46 números.
- El 1% de ciertas soldaduras son defectuosas y revisamos mil de ellas. Número de soldaduras defectuosas que habrá.

9 En una distribución $B(5;\ 0{,}3)$, calcula las siguientes probabilidades:

a) $P[x = 3]$ b) $P[x = 0]$ c) $P[x = 5]$

d) $P[x < 2]$ e) $P[x > 3]$

10 Un examen tipo test consta de 10 preguntas, cada una con cuatro respuestas, de las cuales sólo una es correcta. Si un alumno contesta al azar:

a) ¿Cuál es la probabilidad de que conteste bien 4 preguntas?

b) ¿Y la de que conteste correctamente más de 2 preguntas?

c) Calcula la probabilidad de que conteste mal a todas las preguntas

11 Una urna contiene 3 bolas rojas y 7 verdes. Se saca una al azar, se anota su color y se devuelve a la urna. Si esta experiencia se repite 5 veces, calcula la probabilidad de obtener:

a) Tres bolas rojas.

b) Menos de tres rojas.

c) Más de tres rojas.

d) Alguna roja.

PROBLEMAS PARA RESOLVER

12 Tenemos una moneda defectuosa para la cual la probabilidad de obtener cruz en un lanzamiento es 0,4. La lanzamos dos veces y anotamos el número de cruces.

Haz una tabla con la distribución de probabilidad, represéntala gráficamente y calcula su media y su desviación típica.

13 La probabilidad de que un aparato de TV, antes de revisarlo, sea defectuoso, es 0,2. Al revisar cinco aparatos: a) ¿Cuál es la probabilidad de que ninguno sea defectuoso? b) ¿Y la de que haya alguno defectuoso?

14 En una fiesta hay tantos chicos como chicas:

a) ¿Cuál es la probabilidad de que en un grupo de seis personas haya tres chicas?

b) ¿Y la de que haya menos de tres chicas?

15 La probabilidad de que un torpedo lanzado por un submarino dé en el blanco es 0,4. Si se lanzan 6 torpedos, halla la probabilidad de que:

a) Sólo uno dé en el blanco.

b) Al menos uno dé en el blanco.

16 La probabilidad de nacimientos de niños varones en España es de 51,7%. Halla la probabilidad de que una familia con 5 hijos tenga:

a) Al menos una niña.

b) Al menos un niño.

17 Se tiene una moneda trucada de modo que la probabilidad de sacar cara es cuatro veces la de sacar cruz. Se lanza 6 veces la moneda. Calcula las siguientes probabilidades:

a) Obtener dos veces cruz.

b) Obtener, a lo sumo, dos veces cruz.

18 En un proceso de fabricación de tornillos se sabe que el 2% son defectuosos. Los empaquetamos en cajas de 50 tornillos. Calcula la probabilidad de que en una caja haya este número de tornillos defectuosos:

a) Ninguno. b) Uno. c) Más de dos.

(Datos: $0{,}98^{50} = 0{,}364$; $0{,}98^{49} = 0{,}372$; $0{,}98^{48} = 0{,}379$)

¿Cuántos tornillos defectuosos habrá, por término medio, en cada caja?

19 El 4% de los disquetes de ordenador que fabrica una empresa son defectuosos. Los disquetes se distribuyen en cajas de 5 unidades.

Calcula la probabilidad de que en una caja no haya ningún disquete defectuoso.

20 Lanzamos una moneda al aire cinco veces.

¿Cuál es la probabilidad de obtener, al menos, tres caras?

21 Un tipo de piezas requiere de 4 soldaduras. Se hace un control de calidad a mil de esas piezas y se obtienen los siguientes resultados:

SOLDADURAS DEFECTUOSAS	0	1	2	3	4
PIEZAS	603	212	105	52	28

¿Se ajustan estos datos a una binomial?

22 En una ciudad se han contado 4 960 familias con 5 hijos.

¿Cuántas de ellas, aproximadamente, tienen 2 chicos y 3 chicas, suponiendo que la probabilidad de que nazca un niño o una niña es la misma?

23 En un proceso de fabricación de motores para coches y antes de la revisión previa a la venta, la probabilidad de que un motor tenga algún defecto es de 0,05.

Entre cuatro motores sin revisar, calcula la probabilidad de que:

a) No haya ninguno defectuoso.

b) Haya alguno defectuoso.

c) Haya más de uno defectuoso.

24 La opinión que tiene la población sobre la gestión de su Ayuntamiento es favorable en el 30% de los casos y desfavorable en el resto. Elegidas 10 personas al azar, halla:

a) La probabilidad de que, exactamente, dos la consideren favorable.

b) La probabilidad de que ninguno la considere desfavorable.

25 La probabilidad de aprobar la Selectividad es del 90%. ¿Cuál es la probabilidad de que de un grupo de 6 amigos y amigas de un colegio aprueben al menos la mitad?

26 La última novela de cierto autor ha tenido un importante éxito, hasta el punto de que el 80% de los lectores la han leído. Un grupo de 4 amigos son aficionados a la lectura.

a) Describe la variable que indica el número de individuos del grupo que han leído dicha novela.

b) ¿Cuál es la probabilidad de que en el grupo hayan leído la obra 2 personas?

27 Al controlar la cantidad de un producto envasado, se eligen tres al azar de una caja, en la que uno de cada 20 productos es defectuoso.

Calcula la probabilidad de que entre los tres no haya ninguno, uno o dos deficientes.

CUESTIONES TEÓRICAS

28 En una distribución $B(4; 0,25)$ comprueba que:

$$P[x = 0] + P[x = 1] + P[x = 2] + P[x = 3] + P[x = 4] = 1$$

29 La distribución de probabilidad de un suceso viene dada por:

x_i	1	2	3	4	5
p_i	0,1	0,3	…	0,2	0,3

¿Cuánto vale $P[3]$? Calcula la media y la desviación típica.

30 Una empresa hace un estudio de mercado para lanzar un producto A u otro producto B. Según el estudio, si comercializa A tiene la probabilidad 0,7 de ganar 25 millones y una probabilidad 0,3 de perder 7 millones. Si comercializa B, tiene una probabilidad 0,8 de ganar 20 millones y una probabilidad 0,2 de perder 5 millones. ¿Qué producto crees que debe comercializar? ¿Por qué?

31 Compara la media de las distribuciones binomiales $B(200; 0,06)$ y $B(30; 0,4)$. ¿Cuál de ellas tiene mayor dispersión?

32 En una bolsa hay 5 bolas blancas, 7 rojas y 8 negras. Extraemos una bola, anotamos su color y la devolvemos a la urna. Queremos calcular la probabilidad de que, al hacer tres extracciones, las tres bolas sean de distinto color. ¿Es una distribución binomial? Jusifica tu respuesta.

33 Dos ajedrecistas de igual maestría juegan al ajedrez. ¿Qué es más probable: ganar dos de cuatro partidas o tres de seis partidas? (Los empates no se toman en consideración.)

34 En una mano de póker se dan 5 cartas a cada jugador y nos preguntamos por la probabilidad de que un jugador tenga k figuras ($k = 0$, 1, 2, 3, 4 o 5). ¿Por qué no se trata de una distribución binomial?

35 Considera el experimento de lanzar una moneda para obtener cara por primera vez.

a) Obtén la distribución de probabilidades:

x_i	1	2	3	4	5	…	n	…
p_i	1/2	1/4	1/8	..	…	…	…	…

b) ¿Cómo calcularías la media? Tendrías que sumar infinitos términos de una serie. Expresa esa suma aunque no sepas calcularla.

c) Haz lo mismo para $\Sigma\, p_i x_i^2$ y pon la expresión de la desviación típica.

PARA PROFUNDIZAR

36 La probabilidad de que una persona, su padre y su abuelo paterno tengan el mismo cumpleaños es $\left(\frac{1}{365}\right)^2 = 7,5 \cdot 10^{-6}$. Explica por qué.

Nos preguntamos por el número de personas con esta propiedad que habrá en una ciudad de dos millones de habitantes.

37 Analiza atentamente la demostración de la equivalencia de las dos expresiones de la varianza de una distribución de probabilidad. Justifica cada uno de los pasos.

$$\Sigma\, p_i (x_i - \mu)^2 = \Sigma\, p_i\, (x_i^2 - 2x_i\, \mu + \mu^2) =$$
$$= \Sigma\, p_i x_i^2 + \Sigma\, p_i\, (-2x_i\, \mu) + \Sigma\, p_i\, \mu^2 =$$
$$= \Sigma\, p_i x_i^2 - 2\mu\, \Sigma\, p_i\, x_i + \mu^2 \Sigma\, p_i =$$
$$= \Sigma\, p_i x_i^2 - 2\mu\mu + \mu^2 \cdot 1 =$$
$$= \Sigma\, p_i x_i^2 - \mu^2$$

10 DISTRIBUCIONES DE VARIABLE CONTINUA

PARA CENTRARTE EN EL TEMA, PIENSA Y RESUELVE

1. Los trenes de una cierta línea de cercanías pasan cada 20 minutos. Cuando llegamos a la estación, ignoramos cuándo pasó el último.

La medida de la probabilidad del tiempo que tendremos que esperar a que pase el siguiente tren (tiempo de espera) se obtiene con la ayuda de la gráfica adjunta. Observa que bajo ella hay 100 cuadritos.

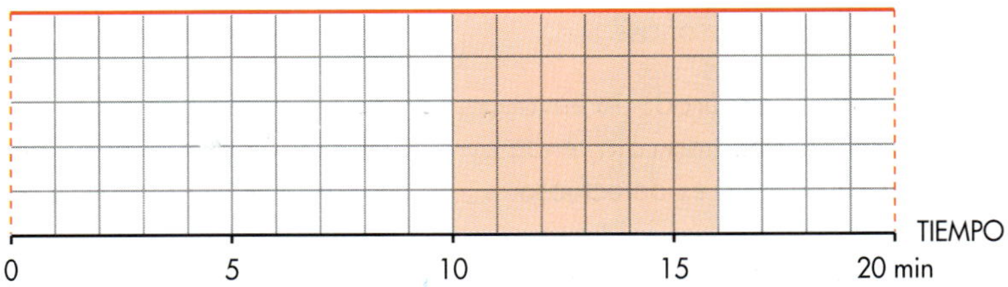

La probabilidad de que tengamos que esperar entre 10 y 16 minutos es del 30% (30 cuadritos de un total de 100). Es decir, $P[10 \leq x \leq 16] = 0{,}30$

■ Procediendo de forma similar, halla las siguientes probabilidades e interpreta lo que significan:

a) $P[x \leq 2]$ b) $P[5 \leq x \leq 10]$ c) $P[x \leq 10]$ d) $P[5 \leq x \leq 6]$

2. El autobús que nos lleva al trabajo es un tanto impuntual. Debe pasar a las 8, pero puede retrasarse hasta 20 minutos. Sin embargo, es más probable que llegue cerca de las 8 h que cerca de las 8 h 20 min.

Si llegamos a la parada a las 8 en punto, la gráfica adjunta nos ayuda a calcular el tiempo de espera.

La probabilidad de que tengamos que esperar entre 10 y 16 minutos es del 21% (compruébalo). Es decir:

$$P[10 \leq x \leq 16] = 0{,}21$$

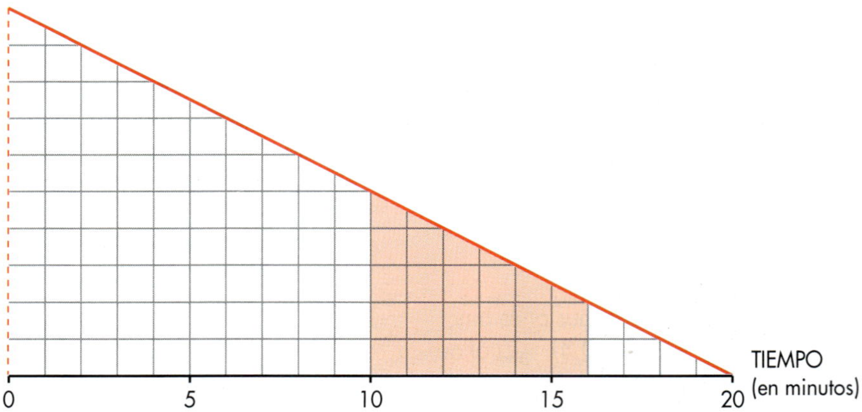

■ Halla: a) $P[x \leq 2]$ b) $P[5 \leq x \leq 10]$ c) $P[x \leq 10]$ d) $P[5 \leq x \leq 6]$

3. Las edades de los habitantes de una población se distribuyen según la gráfica adjunta (comprueba que bajo esta gráfica también hay, exactamente, 100 cuadraditos).

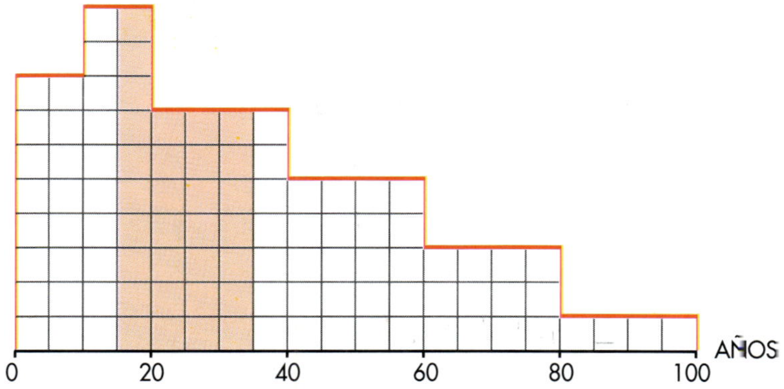

Si elegimos al azar un habitante de esa población, la probabilidad de que tenga entre 15 y 35 años es del 31% (compruébalo):

$$P[15 \leq x \leq 35] = 0{,}31$$

- Halla las siguientes probabilidades e interpreta lo que significan:

a) $P[x \leq 15]$ b) $P[45 \leq x \leq 65]$ c) $P[x \leq 80]$ d) $P[25 \leq x \leq 70]$

PANORAMA DEL TEMA

- Las gráficas vistas en los ejercicios anteriores corresponden a **distribuciones de probabilidad de variable continua**. Veremos que tienen la peculiaridad de que, en ellas, las probabilidades se obtienen hallando áreas bajo la curva.

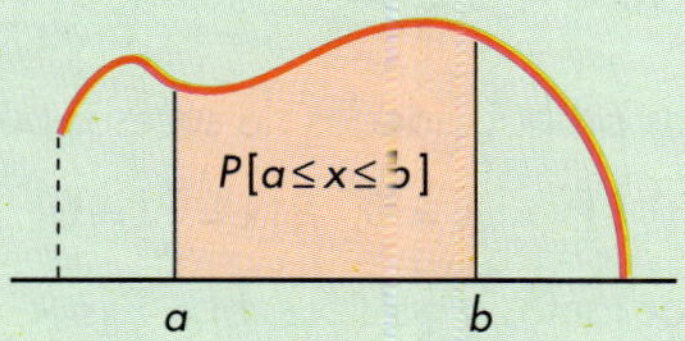

- Prestaremos atención muy especial a un tipo de distribuciones que se presentan tan frecuentemente que se llaman **distribuciones normales** y cuyas probabilidades se obtienen consultando unas tablas.

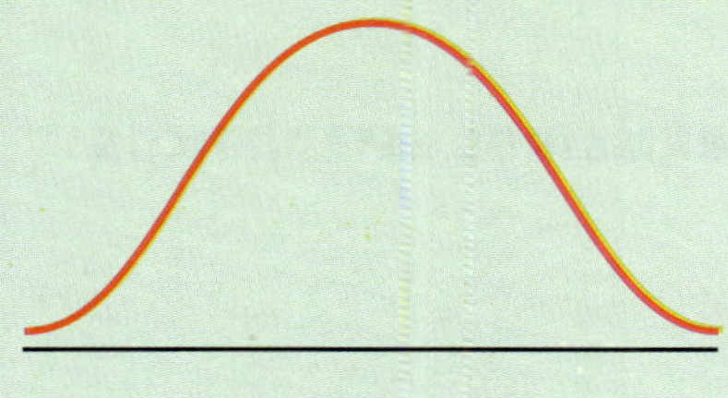

- Es habitual disponer de un conjunto de datos obtenidos experimentalmente y necesitar saber si proceden de una distribución normal. Para ello hay que efectuar un **ajuste de los datos** a la correspondiente distribución teórica.

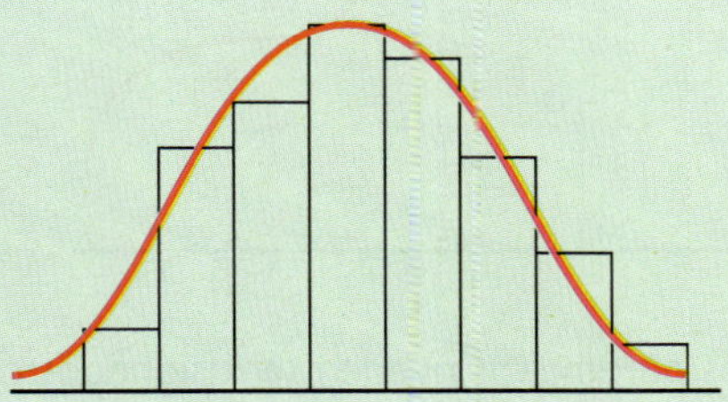

10.1 DISTRIBUCIONES DE PROBABILIDAD DE VARIABLE CONTINUA

Las distribuciones de probabilidad de variable continua son idealizaciones de las distribuciones estadísticas de variable continua. Éstas se obtienen empíricamente (experimentando u observando). Aquéllas son distribuciones teóricas.

Por ejemplo, estaturas, pesos, tiempos… son variables continuas.

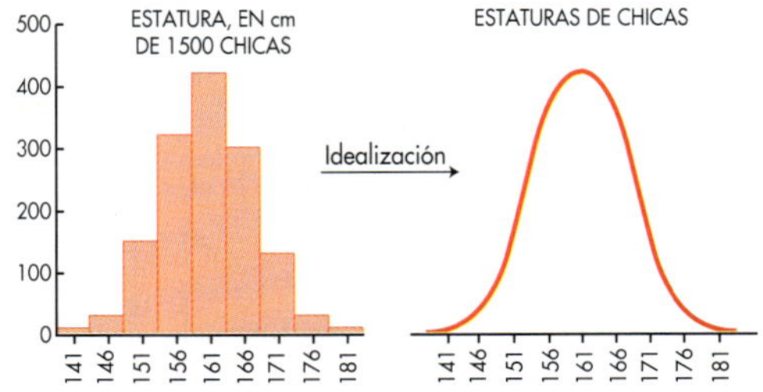

Las distribuciones de probabilidad de variable continua se definen por medio de una función, $y = f(x)$, que se llama **función de probabilidad** o **función de densidad**.

Las probabilidades vienen dadas por el área bajo la curva. Por tanto:

- El área encerrada bajo la totalidad de la curva es 1. Es decir, tomamos como unidad el área bajo la curva completa.
- Para hallar la probabilidad $P[a \le x \le b]$, obtendremos la proporción de área que hay bajo la curva en el intervalo $[a, b]$:

$$P[a \le x \le b] = \frac{\text{área bajo la curva en el intervalo } [a, b]}{\text{área total bajo la curva}}$$

- Las probabilidades de sucesos puntuales son cero:

$P[x = a] = 0, \ P[x = b] = 0, \ \dots$

Por tanto, $P[a \le x \le b] = P[a < x < b]$.

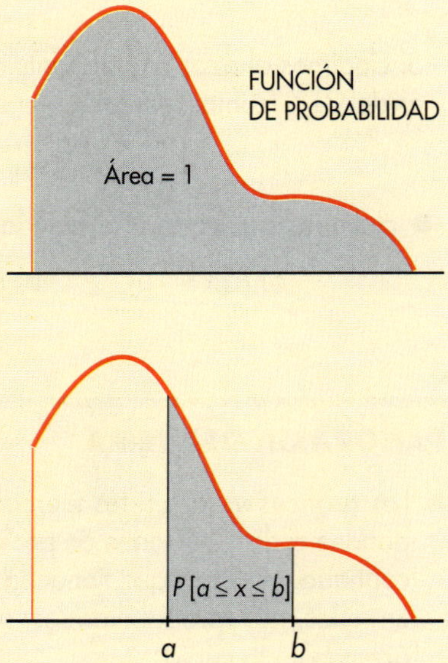

■ PARÁMETROS ESTADÍSTICOS

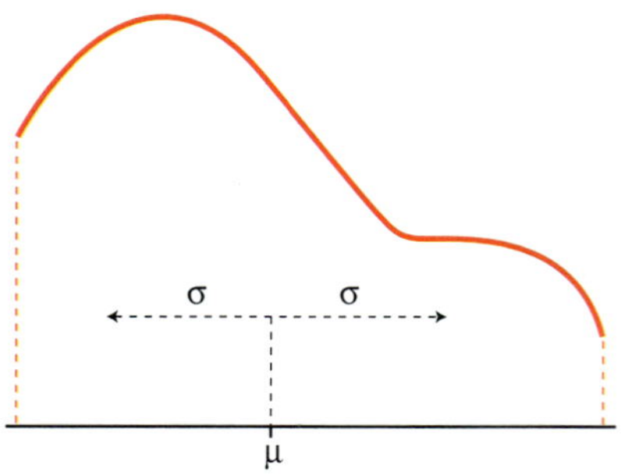

La media, μ, y la desviación típica, σ, tienen los mismos significados que en las distribuciones estadísticas:

MEDIA, μ: centro de gravedad de la distribución.

DESVIACIÓN TÍPICA, σ: medida de la dispersión.

El percentil p será el valor x_p tal que $P[x \le x_p] = \frac{p}{100}$.

La mediana es el punto, Me, hasta el cual se acumula el 50% del área.

Estos parámetros pueden ser asignados a ojo, de forma aproximada. Pero su cálculo exacto requiere el dominio de unas herramientas matemáticas que aún no conocemos.

MÉTODO PRÁCTICO PARA HALLAR PROBABILIDADES EN DISTRIBUCIONES DE VARIABLE CONTINUA

En las tres distribuciones con las que empezábamos el tema, la función de probabilidad contiene exactamente 100 cuadraditos. De ese modo es muy fácil calcular probabilidades, pues basta contar el número de cuadraditos y dividir por 100.

Puesto que las cosas no se nos suelen dar tan fáciles, veamos cómo se procede en general.

Cuando la función de probabilidad se nos da gráficamente

En tal caso calcularemos el área del recinto cuya probabilidad queremos evaluar y la dividiremos por el área del recinto total. Si las figuras cuyas áreas hemos de calcular fueran irregulares, habría que proceder de forma aproximada.

Cuando la función de probabilidad viene dada analíticamente

Existe un método matemático muy potente (el cálculo integral) mediante el cual se calculan, con gran facilidad, las probabilidades cuando la función de probabilidad viene dada analíticamente. Puesto que aún no conocemos esos métodos, deberemos representar la función de probabilidad y proceder como en el caso anterior.

EJEMPLO

La gráfica adjunta nos da la distribución de probabilidad del tiempo de espera a un autobús.

Para calcular la probabilidad $P[12 \leq x \leq 16]$ (probabilidad de tener que esperar al autobús entre 12 y 16 minutos), hemos de dividir el área del trapecio coloreado entre el área del trapecio total. Para ello, tomamos medidas.

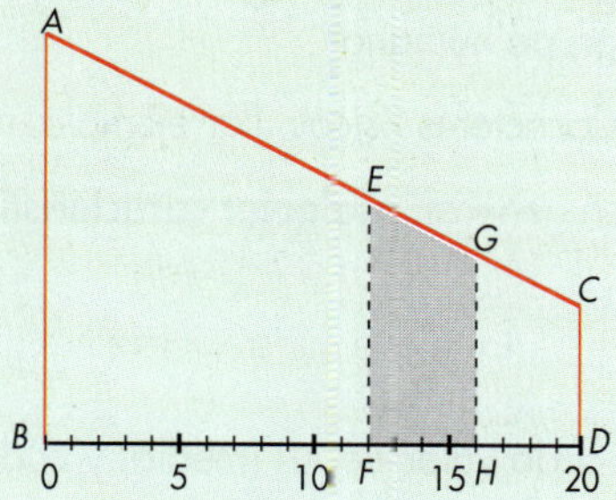

$\overline{AB} = 3$ cm, $\overline{CD} = 1$ cm, $\overline{BD} = 4$ cm

Área de $ABDC = \dfrac{(3+1)\cdot 4}{2} = 8 \text{ cm}^2$

$\overline{EF} = 1{,}8$ cm, $\overline{GH} = 1{,}4$ cm, $\overline{FH} = 0{,}8$ cm

Área de $EFHG = \dfrac{(1{,}8+1{,}4)\cdot 0{,}8}{2} = 1{,}28 \text{ cm}^2$

Por tanto, $P[12 \leq x \leq 16] = \dfrac{1{,}28}{8} = 0{,}16$

EJERCICIOS

1 En el ejemplo anterior, calcula las probabilidades de: a) $x > 10$ b) $x < 5$ c) $5 \leq x \leq 10$

2 Representa el segmento $y = 2 + x$ en el intervalo [4, 8]. Considerándolo como función de probabilidad, halla: a) $P[x < 5]$ b) $P[6 < x \leq 7]$ c) $P[x > 5]$

10.2 LA CAMPANA DE GAUSS: CURVA NORMAL

La campana de Gauss, curva de Gauss o **curva normal**, es una función de probabilidad continua, simétrica, cuyo máximo coincide, pues, con la media, μ.

Esta curva fue descrita por el matemático alemán Carl Friederich Gauss. Llegó a ella estudiando los errores que se producen al medir reiteradamente una cierta magnitud.

Por su forma acampanada, se denomina **campana de Gauss**.

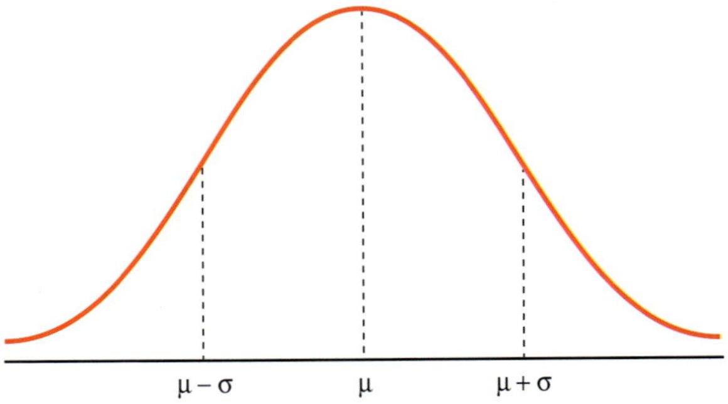

La gran importancia de esta distribución se debe a la enorme frecuencia con que aparece en las situaciones más variadas. Entre las muchas variables que se distribuyen *normalmente*, podemos citar:

- Caracteres morfológicos de individuos (personas, animales, plantas) de una misma raza. Por ejemplo: tallas, pesos, envergaduras, etc.
- Caracteres fisiológicos. Por ejemplo, efectos de una misma dosis de un fármaco o de una misma cantidad de abono.
- Caracteres sociológicos. Por ejemplo, consumo de ciertos productos por individuos de un mismo grupo humano.
- Caracteres físicos. Por ejemplo, resistencia a la rotura de piezas aparentemente idénticas.

Y, en general, **cualquier característica que se obtenga como suma de muchos factores**.

Para cada valor de μ (media) y cada valor de σ (desviación típica) hay una curva normal, que se denomina $N(\mu, \sigma)$.

Por ejemplo, observemos las distribuciones $N(0, 4)$, $N(20, 4)$ y $N(20, 2)$.

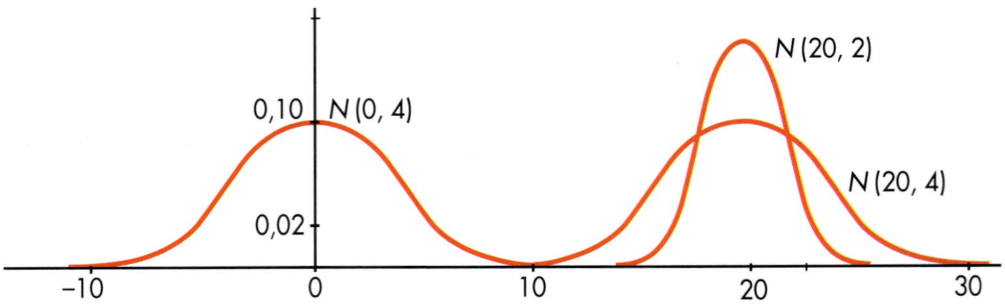

Sin embargo, el reparto de probabilidades en ellas es prácticamente idéntico. Sólo depende de los parámetros μ y σ como veremos a continuación.

■ DISTRIBUCIÓN DE PROBABILIDADES BAJO LA CURVA NORMAL

El reparto de probabilidades en una distribución $N(\mu, \sigma)$ cualquiera, se realiza del siguiente modo:

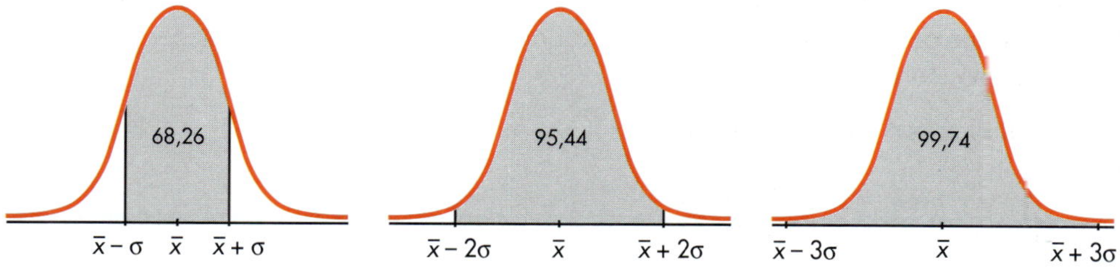

Esto significa que si, por ejemplo, el cociente intelectual (C.I.) de un grupo de personas se distribuye $N(110, 10)$, entonces:

— El 68,26% de ellas tiene un C.I. entre 100 y 120.

— El 95,44% de ellas tiene un C.I. entre 90 y 130.

— El 99,74% de ellas tiene un C.I. entre 80 y 140.

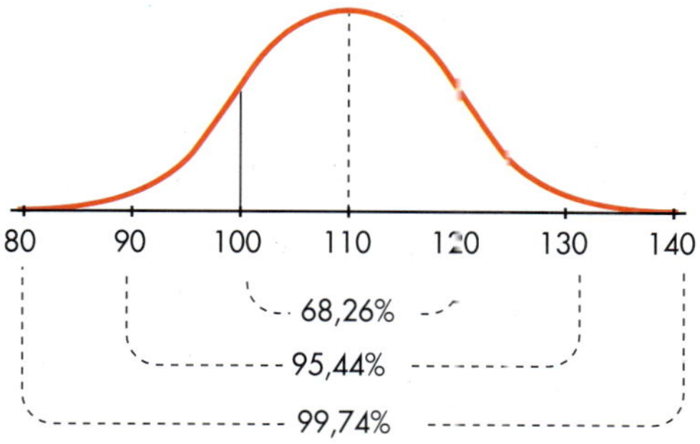

Con estos datos, y teniendo en cuenta que la distribución es simétrica, se pueden obtener probabilidades como las siguientes:

a) $P[x > 130]$ b) $P[100 < x < 130]$

a)

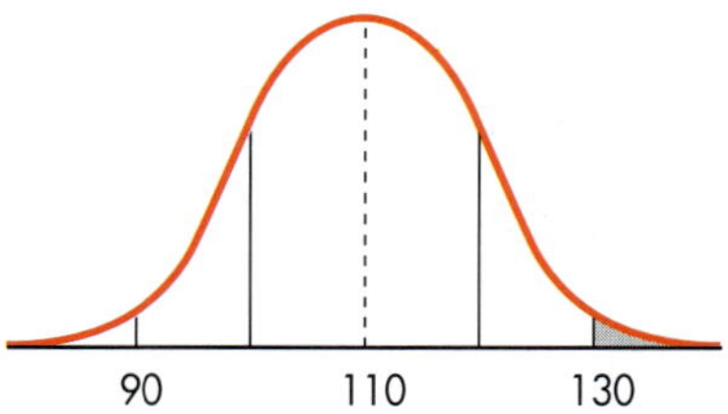

$P[90 < x < 130] = 0{,}9544$

$P[x < 90] + P[x > 130] = 1 - 0{,}9544 = 0{,}0456$

Por tanto, $P[x > 130] = \frac{1}{2} \cdot 0{,}0456 = 0{,}0228$

b)

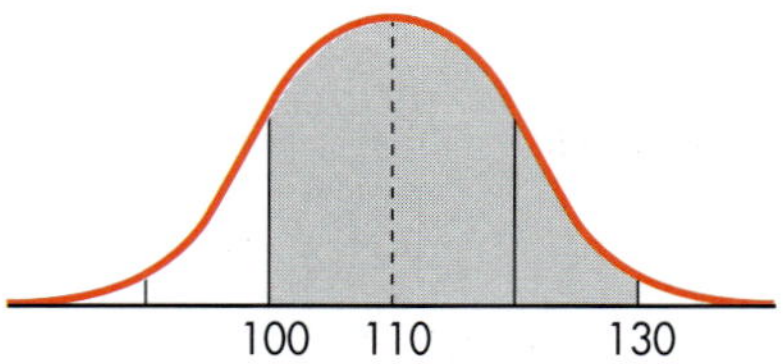

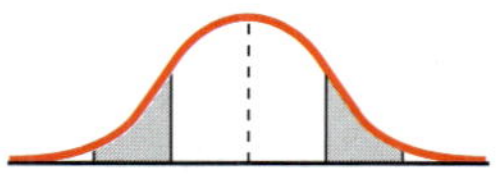

$0{,}9544 - 0{,}6826 = 0{,}2718$

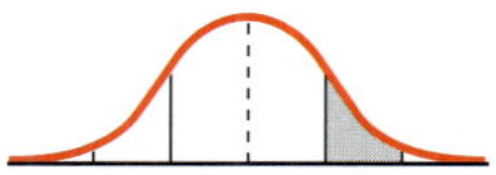

$\frac{1}{2} \cdot 0{,}2718 = 0{,}1359$

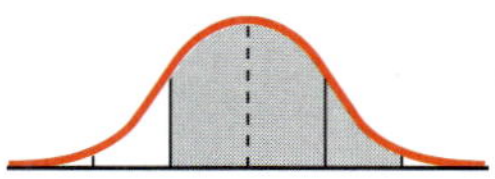

$P[100 < x < 130] = 0{,}8185$

$0{,}6826 + 0{,}1359 = 0{,}8185$

EJERCICIOS

1 En una distribución $N(110, 10)$, calcula:

a) $P[x > 110]$ b) $P[110 < x < 120]$ c) $P[110 < x < 130]$ d) $P[120 < x < 130]$

e) $P[90 < x < 100]$ f) $P[90 < x < 120]$ g) $P[x < 100]$

10.3 CÁLCULO DE PROBABILIDADES EN DISTRIBUCIONES NORMALES

En el apartado anterior hemos calculado las probabilidades en una distribución normal, pero en todos los casos los extremos de los intervalos distaban de la media un número entero de desviaciones típicas, porque los datos que poseemos sólo nos permiten llegar hasta ahí. Para poder obtener probabilidades en intervalos no enteros necesitamos más datos.

Recalcamos esta idea con un nuevo ejemplo.

EJEMPLO

Los pesos, en kilogramos, de los soldados de un reemplazo se distribuyen N (66, 8). Queremos saber qué proporción de ellos pesa: a) más de 66, b) entre 66 y 82, c) menos de 58, d) menos de 70, e) más de 80, f) entre 70 y 80.

Para resolverlo, expresaremos los extremos de los intervalos en función de μ y de σ ($\mu = 66$, $\sigma = 8$).

a) más de 66 kg → $\mu < x$

b) entre 66 y 82 kg → $\mu < x < \mu + 2\sigma$

c) menos de 58 kg → $x < \mu - \sigma$

d) menos de 70 kg → $x < \mu + 0{,}5\sigma$

e) más de 80 kg → $\mu + 1{,}75\sigma < x$

f) entre 70 y 80 kg → $\mu + 0{,}5\sigma < x < \mu + 1{,}75\sigma$

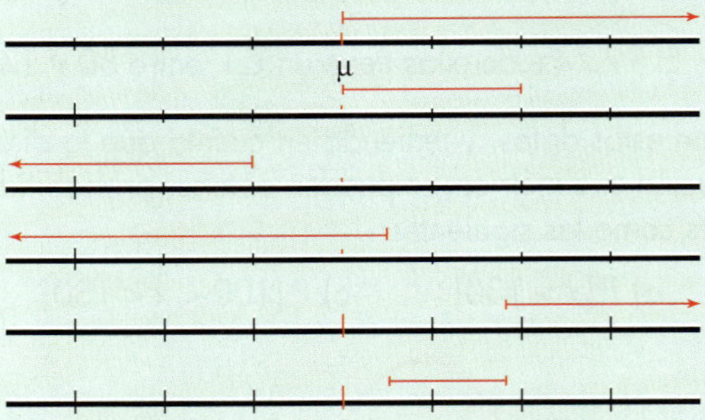

De momento, con la información que tenemos del apartado anterior, sólo podemos responder a las tres primeras preguntas. Para responder a los apartados d), e) y f), necesitaríamos conocer la distribución de probabilidades para intervalos más pequeños, cuyas amplitudes sean fracciones de σ.

Hay, efectivamente, unas tablas que responden a esa necesidad: las tablas de la curva normal *N* (0, 1) que se describen en la página siguiente.

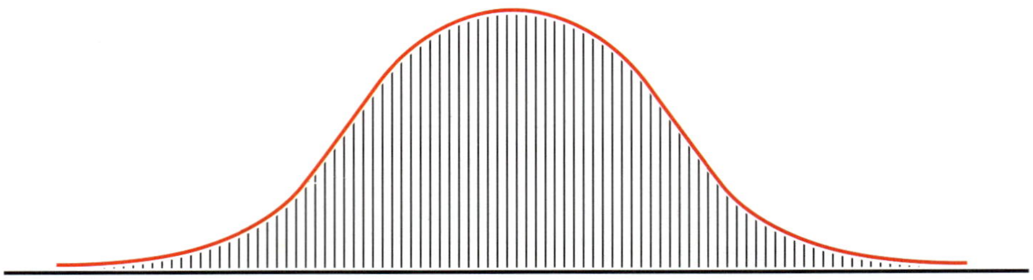

EJERCICIOS

1 Calcula las probabilidades de los apartados a), b) y c) anteriores.

Estima el valor aproximado de las probabilidades d), e) y f) anteriores.

DESCRIPCIÓN DE LA TABLA DE ÁREAS BAJO LA CURVA NORMAL *N* (0, 1)

En la distribución *N*(0, 1), a la variable se la suele representar por la letra *z*. Las tablas que aparecen a continuación nos dan las probabilidades $P[z \leq k]$ para valores de *k* de 0 a 4, de centésima en centésima. A estas probabilidades se las llama $\phi(k)$:

$$\phi(k) = P[z \leq k], \quad z \text{ se distribuye } N(0, 1).$$

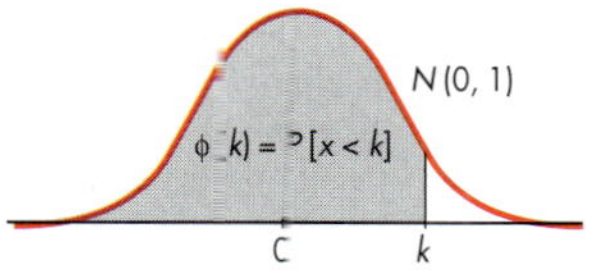

	CENTÉSIMAS									
k (UNIDADES Y DÉCIMAS)	0	1	2	3	4	5	6	7	8	9
0,0	0,5000	0,5040	0,5080	0,5120	0,5160	0,5199	0,5239	0,5279	0,5319	0,5359
0,1	0,5398	0,5438	0,5478	0,5517	0,5557	0,5596	0,5636	0,5675	0,5714	0,5754
0,2	0,5793	0,5832	0,5871	0,5910	0,5948	0,5987	0,6026	0,6065	0,6103	0,6141
0,3	0,6179	0,6217	0,6255	0,6293	0,6331	0,6368	0,6406	0,6443	0,6480	0,6517
0,4	0,6554	0,6591	0,6628	0,6664	0,6700	0,6736	0,6772	0,6808	0,6844	0,6879
0,5	0,6915	0,6950	0,6985	0,7019	0,7054	0,7088	0,7123	0,7157	0,7190	0,7224
0,6	0,7258	0,7291	0,7324	0,7357	0,7389	0,7422	0,7454	0,7486	0,7518	0,7549
0,7	0,7580	0,7612	0,7642	0,7673	0,7704	0,7734	0,7764	0,7794	0,7823	0,7852
0,8	0,7881	0,7910	0,7939	0,7967	0,7996	0,8023	0,8051	0,8078	0,8106	0,8133
0,9	0,8159	0,8186	0,8212	0,8238	0,8264	0,8289	0,8315	0,8340	0,8365	0,8389
1,0	0,8413	0,8438	0,8461	0,8485	0,8508	0,8531	0,8554	0,8577	0,8599	0,8621
1,1	0,8643	0,8665	0,8686	0,8708	0,8729	0,8749	0,8770	0,8790	0,8810	0,8830
1,2	0,8849	0,8869	0,8888	0,8907	0,8925	0,8944	0,8962	0,8980	0,8997	0,9015
1,3	0,9032	0,9049	0,9066	0,9082	0,9099	0,9115	0,9131	0,9147	0,9162	0,9177
1,4	0,9192	0,9207	0,9222	0,9236	0,9251	0,9265	0,9279	0,9292	0,9306	0,9319
1,5	0,9332	0,9345	0,9357	0,9370	0,9382	0,9394	0,9406	0,9418	0,9429	0,9441
1,6	0,9452	0,9463	0,9474	0,9484	0,9495	0,9505	0,9515	0,9525	0,9535	0,9545
1,7	0,9554	0,9564	0,9573	0,9582	0,9591	0,9599	0,9608	0,9616	0,9625	0,9633
1,8	0,9641	0,9649	0,9656	0,9664	0,9671	0,9678	0,9686	0,9693	0,9699	0,9706
1,9	0,9713	0,9719	0,9726	0,9732	0,9738	0,9744	0,9750	0,9756	0,9761	0,9767
2,0	0,9772	0,9778	0,9783	0,9788	0,9793	0,9798	0,9803	0,9808	0,9812	0,9817
2,1	0,9821	0,9826	0,9830	0,9834	0,9838	0,9842	0,9846	0,9850	0,9854	0,9857
2,2	0,9861	0,9864	0,9868	0,9871	0,9875	0,9878	0,9881	0,9884	0,9887	0,9890
2,3	0,9893	0,9896	0,9898	0,9901	0,9904	0,9906	0,9909	0,9911	0,9913	0,9916
2,4	0,9918	0,9920	0,9922	0,9925	0,9927	0,9929	0,9931	0,9932	0,9934	0,9936
2,5	0,9938	0,9940	0,9941	0,9943	0,9945	0,9946	0,9948	0,9949	0,9951	0,9952
2,6	0,9953	0,9955	0,9956	0,9957	0,9959	0,9960	0,9961	0,9962	0,9963	0,9964
2,7	0,9965	0,9966	0,9967	0,9968	0,9969	0,9970	0,9971	0,9972	0,9973	0,9974
2,8	0,9974	0,9975	0,9976	0,9977	0,9977	0,9978	0,9979	0,9979	0,9980	0,9981
2,9	0,9981	0,9982	0,9982	0,9983	0,9984	0,9984	0,9985	0,9985	0,9986	0,9986
3,0	0,9987	0,9987	0,9987	0,9988	0,9988	0,9989	0,9989	0,9989	0,9990	0,9990
3,1	0,9990	0,9991	0,9991	0,9991	0,9992	0,9992	0,9992	0,9992	0,9993	0,9993
3,2	0,9993	0,9993	0,9994	0,9994	0,9994	0,9994	0,9994	0,9995	0,9995	0,9995
3,3	0,9995	0,9995	0,9995	0,9996	0,9996	0,9996	0,996	0,9996	0,9996	0,9997
3,4	0,9997	0,9997	0,9997	0,9997	0,9997	0,9997	0,9997	0,9997	0,9997	0,9998
3,5	0,9998	0,9998	0,9998	0,9998	0,9998	0,9998	0,9998	0,9998	0,9998	0,9998
3,6	0,9998	0,9998	0,9999	0,9999	0,9999	0,9999	0,9999	0,9999	0,9999	0,9999
3,7	0,9999	0,9999	0,9999	0,9999	0,9999	0,9999	0,9999	0,9999	0,9999	0,9999
3,8	0,9999	0,9999	0,9999	0,9999	0,9999	0,9999	0,9999	0,9999	0,9999	0,9999
3,9	1,0000	1,0000	1,0000	1,0000	1,0000	1,0000	1,0000	1,0000	1,0000	1,0000

El valor de *k* se busca así:

Unidades y **décimas** en la columna de la izquierda.

Centésimas en la fila de arriba.

El número que nos da la tabla es el valor de:

$$\phi(k) = P[z \leq k]$$

Ejemplos

$P[z \leq 0{,}45] =$
$= \phi(0{,}45) = 0{,}6736$

$P[z \leq 1{,}2] =$
$= \phi(1{,}20) = 0{,}8849$

$P[z \leq 1] =$
$= \phi(1{,}00) = 0{,}8413$

Recíprocamente, si conocemos el valor de la probabilidad $\phi(k)$, se puede saber el valor de *k*.

Ejemplos

$P[z \leq k] = \phi(k) =$
$= 0{,}7190 \rightarrow k = 0{,}58$

$P[z \leq k] = \phi(k) =$
$= 0{,}8643 \rightarrow k = 1{,}1$

$P[z \leq k] = \phi(k) =$
$= 0{,}5560 \rightarrow k \approx 0{,}14$

Recordemos que en una distribución de variable continua las probabilidades puntuales son nulas:

$P[x = k] = 0$. Por tanto, $P[x \leq k] = P[x < k]$.

EJERCICIOS

2 Halla las siguientes probabilidades: a) $P[z \leq 0{,}84]$ b) $P[z < 1{,}5]$ c) $P[z < 2]$ d) $P[z < 1{,}87]$

3 Di el valor de *k* en cada caso: a) $P[z \leq k] = 0{,}7019$ b) $P[z < k] = 0{,}8997$ c) $P[z \leq k] = 0{,}5040$

4 Di el valor aproximado de *k* en cada caso: a) $P[z < k] = 0{,}9533$ b) $P[z \leq k] = 0{,}62$

CÁLCULO DE PROBABILIDADES EN UNA DISTRIBUCIÓN *N* (0, 1)

- Si $k \geq 0$, las probabilidades $P[z \leq k] = P[z < k] = \phi(k)$ se encuentran directamente en las tablas.
- $P[z \geq k] = 1 - P[z < k] = 1 - \phi(k)$
- Para abscisas negativas, $P[z \leq -k] = P[z \geq k] = 1 - \phi(k)$

Las restantes probabilidades se pueden obtener a partir de éstas como se ve en los siguientes ejemplos.

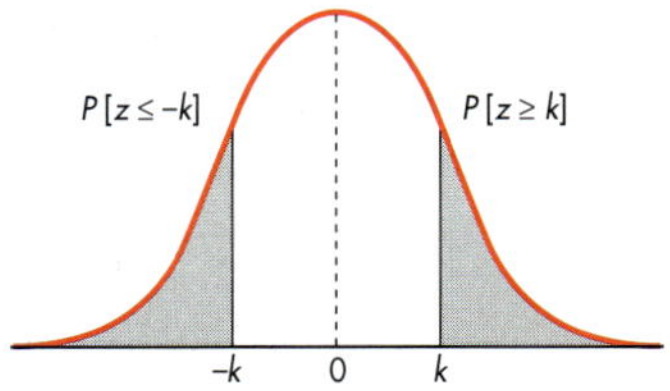

EJEMPLOS

1. $P[z \geq 1{,}73] = 1 - P[z < 1{,}73] =$

$= 1 - \phi(1{,}73) = 1 - 0{,}9582 = 0{,}0418$

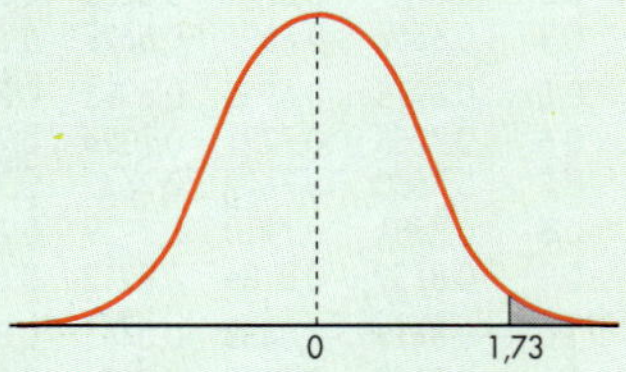

2. $P[0{,}21 < z \leq 1{,}34] = \phi(1{,}34) - \phi(0{,}21) =$

$= 0{,}9099 - 0{,}5832 = 0{,}3267$

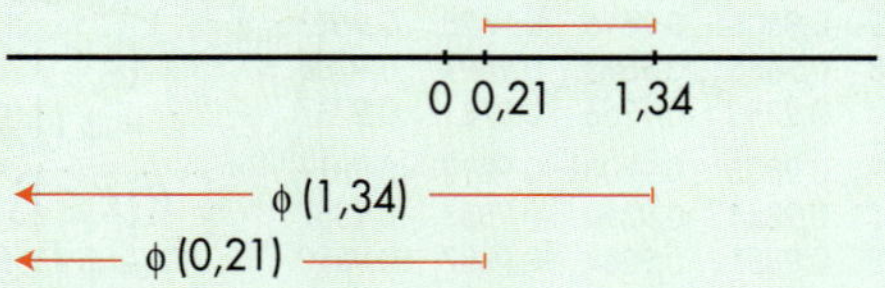

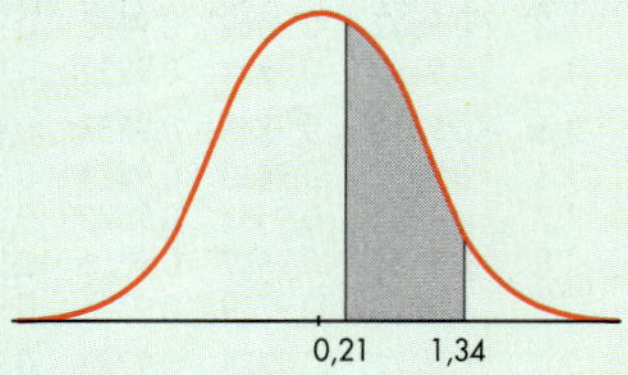

3. $P[-0{,}83 < z \leq 2{,}3] = P[z \leq 2{,}3] - P[z \leq -0{,}83]$

$P[z \leq -0{,}83] = P[z \geq 0{,}83] = 1 - \phi(0{,}83) =$

$= 1 - 0{,}7967 = 0{,}2033$

$P[-0{,}83 < z \leq 2{,}3] = \phi(2{,}3) - 0{,}2033 = 0{,}9893 - 0{,}2033 =$

$= 0{,}7860$

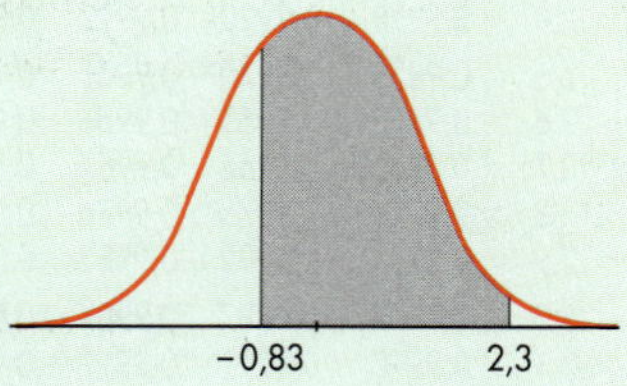

4. $P[-1{,}95 < z < -1] = P[1 < z < 1{,}95] = \phi(1{,}95) - \phi(1) =$

$= 0{,}9744 - 0{,}8413 = 0{,}1331$

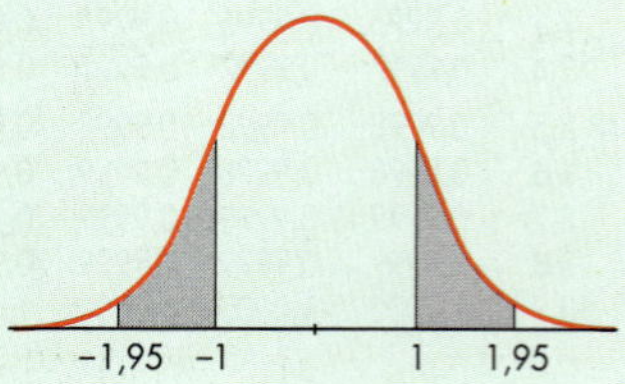

EJERCICIOS

5 Halla: a) $P[z > 1{,}3]$ b) $P[z < -1{,}3]$ c) $P[z > -1{,}3]$ d) $P[1{,}3 < z < 1{,}96]$
e) $P[-1{,}96 < z < -1{,}3]$ f) $P[-1{,}3 < z < 1{,}96]$ g) $P[-1{,}96 < z < 1{,}96]$

6 Halla, a partir de las tablas, las siguientes probabilidades que ya conocemos:
a) $P[-1 \leq z \leq 1]$ b) $P[-2 \leq z \leq 2]$ c) $P[-3 \leq z \leq 3]$

CÁLCULO DE PROBABILIDADES EN UNA DISTRIBUCIÓN $N(\mu, \sigma)$

Como ya sabemos, las probabilidades en dos distribuciones normales cualesquiera se reparten de forma análoga. Por tanto, para calcular probabilidades en una distribución $N(\mu, \sigma)$, la relacionaremos con la $N(0, 1)$, para la que disponemos del recurso de las tablas. Por ejemplo:

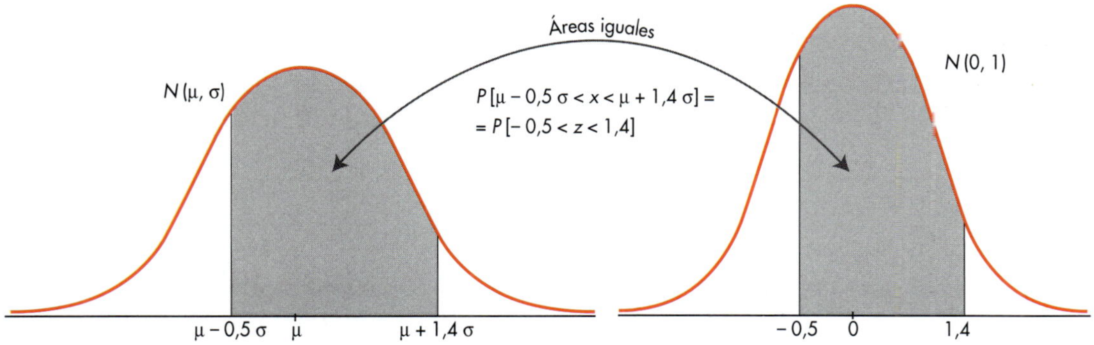

Para establecer la relación adecuadamente, habrá que expresar los límites de los intervalos en *número de desviaciones típicas que se separan de la media.*

$$P[h < x < k] = P\left[\frac{h-\mu}{\sigma} < z < \frac{k-\mu}{\sigma}\right]$$

El cambio $k \to \dfrac{k-\mu}{\sigma}$ se llama **tipificación de la variable**.

La variable ya tipificada sigue una distribución $N(0, 1)$.

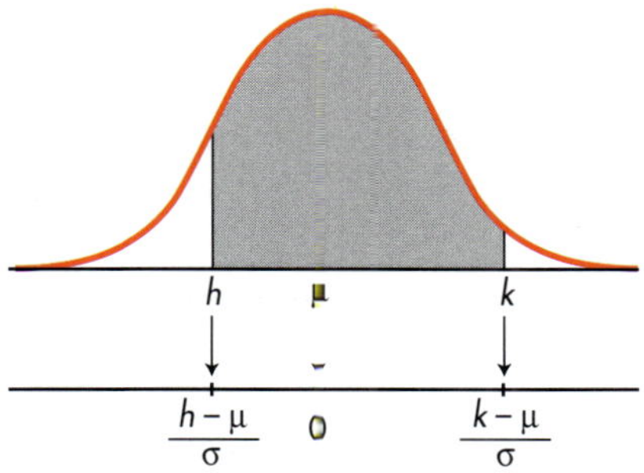

ATENCIÓN: Observa que hemos llamado x a la variable de una distribución $N(\mu, \sigma)$ cualquiera y z a la variable de la distribución $N(0, 1)$. Así lo haremos siempre.

EJEMPLO

En una $N(6, 4)$, calcular las probabilidades: a) $P[x \le 3]$ b) $P[x \ge 12]$ c) $P[5 \le x \le 8]$

a) $P[x \le 3] = P\left[z \le \dfrac{3-6}{4}\right] = P[z \le -0{,}75] = 1 - \phi(0{,}75) = 1 - 0{,}7734 = 0{,}2266$

b) $P[x \ge 12] = P\left[z \ge \dfrac{12-6}{4}\right] = 1 - \phi(1{,}5) = 1 - 0{,}9332 = 0{,}0668$

c) $P[5 \le x \le 8] = P[-0{,}25 \le z \le 0{,}5] = P[z \le 0{,}5] - P[z \le -0{,}25] =$

$= P[z \le 0{,}5] - (1 - P[z \le 0{,}25]) = \phi(0{,}5) + \phi(0{,}25) - 1 = 0{,}6915 + 0{,}5987 - 1 = 0{,}2902$

EJERCICIOS

7 En una distribución $N(173, 6)$, halla las siguientes probabilidades:

a) $P[x \le 173]$ b) $P[x \ge 180{,}5]$

c) $P[174 \le x \le 180{,}5]$ d) $P[161 \le x \le 180{,}5]$ e) $P[161 \le x \le 170]$

10.4 LA DISTRIBUCIÓN BINOMIAL SE APROXIMA A LA NORMAL

Vamos a ver que, para ciertos valores de n y p, las distribuciones binomiales tienen un extraordinario parecido con las correspondientes distribuciones normales.

Empecemos observando las siguientes distribuciones $B\left(n, \frac{1}{2}\right)$

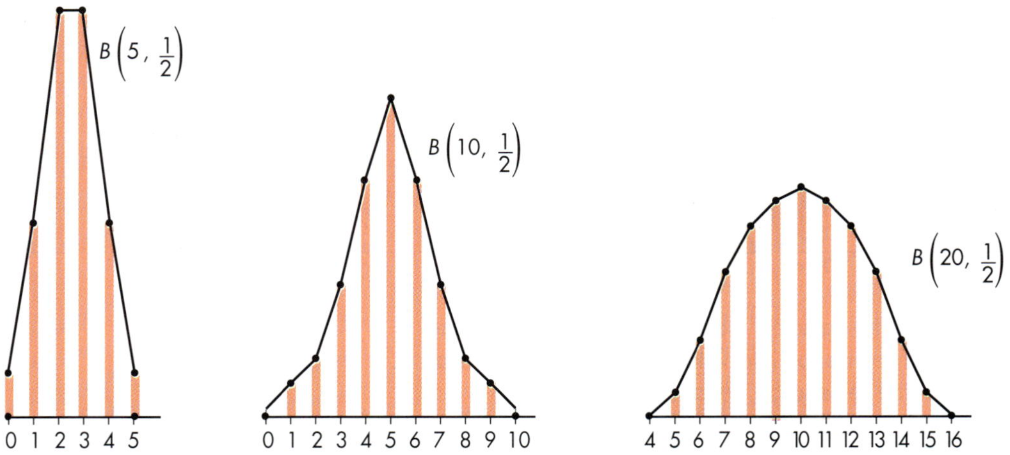

La probabilidad viene marcada por las barras. Las líneas que las envuelven se han trazado para marcar su similitud con la normal, que en la segunda es clara y en la tercera notable.

Puedes observar el mismo efecto con binomiales $B\left(n, \frac{1}{5}\right)$: cómo al aumentar n, las curvas se parecen cada vez más a la normal.

Míralas bien. La primera ($n = 5$) no se parece en nada a la curva normal. Poco a poco se van pareciendo a ella más y más.

La última, una binomial B (50; 0,2), es casi exactamente una curva normal.

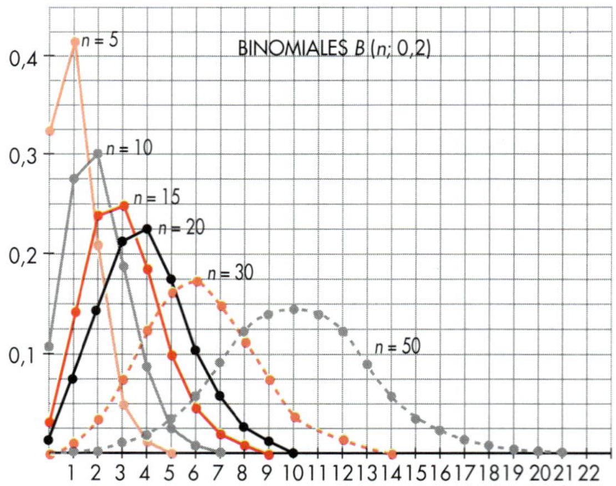

En general, una binomial $B(n, p)$ se parece a una curva normal tanto más cuanto mayor es el producto np (o nq, si $q < p$).

Cuando np y nq son ambos mayores que 3, la aproximación es bastante buena. Y si superan a 5, la aproximación es casi perfecta.

Naturalmente, la curva normal a la cual se aproxima tiene la misma media y la misma desviación típica que la binomial, es decir, $\mu = np$, $\sigma = \sqrt{npq}$.

REGLA PRÁCTICA

Si x se distribuye según una $B(n, p)$ con n grande, el cálculo de probabilidades de los tipos $P[a \le x \le b]$, $P[x \ge a]$, $P[x < b]$, puede ser extraordinariamente complicado. Pero tengamos en cuenta que si $np \ge 5$ y $nq \ge 5$, entonces la distribución se parece mucho a una normal $N(\mu, \sigma)$, con $\mu = np$, $\sigma = \sqrt{npq}$. Por tanto:

$$x \text{ es } B(n, p) \to x' \text{ es } N\left(np, \sqrt{npq}\right)$$

$$P[x = k] = P[k - 0{,}5 < x' < k + 0{,}5]$$

Como x es discreta y toma valores puntuales: 0, 1, 2..., k..., al pasar a x' continua, se le asocia un intervalo unidad centrado en el punto correspondiente:

$$k \to [k - 0{,}5; k + 0{,}5] \quad \begin{cases} P[a \le x < b] = P[a - 0{,}5 < x' < b - 0{,}5] \\ P[a < x \le b] = P[a + 0{,}5 < x' < b + 0{,}5] \end{cases}$$

EJEMPLOS

1. *En una distribución $B(200; 0{,}3)$, calculemos $P[x \ge 70]$.*

$$\left.\begin{aligned} \mu &= 200 \cdot 0{,}3 = 60 \\ \sigma &= \sqrt{200 \cdot 0{,}3 \cdot 0{,}7} = 6{,}48 \end{aligned}\right\} \text{ Ya vemos que } np > 5 \text{ y es claro que } nq \text{ también.}$$

$$x \text{ es } B(200; 0{,}3) \to x' \text{ es } N(60; 6{,}48) \to z \text{ es } N(0, 1)$$

$$P[x \ge 70] = P[x' \ge 69{,}5] = P\left[z \ge \frac{69{,}5 - 60}{6{,}48}\right] = P[z \ge 1{,}47] = 1 - P[z < 1{,}47] =$$

$$= 1 - \phi(1{,}47) = 0{,}0708$$

2. *El 2% de los tornillos fabricados por una máquina presentan defectos. Si tenemos un lote de 2 000 tornillos, ¿cuál es la probabilidad de que haya menos de 50 defectuosos?*

Es una binomial $B(2\,000; 0{,}02)$, con $\mu = np = 40$ y $\sigma = \sqrt{npq} = 6{,}26$.

Ya vemos que $np = 40 > 5$ y también $nq > 5$. Por tanto, podemos asegurar que se aproxima a la normal $N(40; 6{,}26)$.

$$x \text{ es } B(2\,000; 0{,}02) \to x' \text{ es } N(40; 6{,}26) \to z \text{ es } N(0,1)$$

$$P[x < 50] = P[x' \le 49{,}5] = P\left[z \le \frac{49{,}5 - 40}{6{,}26}\right] = P[z \le 1{,}52] = \phi(1{,}52) = 0{,}9357$$

La probabilidad de que el número de tornillos defectuosos sea inferior a 50 es de 0,9357.

EJERCICIOS

1 Calcula las probabilidades de las siguientes distribuciones binomiales mediante aproximación a la normal correspondiente (en todas ellas, ten en cuenta el ajuste de media unidad que hay que hacer al pasar de una variable discreta a una continua).

a) x es $B(100; 0{,}1)$. Calcula $P[x = 10]$, $P[x < 2]$ y $P[5 < x < 15]$

b) x es $B(1000; 0{,}02)$. Calcula $P[x > 30]$ y $P[x < 80]$

c) x es $B(50; 0{,}9)$. Calcula $P[x > 45]$ y $P[x \le 30]$

10.5 AJUSTE DE UN CONJUNTO DE DATOS A UNA DISTRIBUCIÓN NORMAL

Con frecuencia conviene saber si puede suponerse que una serie de datos obtenidos experimentalmente (distribución empírica) provienen de alguna distribución normal (distribución teórica). ¿Cómo proceder?

Veámoslo con un ejemplo.

Se ha pasado una prueba a 119 alumnos y alumnas y se han obtenido los siguientes resultados:

PUNTUACIÓN	1	2	3	4	5	6	7	8	9	10
Nº DE ALUMNOS	2	9	17	22	19	18	20	6	5	1

¿Es razonable suponer que estos alumnos proceden de una distribución normal?

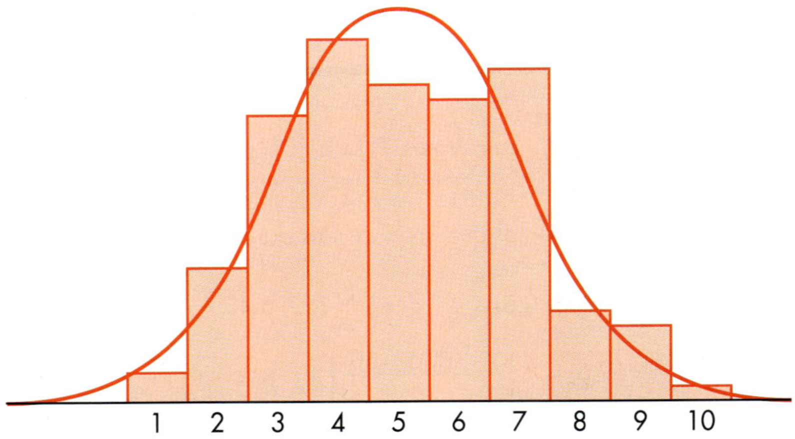

Hemos de comparar la distribución empírica, representada mediante un histograma de barras grises, con una distribución teórica, normal, cuya media y cuya desviación típica coincidan con las de la distribución empírica.

La comparación que sobre la gráfica se realiza visualmente, hay que hacerla numéricamente y, en definitiva, consiste en decidir si las diferencias observadas se pueden atribuir al azar o no.

Para estudiar si una serie de n datos obtenidos experimentalmente pueden provenir de una distribución normal, procedemos del siguiente modo:

- Calculamos los parámetros $\bar{x}$ (media) y s (desviación típica) de la distribución empírica.
- Comparamos la distribución empírica con una normal $N(\mu, \sigma)$, con $\mu = \bar{x}$ y $\sigma = s$.
  - Para efectuar la comparación, partimos el recorrido de la variable en intervalos, $[x_k, x_{k+1}]$, y averiguamos cómo se repartirían en esos intervalos n individuos de una distribución $N(\mu, \sigma)$.
  - Hallamos la diferencia, en cada intervalo, de los números teórico y empírico.
  - Si la mayor de las diferencias es suficientemente pequeña, aceptamos la hipótesis de normalidad, pues suponemos que las diferencias son debidas al azar.
  - Si la mayor de las diferencias es grande, rechazamos la hipótesis de normalidad.

EJEMPLO

Vamos a resolver numéricamente el ajuste planteado en la página anterior referente a las puntuaciones de 119 alumnos en una prueba.

Para resolverlo, damos los siguientes pasos:

- Calculamos los parámetros $\bar{x}$ y s de esta distribución. Obtenemos: $\bar{x} = 5{,}08$, $s = 1{,}96$
  Hemos de comparar, pues, la distribución empírica con una normal $N(5{,}08;\ 1{,}96)$. Para ello:
- Partimos en intervalos el recorrido de la variable: [0,5; 1,5], [1,5; 2,5], [2,5; 3,5], ..., [9,5; 10,5] y vemos cómo se distribuyen 119 individuos de una teórica $N(5{,}08;\ 1{,}96)$ en estos intervalos.
- Luego compararemos esa distribución con la distribución empírica y evaluaremos las diferencias.

EXTREMOS DE INTERVALOS x_k	EXTREMOS TIPIFICADOS z_k	$P[z \le z_k]$	$p_k = P[z_k < z < z_{k+1}]$	$119 \cdot p_k$	Nos TEÓRICOS	Nos OBTENIDOS	| DIFERENCIAS |
0,5	–2,34	0,0096	0,0240	2,8	3	2	1
1,5	–1,83	0,0336	0,0598	7,1	7	9	2
2,5	–1,32	0,0934	0,1156	13,7	14	17	3
3,5	–0,81	0,2090	0,1731	20,6	21	22	1
4,5	–0,30	0,3821	0,2011	23,9	24	19	5
5,5	0,21	0,5832	0,1810	21,5	22	18	4
6,5	0,72	0,7642	0,1265	15,1	15	20	5
7,5	1,23	0,8907	0,0648	7,7	8	6	2
8,5	1,74	0,9591	0,0290	3,5	4	5	1
9,5	2,26	0,9881	0,0091	1,1	1	1	0
10,5	2,77	0,9972					

La mayor de las diferencias es suficientemente pequeña como para aceptar que los datos empíricos provienen de una distribución normal. Las diferencias se atribuyen al azar.

¡Atención! Observa que el último paso —decidir si las diferencias son *suficientemente pequeñas* o no lo son— se ha realizado de manera nada objetiva. Existen métodos estadísticos, de nivel superior al de este curso, con los cuales se toma esta decisión de forma absolutamente precisa, sin recurrir a subjetividades. No obstante, en este nivel seguiremos haciéndolo de esta forma, pero siendo conscientes de que el método puede mejorarse.

EJERCICIOS

1 La tabla adjunta corresponde a las estaturas de 1 400 chicas. Estudia si es aceptable considerar que provienen de una distribución normal.

x_i	141	146	151	156	161	166	171	176	181
f_i	2	25	146	327	428	314	124	29	5

10 EJERCICIOS Y PROBLEMAS RESUELTOS

1 DISTRIBUCIÓN NORMAL

Para aprobar unas oposiciones es necesario obtener 100 puntos, o más, en una prueba. Por experiencias anteriores, se sabe que la distribución de los puntos obtenidos por los opositores es una normal de media 110 puntos y desviación típica 15.

a) ¿Qué probabilidad hay de que un opositor apruebe?

b) Si sabemos que hay 1 000 opositores y sólo 300 plazas, ¿cuántos puntos se deberá exigir para ajustar el número de plazas al número de opositores aprobados?

Resolución

a) Tenemos que calcular la probabilidad de que $x \geq 100$ en una normal $N(110, 15)$

$$P[x \geq 100] = P\left[z \geq \frac{100-110}{15}\right] = P[z \geq -0{,}67] = P[z \leq 0{,}67] = 0{,}7486$$

Ésta es la probabilidad de que un opositor apruebe.

b) Averiguaremos el valor z_0 de la distribución $N(0, 1)$ para el cual se cumpla:

$$P[z \geq z_0] = \frac{300}{1\,000} = 0{,}3$$

y con este valor z_0 calcularemos el x_0 correspondiente a la $N(110, 15)$.

$$P[z \geq z_0] = 0{,}3 \rightarrow P[z \leq z_0] = 0{,}7$$

Mirando las tablas de la $N(0, 1) \rightarrow z_0 = 0{,}52$

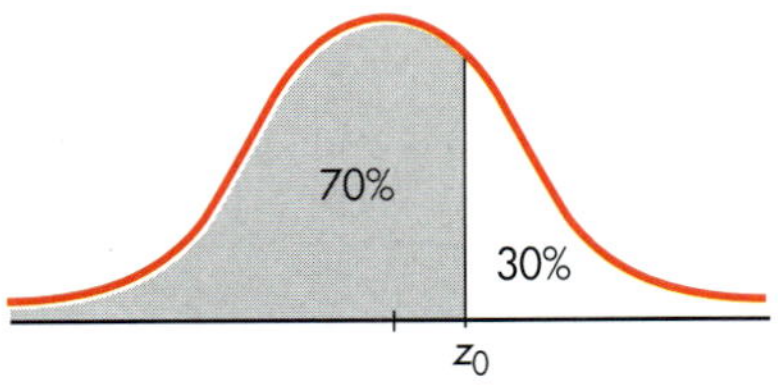

$$z_0 = \frac{x_0 - 110}{15} \rightarrow 0{,}52 = \frac{x_0 - 110}{15} \rightarrow$$

$$\rightarrow x_0 = 15 \cdot 0{,}52 + 110 = 118$$

Habría que aprobar con 118 puntos para que los aprobados fueran el 30%, tantos como plazas disponibles.

2 MANEJO DE LA TABLA N (0, 1)

En una distribución $N(0, 1)$ calcula z_0 de modo que se cumpla que:

$$P[-z_0 < z < z_0] = 0{,}95$$

Resolución

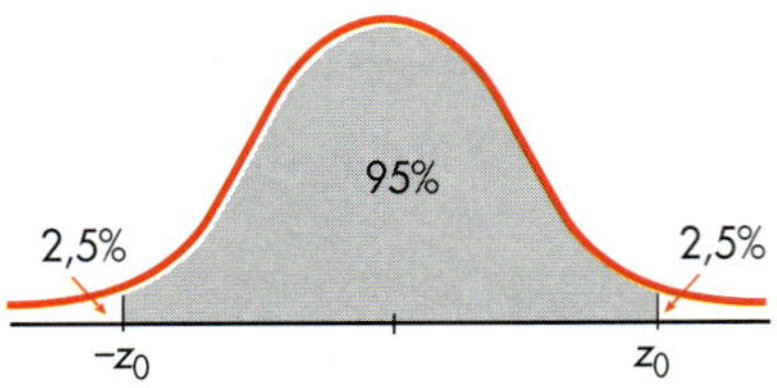

$$P[-z_0 < z < z_0] = P[z < z_0] - P[z < -z_0] = 0{,}95$$

$$P[z < z_0] = -[1 - P[z < z_0]] = 0{,}95$$

$$2P[z < z_0] = 1{,}95 \rightarrow P[z < z_0] = 0{,}975$$

Mirando las tablas de la $N(0, 1) \rightarrow z_0 = 1{,}96$

3 DISTRIBUCIÓN NORMAL

Una compañía de autobuses sabe que el retraso en la llegada sigue una ley normal de media 5 minutos, y que el 68,26% de los autobuses llega con un retraso comprendido entre los 2 y los 8 minutos.

a) ¿Cuál es la desviación típica?

b) ¿Cuál es la probabilidad de que un autobús llegue puntual o antes de la hora?

c) ¿Cuál es la probabilidad de que un autobús llegue con un retraso de más de 10 minutos?

Resolución

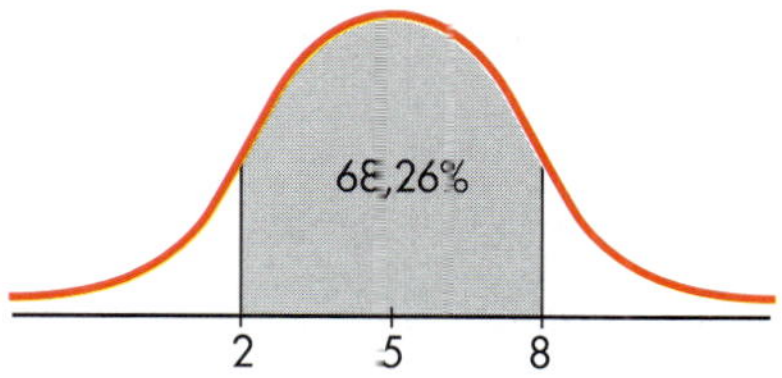

a) El 68,26% de los valores de una distribución normal corresponde al intervalo $[\mu - \sigma, \mu + \sigma]$. En este caso, [2, 8].

$$P\ [\mu - \sigma \le x \le \mu + \sigma] = 0{,}6826$$

$$\left.\begin{array}{l} 5 - \sigma = 2 \\ 5 + \sigma = 8 \end{array}\right\} \quad \sigma = 5 - 2 = 8 - 5 = 3 \text{ minutos}$$

La desviación típica es 3 minutos.

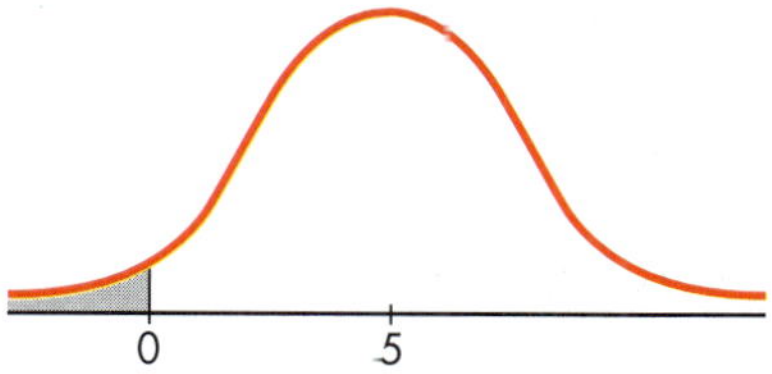

b) $P[x \le 0] = P\left[z \le \dfrac{0-5}{3}\right] = P[z \le -1{,}67] = 1 - P[z < 1{,}67] =$

$= 1 - 0{,}9525 = 0{,}0475$

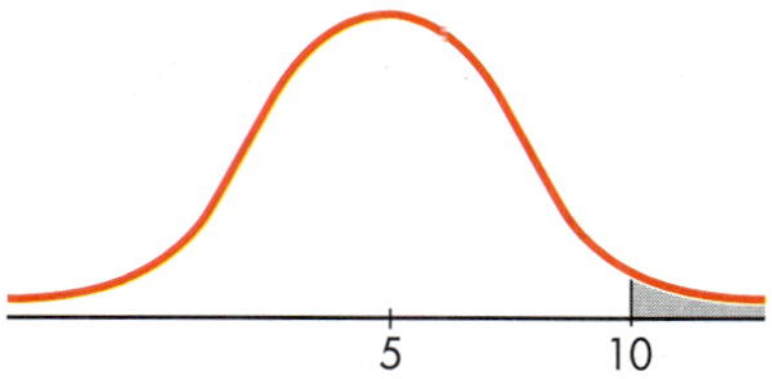

c) $P[x > 10] = P\left[z > \dfrac{10-5}{3}\right] = P[z > 1{,}67] = 0{,}0475$

4 APROXIMACIÓN DE LA BINOMIAL A LA NORMAL

Aproximando con una distribución normal, calcula la probabilidad de que al lanzar una moneda 100 veces, el número de caras esté comprendido entre 45 y 55.

Resolución

Tenemos que calcular $P[45 \le x \le 55]$ en una distribución binomial $B\left(100, \dfrac{1}{2}\right)$.

Para hacerlo por aproximación a la distribución normal, tengamos en cuenta que:

$$\left.\begin{array}{l} \mu = 100 \cdot \dfrac{1}{2} = 50 \\ \sigma = \sqrt{100 \cdot \dfrac{1}{2} \cdot \dfrac{1}{2}} = 5 \end{array}\right\} \ x \text{ es } B\left(100, \dfrac{1}{2}\right) \to x' \text{ es } N(50, 5) \to z \text{ es } N(0, 1)$$

$$P[45 \le x \le 55] = P[44{,}5 \le x' \le 55{,}5] = P\left[\dfrac{44{,}5-50}{5} \le z \le \dfrac{55{,}5-50}{5}\right] =$$

$$= P[-1{,}1 \le z \le 1{,}1] = 2\,[0{,}8643 - 0{,}5] = 0{,}7286$$

EJERCICIOS Y PROBLEMAS PROPUESTOS

EJERCICIOS PARA PRACTICAR

Manejo de la tabla $N(0, 1)$

1 En una distribución $N(0, 1)$, calcula las siguientes probabilidades:

a) $P[z = 2]$

b) $P[z \leq 2]$

c) $P[z \geq 2]$

d) $P[z \leq -2]$

e) $P[z \geq -2]$

f) $P[-2 \leq z \leq 2]$

2 En una distribución $N(0, 1)$, calcula las siguientes probabilidades:

a) $P[z \leq 1{,}83]$

b) $P[z \geq 0{,}27]$

c) $P[z \leq -0{,}78]$

d) $P[z \geq 2{,}5]$

3 En una distribución $N(0, 1)$, calcula las siguientes probabilidades:

a) $P[z = 1{,}6]$

b) $P[-2{,}71 \leq z \leq -1{,}83]$

c) $P[1{,}5 \leq z \leq 2{,}5]$

d) $P[-1{,}87 \leq z \leq 1{,}25]$

4 Calcula z_0 en cada uno de los siguientes casos:

a) $P[z < z_0] = 0{,}8365$

b) $P[z > z_0] = 0{,}8365$

c) $P[z < z_0] = 0{,}1894$

d) $P[-z_0 < z < z_0] = 0{,}90$

Tipificación

5 Las puntuaciones tipificadas de dos estudiantes fueron 0,8 y –0,4 y sus notas reales fueron 88 y 64 puntos.

¿Cuál es la media y la desviación típica de las puntuaciones del examen?

6 En un examen tipo test, la media fue 28 puntos y la desviación típica 10 puntos.

Calcula la puntuación tipificada de los alumnos que obtuvieron:

a) 38 puntos.

b) 14 puntos.

c) 45 puntos.

7 Si en el mismo examen del problema anterior la puntuación tipificada de un alumno fue 0,8, ¿cuántos puntos obtuvo? ¿Cuántos corresponden a un valor de –0,2?

Cálculo de probabilidades en $N(\mu, \sigma)$

8 En una distribución $N(43, 10)$, calcula las siguientes probabilidades:

a) $P[x \geq 43]$

b) $P[x \leq 30]$

c) $P[40 \leq x \leq 55]$

d) $P[30 \leq x \leq 40]$

9 En una distribución $N(151, 15)$, calcula:

a) $P[x \leq 136]$

b) $P[120 \leq x \leq 155]$

c) $P[x \geq 185]$

d) $P[140 \leq x \leq 160]$

10 En una distribución $N(22, 5)$, calcula:

a) $P[x \leq 27]$

b) $P[x \geq 27]$

c) $P[x \geq 12{,}5]$

d) $P[15 \leq x \leq 20]$

e) $P[17 \leq x \leq 30]$

11 La talla media de los 200 alumnos de un centro escolar es de 165 cm y la desviación típica, 10 cm.

Si las tallas se distribuyen normalmente, calcula la probabilidad de que un alumno elegido al azar mida más de 180 cm.

¿Cuántos alumnos puede esperarse que midan más de 180 cm?

12 La nota media de un examen en un curso de bachillerato de 200 alumnos es de 5,6, con una desviación típica de 1,9.

Calcula la probabilidad de que un alumno no llegue al 5.

13 Los pesos de 2 000 soldados presentan una distribución normal de media 65 kg y desviación típica 8 kg. Calcula la probabilidad de que un soldado elegido al azar pese:

a) Más de 61 kg.

b) Entre 63 y 69 kg.

c) Menos de 70 kg.

d) Más de 75 kg.

14 Para aprobar un examen de ingreso en una escuela, se necesita obtener 50 puntos o más. Por experiencia de años anteriores, sabemos que la distribución de puntos obtenidos por los alumnos es normal, con media 55 puntos y desviación típica 10.

a) ¿Qué probabilidad hay de que un alumno apruebe?

b) Si se presentan al examen 400 alumnos, ¿cuántos cabe esperar que ingresen en esa escuela?

15 En una ciudad, las temperaturas máximas diarias durante el mes de julio se distribuyen normalmente con una media de 26°C y una desviación típica de 4°C.

¿Cuántos días se puede esperar que tengan una temperatura máxima comprendida entre 22°C y 28°C?

Binomial → Normal

16 Si lanzamos un dado mil veces, ¿cuál es la probabilidad de que el número de cincos obtenidos sea menor que 100?

17 Una moneda se lanza 400 veces. Calcula la probabilidad de que el número de caras difiera de 200 en más de 10 monedas. ¿Y de que difiera en más de 20?

18 El 11% de los billetes de lotería reciben algún tipo de premio, aunque sea el reintegro.

En una familia juegan a 46 números.

¿Cuál es la probabilidad de que resulten premiados, al menos, 10 de ellos?

PROBLEMAS PARA RESOLVER

19 El tiempo necesario para que una ambulancia llegue a un centro deportivo se distribuye según una variable normal de media 17 minutos y desviación típica 3 minutos.

Calcula la probabilidad de que el tiempo de llegada esté comprendido entre 13 minutos y 21 minutos.

20 En un estadio deportivo se quieren instalar focos para iluminar el campo de juego.

El suministrador asegura que el tiempo de vida de los focos es, aproximadamente, normal con media de 40 horas y desviación típica de 4 horas.

a) Escogiendo uno de los focos al azar, ¿cuál es la probabilidad de que luzca por lo menos 30 horas?

b) Si se decide comprar 1 500 focos, ¿cuántos puede esperarse que luzcan por lo menos 30 horas?

21 El número de visitantes que diariamente acuden a una exposición se distribuye según una normal $N(2\,000,\ 250)$.

a) Halla la probabilidad de que un día determinado el número de visitantes no supere los 2 100.

b) Calcula la probabilidad de que un día cualquiera los visitantes sean más de 1 500.

c) En un mes de treinta días, ¿en cuántos días cabe esperar que el número de visitantes supere los 2 210?

22 Se ha hecho un estudio sobre la distribución de las edades de los profesores de Bachillerato en una comunidad autónoma y se ha observado que se distribuyen normalmente con media 44 años y desviación típica 6 años.

De un total de 400 profesores, halla:

a) ¿Cuántos hay con edad menor o igual a 35 años?

b) ¿Cuántos hay con 55 años o más?

23 Las edades de los obreros de una fábrica se distribuyen según la siguiente función de probabilidad.

Toma las medidas necesarias con una regla milimetrada para, calculando áreas, obtener la probabilidad de que un obrero, tomado al azar, tenga:

a) Menos de 45 años.

b) 45 años o más.

c) Entre 30 y 40 años.

d) Entre 55 y 60 años.

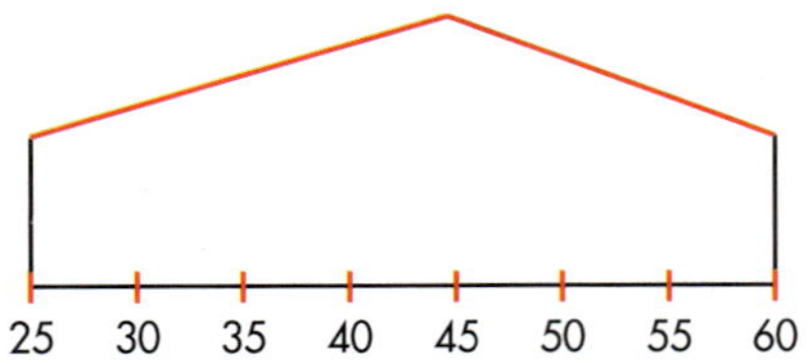

Si hay un total de 800 obreros, ¿cuántos habrá, aproximadamente, en cada uno de los intervalos de edades mencionados en los apartados anteriores?

24 Un tipo de pilas eléctricas tiene una duración media de 50 horas, con desviación típica de 5 horas.

Halla la probabilidad de que, eligiendo una pila al azar, dure entre 40 y 55 horas, suponiendo que la duración sigue la distribución normal.

25 Los pesos de 600 soldados se distribuyen según la $N(67, 5)$. Calcula cuántos de ellos pesan:

a) Más de 80 kg.

b) 50 kg o menos.

c) Menos de 60 kg.

d) 70 kg.

e) Entre 60 y 80 kg.

26 La probabilidad de que una jugadora de golf haga hoyo en un lanzamiento a cierta distancia es 0,2, Si lo intenta 5 veces, calcula la probabilidad de que acierte:

a) Ninguna.

b) Alguna.

c) Dos.

d) Si hace tandas de 5 lanzamientos, ¿cuál será el número medio de aciertos? ¿Cuál será su desviación típica?

e) Si lanzara 1 000 veces y su capacidad de acierto se mantuviera, ¿qué probabilidad hay de que acierte más de 220 veces?

27 Un centro de enseñanza va a presentar, este curso, 240 alumnos al examen de selectividad y se sabe que, de ese centro, suele aprobar el 95% de los presentados. ¿Cuál es la probabilidad de que aprueben:

a) más de 200

b) más de 220

c) más de 230

d) más de 235 alumnos?

28 Supongamos que la variable que expresa el tiempo (en meses) que tarda en salir el primer diente a los niños es $N(7{,}5; 1{,}5)$.

Calcula la probabilidad de que a un niño le salgan los dientes:

a) Habiendo cumplido ya un año.

b) Antes de los 5 meses.

c) Con 7 meses (es decir, ha cumplido 7 meses y todavía no ha cumplido 8 meses).

d) Antes de cumplir el primer mes.

e) Después de haber cumplido 6 meses.

29 Un examen tipo test tiene 50 preguntas y cada pregunta tres respuestas diferentes, sólo una de las cuales es correcta.

Para aprobar, hace falta responder correctamente a 25 preguntas, para un notable, 35 y para un sobresaliente, 45 respuestas.

Un estudiante responde al azar. ¿Cuál es la probabilidad de que apruebe? ¿Y la de que saque un notable? ¿Y un sobresaliente?

30 Se han lanzado dos dados 120 veces y se han anotado las sumas:

SUMA	2	3	4	5	6	7	8	9	10	11	12
VECES	3	8	9	11	20	19	16	13	11	6	4

¿Se puede rechazar que esta distribución proviene de una normal?

PARA PROFUNDIZAR

31 En el proceso de fabricación de una pieza intervienen dos máquinas: la máquina A produce un taladro cilíndrico y la máquina B secciona las piezas con un grosor determinado. Ambos procesos son independientes.

El diámetro del taladro producido por A, en milímetros, es $N(23; 0,5)$. El grosor producido por B en milímetros, es $N(11,5; 0,4)$.

a) Calcula qué porcentaje de piezas tienen un taladro comprendido entre 20,5 y 24 mm.

b) Encuentra el porcentaje de piezas que tienen un grosor entre 10,5 y 12,7 mm.

c) Suponiendo que sólo son válidas las piezas cuyas medidas son las dadas en a) y b), calcula qué porcentaje de piezas aceptables se consiguen.

☛ *Se supone que las medidas están dadas exactamente.*

32 La calificación media en un cierto examen fue 6,5 y la desviación típica 1,6. Si el profesor va a calificar con sobresaliente al 10% de la clase, ¿a partir de qué nota se consigue?

33 Un test consta de 100 preguntas con cuatro respuestas optativas cada una. Si un alumno se sabe 20 preguntas y responde las restantes al azar, ¿cuál es la probabilidad de acertar este número de preguntas?

a) 50 o más.

b) Entre 25 y 75.

c) Más de 75.

34 Un test de sensibilidad musical da resultados que se distribuyen $N(65, 18)$.

Se quiere hacer un baremo por el cual, a cada persona, junto con la puntuación obtenida, se le asigna uno de los siguientes comentarios:

- duro de oído;
- poco sensible a la música;
- normal;
- sensible a la música;
- extraordinariamente dotado para la música,

de modo que haya, respectivamente, en cada uno de los grupos, un 10%, un 35%, un 30%, un 20% y un 5% del total de individuos observados.

¿En qué puntuaciones pondrías los límites entre los distintos grupos?

35 Se sabe que las notas de un determinado examen siguen una distribución normal. El 15,87% tiene una nota superior a 7 puntos y el 15,87% una nota inferior a 5 puntos.

a) ¿Cuál es la media del examen?

b) ¿Qué porcentaje de alumnos tiene una nota entre 6 y 7?

36 En un examen de Matemáticas la puntuación media fue 5,8 y la desviación típica 2,2. Suponiendo que las puntuaciones se distribuyen normalmente, calcula:

a) La puntuación máxima del 10% más bajo de la clase.

b) La puntuación mínima del 10% superior de la clase.

11 DISTRIBUCIONES BIDIMENSIONALES

PARA CENTRARTE EN EL TEMA, PIENSA Y RESUELVE

1. ¿Será verdad que las personas obesas tienen mejor humor que las que no lo son? Ambos atributos son bastante subjetivos, pero imaginemos que se dispone de unos baremos para asignar a cada persona una medida por su "obesidad" y otra por su "humor" y que ambas mediciones tienen una escala de -3 a 3.

Los miembros de un club gastronómico han sido valorados mediante estos baremos y he aquí sus resultados.

Cada punto representa una persona.

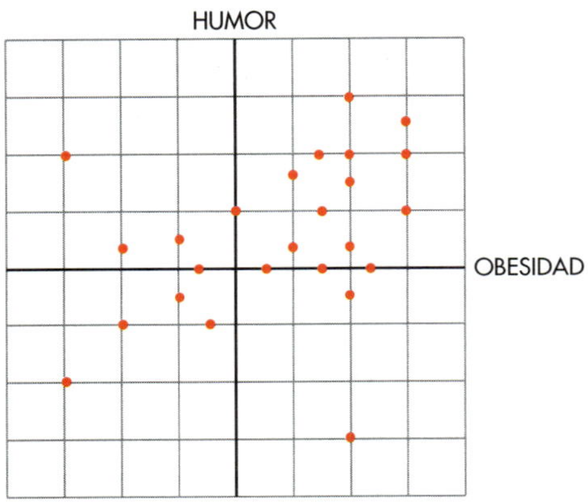

a) Trata de reconocer algunos puntos:

- Dámaso es un obeso cascarrabias. ¿Lo ves?
- Felipe es muy delgado, pero tiene bastante buen humor. ¿Identificas cuál es el punto con el que se representa?

b) Salvo las dos excepciones que citamos en el apartado anterior, observa que, entre los miembros de este imaginario club, hay una cierta tendencia a tener tanto mejor humor cuanto más gordos sean.

Si tuvieras que concretar esa tendencia con una recta, ¿te parecería adecuada $y = 1 + \frac{3}{5}(x - 1)$?

Represéntala y si no te parece adecuada, dibuja la recta que, según tú, marca la tendencia de esa población.

c) Va a ingresar un nuevo socio en este club. Sabemos que su obesidad es de $+1$. ¿Entre qué valores te parece más probable que esté su "humor"?

d) ¿Podríamos escribir una fórmula que dé directamente el valor del "humor" en función de la "obesidad"?

2. Distintas personas lanzan hacia arriba una misma piedra, que alcanza más o menos altura según la fuerza con que ha sido impulsada.

a) ¿Qué altura alcanzará la piedra si se impulsa con una fuerza de 110 newtons?

b) ¿Podríamos escribir una fórmula que dé directamente la *altura* en función de la *fuerza*?

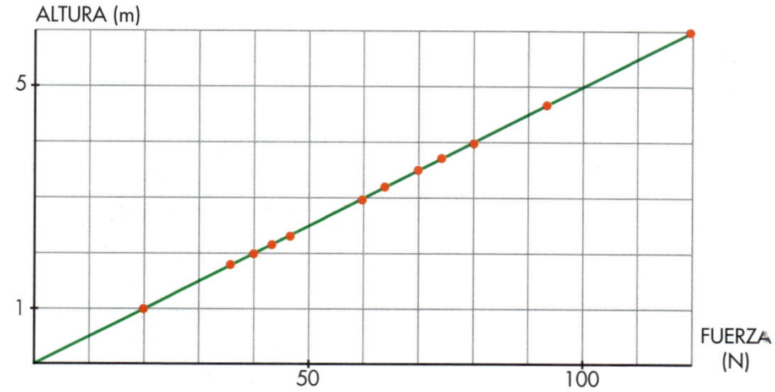

PANORAMA DEL TEMA

- Hay pares de variables que, aunque no puedan ser relacionadas mediante una fórmula, sí existe entre ellas una cierta relación estadística. Es el caso de la "obesidad-humor" que hemos visto en el ejercicio **1**. Y, más en serio, ocurre otro tanto con las estaturas y los pesos de un colectivo de personas. Y con otros muchos pares de variables. La visualización mediante el diagrama de puntos permite hacerse una idea razonable de esa relación (**correlación**). Pero, además, hay una fórmula por la que se obtiene con precisión el valor de esa correlación.

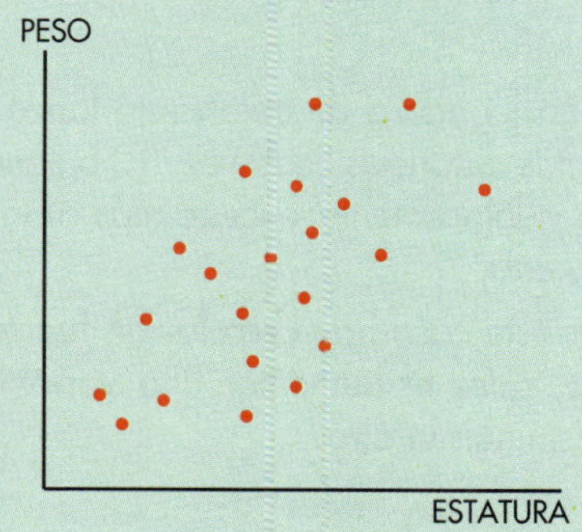

- Una buena forma de marcar las tendencias de estos diagramas de puntos es mediante una recta llamada **recta de regresión**.

  Cuando la correlación es fuerte, los puntos están muy próximos a la recta. En tales casos la recta de regresión resulta muy útil para **hacer previsiones**: dado un nuevo individuo de ese colectivo, si conocemos solamente el valor de una de las variables, podremos, apoyándonos en la recta de regresión, vaticinar con razonable seguridad el valor aproximado de la otra variable.

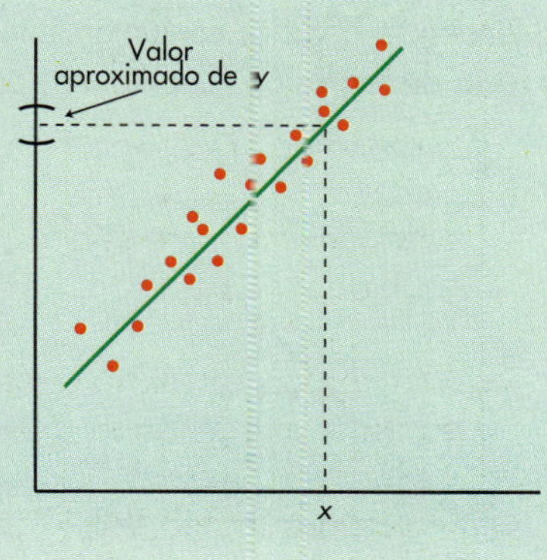

11.1 NUBES DE PUNTOS. CORRELACIÓN

ALUMNO	MAT.	FÍSICA
a	2	1
b	3	3
c	4	2
d	4	4
e	5	4
f	6	4
g	6	6
h	7	4
i	7	6
j	8	7
k	10	9
l	10	10

Éstas son las notas de 12 alumnos y alumnas en dos asignaturas: matemáticas y física.

Es una **distribución bidimensional** porque a cada individuo le corresponden los valores de dos variables. Si tomamos esos dos valores como las coordenadas de un punto, la distribución puede ser representada mediante 12 puntos: **nube de puntos**.

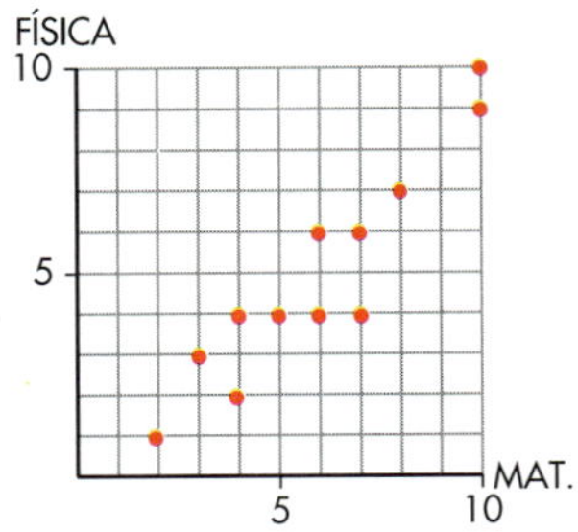

Se aprecia una relación entre las dos variables: a mejor nota en *Matemáticas* mejor nota en *Física* y a peor nota en *Matemáticas* peor nota en *Física*, pero sólo a grandes rasgos, *grosso modo*. Se dice que existe **correlación** entre esas dos variables.

Relacionemos ahora las notas de *Matemáticas* de los mismos alumnos con las de otra asignatura, *Filosofía*. Tanto si nos fijamos en la tabla de datos como en la nube de puntos, apreciamos que también hay **correlación** entre estas dos variables, pero es **más débil** que la anterior.

ALUMNO	MAT.	FILOSOFÍA
a	2	2
b	3	5
c	4	2
d	4	7
e	5	5
f	6	4
g	6	6
h	7	6
i	7	7
j	8	5
k	10	5
l	10	9

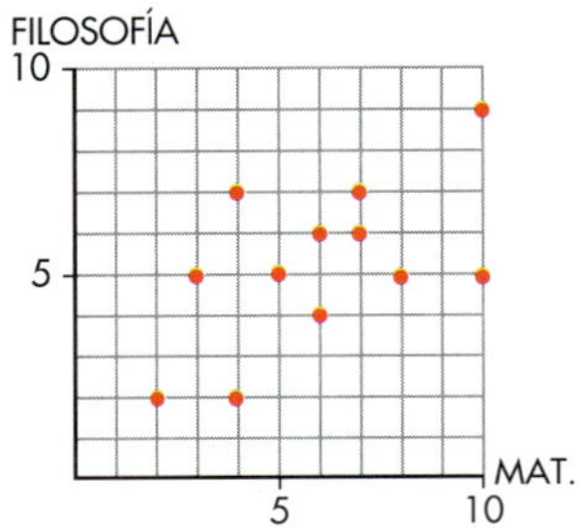

Una jugadora de baloncesto lanza desde distintas distancias cada vez, 10 balones a canasta y, lógicamente, encesta más cuanto más cerca está.

En este caso hay **correlación fuerte y negativa**, pues al aumentar una variable tiende a disminuir la otra.

DISTANCIA (m)	ENCESTES
1	9
2	10
3	6
4	4
5	2
6	0
7	1
8	0

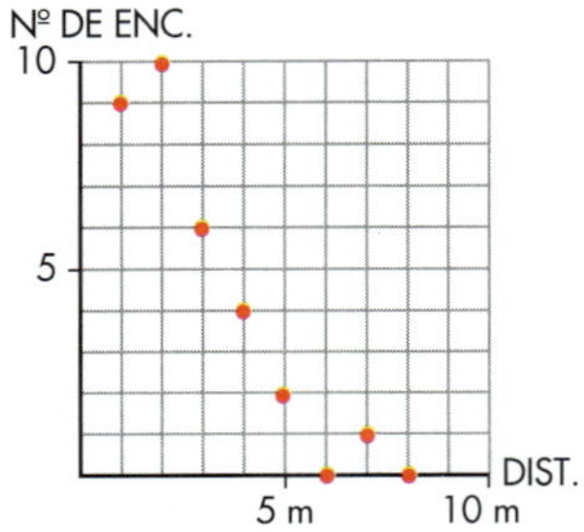

La tendencia a variar conjuntamente las dos variables en una distribución bidimensional se marca mediante la **recta de regresión**. Cuanto más próximos estén los puntos a la recta, más fuerte es la correlación.

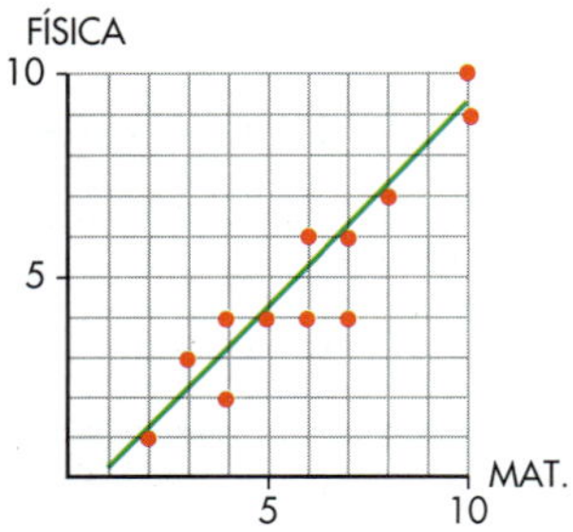

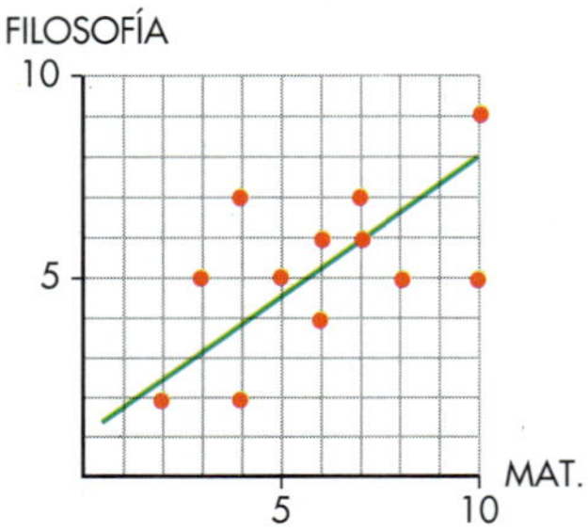

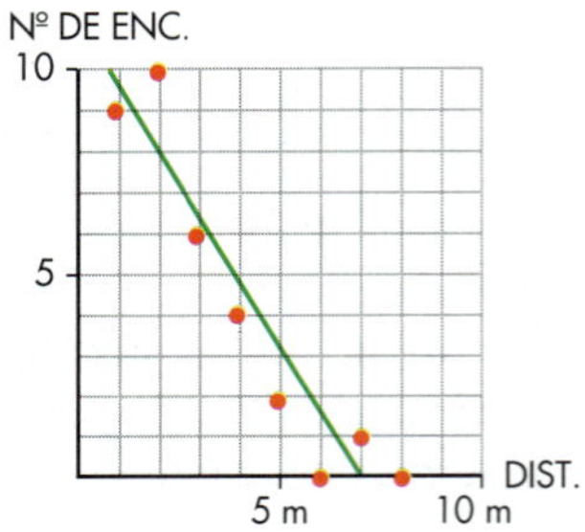

Tenemos un colectivo de n individuos. Estudiamos en ellos dos variables, x, y. Conocemos los valores de las variables para cada uno de los individuos.

El conjunto de pares de valores (x_1, y_1), (x_2, y_2), …, (x_n, y_n) se llama **distribución bidimensional**. Si interpretamos cada par de valores como las coordenadas de un punto, el conjunto de todos ellos se llama **nube de puntos** o **diagrama de dispersión**.

La **correlación** viene a representar la relación que existe entre esas dos variables para los n individuos de ese colectivo. Puede ser más o menos fuerte según lo apretados que estén los puntos de la nube en torno a una recta, que marca la tendencia, y se llama **recta de regresión**.

Si la pendiente de la recta de regresión es positiva o negativa, la **correlación** se llama **positiva** o **negativa**, respectivamente.

EJEMPLO

Realizamos un experimento que consiste en suministrar a cada una de 10 ratas una dosis diaria de 1 mg, 2 mg, …, 10 mg, respectivamente, de un cierto fármaco A *y calcular el aumento de peso de cada rata al cabo de un mes.*

Realizamos un segundo experimento idéntico con otras 10 ratas y otro fármaco B.

Y, por último, un tercer experimento con otras 10 ratas y otro fármaco C.

Damos los resultados gráficamente:

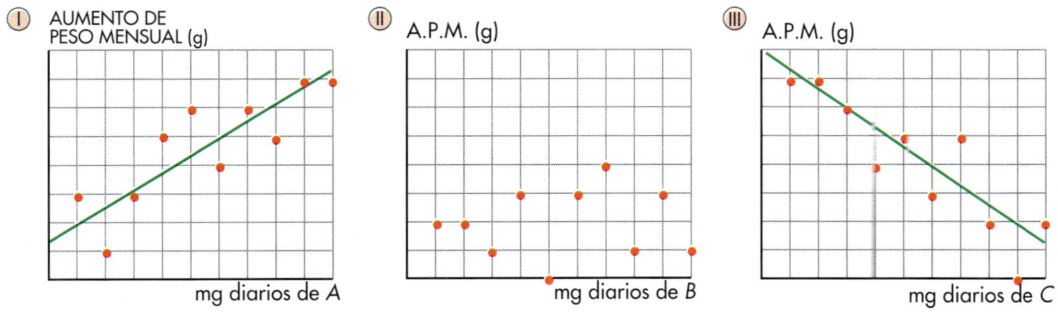

A la vista de las gráficas nos inclinamos a pensar que *A* favorece el engorde de las ratas, *B* no influye y *C* es perjudicial.

La correlación de la gráfica (I) es positiva y la de la (III) es negativa; igual que las pendientes de las rectas de regresión correspondientes.

En la (II), sin embargo, la nube de puntos es amorfa y no sugiere ninguna recta: no hay correlación entre las variables (se dice que son **incorreladas**).

EJERCICIOS

1 Esta tabla muestra cómo se ordenan entre sí diez países *A, B, C*… según dos variables, R.P.C. (renta per cápita) e I.N. (índice de natalidad).

Representa los resultados en una nube de puntos, traza la recta de regresión y di cómo te parece la correlación.

PAÍSES	A	B	C	D	E	F	G	H	I	J
R.P.C.	1	2	3	4	5	6	7	8	9	10
I.N.	10	6	9	5	7	4	1	3	8	2

11.2 MEDIDA DE LA CORRELACIÓN

La correlación entre dos variables (más o menos fuerte, positiva o negativa) se aprecia mediante el grado de "apertura" de los puntos de la nube. Vamos a confeccionar una fórmula que sirva para obtenerlo de forma numérica e inequívoca.

CENTRO DE GRAVEDAD DE UNA DISTRIBUCIÓN BIDIMENSIONAL

x_i	y_i
x_1	y_1
x_2	y_2
.	.
.	.
.	.
x_n	y_n

MEDIA DE LA VARIABLE $x \rightarrow \bar{x} = \frac{\Sigma x_i}{n}$

MEDIA DE LA VARIABLE $y \rightarrow \bar{y} = \frac{\Sigma y_i}{n}$

El punto $(\bar{x}, \bar{y})$ se llama **centro de gravedad** de la distribución.

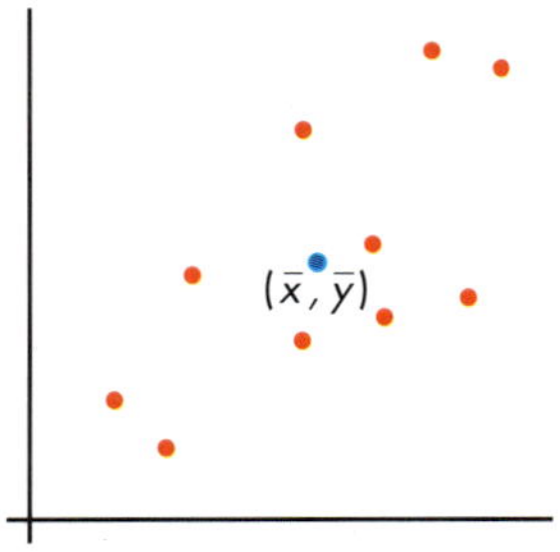

COVARIANZA

Se llama covarianza al parámetro

$$\sigma_{xy} = \frac{\Sigma (x_i - \bar{x})(y_i - \bar{y})}{n} =$$

$$= \frac{\Sigma x_i y_i}{n} - \bar{x}\,\bar{y}$$

Ambas expresiones, como es lógico, coinciden. La segunda de ellas es más cómoda para obtener numéricamente la covarianza.

Cada sumando $(x_i - \bar{x})(y_i - \bar{y})$ de la covarianza es el área de un rectángulo como los que aparecen en la figura.

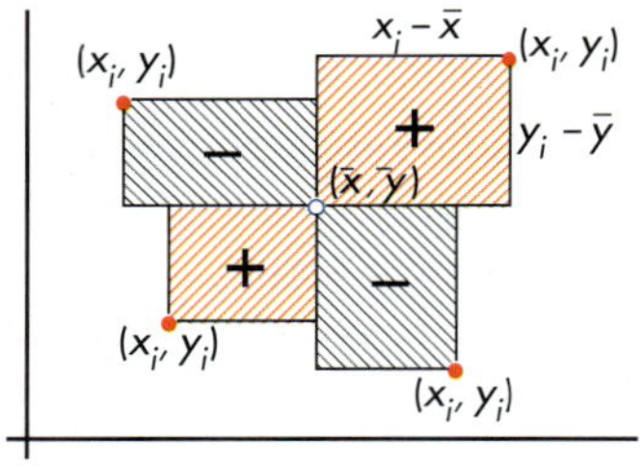

Según donde esté situado (x_i, y_i) respecto $(\bar{x}, \bar{y})$, el área $(x_i - \bar{x}) \cdot (y_i - \bar{y})$ será positiva (rojo) o negativa (gris).

Si los puntos están próximos a una recta de pendiente positiva, los sumandos son casi todos positivos y la covarianza es grande.

CORRELACIÓN

El valor de la **correlación** entre las dos variables de una distribución bidimensional viene dado por la expresión:

$$r = \frac{\sigma_{xy}}{\sigma_x \sigma_y}$$

σ_{xy} es la covarianza.

σ_x, σ_y son las desviaciones típicas de cada variable.

El **coeficiente de correlación**, r, tiene las siguientes propiedades:

- No tiene dimensiones. Es decir, no depende de las unidades en las que se expresen los valores de las dos variables. Por tanto, si se realiza un cambio de unidades, el valor de r no varía.
- El valor de r está comprendido entre -1 y 1.
  Si la correlación es perfecta (los puntos de la nube están alineados), $r = 1$ o $r = -1$.
  Si la correlación es fuerte, $|r|$ es próximo a 1.
  Si la correlación es débil, $|r|$ es próximo a 0.

EJEMPLO

Utilizando la fórmula anterior, calculemos la correlación entre las variables nota en Matemáticas, x, nota en Física, y. Para ello habremos de calcular previamente $\bar{x}$, $\bar{y}$, σ_x, σ_y, σ_{xy}.

x_i	y_i	x_i^2	y_i^2	x_iy_i
2	1	4	1	2
3	3	9	9	9
4	2	16	4	8
4	4	16	16	16
5	4	25	16	20
6	4	36	16	24
6	6	36	36	36
7	4	49	16	28
7	6	49	36	42
8	7	64	49	56
10	9	100	81	90
10	10	100	100	100
72	60	504	380	431

$$\bar{x} = \frac{\Sigma x_i}{n} = \frac{72}{12} = 6 \qquad \bar{y} = \frac{\Sigma y_i}{n} = \frac{60}{12} = 5$$

El centro de gravedad es el punto (6, 5). Observamos que este punto no tiene por qué ser de la distribución.

$$\sigma_x^2 = \frac{\Sigma x_i^2}{n} - \bar{x}^2 = \frac{504}{12} - 6^2 = 6; \quad \sigma_x = \sqrt{6} = 2{,}45$$

$$\sigma_y^2 = \frac{\Sigma y_i^2}{n} - \bar{y}^2 = \frac{380}{12} - 5^2 = 6{,}67; \quad \sigma_y = \sqrt{6{,}67} = 2{,}58$$

COVARIANZA: $\sigma_{xy} = \dfrac{\Sigma x_i y_i}{n} - \bar{x}\,\bar{y} = \dfrac{431}{12} - 6 \cdot 5 = 5{,}92$

Por tanto: $r = \dfrac{\sigma_{xy}}{\sigma_x \sigma_y} = \dfrac{5{,}92}{2{,}45 \cdot 2{,}58} = 0{,}94$. Es una correlación muy alta.

Con calculadora

- Preparación de la calculadora para tratamiento bidimensional → MODO LR
- Se borra todo lo que pueda haber en la memoria de cálculos anteriores → [SHIFT] [AC]
- Introducción de un punto $(x_i, y_i) \to x_i$ [x_D, y_D] y_i [DATA].

Si dos o más puntos tienen la misma abscisa, se pueden introducir consecutivamente sin volver a repetir la abscisa. Veámoslo:

INTRODUCCIÓN DE DATOS

2 [x_D, y_D] 1 [DATA]
3 [x_D, y_D] 3 [DATA]
4 [x_D, y_D] 2 [DATA]
4 [DATA]
5 [x_D, y_D] 4 [DATA]
6 [x_D, y_D] 4 [DATA]
6 [DATA]
....

RECOGIDA DE RESULTADOS

MEDIAS
- [SHIFT] [$\bar{x}$] → 6
- [SHIFT] [$\bar{y}$] → 5

DESVIACIONES TÍPICAS
- [SHIFT] [$x\sigma_n$] → 2.4494891
- [SHIFT] [$y\sigma_n$] → 2.581988891

COVARIANZA [K out] [Σxy] [÷] [K out] [n] [−] [SHIFT] [$\bar{x}$] [SHIFT] [$\bar{y}$] [=] → 5.9166...

COEFICIENTE DE CORRELACIÓN [SHIFT] [r] → 0.935507141

EJERCICIOS

1 Obtén mediante cálculos manuales los coeficientes de correlación de las distribuciones *Matemáticas-Filosofía* y *Distancia-Número de encestes* del apartado anterior de este tema. Hazlo también con una calculadora con MODO LR.

11.3 RECTA DE REGRESIÓN

En la tercera página de este tema trazamos, a ojo, rectas que "se acoplaban bien" a las nubes de puntos. Las llamábamos rectas de regresión. Vamos a proceder, ahora, a obtenerlas de forma precisa.

MÉTODO DE LOS MÍNIMOS CUADRADOS

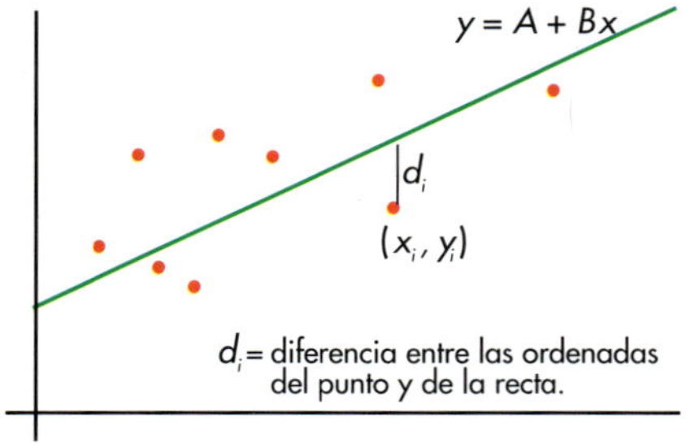

Partimos de la nube de puntos $(x_1, y_1), (x_2, y_2), \dots, (x_n, y_n)$.

Hemos de encontrar la recta que "mejor se ajuste" a la nube.

¿Qué criterio seguimos para ese "mejor ajuste"?

Consideraremos todas las posibles rectas $y = A + Bx$ y nos quedaremos con aquella para la cual los cuadrados de las distancias, d_i, sumen lo menos posible: Σd_i^2 mínimo.

De este modo se llega (utilizando métodos matemáticos superiores a este curso) a lo siguiente:

- La recta buscada pasa por el centro de gravedad $(\bar{x}, \bar{y})$ de la distribución.
- Su pendiente es $m_{yx} = \dfrac{\sigma_{xy}}{\sigma_x^2}$

La recta que hace mínima la suma Σd_i^2, tiene por ecuación:

$$y = \bar{y} + \frac{\sigma_{xy}}{\sigma_x^2}(x - \bar{x})$$

Se llama **recta de regresión de** Y **sobre** X.

A la pendiente $\dfrac{\sigma_{xy}}{\sigma_x^2}$ se la llama **coeficiente de regresión**.

Su signo y el signo del coeficiente de correlación coinciden.

Pero aquí termina la coincidencia: puede ser que la recta de regresión tenga pendiente alta y, sin embargo, el coeficiente de correlación sea bajo. O lo contrario.

EJEMPLO

En la distribución Notas de Matemáticas-Notas de Física, cuyos parámetros hemos calculado en la página anterior, obtengamos la recta de regresión de Y *sobre* X.

$$\text{Pendiente} \rightarrow m_{yx} = \frac{\sigma_{xy}}{\sigma_x^2} = \frac{5{,}92}{6} = 0{,}986$$

$$\text{Ecuación} \rightarrow y = 5 + 0{,}986\,(x - 6) \rightarrow y = -0{,}917 + 0{,}986x$$

Con calculadora

Después de introducir los datos como se ha hecho en la página anterior, se obtiene:

Pendiente de la recta: SHIFT [B] 0.98611111 → $B = 0{,}986$

Ordenada en el origen: SHIFT [A] -0.9166666 → $A = -0{,}917$

■ LA RECTA DE REGRESIÓN PARA HACER ESTIMACIONES

La recta de regresión se amolda a la nube de puntos y describe, *grosso modo*, su tendencia. Por eso, a partir de la recta de regresión obtenemos, de forma aproximada, el valor esperado de la y para un cierto valor de x, o viceversa. A estos valores se les llama estimaciones.

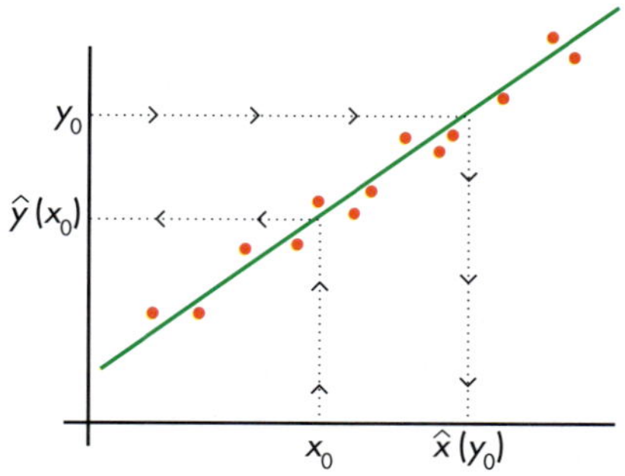

$\hat{y}(x_0)$ es el **valor estimado de y** correspondiente a $x = x_0$ sobre la recta de regresión.

$\hat{x}(y_0)$ es el **valor estimado de x** correspondiente a $y = y_0$ sobre la recta de regresión.

- Las estimaciones siempre se realizan aproximadamente y en términos de probabilidad (es probable que si $x = x_0$, entonces y valga, aproximadamente, $\hat{y}(x_0)$).
- La aproximación es tanto mejor cuanto mayor sea $|r|$, pues para valores de r próximos a 1 o a -1, los puntos están muy próximos a la recta.
- Las estimaciones sólo deben hacerse dentro del intervalo de valores utilizados o muy cerca de ellos.

EJEMPLO

La tabla y la gráfica adjuntas dan los alargamientos de una barra metálica por efecto de cambios en la temperatura. Calculemos la recta de regresión y hagamos algunas estimaciones.

TEMP. (°C)	ALARG. (mm)
0	0
8	1
16	2
25	3
40	5
50	6
60	7
75	9

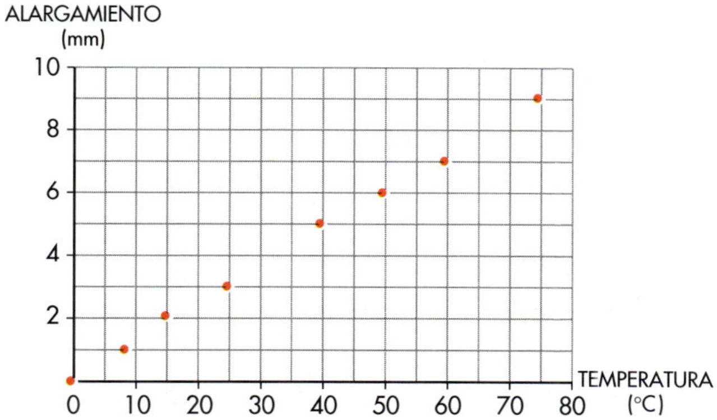

La recta de regresión es $y = 0{,}06 + 0{,}119x$

Estimamos y para $x = 55 \to \hat{y}(55) = 0{,}06 + 0{,}119 \cdot 55 \approx 6{,}6$ [A 55 °C se alarga 6,6 mm]

Estimamos x para $y = 4 \to \hat{x}(4) = (4 - 0{,}06) : 0{,}119 \approx 33{,}1$ [Para un alargamiento de 4 mm hace falta una temperatura de 33,1 °C.]

Las estimaciones son buenas porque la correlación $r = 0{,}9994$ es muy grande. Además, $x_0 = 55$ °C está entre los valores manejados (entre 0 °C y 75 °C) y lo mismo le ocurre a $y_0 = 4$ mm.

No sería buena la estimación para $x_0 = 100$ °C, y mucho menos para $x_0 = 200$ °C.

11.4 HAY DOS RECTAS DE REGRESIÓN

Como ya hemos dicho, la recta de regresión obtenida, $y = \bar{y} + \frac{\sigma_{xy}}{\sigma_x^2}(x - \bar{x})$ es la **recta de regresión de *Y* sobre *X*.**

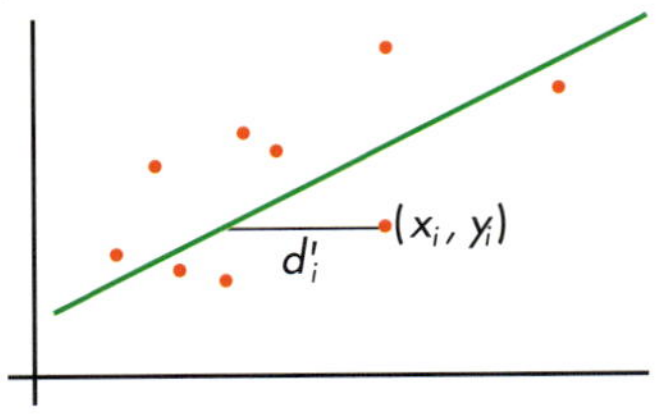

Si el criterio que siguiéramos para ajustar la recta a la nube de puntos fuera hacer mínima la suma de los cuadrados de las diferencias de abscisas del punto y de la recta

$$\Sigma d'^2_i \text{ mínimo}$$

obtendríamos otra recta llamada **recta de regresión de *X* sobre *Y*.**

La ecuación de la **recta de regresión de *X* sobre *Y*** es $x = \bar{x} + \frac{\sigma_{xy}}{\sigma_y^2}(y - \bar{y})$

El número $\frac{\sigma_{xy}}{\sigma_y^2}$ se llama **coeficiente de regresión de *X* sobre *Y*.** No es la pendiente de la recta, sino su inversa.

POSICIONES DE DOS RECTAS DE REGRESIÓN

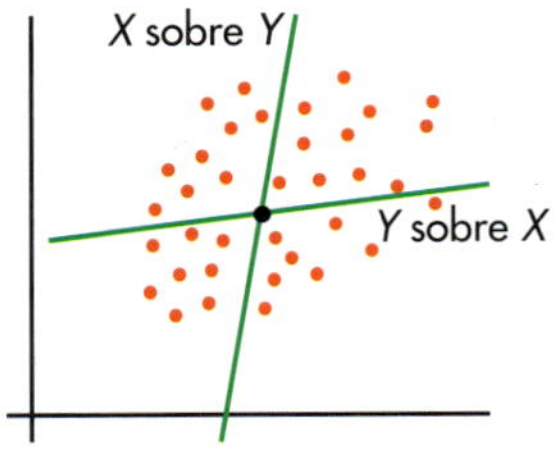

Cuando la correlación es casi nula, las dos rectas forman un ángulo muy grande (próximo a 90°).

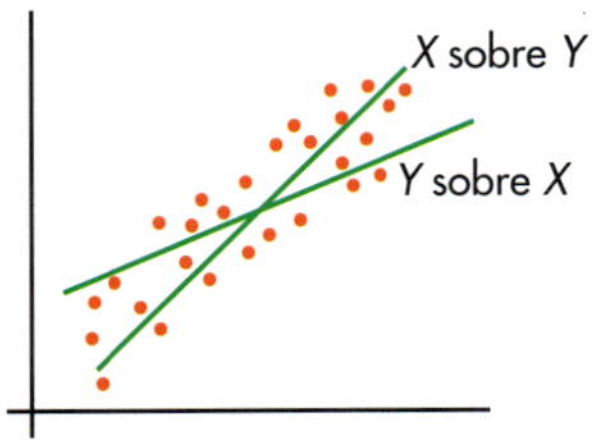

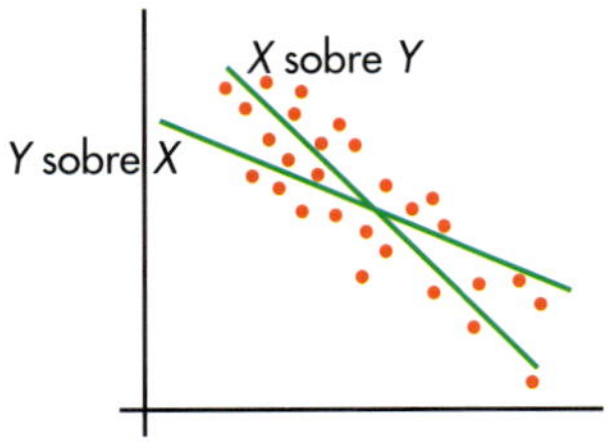

Si la correlación es fuerte, el ángulo que forman las dos rectas es pequeño.

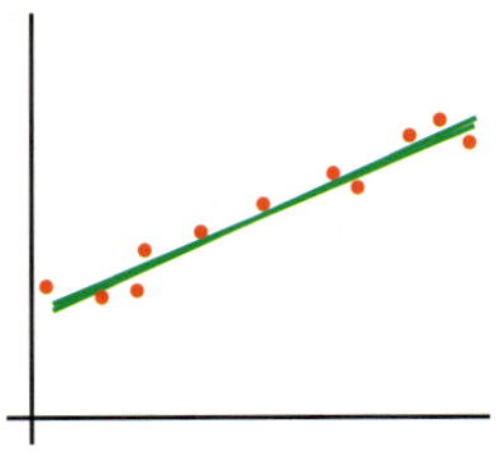

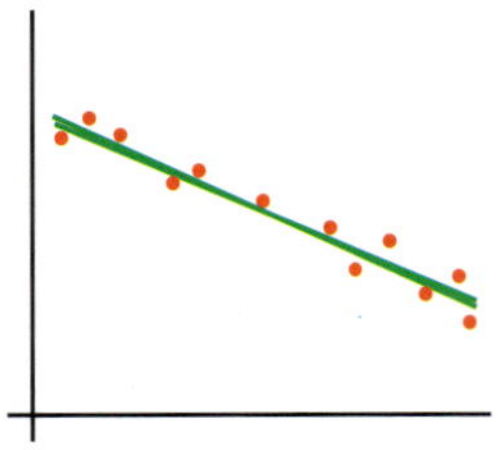

Si $|r|$ es próximo a 1, las rectas son casi coincidentes.

La recta que nosotros asignamos "a ojo" a una nube de puntos es, aproximadamente, la bisectriz de las dos rectas de regresión.

11.5 TABLAS DE DOBLE ENTRADA

Recordemos que en las distribuciones de una variable, cuando el número de observaciones es pequeño, se dan, simplemente, enumerándolas de forma ordenada. Pero cuando el número de datos es grande, se recurre a la tabla de frecuencias.

Del mismo modo, en las distribuciones bidimensionales, cuando hay pocos pares de valores se procede como hemos hecho hasta ahora: enumerándolos. Si algún par está repetido, se pone dos veces, pero cuando el número de datos es grande, se recurre a las tablas de doble entrada.

En cada casilla se pone la frecuencia correspondiente al par de valores que definen esa casilla. Por ejemplo, hay 11 individuos para los cuales $x = 0$, $y = 1$. Es decir, el par $(0, 1)$ está 11 veces.

y_i \ x_i	0	1	2	3	4
0	24	6	1	0	0
1	11	19	2	3	0
2	7	8	6	2	0
3	2	3	3	7	1
4	1	0	2	4	5

La representación gráfica de estas distribuciones se hace:

- Hinchando los puntos proporcionalmente a su frecuencia:

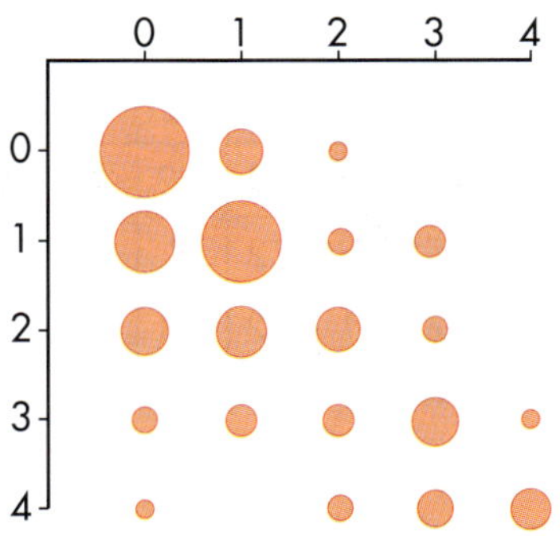

- O bien levantando barras de altura proporcional a la frecuencia de cada casilla:

Con calculadora

Observa cómo se introducen estos datos en una calculadora:

0 [x_D, y_D] 0 × 24 [DATA]
1 × 11 [DATA]
2 × 7 [DATA]
3 × 2 [DATA]
4 [DATA]

1 [x_D, y_D] 0 × 6 [DATA]
1 × 19 [DATA]
2 × 8 [DATA]
3 × 3 [DATA]

2 [x_D, y_D] 0 [DATA]
1 × 2 [DATA]
2 × 6 [DATA]
3 × 3 [DATA]
4 × 2 [DATA]

3 [x_D, y_D] 1 × 3 [DATA]
2 × 2 [DATA]
3 × 7 [DATA]
4 × 4 [DATA]

4 [x_D, y_D] 3 [DATA]
4 × 5 [DATA]

1 RELACIÓN FUNCIONAL Y RELACIÓN ESTADÍSTICA

Éstos son los resultados que hemos obtenido al tallar y pesar a varias personas:

ESTATURA (cm)	156	163	171	177	184
PESO (kg)	48	75	65	73	81

a) ¿Es una distribución bidimensional? ¿Cuáles son las variables que se relacionan? ¿Cuáles son los individuos?

b) ¿Es una relación estadística o funcional?

Resolución

a) Es una distribución bidimensional en la que se relacionan las variables *x: estaturas, y: pesos,* correspondientes a un colectivo de 5 individuos, que son las cinco personas talladas y pesadas.

b) Entre las dos variables hay una relación estadística, pero no funcional, pues podría haber varias personas con la misma estatura y distintos pesos.

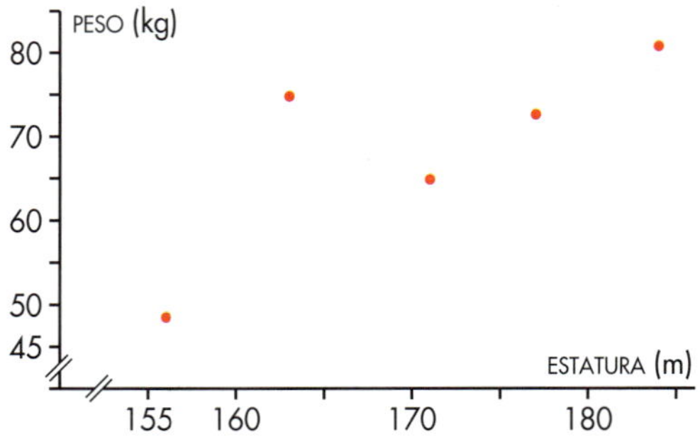

2 ANÁLISIS GRÁFICO DE UNA DISTRIBUCIÓN BIDIMENSIONAL

Los quince primeros equipos de fútbol de primera división, al final de la liga, obtuvieron los siguientes resultados:

C	1	2	3	4	5	6	7	8	9	10	11	12	13	14	15
G	20	22	20	17	17	14	12	13	11	10	10	12	11	11	11
E	9	5	8	8	4	9	11	8	11	13	12	8	8	7	6
P	5	7	6	9	13	11	11	13	12	11	12	14	15	15	17

C = CLASIFICACIÓN, *G* = PARTIDOS GANADOS, *E* = PARTIDOS EMPATADOS, *P* = PARTIDOS PERDIDOS.

Estudia la correlación entre la variable C y cada una de las otras tres, P, E, G.

Resolución

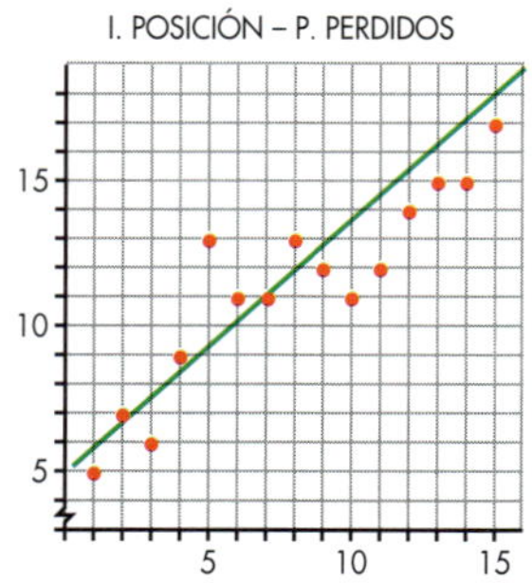

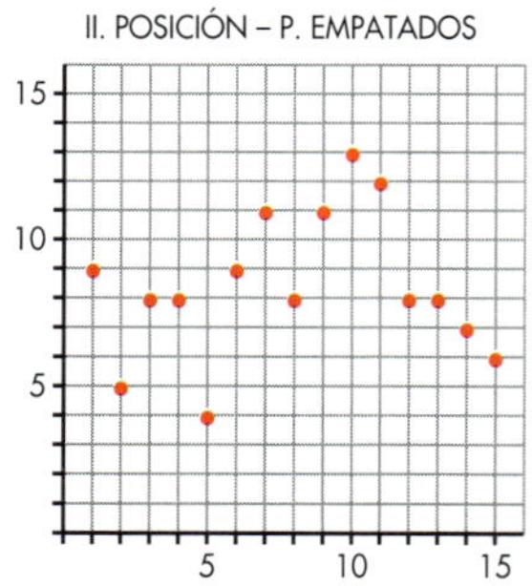

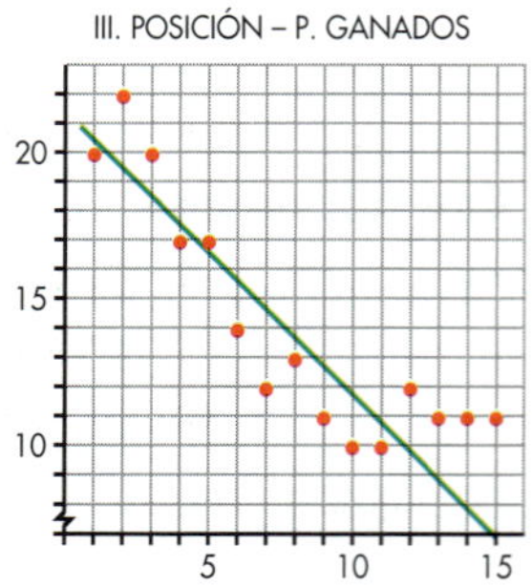

A la vista de las gráficas podemos decir que hay una fuerte correlación en los casos I y III: en el primer caso, positiva y, en el segundo, negativa. Sin embargo, en el caso II no hay correlación apreciable.

El resultado de este ejercicio es razonable: los primeros equipos 1, 2, 3…, pierden pocos partidos y ganan muchos; los últimos, al revés. Y el número de partidos empatados es indiferente del lugar que se ocupa.

3 CÁLCULO DEL COEFICIENTE DE CORRELACIÓN

Calcula el coeficiente de correlación entre las variables x, y de la tabla.

x: gastos en publicidad de un producto (en millones de PTA)

y: ventas conseguidas (en millones de PTA)

x	1	2	3	4	5	6
y	10	17	30	28	39	47

Resolución

x_i	y_i	x_i^2	y_i^2	$x_i y_i$
1	10	1	100	10
2	17	4	289	34
3	30	9	900	90
4	28	16	784	112
5	39	25	1 521	195
6	47	36	2 209	282
21	171	91	5 803	723

MEDIAS: $\bar{x} = 21/6 = 3{,}5$ $\qquad \bar{y} = 171/6 = 28{,}5$

DESVIACIÓN TÍPICA: $\sigma_x = \sqrt{\dfrac{91}{6} - 3{,}5^2} = 1{,}71$

$$\sigma_y = \sqrt{\dfrac{5\,803}{6} - 28{,}5^2} = 12{,}45$$

COVARIANZA: $\sigma_{xy} = \dfrac{723}{6} - 3{,}5 \cdot 28{,}5 = 20{,}75$

COEFICIENTE DE CORRELACIÓN: $r = 0{,}97$

Es una correlación muy fuerte (muy próxima a 1).

Cómo proceder con calculadura con modo LR

x_i	y_i	x_i^2	y_i^2	$x_i y_i$
1	10	1	100	10
2	17	4	289	34
3	30	·	·	·
4	28	·	·	·
5	39	·	·	·
6	47	·	·	·
21	171	91	5 803	723

Se incluyen los resultados de las primeras líneas para mostrar que se saben obtener.

Se introducen los datos en la calculadora, utilizando las teclas [XD,YD] y [DATA] (1 [XD,YD] 10 [DATA], ...).

Se le piden a la calculadora las sumas: Σx, Σy, Σx^2, Σy^2, Σxy. (Para ello, utiliza las teclas [Kout] o b en [RCL] seguidas de las teclas numéricas 1, 2, 3, 4, 5, 6.)

Con estos datos se obtienen los parámetros $\bar{x}$, $\bar{y}$, σ_x, σ_y, σ_{xy}, r como arriba y, después, se comprueba con los que da directamente la calculadora.

4 RECTA DE REGRESIÓN

Halla la recta de regresión correspondiente a la distribución publicidad – ventas cuyo coeficiente de correlación obtuvimos en el ejercicio resuelto anterior ($\bar{x} = 3{,}5$; $\bar{y} = 28{,}5$; $\sigma_x = 1{,}71$; $\sigma_y = 12{,}45$; $\sigma_{xy} = 20{,}75$).

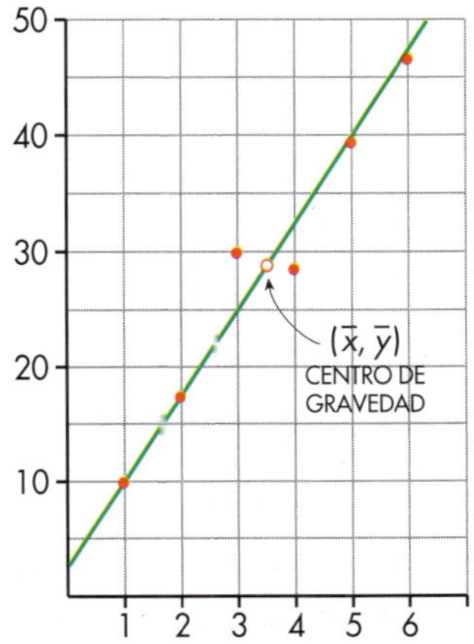

Resolución

COEFICIENTE DE REGRESIÓN: $m_{yx} = \dfrac{\sigma_{xy}}{\sigma_x^2} = \dfrac{20{,}75}{1{,}71^2} = 7{,}1$

CENTRO DE GRAVEDAD: $(\bar{x}, \bar{y}) = (3{,}5; 28{,}5)$

ECUACIÓN DE LA RECTA DE REGRESIÓN: $y = 28{,}5 + 7{,}1\,(x - 3{,}5)$

5 DOS RECTAS DE REGRESIÓN. ESTIMACIÓN

Recordemos la distribución bidimensional del ejercicio resuelto 3:

x: gastos en publicidad

y: ventas, en millones de pesetas

x	1	2	3	4	5	6
y	10	17	30	28	39	47

Habíamos obtenido los siguientes valores para los parámetros:

$\bar{x} = 3,5 \quad \bar{y} = 28,5 \quad \sigma_x = 1,71 \quad \sigma_y = 12,45 \quad \sigma_{xy} = 20,75 \quad r = 0,97$

a) Halla las dos rectas de regresión.

b) Efectúa las estimaciones $\hat{y}(5,5)$, $\hat{x}(15)$.

Resolución

Recordemos las siguientes relaciones:

	COEFICIENTE DE REGRESIÓN	RECTA DE REGRESIÓN	PENDIENTE
Y sobre X	$m_{yx} = \dfrac{\sigma_{xy}}{\sigma_x^2}$	$y = \bar{y} + m_{yx}(x - \bar{x})$	m_{yx}
X sobre Y	$m_{xy} = \dfrac{\sigma_{xy}}{\sigma_y^2}$	$x = \bar{x} + m_{xy}(y - \bar{y})$ $y = \bar{y} + \dfrac{1}{m_{xy}}(x - \bar{x})$	$\dfrac{1}{m_{xy}}$

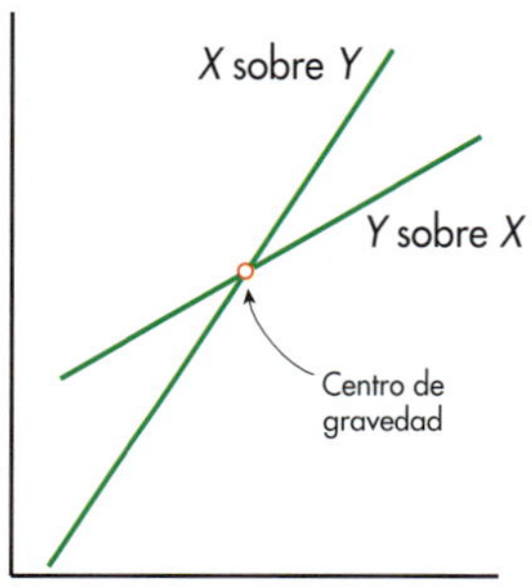

Con ellas se obtienen e interpretan las dos rectas de regresión (la de Y sobre X está calculada en el ejercicio anterior).

	COEFICIENTE DE REGRESIÓN	RECTA DE REGRESIÓN
Y sobre X	$m_{yx} = \dfrac{20,75}{1,71^2} = 7,1$	$y = 28,5 + 7,1\,(x - 3,5)$
X sobre Y	$m_{xy} = \dfrac{20,75}{12,45^2} = 0,134$	$x = 3,5 + 0,134\,(y - 28,5)$
	Despejando y, obtenemos:	$y = 28,5 + 7,47\,(x - 3,5)$

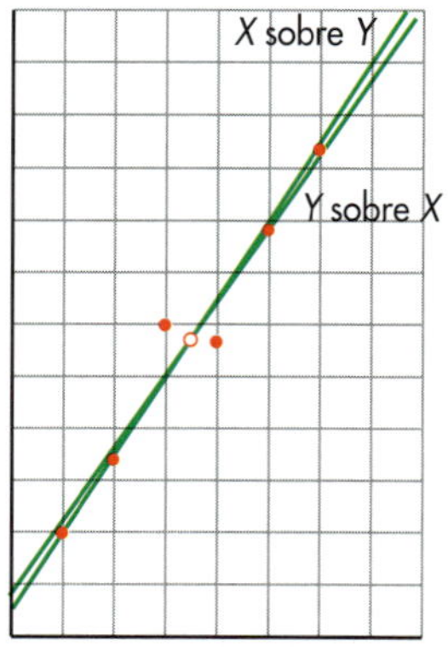

b) $\hat{y}(5,5) = 28,5 + 7,1\,(5,5 - 3,5) \rightarrow \hat{y}(5,5) = 42,7$

$\hat{x}(15) = 3,5 + 0,134\,(15 - 28,5) \rightarrow \hat{x}(15) = 1,7$

Observaciones:

- El valor de $\hat{x}$ se podía haber obtenido, también, sobre la recta de regresión de Y sobre X.
- Puesto que $|r|$ es próximo a 1, las dos rectas de regresión están muy próximas.
- Como $|r|$ es próximo a 1, las estimaciones realizadas son muy fiables.
- La calculadora nos da, directamente, la recta de regresión de Y sobre X. La recta de regresión de X sobre Y hemos de hallarla a partir de los parámetros.

6 DOS RECTAS DE REGRESIÓN

Hallemos las dos rectas de regresión para la siguiente distribución bidimensional.

x_i	1	2	3	4	4	5	6	7	8	9
y_i	5	8	7	6	9	4	5	2	3	1

Resolución

x_i	y_i	x_i^2	y_i^2	$x_i y_i$
1	5	1	25	5
2	8	4	64	16
3	7	9	49	21
4	6	16	36	24
4	9	16	81	36
5	4	25	16	20
6	5	36	25	30
7	2	49	4	14
8	3	64	9	24
9	1	81	1	9
49	50	301	310	199

$$\bar{x} = \frac{49}{10} = 4,9 \qquad \sigma_x = \sqrt{\frac{301}{10} - 4,9^2} = \sqrt{6,09} = 2,47$$

$$\bar{y} = \frac{50}{10} = 5 \qquad \sigma_y = \sqrt{\frac{310}{10} - 5^2} = \sqrt{6} = 2,45$$

$$\sigma_{xy} = \frac{199}{10} - 4,9 \cdot 5 = -4,6$$

$$r = \frac{-4,6}{2,47 \cdot 2,45} = -0,76$$

	COEFICIENTE DE REGRESIÓN	RECTA DE REGRESIÓN
Y sobre X	$m_{yx} = \frac{-4,6}{6,09} = -0,76$	$y = 5 - 0,76\,(x - 4,9)$
X sobre Y	$m_{xy} = \frac{-4,6}{6} = -0,77$	$x = 4,9 - 0,77\,(y - 5)$
	Despejando y:	$y = 5 - \frac{1}{0,77}\,(x - 4,9)$

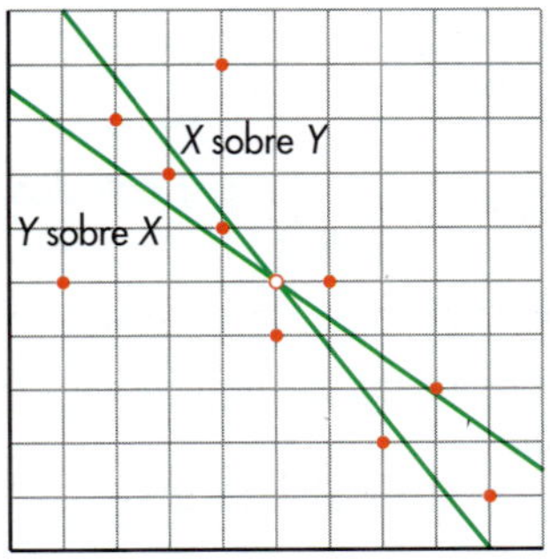

Puesto que la correlación es sólo moderadamente alta ($|r| = 0,76$) las dos rectas de regresión están sólo moderadamente próximas.

La pendiente de la recta de regresión de X sobre Y es $\frac{1}{-0,77} = -1,3$, la inversa del coeficiente de regresión de X sobre Y.

EJERCICIOS PARA PRACTICAR

1 Para cada uno de los siguientes casos:

- Di si se trata de una distribución bidimensional.
- Indica cuáles son las variables que se relacionan.
- Di cuál es el colectivo de individuos sobre la que está definida.
- Indica si se trata de una relación funcional o de una relación estadística.

a) Familias: estatura media de los padres – estatura media de los hijos mayores de 17 años.

b) Temperatura a la que calentamos una barra metálica – longitud alcanzada. (El colectivo, en este caso, está formado por las distintas veces que se realiza la experiencia.)

c) Entre los países europeos: volumen de exportación – volumen de importación (con España).

d) Entre los países del mundo: índice de mortalidad infantil – número de médicos por cada 1 000 habitantes.

e) Kw · h consumidos en una casa durante el mes de enero – coste del recibo de la luz.

f) Número de personas que viven en cada casa – coste del recibo de la luz.

2 a) Traza, a ojo, la recta de regresión en cada una de estas distribuciones bidimensionales:

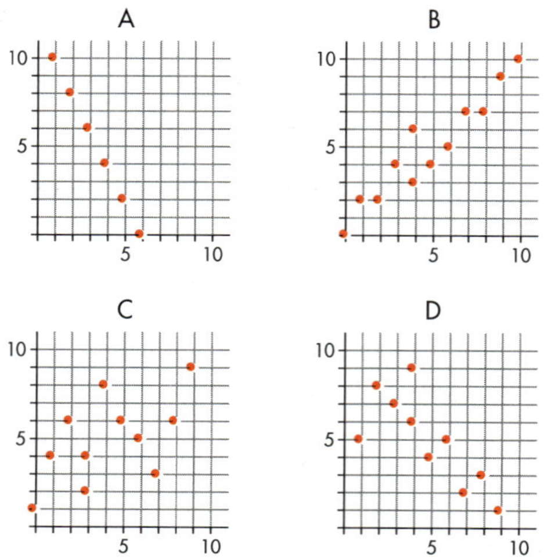

b) ¿Cuáles de ellas tienen correlación positiva y cuáles tienen correlación negativa?

c) Una de ellas presenta relación funcional. ¿Cuál es? ¿Cuál es la expresión analítica de la función que relaciona las dos variables?

d) Ordena de menor a mayor las correlaciones de las cuatro: en primer lugar la que presenta correlación más débil y, en último lugar, la de correlación más fuerte.

3 Las estaturas de 10 chicas y las de sus respectivas madres, son:

x_i	158	162	164	165	168	169	172	172	174	178
y_i	163	155	160	161	164	158	175	169	166	172

Representa los valores sobre papel cuadriculado mediante una nube de puntos, traza a ojo la recta de regresión y di si la correlación es positiva o negativa y más o menos fuerte de lo que esperabas.

4 Calcula el coeficiente de correlación de la distribución del ejercicio anterior y compáralo con las respuestas que diste.

5

x	0	1	2	3	3	4	5	6	7	8	9
y	1	4	6	2	4	8	6	5	3	6	9

Los parámetros correspondientes a esta distribución bidimensional, son:

$\bar{x} = 4{,}4$ $\quad \bar{y} = 4{,}9$ $\quad \sigma_{xy} = 3{,}67$

$\sigma_x = 2{,}77$ $\quad \sigma_y = 2{,}31$ $\quad r = 0{,}57$

Halla las ecuaciones de las dos rectas de regresión, X sobre Y e Y sobre X, y represéntalas junto con la nube de puntos.

6

x	1	2	3	4	5	6
y	10	8	6	4	2	0

Representa estos puntos y, sin efectuar cálculos, contesta las siguientes preguntas:

a) ¿Cuánto vale el coeficiente de correlación?

b) ¿Cómo son las dos rectas de regresión? Escribe su ecuación.

c) A la vista de la respuesta anterior, da el valor de m_{yx} y el de m_{xy}.

7 Una distribución bidimensional en la que los valores de x son 12, 15, 17, 21, 22 y 25, tiene una correlación $r = 0{,}99$ y su recta de regresión es $y = 10{,}5 + 3{,}2x$.

Calcula $\hat{y}(13)$, $\hat{y}(20)$, $\hat{y}(30)$, $\hat{y}(100)$.

¿Cuáles de las estimaciones anteriores son fiables, cuál poco fiable y cuál no se debe hacer?

Expresa los resultados que puedas en términos adecuados. (Por ejemplo: $\hat{y}(13) = 52{,}1$. Para $x = 13$ es muy probable que el valor correspondiente de y sea próximo a 52.)

8 Calcula el coeficiente de correlación entre estas dos variables:

x ALTITUD	365	450	350	220	150
y LITROS DE LLUVIA	240	362	121	145	225

9 La media de los pesos de una población es de 65 kg y la de las estaturas, 170 cm. Las desviaciones típicas son 5 kg y 10 cm, respectivamente, y la covarianza de ambas variables es 40.

a) Calcula la recta de regresión de los pesos respecto de las estaturas.

b) ¿Cuánto estimas que pesará un individuo de 180 cm de estatura?

PROBLEMAS PARA RESOLVER

10 Para estudiar algunos efectos de la altitud, un grupo de diez jóvenes aficionados a la investigación científica ha llevado a cabo un experimento. Cada uno de ellos ha acudido a un lugar distinto de la misma comarca y ha obtenido medidas sobre:

— altura, en metros, sobre el nivel del mar;

— número de plantas de una cierta especie en 1 dam^2;

— presión atmosférica, en mm;

— número de pulsaciones por minuto del experimentador.

Éstos son los resultados:

a	ALTURA	0	184	231	481	730	911	1 343	1 550	1 820	2 184
n	NÚMERO DE PLANTAS	0	0	4	14	23	18	12	3	0	0
Pa	PRESIÓN ATMOSFÉRICA	760	745	740	720	700	685	650	630	610	580
Pu	PULSACIONES	73	78	75	78	83	80	89	80	85	92

Considera las siguientes distribuciones bidimensionales: **I.** *a, n;* **II.** *a, Pa;* **III.** *a, Pu* Representa cada una de ellas mediante la nube de puntos, traza *a ojo* su recta de regresión y estima su coeficiente de correlación. Efectúa, después, los cálculos y compara los resultados. Estima, sobre la correspondiente recta de regresión, la presión atmosférica correspondiente a una altura de 2 000 m.

11 La siguiente tabla relaciona el número atómico de varios metales de la misma fila en el sistema periódico (periodo 4), con su densidad:

ELEMENTO	K	Ca	Ti	V	Mn	Fe	Co	Ni
NÚMERO ATÓMICO	19	20	22	23	25	26	27	28
DENSIDAD (g/cm^3)	0,86	1,54	4,5	5,6	7,11	7,88	8,7	8,8

Representa los puntos, calcula el coeficiente de correlación y halla la ecuación de la recta de regresión. A partir de ella, estima la densidad del cromo (Cr), cuyo número atómico es 24.

Haz otro tanto con la del escandio (Sc), de número atómico 21.

12 Estudia la correlación entre estas dos variables y explica el resultado:

	Esp.	Hol.	Gre.	Ita.	Irl.	Fra.	Din.	Bel.	Lux.	Al.	R.U.
ÍNDICE DE MORTALIDAD	7,4	8,2	8,7	9,4	9,4	10	10,8	11,1	11,3	11,6	11,8
HAB. CON MÁS DE 64 AÑOS	11,3	11,6	13,2	13,6	10,7	15,4	14,5	14,4	13,5	15,3	15,3

13 De un muelle se cuelgan pesas y se obtienen los siguientes alargamientos:

MASA DE LA PESA (g)	0	10	30	60	90	120	150	200	250	350
ALARGAMIENTO PRODUCIDO (cm)	0	0,5	1	3	5	6,5	8	10,2	12,5	18

Halla la recta de regresión de Y sobre X y estima el alargamiento que se conseguirá con pesos de 100 g y de 500 g. ¿Cuál de las dos estimaciones es más fiable?

14 La siguiente tabla muestra el número de gérmenes patógenos por centímetro cúbico de un determinado cultivo según el tiempo transcurrido:

Nº DE HORAS	0	1	2	3	4	5
Nº DE GÉRMENES	20	26	33	41	47	53

a) Calcula la recta de regresión para predecir el número de gérmenes por cm^3 en función del tiempo.

b) ¿Qué cantidad de gérmenes por cm^3 es predecible encontrar cuando hayan transcurrido 6 horas? ¿Es buena esa predicción?

15 Durante cinco años los Juzgados de Madrid tramitaron estos casos de separación y divorcio:

SEPARACIONES	2 357	2 586	2 689	3 073	2 821
DIVORCIOS	4 000	3 428	2 903	2 711	2 910

Representa la nube de puntos de la tabla y calcula el coeficiente de correlación de las dos variables. Interprétalo.

16 La evolución de la venta de televisores de un país en los años 80 está indicada en esta tabla, donde X indica el año e Y la venta de televisores, en miles de unidades:

X	1980	1981	1982	1983	1984
Y	70	74	75	78	85

a) Calcula la media anual de televisores vendidos y su desviación típica.

b) Halla la recta de regresión de Y sobre X y calcula la venta de televisores prevista para 1988.

17 La pérdida de la eficacia de un medicamento con el paso del tiempo, viene dada por esta tabla:

MESES	1	2	3	4
%	90	75	42	21

a) Justifica si es positiva o negativa la correlación entre estas variables.

b) ¿Qué pérdida de eficacia tendrá a los 5 meses?

18 Dibuja la nube de puntos y traza la recta de regresión para estos datos de la climatología en La Coruña:

	E	F	M	A	My	Jn	Jl	A	S	O	N	D
TEMPERAT. (°C)	7	10,4	11,3	13,1	14	17,1	20,4	18,3	18,7	16,9	13,4	11,5
LLUVIA (mm)	125	106	97	78	64	25	35	38	84	135	185	131
HORAS DE SOL	104	93	134	166	182	197	223	263	181	151	83	60

Estudia la correlación entre: a) Temperatura y lluvia. b) Temperatura y horas de sol. c) Lluvia y horas de sol.

Calcula la correlación e interpreta el resultado.

19 La evolución del *IPC* (índice de precios al consumo) y de la tasa de inflación en el primer semestre de 1987 fue:

	ENERO	FEBRERO	MARZO	ABRIL	MAYO	JUNIO
IPC	0,7	1,1	1,7	2	1,9	1,9
TASA INFLACIÓN	6	6	6,3	6,2	5,8	4,9

a) Halla la media del *IPC* y de la tasa de inflación.

b) Halla la desviación típica del *IPC* y de la tasa de inflación.

c) Calcula el coeficiente de correlación entre el *IPC* y la tasa de inflación.

d) Relaciona el coeficiente de correlación con la nube de puntos.

CUESTIONES TEÓRICAS

20 El coeficiente de correlación de una distribución es 0,87. Si los valores de las variables se multiplican por 10, ¿cuál será el coeficiente de correlación de esta nueva distribución?

21 Si la covarianza de una distribución es negativa, justifica por qué es negativo el coeficiente de correlación y las pendientes de las dos rectas de regresión.

22 ¿Cuál es la pendiente de la recta de regresión de X sobre Y? ¿Puede ser de signo distinto al de la pendiente de la recta de regresión de Y sobre X?

23 ¿Qué punto tienen en común las dos rectas de regresión?

24 ¿Qué condición debe cumplir r para que las estimaciones hechas con la recta de regresión sean fiables?

25 Se sabe que entre el consumo de papel y el número de litros de agua por metro cuadrado que se recogen en una ciudad, no existe relación. Responde razonadamente:

a) ¿Cuál es el valor aproximado de la covarianza de estas variables?

b) ¿Cuánto, vale aproximadamente, el coeficiente de correlación?

c) ¿Qué situaciones tienen las dos rectas de regresión y cuál es su posición en el plano?

PARA PROFUNDIZAR

26 Una compañía discográfica ha recopilado la siguiente información sobre el número de conciertos dados, durante el verano, por 15 grupos musicales y las ventas de discos de estos grupos (expresados en miles de CDs):

CDs/CONCIERTOS	10 – 30	30 – 40	40 – 80
1 – 5	3	0	0
5 – 10	1	4	1
10 – 20	0	1	5

a) Calcula el número medio de CDs vendidos.

b) ¿Cómo es el grado de dependencia lineal del número de conciertos dados por un grupo con respecto al número de discos que ha vendido?

c) Obtén la recta de regresión que explica la dependencia anterior.

d) Si un grupo musical obtiene 18 000 CDs, ¿qué número de conciertos se prevé que dé?

27 De esta distribución bidimensional, obtén:

Y \ X	(0, 1)	(1, 2)	(2, 3)	(3, 4	(4, 5)	(5, 6)	(6, 7)
(1, 2)	2	2	1	–	–	–	–
(2, 3)	–	1	2	4	1	1	–
(3, 4)	–	–	–	–	1	2	3

a) La recta de regresión de Y sobre X.

b) El coeficiente de correlación e interpreta el resultado.

ÍNDICE

Este libro corresponde al Primer Curso de la etapa de Bachillerato, materia Matemáticas Aplicadas a las Cienci
Sociales, modalidad de Humanidades y Ciencias Sociales, y ha sido debidamente supervisado y aprobado.

 - Juan Ignacio Luca de Tena, 15 - 28027 Madrid - Depósito Legal: M. 37.444 - 19
ISBN: 84-207-7760-9 - Printed in Spain - Imprime: Gráficas Muriel, S. A. - Buigas, s/n - Polígono Industrial El Rosón - Get
(Madrid).